우리 정자

우리 정자
ⓒ목심회, 2025

초판 1쇄 펴낸날 2025년 7월 5일
지은이 목심회
펴낸이 이상희
펴낸곳 도서출판 집
디자인 로컬앤드

출판등록 2013년 5월 7일
주소 서울 종로구 사직로8길 15-2 4층
전화 02-6052-7013
팩스 02-6499-3049
이메일 zippub@naver.com

ISBN 979-11-88679-29-4 03540

- 이 책에 실린 글과 사진의 무단 전제와 복제를 금합니다.
- 책값은 뒤표지에 쓰여 있습니다.

목심회 지음

우리 정자

강원·경기·서울·
전라·제주·충청

집

《우리 정자》 발간에 부쳐

한국건축을 공부하고자 모여 1992년 1월 첫 답사를 시작한 청년들이 이제는 중년을 넘어 장년이 되었다. 한국건축과 관련된 업계나 학계에서 중추적인 역할을 하고 있는 이들은 그동안 답사를 통해 얻은 많은 경험과 자료를 후학에게 전해주고 싶다는 생각에 2015년 민속문화유산으로 지정된 문화재를 모아 《우리 옛집》을 발간했다. 《우리 옛집》이 발간되고 나서 욕심이 생긴 회원들은 논의 끝에 "정자"를 주제로 두 번째 책을 발간하기로 뜻을 모았다.

국가 및 시도유형문화유산으로 지정된 모든 정자를 아우른다는 목표를 가지고 정리하다보니 예상보다 많은 수에 놀랐다. 이 가운데 살림집인 경우와 관아건축의 일부인 경우 등은 정자 고유의 성격에서 벗어난 것으로 보고 제외했다. 그럼에도 그 수가 많았다. 이를 감안해 회원을 4개 조로 나누어 정자에 대한 자료를 모으고 부족한 부분을 보충하기 위해 2015년 9월 전라도를 시작으로 2018년 말까지 전국의 정자를 답사해 실측하고 촬영했다. 총 350여 동. 한 권으로 묶기에는 분량이 너무 많아 《우리 옛집》처럼 두 권으로 나누었다. 193동이나 되는 경상도를 한 권으로 묶어 4년 전에 《우리정자-경상도》를 먼저 출간했다. 다른 지역도 연이어 바로 출간하려고 했지만 이런저런 이유로 미루다가 이번에 강원도·경기도·서울·전라도·제주도·충청도의 170동을 또 다른 한 권으로 묶어 마침내 출간하게 되었다.

답사를 통해 그동안 많이 알지 못했던 정자의 입지와 환경, 평면 구성, 구조 등을 자세히 볼 수 있었고 지역마다 특성이 있음을 알 수 있었다. 안타까운 점도 있었다. 관리를 위해 정자 주변을 담장으로 두른 경우가 많았는데 이로 인해 정자의 차경이 가려지고, 자연풍경 속 고유의 장소성도 소멸될 뿐만 아니라 자연환경과 어우러지는 정자 정체성이 사라지는 결과를 낳고 있어 안타까움이 많았다. 아쉬움도 남았다. 집필진이 여럿이다 보니 경험치와 인식의 정도가 서로 달라 다소 통일성이 부족한 측면이 있다. 그러나 한국건축을 바라보는 눈은 같아 전달하고자 하는 정보는 최대한 정확성을 유지할 수 있었다. 우리나라 정자 모두를 거의 망라해 이 책에 수록된 도면과 사진만 잘 분석해도 많은 논문 주제가 될 수 있을 것으로 자부한다.

    이 책이 나오기까지 몸이 좋지 않은 가운데 삽도를 도맡아 그린 이도순 초대회장, 후배들을 독려하고 진두지휘한 이영식 전임회장, 간사를 맡아 원고와 부족한 자료 보충을 독려하고 출판사와 편집을 조정하느라 고생한 유근록, 문화재 보존 일선에서 바쁜 와중에도 답사 자료와 일정·분배 등을 담당한 이천우, 전체 방향과 원고 집필을 도운 김왕직, 각자 생업이 있는 와중에 짬을 내어 즐거운 마음으로 답사하고 촬영하고 원고를 집필한 목심회 회원 모두와 어려운 출판계 현실 속에서 출판을 결심한 도서출판 집의 이상희 대표에게 감사의 마음을 전한다.

    이 책이 한국건축을 공부하는 학생과 후학, 한국건축에 관심을 가진 일반인, 한옥을 짓고자 하는 모든 이에게 조금이나마 도움이 되었으면 하는 바람이다.

2025년 6월
목심회를 대표해 김석순 쓰다

차례

발간에 부처 ·················· 004
우리 정자 ·················· 010

강원도
강릉 오성정 ·················· 026
강릉 방해정 ·················· 030
강릉 금란정 ·················· 034
강릉 해운정 ·················· 038
강릉 계련당 ·················· 042
강릉 호해정 ·················· 046
강릉 경포대 ·················· 050
고성 청간정 ·················· 054
동해 해암정 ·················· 058
삼척 죽서루 ·················· 062
영월 요선정 ·················· 066
영월 금강정 ·················· 070
춘천 소양정 ·················· 074
횡성 운암정 ·················· 078

경기도
광주 지수당 ·················· 082
광주 침쾌정 ·················· 084
여주 영월루 ·················· 088
파주 반구정 ·················· 092
파주 화석정 ·················· 096
강화 연미정 ·················· 100

서울
서울 용양봉저정 ·················· 106
서울 석파정 ·················· 110
서울 황학정 ·················· 114
탑골공원 팔각정 ·················· 116
오운정 ·················· 118
경복궁 경회루 ·················· 122
경복궁 향원정 ·················· 126
창덕궁 낙선재 일원 ·················· 132
창덕궁 취운정 ·················· 134
창덕궁 한정당 ·················· 138
창덕궁 상량정 ·················· 142
창덕궁 승화루 일곽 ·················· 146
창덕궁 부용지 일원 ·················· 152
창덕궁 부용정 ·················· 155
창덕궁 주합루 ·················· 160
창덕궁 희우정 ·················· 164
창덕궁 천석정 ·················· 168
창덕궁 애련지 일원 ·················· 170
창덕궁 애련정 ·················· 174
창덕궁 농수정 ·················· 176
창덕궁 존덕지와 관람지 일원 ·················· 178
창덕궁 관람정 ·················· 182
창덕궁 존덕정 ·················· 186
창덕궁 폄우사 ·················· 190

창덕궁 승재정 ·············· 194
창덕궁 청심정 ·············· 198
창덕궁 능허정 ·············· 200
창덕궁 옥류천 일원 ········ 202
창덕궁 취규정 ·············· 205
창덕궁 취한정 ·············· 208
창덕궁 소요정 ·············· 210
창덕궁 청의정 ·············· 212
창덕궁 태극정 ·············· 216
창덕궁 농산정 ·············· 218
창덕궁 신선원전 일원 ····· 220
창덕궁 몽답정 ·············· 222
창덕궁 쾌궁정 ·············· 224
창경궁 관덕정 ·············· 226
창경궁 함인정 ·············· 230

충청도
대전
대전 취백정 ················ 236
대전 옥류각 ················ 240
대전 삼매당 ················ 244
대전 남간정사 ·············· 248

세종
나성 독락정 ················ 252

충남
논산 팔괘정 ················ 256
논산 임리정 ················ 260
부여 수북정 ················ 264
부여 사자루 ················ 268
부여 영일루 ················ 272
부여 백화정 ················ 276
예산 일산이수정 ············ 280
천안 노은정 ················ 284
태안 경이정 ················ 288

충북
괴산 암서재 ················ 292
괴산 애한정 ················ 296
괴산 고산정 및 제월대 ····· 300
괴산 취묵당 ················ 304
괴산 수월정 ················ 308
영동 화수루 ················ 312
영동 가학루 ················ 316
영동 한천정사 ·············· 318
옥천 이지당 ················ 322
옥천 양신정 ················ 326
옥천 독락정 ················ 330
제천 청풍 응청각 ··········· 334
제천 청풍 금남루 ··········· 338
제천 청풍 한벽루 ··········· 342

청주

청주 백석정 346
청주 지선정 350

전라도·제주도

제주

제주 관덕정 356
제주 연북정 360

전남

강진 다산초당 364
곡성 수성당 368
곡성 함허정 372
구례 운흥정 376
구례 방호정 380
나주 쌍계정 384
나주 장춘정 390
나주 만호정 396
나주 벽류정 400
담양 명옥헌 406
담양 식영정 일원 410
담양 소쇄원 414
소쇄원 광풍각 416
소쇄원 제월당 420
담양 독수정 422
담양 남희정 426
담양 척서정 430
담양 면앙정 434
담양 송강정 438
담양 상월정 442
무안 식영정 448
보성 열화정 452
보성 취송정 456
순천 초연정 460
순천 상호정 466
영암 영보정 470
영암 영팔정 474
영암 부춘정 478
영암 장암정 482
보길도 세연정 486
장성 기영정 490
장성 관수정 492
장성 청계정 494
장성 요월정 498
장흥 부춘정 502
장흥 용호정 506
장흥 동백정 510
장흥 사인정 514
진도 운림산방 518
함평 영파정 524
해남 방춘정 528
화순 임대정 532

화순 영벽정	536	순창 영광정	628
화순 학포당	540	순창 어은정	630
		완주 남계정	634
광주		익산 망모당	638
광주 호가정	544	익산 함벽정	642
광주 만취정	548	임실 운서정	646
광주 풍영정	552	임실 만취정	652
광주 양과동정	556	임실 오괴정	656
광주 부용정	560	임실 광제정	660
광주 풍암정	564	임실 수운정	664
광주 취가정	568	임실 양요정	666
광주 만귀정	572	장수 자락정	670
		전주 추천대	674
전북		전주 오목대	676
고창 취석정	576	전주 한벽당	680
남원 무진정	580	전주 문학대	684
남원 오리정	584	정읍 군자정	686
남원 퇴수정	588	정읍 송정	690
남원 최락당	592	정읍 피향정	694
남원 광한루	596	진안 수선루	698
남원 사계정사	600	진안 영모정	704
무주 서벽정	604	진안 태고정	708
무주 한풍루	608		
순창 구암정	614	용어 해설	712
순창 낙덕정	618	책에 소개된 정자	723
순창 귀래정	622	참고문헌	729

우리 정자

발간 개요

한국의 정자를 모두 모아 놓았다. 그렇다고 해서 현존하는 전국의 모든 정자를 하나도 빠짐없이 실었다는 뜻은 아니다. 국가 및 시도유형문화유산으로 지정된 누정 목록을 1차로 만들고 여기서 1950년대 이후 새로 지었거나 용도 및 물리적 변형이 심해 그 가치가 현저히 떨어진다고 판단되는 정자들을 제외하고 강원도·경기도·서울·전라도·제주도·충청도 지역의 170여 동을 실었다. 개인 주택 안에 있으면서 정자의 성격보다는 주거별당이나 사랑채로 사용되었던 것과 마을 어귀 등에 세워져 서민들의 마을 공동생활에 사용되었던 모정(茅亭)은 그 성격이 달라 제외하였다.

정자의 명칭에 'ㅇㅇ정(亭)' 이외에도 '누(樓)', '대(臺)', '재(齋)', '정사(精舍)', '당(堂)', '각(閣)', '헌(軒)', '별야(別墅)' 등의 당호가 붙은 것들이 있다. 물론 '정(亭)'자가 붙은 당호가 가장 많다. 정자와 달리 누(樓)는 일반적으로 건립 주체가 관이나 왕실, 서원 및 향교, 사찰 등인 경우가 많고 높이 띄워서 마루만으로 구성한 다락형이 일반적이다. 경복궁의 경회루, 병산서원의 만대루, 봉정사 만세루, 부석사 안양루 등이 그 사례이다. 누도 정자와 같이 접객, 유식(遊息), 차실 등으로 사용되는 경우가 있지만 서원이나 향교, 관아 및 성곽의 문루와 포루 등 성격이 전혀 다른 것이 많다.

책에서는 모든 정자의 배치도와 평면도를 기본적으로 제공하여 연구와 학술자료로 활용할 수 있도록 했다. 또 다양한 시점에서 촬영된 사진을 풍부하게 수록하여 관점에 따라 경관 또는 구조, 상세, 장식 등으로 구분하여 탐구할 수 있도록 했다. 그리고 정자의 당호를 적은 현판 사진을 모두 수록하여 건립 당시의 인문적 함의(含意)를 알 수 있도록 했다.

글의 내용은 건립 시기와 변천 과정 및 규모와 구조, 특징을 가능하면 간략하게 다루었으며 주관적이고 자의적인 해석보다는 객관적인 내용을 서술하는 데 초점을 맞추었다. 해석은 독자의 몫이기 때문이다. 조사, 도면 작성, 사진 촬영, 원고는 모두 목심회(木心會)라는 한국건축 답사 동호회 회원들이 담당하였다. 목심회는 2015년에 전국의 살림집을 망라한《우리 옛집》을 출간했는데 구성과 내용면에서《우리 정자》의 길잡이가 되었다. 오랫동안 직접 답사하고 도면 그리고 사진 촬영하여 발로 뛴 노력의 결과물이다. 목심회는 건축을 전공한 국가유산수리기술자, 건축사, 전문직공무원, 교수 등으로 구성된 전통건축분야 전문가 집단이다. 사진 전문가가 아니기에 사진 품질은 조금 부족해 보이겠지만 전달하고자 하는 내용 중심으로 담았다. 또한 아무래도 회원 대부분이 현장에서 건축물을 직접 만드는 전문가라서 정자에 걸려 있는 많은 시영(詩詠)을 해석해 작성자나 방문자들의 문학적 감상을 전하는 것과 같은 인문학적인 부분에서는 부족한 부분이 있다.

정자의 지역적 특징

● 지역별 평면 유형 및 구성

정자는 지정되지 않은 것까지 하면 정확한 수량을 파악할 수 없을 정도로 많다. 그러나 국가 및 시도지정으로 지정된 것 중에서 정자의 성격으로 건립된 것을 추리면 경상도 이외 지역에만 170동 정도가 있다. 서울은 궁궐 내 정자가 대부분이어서 일반 정자와 성격이 다른 것이 포함되었다. 이로 인해 통계로 본 정자의 성격이 경상도 지역과는 다를 수 있다. 대전광역시와 세종특별시는 충남 지역에, 청주는 충북 지역에, 광주광역시는 전라남도에, 강화도는 경기도 통계에 포함했다. 도별로는 강원도 14동, 경기도 6동, 서울 33동, 충남 14동, 충북 16동, 제주 2동, 전남 51동, 전북 34동 인데 이 중에서 서울의 경우 궁궐 이외의 정자는 4동(용양봉저정, 석파정, 황학정, 탑골공원 팔각정)에 불과하다.

경상도를 제외한 지역에서는 전라도가 85동으로 50%를 차지하고 나머지가 50%이다. 전라도는 경상도 지역 정자 193동과 비교하면 적은 편이지만 경상도 이외 지역 정자의 절반을 차지하고 있다. 전라도 중에서는 전라북도가 34동, 전라남도가 51동으로 경상도와는 달리 남도가 많았다(경상북도 124동, 경상남도 69동이다). 경기도의 경우 강화, 파주, 광주, 여주 정도의 극히 일부 시군에 분포하고 다른 지역에는 남아있지 않다. 전쟁 때 소실되었을 것으로 판단된다. 강원도의 경우는 강릉시가 7동으로 압도적으로 많으며 태백산맥을 경계로 관동과 관서지방에 분포한다. 태백산맥에 위치하는 양구, 인제, 평창, 정선, 태백 등에는 정자가 분포하지 않는다. 충남의 경우는 13동 중에 대전과 부여가 각 4동으로 압도적이며 충북의 경우는 16동이 비교적 골고루 분포되어 있다. 전라도에 비하면 34% 정도로 적은 편인데 아마도 수도권은 전쟁 영향으로 소실된 것이 많기 때문으로 추정된다.

경상도 이외 지역 정자 170동 가운데 87동(51%)이 온돌 없이 마루로만 구성되어 있다는 특징이 있다. 경상도 지역의 정자 193동 중에서 12.5%에 해당하는 24동만 온돌이 없는 정자라는 점과 비교된다. 서울의 정자는 대부분 궁궐 정자로 온돌을 갖춘 정자가 없다. 강원도와 경기도에서도 마루로만 구성된 정자가 더 많다. 이 비중은 충청도, 전라도로 내려갈수록 달라진다. 그럼에도 경상도에 비하면 온돌을 갖춘 정자의 비중이 낮은 편이다. 궁궐의 정자는 특별하기 때문에 이를 제외하더라도 동서 지역에서 이러한 차이점이 나타나는 이유를 특정할 수 없다. 다만 평야와 산간지역이라는 입지의 차이에서 오는 것이 아닐까 한다. 따라서 한국의 정자는 대부분 온돌이 있다는 설명은 경상도 지역의 특징이라고 할 수 있겠다.

정자의 평면형은 정방형 21동, 장방형 133동, 육각형 4동, 팔각형 2동, ㄱ자형 4동, ㄷ자형 2동, 丁자형 1동, ㄹ자형 1동, 亞자형 1동, 선형(扇形) 1동으로 나타났다. 장방형이 76%로 압도적인 비중을 차지하고 있는데 이는 경상도의 82%와 크게 차이가 없다. 경상도는 ㄱ자형이 두 번째로 많은 13동이었는데 경상도 이외지역에서는 4동에 불과했다. 대신 정방형이 경상도는 9동으로 세 번째로 많은 유형이었지만 이외지역에서는 21동으로 두 번째라는 것이 차이점이다. 이는 서울의 궁궐 정자가 단칸 정방형이 10동으로 큰 비중을 차지하기 때문으로 볼 수 있으며 다른 지역에서는 2×2칸의 양통형 정방형 평면이 대부분이고 드물게 3×3칸형 정방형 평면이 나타나고 있다. 육각과 팔각은 역시 궁궐을 제외하면 거의 없는 유형으로 경상도와 유사하다. 육각은 향원정과 존덕정, 상량정 등 궁궐 정자이고 부여의 백화정이 육각정이다. 팔각정은 탑골공원 팔각정, 순창 낙덕정 정도로 매우 드물다. 경상도지역에서 볼 수 없었던 것이 亞자형과 선형인데 이는 창덕궁의 부용정과 관람정이 있기 때문이다. 따라서 이러한 특수한 평면 유형은 일반적이지 않은 궁궐 정자의 특징이라고 할 수 있다. 측면 간살을 기준해 보면 단칸을 제외하고 측면 1칸인 홑집은 10동 정도이며, 전퇴형은 20동, 후퇴형은 1동, 전후퇴형 14동, 사방퇴형 15동, 좌우퇴형 5동, 양통형은 68동, 3칸형은 10동, 4칸형은 3동으로 나타났다. 양통형이 가장 많은 약 40%를 차지하였는데 이는 경상도와 비슷하다. 따라서 한국의 정자는 양통형이 일반적인 평면형이라고 할 수 있다. 다음으로 전퇴형이 20동으로 두 번째인 것은 경상도와 같다. 그러나 사방툇집이나 전후퇴형이 경상도에 비해 많은 것이 특징이다.

지역별 정자의 평면 유형

지역		정방형	장방형	육각	팔각	ㄱ자	ㄷ자	丁자	ㄹ자	亞자	선형
강원	강릉	2	3					1	1		
	고성		1								
	동해		1								
	삼척		1								
	영월	1	1								
	춘천		1								
	횡성		1								
경기	광주		2								
	여주		1								
	파주	1	1								
	강화		1								

지역		정방형	장방형	육각	팔각	ㄱ자	ㄷ자	ㅜ자	ㄹ자	亞자	선형
서울	기타	1(단칸)	2		1						
서울	궁궐	10(단칸)	12	3		2				1	1
충남	대전		4								
충남	세종		1								
충남	논산		2								
충남	부여		3	1							
충남	예산		1								
충남	천안	1									
충남	태안		1								
충북	괴산	1	4								
충북	영동	1	2								
충북	옥천		2				1				
충북	제천		3								
충북	청주		2								
제주	제주		2								
전남	광주	3	5								
전남	강진		1								
전남	곡성		2								
전남	구례		2								
전남	나주		4								
전남	담양		10								
전남	무안		1								
전남	보성		1		1						
전남	순천		1		1						
전남	영암		4								
전남	완도		1								
전남	장성		4								
전남	장흥		4								
전남	진도							1			
전남	함평		1								
전남	해남		1								
전남	화순		3								
전북	무주		2								
전북	고창		1								
전북	남원		6								
전북	순창		4		1						
전북	완주		1								
전북	익산		2								

지역		정방형	장방형	육각	팔각	ㄱ자	ㄷ자	ㅜ자	ㄹ자	효자	선형
전북	임실		6								
	장수		1								
	전주		4								
	정읍		3								
	진안		3								
합계		21	133	4	2	4	2	1	1	1	1

정자의 전체 규모를 나타내는 칸수는 1칸에서 최대 35칸까지 매우 다양하다. 가장 많은 것은 경상도와 마찬가지로 6칸형인데 56동으로 32%를 차지한다(경상도도 38%로 가장 많다). 다음은 4칸형으로 24동인데 역시 경상도 지역과 동일하다. 세 번째는 8칸형과 단칸형으로 각각 12동씩이다. 경상도에서는 4.5칸형이 8칸형보다 많았는데 이는 전퇴형이 많았다는 의미이다. 8칸형은 정면 4칸, 측면 2칸의 양통형 평면이 대부분이다. 단칸형이 많다는 것은 경상도와 다른 특징인데 이는 궁궐 정자에서 단칸형이 많기 때문이다. 다음으로 4.5칸형, 3칸형, 9칸형 순서로 많다. 10칸 이상의 큰 건물은 누각이 많은데 전라남도에는 함벽정과 운서정, 오목대, 피향정 등이 12칸의 사방툇집이라는 공통점이 있다. 또 피향정은 3칸 겹집 형태의 12칸 정자이다. 다른 지역에 비해 규모가 큰 정자가 전라남도에 몰려있다. 20칸은 서울의 주합루, 25칸은 강릉의 경포대, 30칸은 남원의 광한루, 35칸은 경복궁의 경회루 등으로 정자로서는 20칸 이상이 없고 모두 누각 건물임을 알 수 있다. 정자로서는 15칸이 최대로 괴산의 애한정과 나주 만호정, 영암 영보정 정도이다.

지역별 정자의 평면 규모

	강원	경기	서울	충남	충북	전남	전북	제주	합계
1칸			11				1		12
2칸			3		1				4
3칸			5	1		1	2		9
4칸	2	1	1	1	2	10	7		24
4.5칸				1	5	3	1		10

	강원	경기	서울	충남	충북	전남	전북	제주	합계
5칸			5						5
5.5칸			1			1			2
6칸	5	3	3	10	3	17	15		55
7칸						1			1
7.5칸	1	1							2
8칸	2		2	1	2	5			12
8.5칸						1			1
9칸			2			4	1		7
10칸			1			2	1		4
11칸					1			1	2
12칸	1				1		5		7
12.5칸						1			1
13칸						1			1
13.5칸						1			1
14칸	1	1							2
15칸					1	2			3
20칸			1					1	2
25칸	1								1
30칸							1		1
35칸			1						1

온돌의 규모는 온돌이 설치된 81동의 정자 중에서 1칸형이 가장 많은데 30동으로 37%를 차지한다. 다음은 2칸형이 25동으로 31%, 3칸형이 10동으로 12%를 차지한다. 이 세 유형이 80%로 압도적이라고 할 수 있다. 다음은 1.5칸형이 6동, 4칸형이 4동이다. 4.5칸 이상은 각 1동씩으로 가장 큰 것은 8칸이다. 1칸형은 전남지역에서 가장 많고 다음이 전북지역이다. 수는 적지만 충북과 강원, 서울지역은 1칸형보다는 2칸형과 3칸형이 비율적으로 많다. 온돌의 배치는 칸수와 관계없이 중앙에 온돌을 두고 사방에 대청 또는 사방퇴를 돌린 경우를 중앙온돌형으로 분류했는데 온돌이 있는 정자 81동 중에서 31동으로 38%를 차지해 가장 많다. 특히 전남과 전북지역에서 이 유형이 압도적이다. 따라서 전남과 전북은 중앙 한 칸에 온돌을 설치하고 사방에 마루를 들이는 정자 형식이 가장 보편적인 유형임을 알 수 있다. 경상도 지역에서는 중앙온돌보다는 좌우온돌이 많았고

특히 경북지역에서 압도적으로 양쪽에 온돌을 두고 가운데 마루를 까는 형식이 많았는데 이와 대조적이라고 할 수 있다. 경남은 좌우온돌이 가장 많기는 하지만 중앙온돌이 두 번째이다. 좌 또는 우 어느 한쪽에 온돌을 두는 경우는 우온돌이 16동, 좌온돌이 11동으로 우측(동쪽)이 높은 경향을 보였다. 그러나 전남에서는 7동으로 같았다. 2칸 이상으로 양쪽에 온돌을 두는 경우는 11동으로 좌 또는 우에 온돌을 두는 경우와 비슷하게 나타났다. 좌우온돌은 충청북도의 전형적인 방식으로 가장 많은 비율을 차지하고 있다. 전면온돌은 후퇴가 있는 경우이고 후면온돌은 전퇴가 있는 경우인데 후면온돌이 8동이고 전면온돌이 1동으로 나타났다. 이는 온돌 앞에 전퇴를 두는 유형이 후퇴를 두는 유형보다 압도적으로 많고 일반적이란 의미이다.

지역별 온돌의 규모

	강원	경기	서울	충남	충북	전남	전북	제주	합계
0.5칸			1						1
1칸			1			17	12		30
1.5칸				2		4			5
2칸	3		4	1	6	8	3		25
2.5칸						2			2
3칸	1		1	2	3	2	1		10
4칸	1	1				1	1		4
4.5칸			1						1
5칸					1				1
6칸						1			1
8칸						1			1

지역별 온돌의 배치

	강원	경기	서울	충남	충북	전남	전북	제주	합계
중앙온돌	1	1	2		1	15	11		31
전면온돌			1						1
후면온돌	2		1	1	1	3			8
좌우온돌				1	5	3	2		11
우온돌	2		1	1	2	7	3		16
좌온돌			1	2		7	1		10

지역별 평면구성 형식

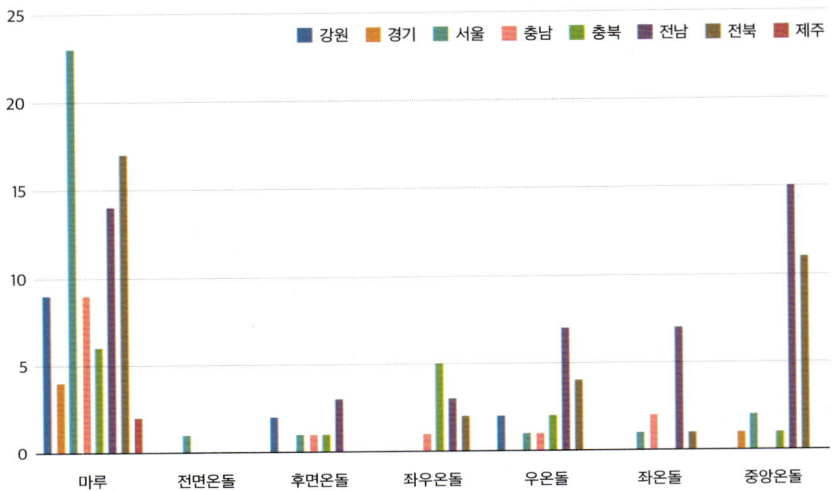

● **입지 및 성격**

정자의 입지는 다양한 방식으로 분류되며 분류 명칭도 연구자에 따라 차이가 있다. 여기서는 크게 수변형과 산간형, 평야형, 마을형으로 구분하였다. 수변형은 다시 강변형, 천변형, 호안형, 해안형으로 세분하였는데 강변형은 강으로 명명되는 큰 하천에 접해 있는 경우이고 천변형은 강의 지류나 계곡에 접한 경우이다. 산간형은 천이나 마을에 접하고 있지 않은 산속에 독립적으로 있는 정자를 말한다. 마을형은 마을이 형성된 곳에 위치하는 정자로 대개는 평야형이라고 할 수 있다. 따라서 논밭이나 구릉과 같은 평야에 독립적으로 있는 평야형 정자는 거의 없고 마을에 위치하기 때문에 별도로 평야형은 구분하지 않았다. 관아 문루의 경우는 마을형에 편입하였고 서울은 특별히 궁궐에 위치하는 정자가 많아서 경상도 지역과 달리 궁궐형을 별도로 분류하였다.

경상도 이외 지역에서는 마을형이 46동으로 27%, 천변형이 37동으로 22%, 궁궐형이 29동으로 17%, 강변형이 12%, 산간형이 12%, 호안형이 5%, 해변형이 4%를 차지하였다. 경상도 지역에서는 경북, 경남 가릴 것 없이 마을형보다는 천변형이 많았는데 이외지역에서는 마을형이 1위로 더 많다는 것이 차이점이다. 또 경상도 지역에서는 볼 수 없는 것이 궁궐 정자로 전체 개수로는 3위에 해당할 정도로 많다. 수변에 위치한 정자로는 천변이 가장 많고 다음이 강변형이며 가장 적은 것이 호안형과 해변형이다. 인공으로 큰 호수와 저수지를 만들어 정자를 짓는 경우는 드물었다는 뜻이며 해안가에는 정자가 거의 지어지지 않았다는 것도 경상도 지역과 같은 공통점이다. 해변형은 동해의 해암정, 강원도 고성의 청간정, 강화의 연미정, 제주의 연북정 정도로 매우 드물며 전라남도와 서해안 지역은 해안에 면한 곳이 많음에도 불구하고 해안에는 정자를 짓지 않았다.

지역별 정자의 입지

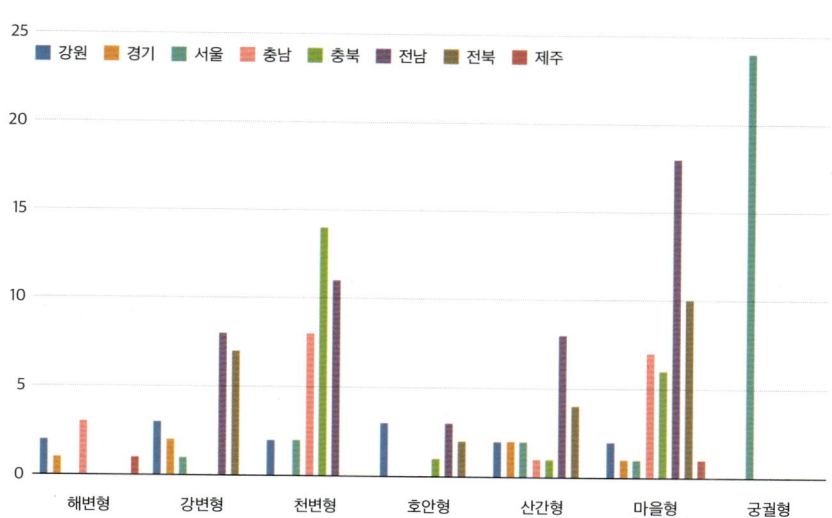

정자의 건립 주체를 밝힐 수 있는 170동 중에 개인이 89동으로 가장 많으며 52%에 해당한다. 개인에 가깝다고 할 수 있는 문중에서 건립한 것도 13동으로 이 둘을 합하면 60%에 해당하는 상당한 수이다. 경상도 지역의 경우에는 개인이나 문중에서 건립한 것이 94%라는 점을 고려하면 61%

는 낮은 비율이긴 하다. 이는 궁궐의 정자를 관영으로 분류하여 나타난 현상이라고 볼 수 있고 이를 제외하면 75% 정도이다. 그래도 경상도에 비해서는 개인이 지은 정자가 적다는 것을 확인할 수 있다. 스승을 추모하기 위해 유림단체에서 건립한 정자는 12동으로 7%정도이다. 이는 경상도의 5%와 비슷한 비율이라고 할 수 있다.

지역별 정자의 건립 주체

	강원	경기	서울	충남	충북	전남	전북	제주	합계
개인	7	2	1	9	9	35	26		89
문중					2	8	3		13
유림	6			2	1	2	1		12
관영	1	4	32	3	4	6	4	2	56

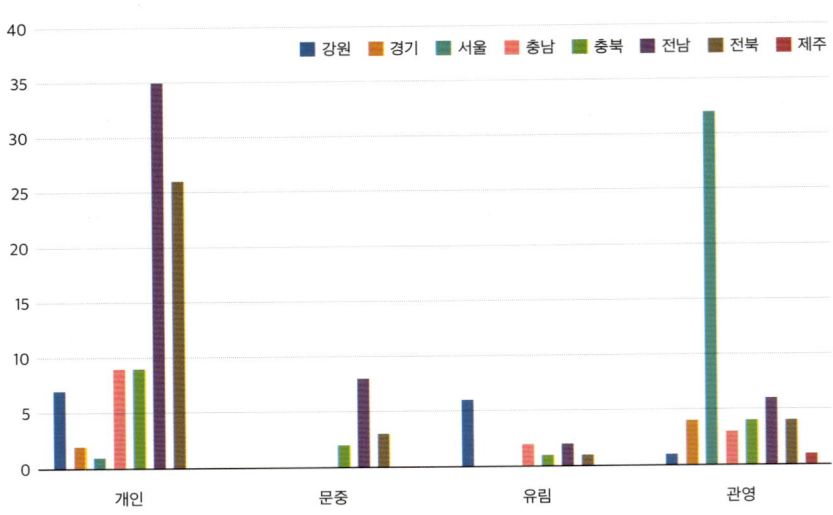

지역별 정자의 성격

	강원	경기	서울	충남	충북	전남	전북	제주	합계
강학	2	1		6	7	14	5		35
추모	3			2	1	6	7		19
은거				1		5	4		10
별서별당	3		1			1			5
휴식	6	3	28	2	6	18	17	1	81
군사		2		3	2	1	1	1	10
향약			1			6			7
의례			2						2
도서관			1						1

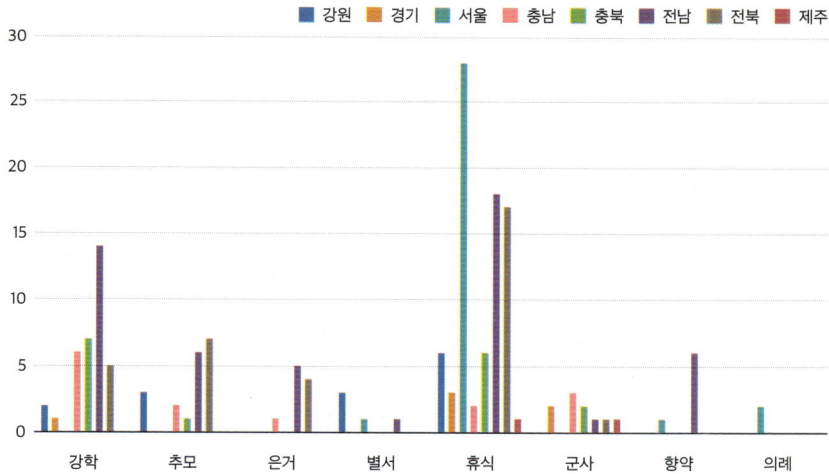

정자의 건립 목적은 중국과 일본에 비해 우리나라가 매우 다양한 편이다. 물론 조선시대 이전에는 한국도 두 나라와 유사하게 정원의 조형물, 접객, 수양, 차실 정도로 유사했다. 그러나 조선시대에 들어서 임진왜란과 당쟁으로 많은 사림이 낙향해 독특한 유가 정자를 지으면서 다양화했다. 따라서 정자의 건립 목적도 접객이나 차실보다는 은거와 휴식 및 수양, 또 세력을 규합하고 후학을 양성할 목적으로 건립된 강학과 추모 정자들로 다양화했다. 그러나 하나의 정자에서도 쓰임은 다양하고 중건하면서 그 성

격이 달라지기도 한다. 그래서 여기서는 초창 때 어떤 목적으로 건립되었는지를 기준으로 했으며 기록상으로 언급된 것만을 대상으로 했다. 물론 처음부터 다양한 용도로 건축되는 경우도 많았는데 이 경우 주 용도를 고려하여 성격을 구분하였다.

한적한 곳에 정자를 지어서 본인의 학문수양, 서당과 같이 운영하거나 후학 양성을 목적으로 건립한 것을 강학으로 분류하였는데, 35동으로 20% 정도를 차지하였다. 휴식을 목적으로 건립한 것이 81동으로 48%를 차지해 가장 많았는데 경상도의 24%에 비하면 상당히 높은 비율이다. 이는 궁궐 내 정자가 대부분 휴식용 정자로 분류되기 때문이라고 할 수 있다. 그러나 전라도 지역에서도 휴식용 정자가 가장 많은데 경상도에서는 추모용 정자가 1위인 것과 차이점이라고 할 수 있다. 즉 기타지역에서는 휴식용 정자가 1위로 압도적이고 다음이 강학용이며 3위가 추모용이다. 경상도지역이 추모용, 강학용, 휴식용 순서라는 것과 대비된다. 4위는 은거와 군사용인데 각각 10동씩으로 같다. 은거는 낙향하여 외진 곳에 생활하듯 정자를 이용하는 것이며 관아의 누각, 성곽의 누각 등은 군사용으로 분류하였다. 이외에 주거지 가까운 곳에 별채처럼 지어놓은 정자는 별서별당형으로 분류하였다. 경상도 지역에 없는 것이 향약용인데 이것은 마을에 공동으로 사용하는 정자를 지어놓고 마을 사람들이 마을 회의 등 모임을 목적으로 건립한 정자를 가리킨다. 또 궁궐에서는 의례용으로 지어진 정자와 주합루와 같이 도서관 용도가 있어서 경상도 지역에는 없는 용도의 정자이다.

우리 정자

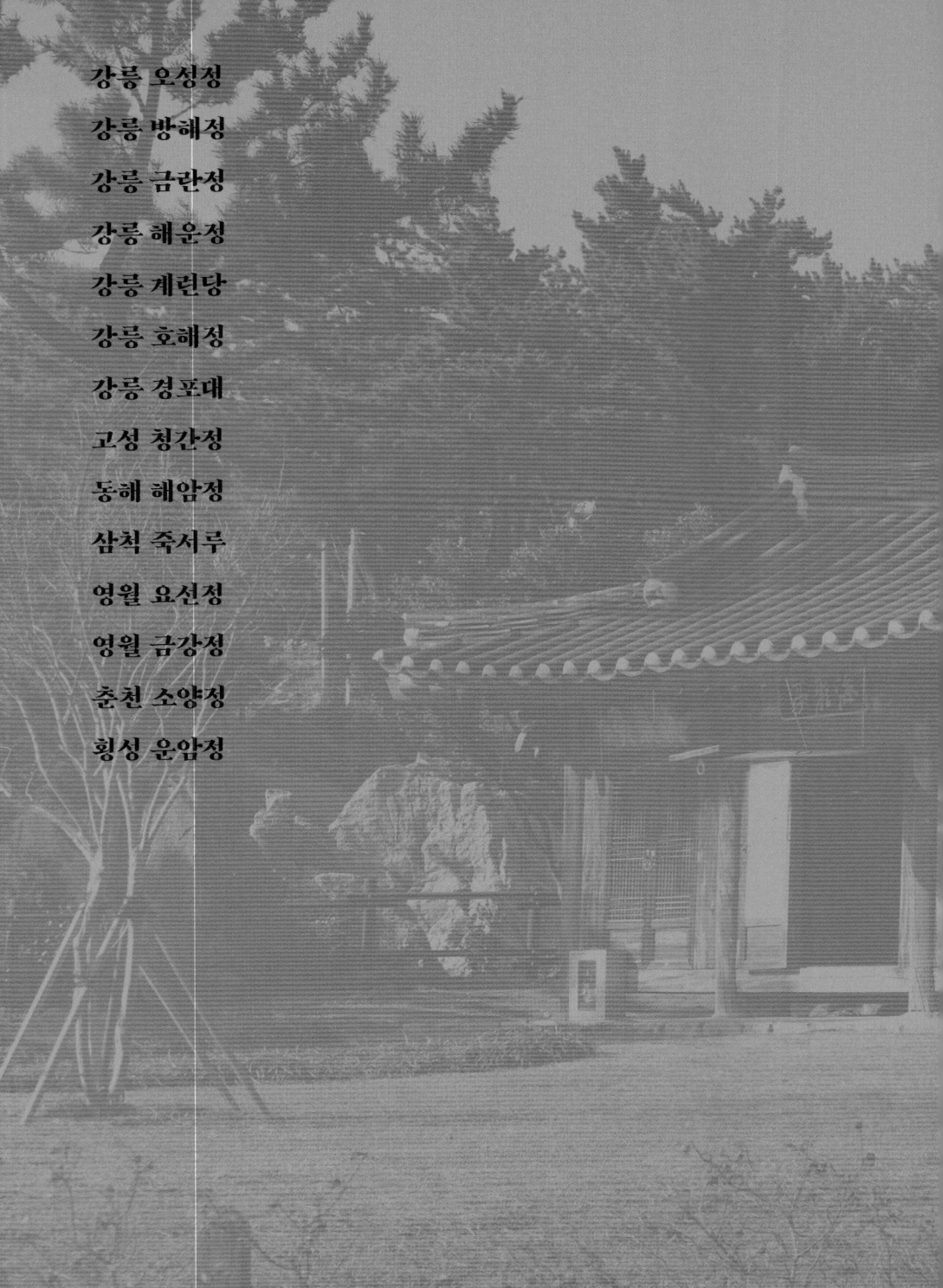

강릉 오성정

강릉 방해정

강릉 금란정

강릉 해운정

강릉 계련당

강릉 호해정

강릉 경포대

고성 청간정

동해 해암정

삼척 죽서루

영월 요선정

영월 금강정

춘천 소양정

횡성 운암정

강원도

강릉 오성정

江陵 五星亭

[위치] 강원도 강릉시 강변로 224-12　**[건축 시기]** 1927년
[지정사항] 강원특별자치도 유형문화유산　**[구조 형식]** 5량가 팔작기와지붕

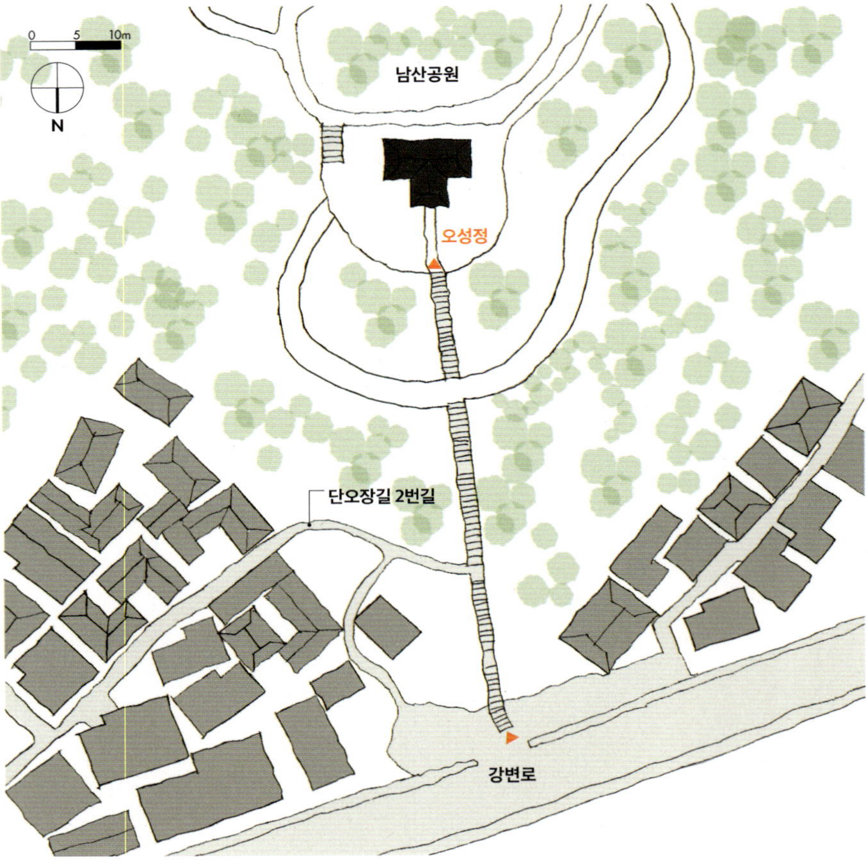

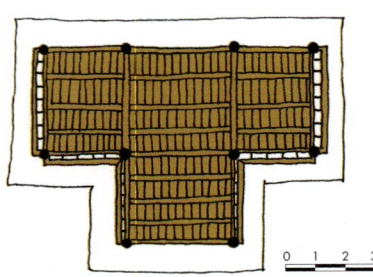

江陵 五星亭

　　강릉 남쪽 남산공원 위 남산 정상에 북향으로 자리하고 있어서 강릉 시내를 한눈에 조망할 수 있다. 산 아래에서 190여 개 계단을 오르면 오성정이 보인다. 1927년 정묘(丁卯) 생의 동갑계원 20여 명이 회갑을 기념해 일제에 의해 해체되는 강릉객사의 재목과 기와 일부를 매입해 지은 것이다.

　　도리칸 3칸, 보칸 2칸으로 계원들의 출생 연도인 정묘년의 '정(丁)'자 모양의 정자이다. 동·서쪽에는 계자난간을 두르고 북쪽과 남쪽에는 난간을 두르지 않았다. 내부는 방 없이 통칸으로 되어 있다. 우물마루 바닥에 원형기둥을 사용했다. 자연석처럼 거칠어 보이지만 원형으로 가공한 초석을 사용하고 가공한 장대석 기단을 두었다.

　　납도리를 사용한 직절익공집이다. 5량가로 3분변작에 가까운 변작이 있는데, 종도리 간격이 매우 좁은 것이 특징이다. 처마내밀기를 고려하지 않아서 생긴 모양으로 추정된다. 건물 규모에 비해 기둥과 보 부재가 굵어 보이지만 개방적이면서 묵직한 느낌이 인상적이다.

도리칸 3칸, 보칸 2칸의 '丁'자 모양의 정자이다.

강릉 오성정

江陵 五星亭

1

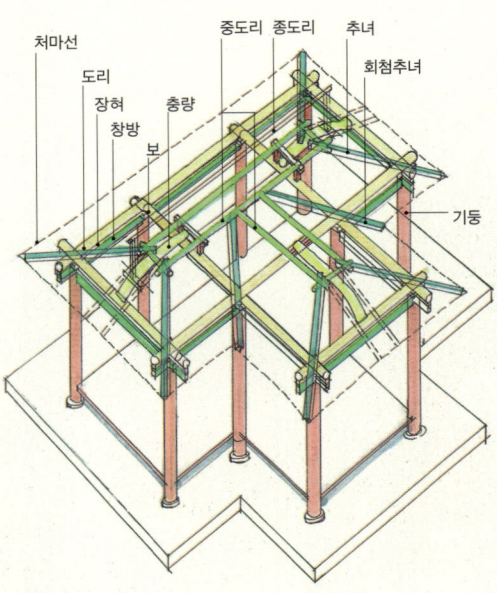

5

처마선
도리
장혀
창방
보
충량
중도리 종도리
추녀
회첨추녀
기둥

강릉 오성정

1 기둥과 보 부재가 건물 규모에 비해 굵다.
2 납도리를 사용한 직절익공집이다.
3 5량가로 3분변작에 가까운 변작을 구사했는데 간격이 매우 좁다.
4 거칠어 보이지만 초석은 원형으로 다듬어 사용했다.
5 가구 구조도
6 동서쪽에만 계자난간을 두르고 남북쪽에는 난간을 두르지 않았다.

江陵 五星亭

강릉 오성정

강릉 방해정

[위치] 강원도 강릉시 경포로 449　**[건축 시기]** 1859년
[지정사항] 강원특별자치도 유형문화유산　**[구조 형식]** 5량가 팔작기와지붕

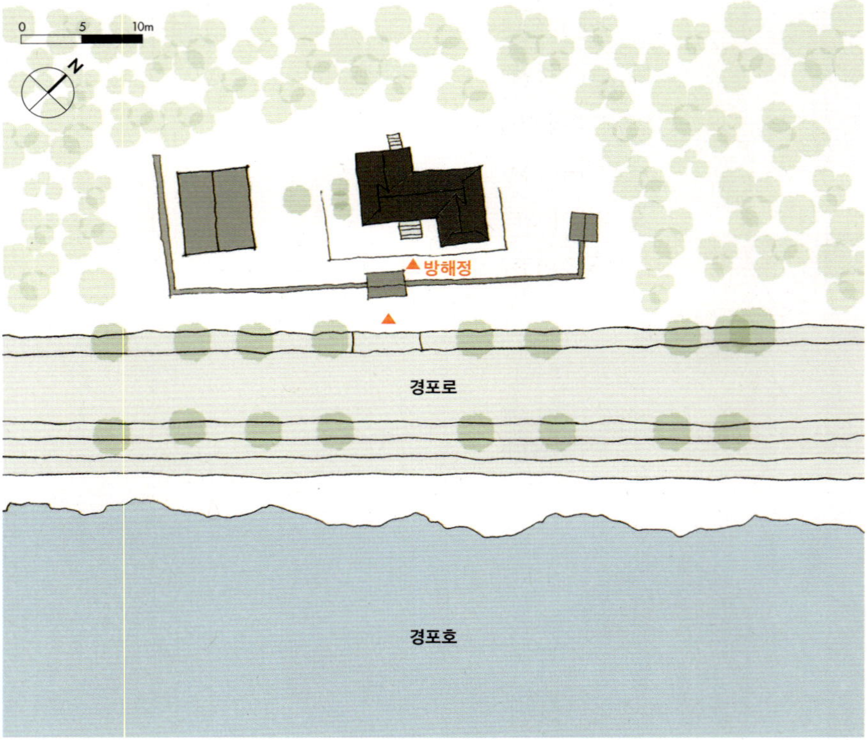

경포로

경포호

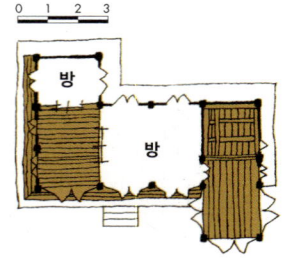

江陵 放海亭

전면으로 경포호가 시원하게 보이는 호숫가 평지에 동남향으로 자리하고 있다. 뒤로는 수목이 우거져 있다. 마당에는 조경석과 관목 등으로 정원을 꾸며놓았다. 서쪽에는 근래에 건축된 별채가 있다. 방해정은 강릉 객사를 해체할 때 나온 부재 일부를 가져다 지은 건물로 강릉 선교장의 별서건축으로 1859년(철종 10) 이봉구(李鳳九)가 벼슬에서 물러나 말년을 보내기 위해 지었으며, 1940년 증손인 이근우(李根宇)가 다시 지었다.

도리칸 4칸, 보칸 3+1칸으로 되어 있다. 왼쪽으로 누마루가 있고 가운데는 온돌방, 오른쪽에 마루와 온돌방이 있다. 정자라기보다는 살림집 성격이 강하다. 누마루를 제외한 나머지 부분에는 쪽마루가 있다. 기단은 장대석 가공석으로 되어 있다. 기둥은 방주를 사용하고 공포는 민도리 형식이다. 몸채는 5량 구조이고 날개 부분은 3량 구조이다. 홑처마 팔작지붕 집이다.

오른쪽에 누마루가 돌출되어 있고 가운데는 온돌방, 왼쪽에는 마루와 온돌방이 있다.

江陵 放海亭

1 누마루에 장초석을 사용했다.
2 왼쪽으로 누마루가 돌출되어 있고 정자의 오른쪽 끝으로는 온돌방이 돌출되어 있다.
3 전경. 마당에 조경석과 관목 등으로 정원을 꾸며 놓았다.
4 합각이 직각으로 교차한 오른쪽 면

江陵 放海亭

강릉 방해정

강릉 금란정

[위치] 강원도 강릉시 경포로371번길 57　**[건축 시기]** 조선후기
[지정사항] 강원특별자치도 문화유산자료　**[구조 형식]** 5량가 팔작기와지붕

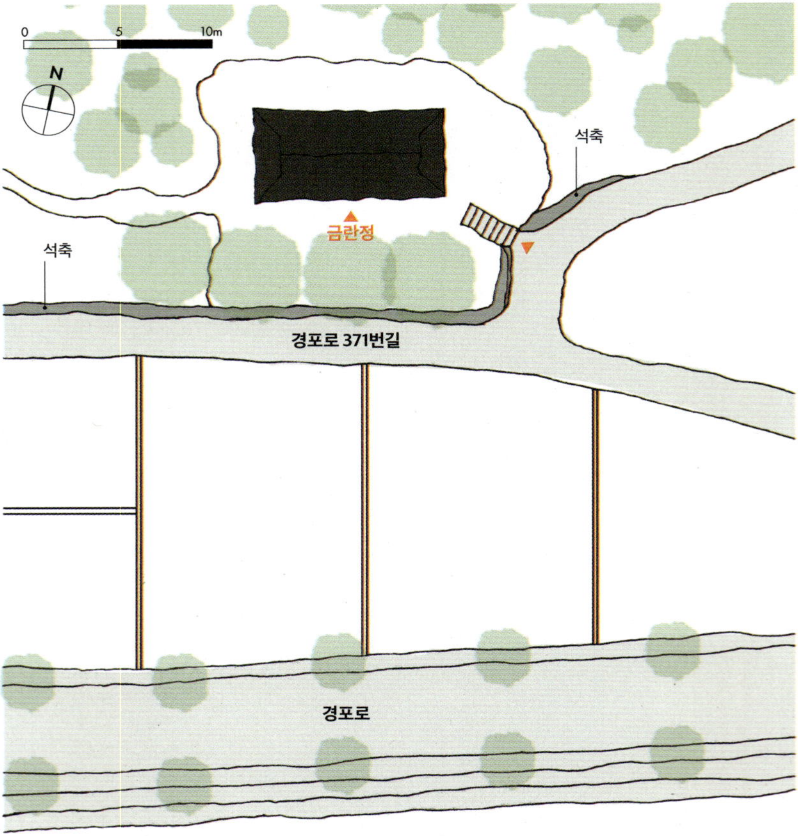

江陵 金蘭亭

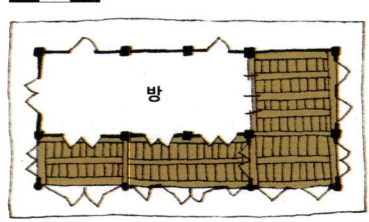

경포호가 한눈에 들어오는 둔덕 위에 동남향으로 자리하고 있다. 금란정 뒤로는 산림이 우거져 있다. 조선후기 사인 김형진(土人 金衡鎭)이 경포대 북쪽 시루봉에 지은 매학정(梅鶴亭)을 금란반월회 계원들이 매입해 현재 자리로 옮겨 짓고 정자의 이름도 계회의 이름을 본떠 금란정이라고 했다.

금란정은 도리칸 4칸, 보칸 2칸으로 구성되어 있는데 도리칸의 정면과 배면이 달라 보인다. 정면은 3칸으로 보이고 배면은 4칸으로 보인다. 정면과 배면의 기둥 수가 다르기 때문이다. 정면의 주칸 기둥을 하나 덜 두었는데 아주 이례적인 경우이다. 아마 짝수 칸이 아닌 홀수 칸으로 보이게 하기 위함이었을 것으로 짐작된다. 전면으로 툇마루가 있고 그 뒤로 온돌방이 있다. 왼쪽 1칸은 누마루이다. 전면에만 가공한 초석, 원기둥을 사용하고 다른 면에는 자연석 초석, 방주를 사용했다. 기단은 장대석 외벌대이다. 공포 역시 전면만 달리했다. 전면은 주두 있는 직절익공집이고 나머지 부분은 민도리 형식이다. 전면의 격을 높인 것이다. 5량가 홑처마, 팔작지붕집이다.

江陵 金蘭亭

금란정은 경포호가 한눈에 들어오는 둔덕 위에
동남향으로 자리하고 있다.

江陵 金蘭亭

강릉 금란정

036

1, 4 전면에만 가공한 원형 초석, 원기둥을 사용하고 다른 면에는 자연석 초석, 방주를 사용했다.
2 왼쪽 면. 누마루 하부가 막혀 있는데 이 안에 아궁이가 있다.
3 도리칸 4칸, 보칸 2칸으로 구성되어 있는데 도리칸은 정면과 배면의 기둥 수 다르다. 정면 주칸에는 기둥이 하나 적다.
5 전경. 마당에 조경석과 관목 등으로 정원을 꾸며 놓았다.

江陵 金蘭亭

강릉 해운정

【위치】 강원도 강릉시 운정길 125 **【건축 시기】** 1530년
【지정사항】 보물   **【구조 형식】** 5량가 팔작기와지붕

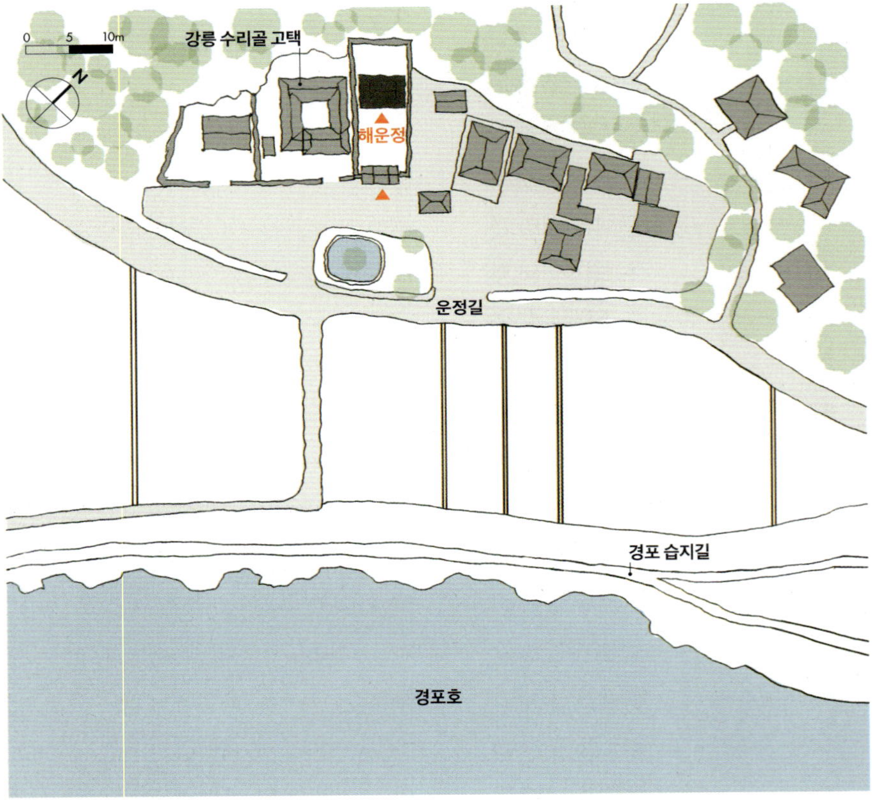

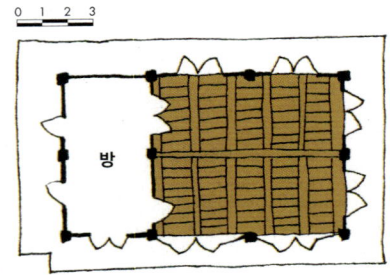

江陵 海雲亭

어촌 심언광(漁村 沈彦光)이 1530년(중종 25)에 강원도 관찰사로 있을 때 지은 별당 건물로 조형성이 뛰어난 조선 중기 상류주택의 모습을 확인할 수 있다. 해운정은 경사지에 동남향으로 자리하고 있다. 건물 앞에 걸려 있는 '해운정' 현판은 우암 송시열(尤庵 宋時烈, 1607~1689)의 글씨이다. 이외에도 율곡 이이(栗谷 李珥, 1536~1584)를 비롯해 여러 문인이 쓴 기문과 시문이 내부에 걸려 있다.

해운정은 도리칸 3칸, 보칸 2칸 평면으로 오른쪽에 2칸 온돌방이 있고, 왼쪽에는 4칸 마루가 있다. 경사지에 있어 앞은 여러 단으로 구성한 높은 기단을 두고 뒤는 외벌대로 구성했다. 앞 기단의 양옆에는 2단의 화단이 있다. 초석은 자연석을 사용했지만 기단은 가공한 장대석을 사용했다. 기둥은 모두 방형을 사용했다. 5량가로 포동자주와 파련대공을 사용하고 공포는 초익공 형식으로 구성해 고급스럽고 화려한 느낌이다.

정면 문 위 해운정 현판 아래에 특이한 부분이 있는데 난간이나 창호 아래에서 볼 수 있는 머름과 궁판, 풍혈이 있다. 부석사 무량수전에서도 비슷한 구성을 볼 수 있는데 고식건물의 특징일 것으로 추정한다. 고식건축의 특징은 창호와 익공에서도 확인할 수 있다. 창호 가운데에 문설주가 있고 익공 윗부분이 약간 패어 있는데 모두 오래된 건물에서 볼 수 있는 구성이다.

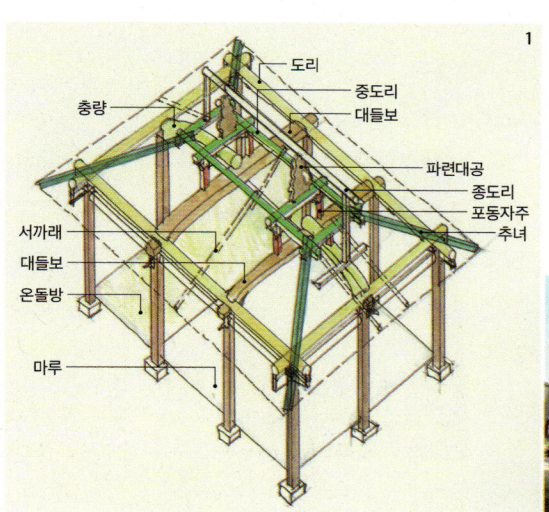

1 가구 구조도

2 기단을 높게 올린 정면과 달리 후면은 외벌대로 구성했다.

江陵 海雲亭

강릉 해운정

040

1 경사지에 자리해 앞쪽 기단을 높게 구성하고 기단 양옆에 화단을 구성했다.
2 5량 구조로 충량을 걸었다.
3 파련대공과 포동자주
4 고식의 초익공
5 문 위에서 난간이나 창호에서 볼 수 있는 궁판과 풍혈을 볼 수 있는데 부석사 무량수전에 비슷한 구성이 있는 것으로 보아 고식건축의 특징으로 추정된다.
6 바닥에 우물마루를 깔았고 정면을 제외한 나머지 면에는 판문을 달았다. 판문 중앙에 문설주가 있는데 고식건축에서 볼 수 있는 특징이다.

江陵 海雲亭

강릉 계련당

江陵 桂蓮堂

[위치] 강원도 강릉시 율곡로 2920-12　**[건축 시기]** 1810년 중건
[지정사항] 강원특별자치도 유형문화유산　**[구조 형식]** 5량가 팔작기와지붕

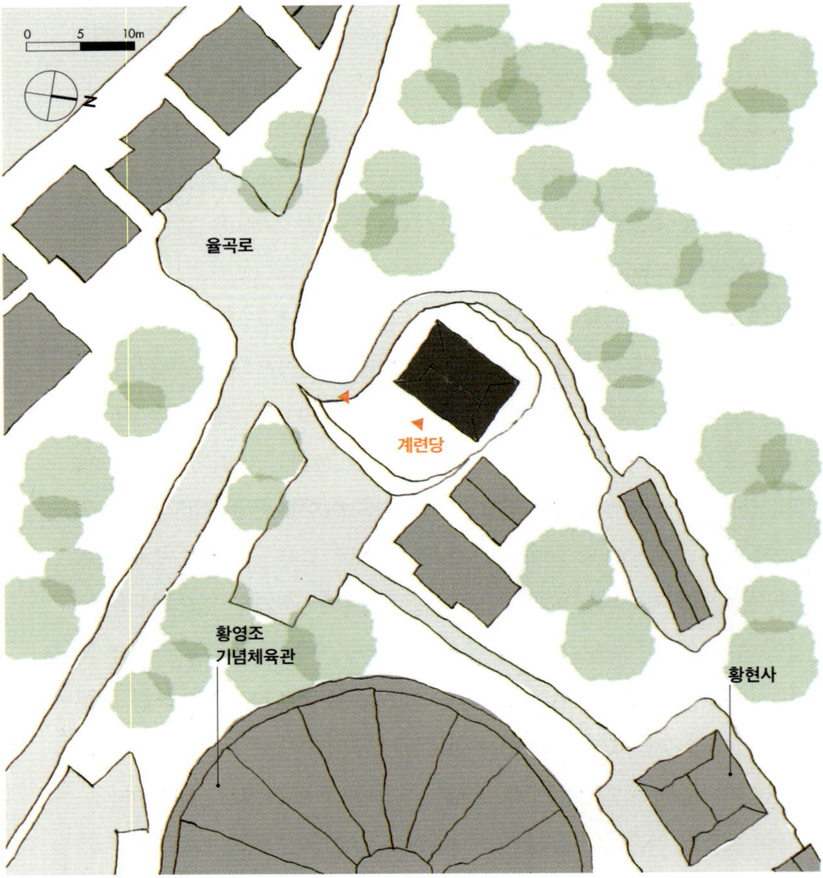

율곡로

계련당

황영조
기념체육관

황현사

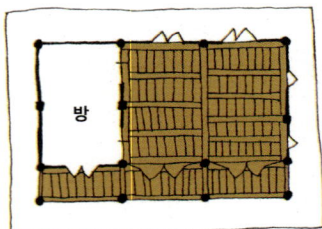

방

강릉
계련당

042

사마소(司馬所)로 지어졌으나 훼손되어 1810년(순조 10)에 중건했다. 사마소는 지방의 생원과 진사들이 조직한 사설기관으로 지방자치 기구인 향소나 유향소에 맞서 조직된 사설 기관을 말한다.

도리칸 3칸, 보칸 2칸 평면인데 좌우 보칸의 구성이 조금 다르다. 왼쪽 보칸은 '1+0.5+0.5=2칸'으로 보이고 오른쪽 보칸은 '1+1+0.5=2.5칸'으로 보인다. 좌우 모두 0.5칸 규모의 전퇴가 있고 그 뒤로 오른쪽에는 방이, 왼쪽에는 마루가 있다. 방의 천장은 고미반자로, 마루는 연등천장으로 되어 있다. 초석과 기단 모두 자연석을 사용하고, 방을 구성하는 기둥 2개만 방주이고 나머지 기둥은 원주로 했다. 공포는 두 종류가 사용되고 있는데 전면쪽은 이익공이고 나머지 부분은 민도리 형식이다. 전면의 격을 높인 것이다. 5량 구조, 홑처마, 팔작지붕집이다.

툇간을 구성하는 벽 상부의 문 위를 보면 도리와 같은 부재가 있다. 그런데 서까래를 받고 있지는 않고 있다. 통상 이런 경우 동자주나 고주가 있고 그 위에 도리가 걸리기 마련인데 여기서는 도리가 벽 중간에 있는 것이다. 실제 동자주는 벽 안쪽에 있다. 이러다 보니 서까래와 벽이 만나는 부분 마감이 매끄럽지 못하다.

江陵 桂蓮堂

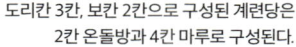

도리칸 3칸, 보칸 2칸으로 구성된 계련당은
2칸 온돌방과 4칸 마루로 구성된다.

江陵 桂蓮堂

강릉 계련당

1 마루가 있는 쪽 배면은 판벽으로 마감했다.
2 전면에 0.5칸 규모의 툇간이 있다.
3 전면은 이익공 형식이고 나머지 부분은 민도리 형식으로 했다. 전면의 격을 높이는 방법이다.
4 툇간 안쪽 벽 위에 서까래와 맞닿지 않은 도리가 있고 서까래와 벽이 맞닿는 부분은 마감이 매끄럽지 못하다.

江陵 桂蓮堂

강릉 호해정

江陵 湖海亭

[위치] 강원도 강릉시 경포로463번안길 83 **[건축 시기]** 1750년
[지정사항] 강원특별자치도 유형문화유산 **[구조 형식]** 5량가 팔작기와지붕

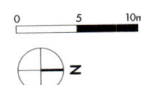

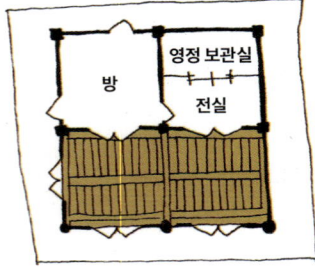

江陵 湖海亭

호해정 자리에는 조선 중종 때 강릉현감이었던 김지의 후손인 습득공 김계운(習讀公 金繼雲)이 지은 태허정(太虛亭)이 있었다. 태허정은 여러 사람의 손을 거치며 전해지다가 소실되고 정자 터만 남아 있었다. 이 터에 1750년(영조 26) 진사 신정복(辛正復)이 자신의 집 별당을 헐어 옮겨 짓고 호해정이라고 부른 것이 지금까지 전해지고 있다. 1834년(순조 34) 태허정 소실 이후 정자 터의 소유주였던 김몽호(金夢虎)의 후손들이 신씨로부터 정자를 인수해 김몽호의 영정을 봉안하고 매년 다례를 올리고 있다.

경포대 주변에 있는 정자는 대개 경포호를 중심으로 있지만 호해정은 경포호에서 멀리 떨어진 산기슭 밑 언덕에 동향으로 자리하고 있다. 앞으로 평야가 펼쳐져 있고 뒤로는 산등성이를 등지고 있다. 경포호 주변에 비해 경관은 다소 삭막하지만 명상하기에는 좋은 조용하고 차분한 분위기이다.

호해정은 도리칸 2칸, 보칸 2칸의 정사각형 평면으로 되어 있다. 사방은 벽과 창호로 막혀 있어 정자라기보다는 민가의 별당 같은 느낌이다. 정면인 동쪽과 남쪽의 일부에 들어열개 판창이 달려있고 나머지는 회벽으로 되어 있다. 전면 2칸은 마루로 되어 있고 뒤로 온돌방 1칸과 영당 1칸이 있다. 초석은 자연석을 사용하고 기단은 장대석으로 가공된 석재를 사용했다. 동쪽 면 기둥은 원형이고 나머지 부분은 방형으로 되어 있다. 공포는 이익공같은 초익공 형식이다. 화반이 있는 점과 익공이 두 개인 점을 보면 이익공 형식이지만 재주두가 없고 주두 위치가 재주두 위치에 있는 점을 볼 때는 초익공 형식이다. 즉 초익공 위치에 익공 한 개가 아닌 두 개를 둔 것이다. 초익공 구조를 가지고 있으면서 이익공처럼 보이게 함이었을 것이다. 5량가, 홑처마, 팔작지붕집이다.

江陵 湖海亭

강릉 호해정

1. 도리칸 2칸, 보칸 2칸의 정사각 평면으로 전면 2칸은 마루이고 뒤로 온돌방 1칸과 영당 1칸이 있다.
2. 이익공처럼 보이게 꾸민 초익공이다.
3. 초익공집임에도 이익공처럼 화반이 있다.
4. 초석이 낮고 윗면은 편평하다.
5. 정면인 동쪽과 남쪽 일부에 들어열개 판창을 달고 나머지는 회벽으로 마감해 다소 폐쇄적으로 보인다.
6. 경포호에서 멀리 떨어진 산기슭에 산등성이를 등지고 자리한 호해정 앞으로 평야가 펼쳐져 있다.

江陵 湖海亭

강릉 경포대

江陵 鏡浦臺

[위치] 강원도 강릉시 경포로 365　**[건축 시기]** 1899년
[지정사항] 강원특별자치도 유형문화유산　**[구조 형식]** 7량가 팔작기와지붕

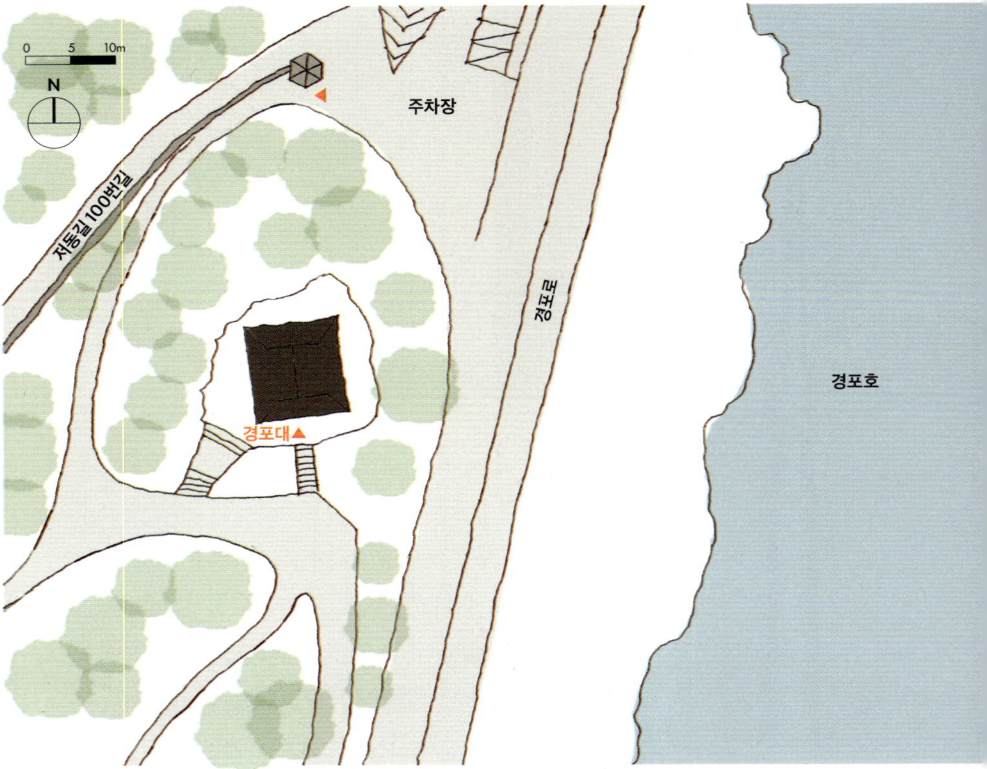

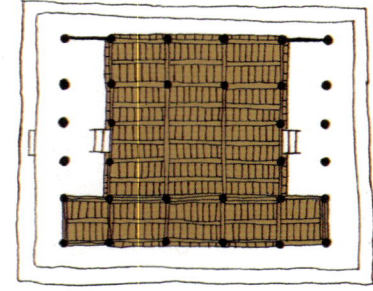

관동팔경의 하나인 경포대는 경포호가 보이는 언덕에 동향으로 자리하고 있다. 원래 1326년(고려 충숙왕 13) 인월사 옛터에 지어졌으나 이후 현재 자리로 이건되어 여러 차례 중수했다는 기록이 남아 있다.

도리칸 5칸, 보칸 5칸으로 일부 판벽이 있지만 사방이 개방되어 있다. 전면과 후면의 측면 1칸을 제외한 나머지 툇간에는 마루를 깔지 않았다. 마루에는 계자난간을 둘렀다. 원형초석, 장대석 기단을 두고 원형 기둥을 사용했다. 공포는 이익공 형식이다. 고주는 내진주열을 따라 있고 이 고주에 외진주에서 툇보가 걸리고 내진주와 내진주 사이에 대들보가 걸리는 구조로 되어 있다. 동·서 방향 툇보는 직선 부재로 되어 있는 반면 남·북쪽 툇보는 휘어진 부재를 사용한 것이 눈에 띈다.

동쪽 1열의 마루 단이 중앙부보다 높게 되어 있는데 양 끝은 그보다 한 단 더 높게 해 마루를 3단으로 구성했다. 경포호 경관을 조금 더 잘 즐기기 위해 동쪽 마루의 단을 더 높게 한 것으로 생각된다.

1 직선 부재를 사용한 동서방향 툇보
2 남북방향의 툇보는 휘어진 부재를 사용했다.

江陵 鏡浦臺

江陵 鏡浦臺

1 경포호가 보이는 언덕에 동향으로 자리한다.
2 경포대에서 바라본 경포호
3 내진주열에 있는 고주에 툇보를 걸고 내진주와 내진주 사이에 대들보를 걸었다.
4 외부 공포 모양과 내부 고주 공포 모양이 서로 다르다.
5, 6 마루가 3단으로 구성되어 있다.

江陵 鏡浦臺

고성 청간정

高城 清澗亭

【위치】 강원도 고성군 토성면 동해대로 5110 (청간리)　【건축 시기】 1928년 이건 중수
【지정사항】 강원특별자치도 유형문화유산　【구조 형식】 5량가 팔작기와지붕

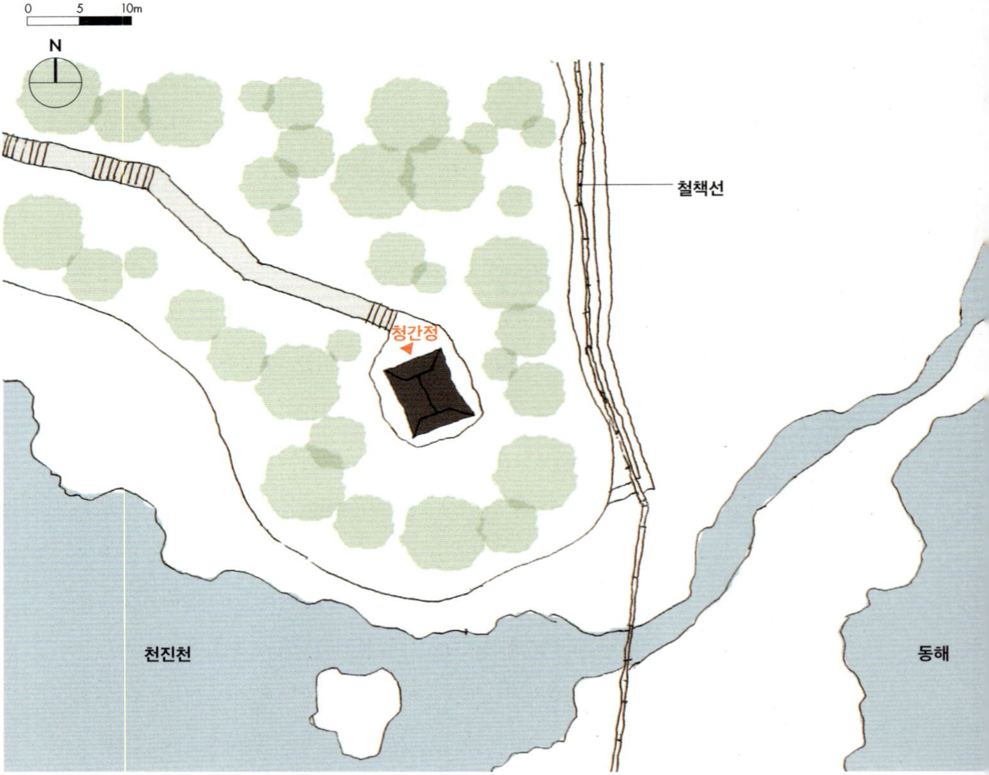

철책선

청간정

천진천

동해

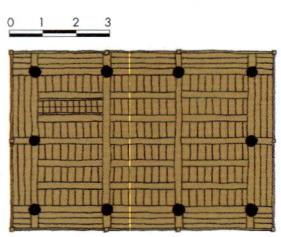

高城 淸澗亭

해안가 바위 절벽 위에 있어 동해안 절경을 한눈에 내려볼 수 있다. 원래는 절벽 아래에 있었는데 1884년(고종 21) 전소한 것을 1928년에 이곳으로 옮겨 지었다. 정확한 초창 연대는 알 수 없으나 16세기 문인들의 문집에 등장하고, 1738년 정선의 《관동명승첩》의 〈청간정도〉, 18세기 허필과 정충엽의 〈관동팔경도〉, 1746년의 〈관동십경도첩〉에서도 볼 수 있는 것으로 보아 16세기 이전부터 있었을 것으로 추정된다. 그림에서는 누각 옆 청간역(淸澗驛)이 보이는데 청간정은 청간역의 부속 정자가 아니었을까 한다. 이때의 청간정은 지금보다 규모가 컸을 것으로 추정된다. 청간정 현판은 1953년 이승만이 이곳을 방문하고 남긴 글씨이다.

도리칸 3칸, 보칸 2칸의 5량가이다. 누 아래는 팔각 석주로 하였으며 누 상부는 모두 우물마루를 깔았다. 공포는 일출목 이익공 형식으로 조선 후기 일반적인 익공 형식 건물의 모습을 띠고 있다.

1. 겸재 정선의 《관동명승첩》에서 청간정의 모습을 확인할 수 있다. 지금과 달리 절벽 아래에 청간역과 나란히 있으며 규모도 지금보다 컸음을 알 수 있다.

2. 초창 때보다 규모는 작아졌으나 높이는 그대로여서 웅장한 느낌을 준다.

高城 清澗亭

1 일출목 이익공의 공포를 보조하기 위해 덧댄 화반의 높이가 높고 당당하다.
2 양쪽 툇간의 충량은 홍예보를 사용하여 곡선의 아름다움을 살렸다.
3 누하부의 팔각 석주는 1928년 이 자리로 옮기기 전의 것으로 추정하는데 옛 사진에서 그 모습을 확인할 수 있다.
4 초창 때보다 규모는 작아졌으나 높이는 그대로여서 웅장한 느낌을 준다.
5 흔히 볼 수 있는 5량가로 양쪽 툇간에는 충량을 걸었다.
6 정칸 중도리 위치에 우물반자를 설치했다. 대개는 연등천장으로 서까래를 노출한다.

高城 清澗亭

동해 해암정

[위치] 강원도 동해시 추암동 474-5　**[건축 시기]** 1530년
[지정사항] 강원특별자치도 유형문화유산　**[구조 형식]** 2평주 5량가 팔작기와지붕

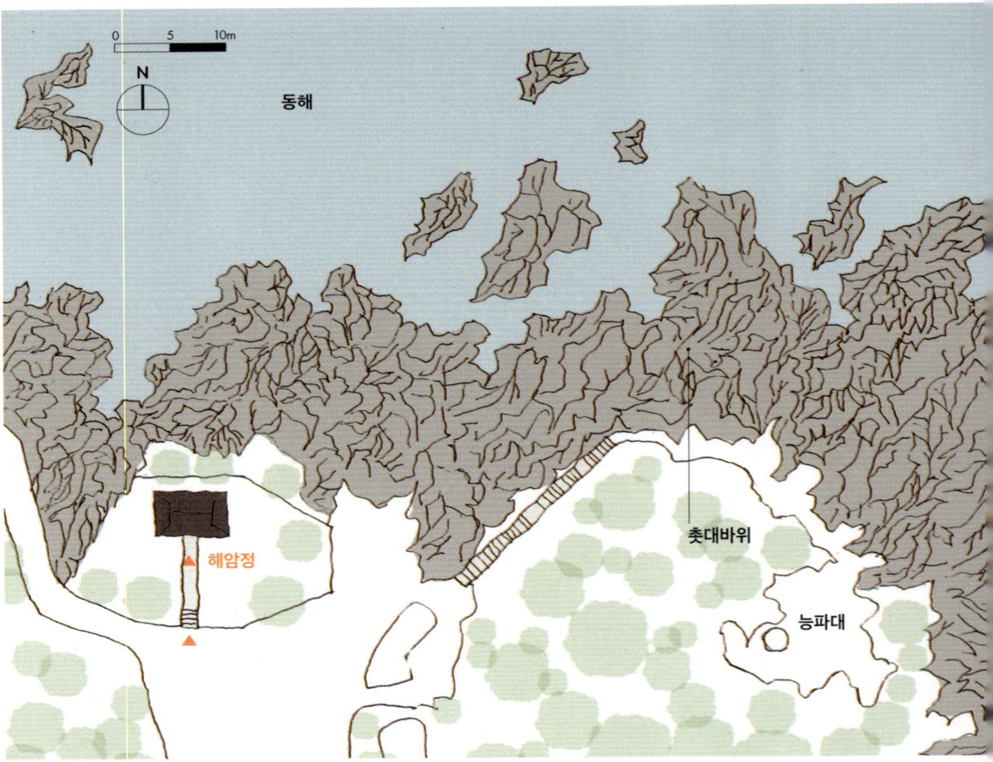

동해

촛대바위

능파대

해암정

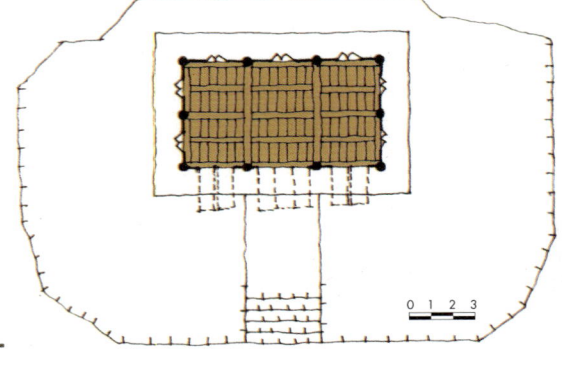

동해시에서 남쪽으로 약 6km 지점의 해변에 자리한다. 해안을 따라 유명한 촛대바위의 기암괴석들이 정자까지 이어져 있다. 해암정은 삼척 심씨의 시조인 심동로(沈東老)가 1361년(고려 공민왕 10)에 벼슬을 버리고 내려와 후학을 양성하며 여생을 보낸 곳이다. 초창의 모습은 남아 있지 않으며 화재로 전소한 것을 1530년(중종 25)에 심언광이 다시 짓고 1794년(정조 18)에 대대적으로 수리하여 현재에 이르고 있다.

지금은 매립되었으나 원래는 정자 앞까지 바닷물이 들어왔다고 한다. 정자 뒤로는 처마 아래에서부터 기암괴석이 바닷가까지 이어진다. 정자는 바다를 등지고 있으며 기암괴석을 배경으로 한 독특한 풍광을 보여준다.

정자의 규모는 도리칸 3칸, 보칸 2칸으로 크지 않으며 형식도 단청 없이 민가 풍으로 소박하다. 원기둥을 사용한 홑처마, 팔작지붕집이다. 공포 형식은 초익공 형식이고, 가구는 2평주 5량가인데 동자주 사이가 가까운 삼분변작법을 사용한 고식기법이 보인다. 충량과 대들보 등 몇 개의 주요 부재만 남아 있고 대부분 교체되었다. 바닥은 모두 우물마루를 깔았으나 전면은 세살문으로, 양측면과 배면은 우리판문으로 모두 막았기 때문에 정자와 같은 느낌이 들지 않는다.

편액은 전면에 3개가 걸려 있는데 중앙에 있는 해암정 편액은 낙인이 없어서 쓴 사람과 연도를 알 수 없다. 좌측 편액은 전서체로 쓰여 있는데 삼척심씨의 후손이 1943년에 쓴 것으로 추정된다. 오른쪽 편액은 석종남(石鐘㊎)이라고 하여 건물 이름이 아니라 정자를 감싼 풍경을 묘사한 것이다. 바다와 기암괴석과 파란 하늘과 자연이 잘 조화된 정자보다는 주변 경관이 아름다운 곳이다.

東海 海岩亭

1 정자 뒤에서 동해로 연결되는 기암괴석의 모습
2 정자 뒤에 있는 기암괴석 가운데 촛대바위

東海 海岩亭

1 낮고 소박하지만 정자 뒤에 있는 기암괴석이 화려하고 역동적이어서 정자와 대조를 이룬다.
2 충량을 외기가 받치고 있는데 눈썹천장을 가설하지 않아 소박하다.
3 충량은 원래 부재를 그대로 사용한 것으로 추정된다.
4 공포는 초익공 형식으로 익공의 모습이 투박하면서도 소박하다. 민도리집과 느낌이 비슷하지만 격을 높이기 위해 익공을 사용했다.
5 바닥은 낮은데 모두 마루가 깔려있고 사방은 창과 판벽으로 막혀 있어 정자보다는 마루방의 느낌을 주는 독특한 정자이다.
6 2평주 5량가인데 장식이 없고 중도리 사이가 가까운 삼분변작법으로 고식 느낌을 준다.

東海 海岩亭

삼척 죽서루

三陟 竹西樓

[위치] 강원도 삼척시 죽서루길 44 (성내동)　**[건축 시기]** 1403년
[지정사항] 국보　**[구조 형식]** 2평주 5량가 팔작기와지붕

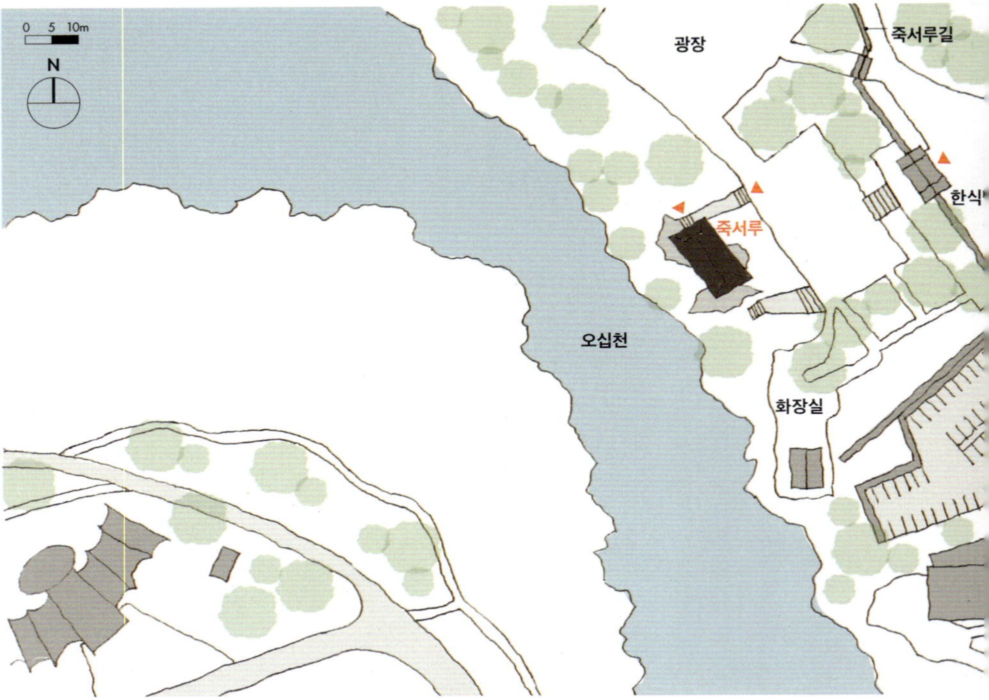

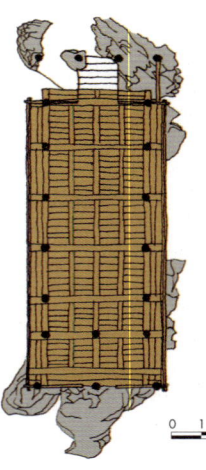

1. 누각 안에 걸려 있는 편액 가운데 '제일계정(第一溪亭)'은 계곡에 지어진 누각 중에 으뜸이라는 의미이다. 허목이 쓴 것으로 알려져 있다.

2. 태백산에서 발원한 오십천의 응벽담과 바위절벽이 잘 어우러진 곳에 있어 자연과 인공의 아름다움이 조화로운 누각이다.

三陟 竹西樓

　죽서루는 태백산에서 발원하여 삼척시 남쪽을 동서로 흐르는 오십천(五十川) 변의 절벽 위에 자리한다. 삼척시의 남천이라고 할 수 있는 오십천 하류 응벽담(凝碧潭)의 뛰어난 풍경과 어우러져 절경을 이룬다. 1662년(현종 3)에 편찬된 삼척 향토지인 김종언의 《척주지》에 따르면 고려 중엽에 초창했지만 소실되어 1403년(태종 3)에 5칸 맞배건물로 새로 지었다. 1530년(중종 25)에는 남쪽으로 한 칸을 늘려 6칸이 되었다. 1788년(정조 12)에는 북쪽으로 한 칸을 더 증축해 7칸의 지금과 같은 건물이 되었다. 증축 흔적은 건물에 잘 남아있다.

　죽서루는 현재 도리칸이 7칸이고 양측면은 칸 수가 서로 달라 북쪽은 2칸, 남쪽은 3칸으로 비대칭이다. 2평주 5량가, 일출목 익공식이다. 누하주 기둥은 서로 다른 높이의 바위를 초석 삼아 세웠으며 누상과 누하의 기둥 위치가 온전히 일치하지도 않는 매우 자유스러운 평면을 구성하고 있다. 누각에는 별도로 계단을 놓지 않고 건물 측면의 남쪽 바위를 올라 누각 안으로 돌출된 바위를 타고 들어갈 수 있다. 바위의 높이와 위치를 절묘하게 응용한 건물이라고 할 수 있다.

　북쪽 협칸 한 칸에만 우물천장이 설치되어 있으며 사방의 기둥에 상인방이 남아 있는 것으로 미루어 온돌이 설치되어 있었을 가능성이 있다. 정선의 죽서루 그림에도 이 부분은 온돌로 표현되어 있다. 증축된 남쪽과 북쪽의 툇간은 출목도 없고 익공의 모양도 다르다.

三陟 竹西樓

三陟 竹西樓

1 자연 암반의 배치와 높낮이를 절묘하게 이용했다. 남쪽 정면은 3칸으로 중앙에서 누각으로 들어가는데 이 부분은 누하주 없이 누상주만 있으며 마루를 깔지 않았다.

2 일출목의 주심포 형식이다. 헛첨차가 있고 첨차와 살미의 모양이 같으며 호형으로 만들어진 것은 통일신라기에 볼 수 있는 양식과 비슷하다.

3 누각의 남쪽과 북쪽 한 칸은 후에 증축된 것으로 공포도 초익공으로 중앙과 다르다.

4 동자주는 포형 동자주이다. 첨차를 사용해 공포 형식으로 만든 포형 동자주는 주로 고려시대 이전에 사용되었던 것인데 조선시대에 중창하면서도 양식은 고식 기법을 취한 것을 볼 수 있다.

5 겸재의 그림에는 온돌로 표현된 것으로 보아 온돌이었을 것으로 추정되는 북쪽 협칸. 칸의 천장만 우물반자로 했으며 사방의 기둥에 상인방이 있다. 초창 때는 정면에서 누각에 올랐겠지만 증축하면서 남쪽 측면으로 오르고 이때 온돌이 만들어졌을 것으로 추정된다.

6 가구가 매우 건실하다. 대공은 고려 말과 조선 초에 유행했던 파련대공으로 고식이다.

7 누각에서 강 쪽을 바라본 모습. 건물들이 들어서 있어서 아쉽지만 누각의 위풍당당함은 그대로 남아 있다.

8 사방이 트이고 높고 준엄하여 위풍당당한 맛을 느낄 수 있다.

9 누각에서 내려본 응벽담. 깎아지른 절벽의 아찔함과 오십천의 굽이진 수경이 잘 조화하여 빼어난 경치를 연출하고 있다.

영월 요선정

寧越 邀僊亭

【위치】강원도 영월군 수주면 도원운학로 13-39 (무릉리 139) 【건축 시기】1913년
【지정사항】강원특별자치도 문화유산자료 【구조 형식】3량가 팔작기와지붕

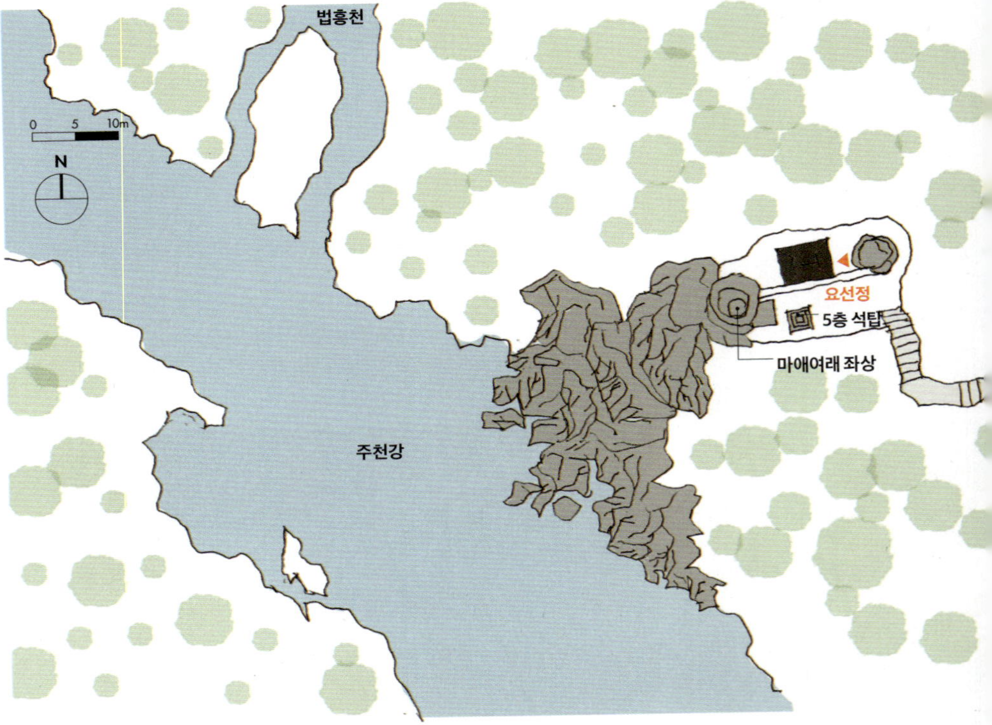

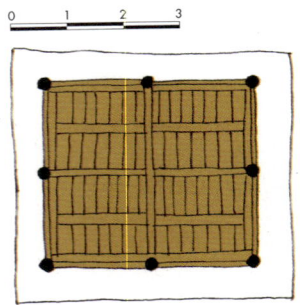

寧越 邀僊亭

1913년 숙종·영조·정조 세 임금의 어제시(御製詩)를 봉안하기 위해 지은 정자이다. 어제시는 원래 주천현 객관 서쪽 청허루에 봉안되어 있었다. 요선정은 백덕산과 태기산에서 흘러내린 물이 합쳐지는 곳으로 주천강 상류를 이루는 지점, 기묘한 형상의 바위 꼭대기에 자리한다. 정자 앞으로 맑은 물이 흐르는 계곡이 있고, 강기슭에 큰 반석이 많아 일대를 '요선암'이라고 불렀다고 한다. 특히 강바닥에는 물에 씻긴 큰 바위들이 넓게 깔려 있어 '영월 무릉리 요선암 돌개구멍' 천연기념물로 지정되어 있다. 인근 추천면의 동쪽과 서쪽에는 각각 빙허루(憑虛樓)와 청허루(淸虛樓)가 있었는데 단종을 복권시킨 숙종은 청허루에 이와 관련한 문장을 지어 내려보냈다. 이후 빙허루에 불이 나 누각이 모두 불에 타버렸다는 소식을 들은 영조가 숙종의 문장에 글귀를 보태 내려보냈고, 정조 역시 시를 지어 내려보냈다고 한다. 후대에 빙허루와 청허루가 모두 퇴락해 없어지자 세 임금의 문장으로 작성한 현판을 보관하기 위해 일대 주민들이 지은 정자가 요선정이다. 정자 앞에는 5층 석탑이 있고, 오른쪽 암반 위에는 고려시대 조성된 것으로 보이는 무릉리 마애여래좌상이 있다.

정자는 도리칸, 보칸 모두 2칸인 정방형 평면이다. 기단은 강돌을 두벌대로 쌓았고 덤벙주초를 사용한 겹처마 팔작지붕집이다. 기둥 상부의 대들보와 툇보의 보머리는 짧고 마구리는 직절했다. 대들보 위에 대접소로를 놓고 보아지와 첨차로 십자형 대공을 짜서 중도리와 장혀를 받았는데 보아지는 둥글게 초각했다. 중도리 상부에는 대공을 설치하고 우물반자로 막았다.

천연기념물로 지정되어 있는 요선정 앞 돌개구멍

寧越 邀僊亭

寧越 邀僊亭

1. 정자 앞에는 5층 석탑이, 왼쪽에는 무릉리 마애여래좌상이 있고, 오른쪽에는 석명선(石明瑄,丁巳)이라고 새겨진 독특한 모양의 바위가 있다. 석명선은 일제강점기 영월군수였다.
2. 부연을 가진 겹처마집이다.
3. 대들보 위에 대접소로를 놓고 보아지와 첨차로 삽지형 대공을 짜서 중도리와 장혀를 받았다.
4. 기둥 상부에만 포를 둔 주심포식이다.
5. 중도리 상부는 간략하게 대공을 설치하고 우물반자로 막았다.
6. 정자 중앙 왼쪽에는 모성헌(慕聖軒) 현판이, 오른쪽에는 요선정 현판이 걸려 있다.

영월 금강정

寧越 錦江亭

[위치] 강원도 영월군 영월읍 금강공원길 136(영흥리 78) **[건축 시기]** 17세기
[지정사항] 강원특별자치도 문화유산자료 **[구조 형식]** 1고주 5량가 팔작기와지붕

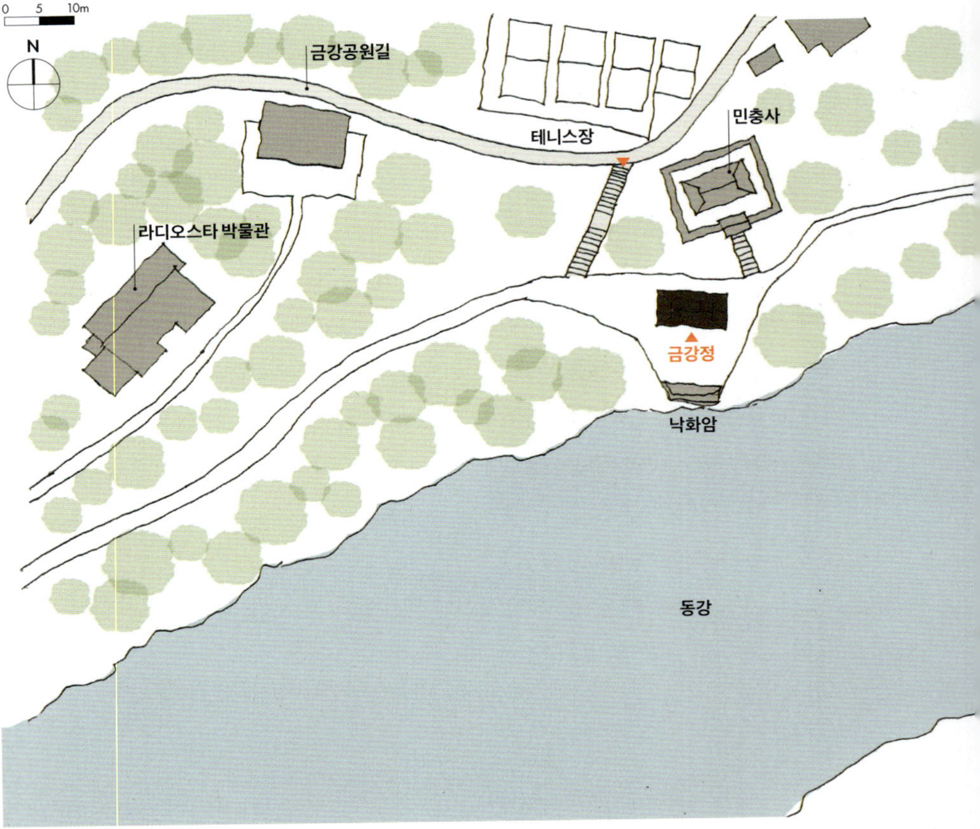

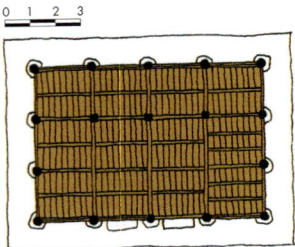

寧越 錦江亭

　아래로는 동강이 흐르고, 그 앞에는 계족산과 태화산이 있어 영월 8경의 아름다운 경치를 감상할 수 있는 곳에 자리한다. 17세기에 초창된 것을 이자삼(李子三)이 영월군수로 있을 때 고쳐 지었다. 단종 관련 유적이 있어 유학자들의 발길이 끊이지 않고 퇴계 이황(退溪 李滉, 1502~1571), 우암 송시열(尤庵 宋時烈, 1607~1689) 등이 쓴 기록이 남아있다.

　정자는 도리칸 4칸, 보칸 3칸으로 사면이 막힌 곳 없이 개방되어 있다. 자연석 강돌로 두벌대 기단을 만들고 네모난 덤벙주초를 놓았다. 내부 고주를 제외한 나머지는 모두 원기둥을 사용했다. 익공 형식이며 내부의 대들보와 툇보는 자연재를 사용했는데 보머리는 짧고 마구리는 직절했다. 변두리 기둥의 내부 보아지는 하부면을 운공형으로 길게 초각했다. 대들보 위에는 지붕 구배를 맞추기 위해 긴 동자주를 세우고 중보와 십자형으로 짜서 결구하고 종보 위에는 사다리꼴로 사절된 판대공을 설치해 종도리를 받쳤다. 배면 툇보 내측 상단에도 상부의 중도리를 받치기 위한 동자주를 별도로 세워 인접한 내부 고주와 분리한 점이 특이하다.

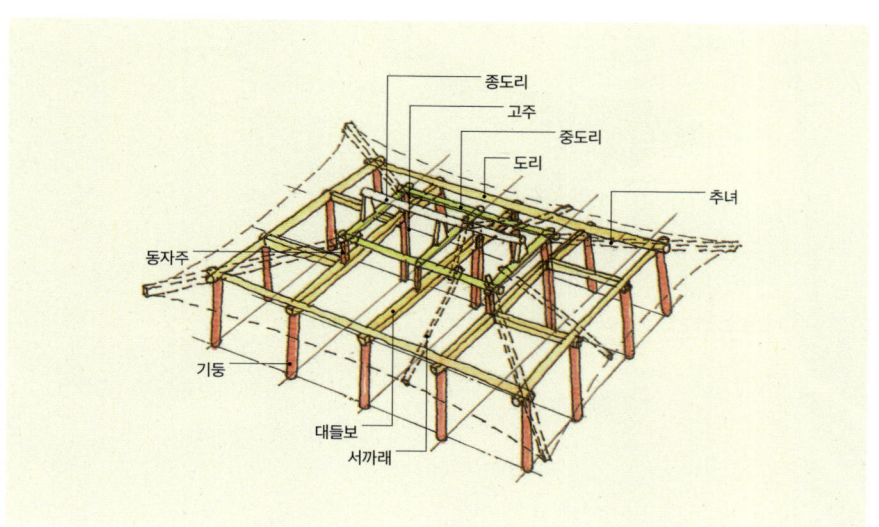

寧越 錦江亭

영월 금강정

1 강가 낭떠러지에 땅을 평평하게 조성하고 산자락 쪽에 배치했다.
2 대들보의 내부 단부는 기둥에 직접 결구하고 대들보 위에는 지붕 구배를 맞추기 위해 긴 동자주를 세워 종보와 십자형으로 결구했다. 종보 위에서 판대공으로 종도리를 받쳤다.
3 툇보 상부에는 동자주를, 충량 상부에는 사각형 화반을 설치하여 외기도리 하부를 지지하고 있다.
4 정자 아래로 동강이 흐른다.
5 내부 고주를 제외하고 모두 원기둥을 사용했다.

寧越 錦江亭

춘천 소양정

春川 昭陽亭

[위치] 강원도 춘천시 소양로 1가 산1-1　**[건축 시기]** 1966년 중건
[지정사항] 강원특별자치도 문화유산자료　**[구조 형식]** 5량가 팔작기와지붕

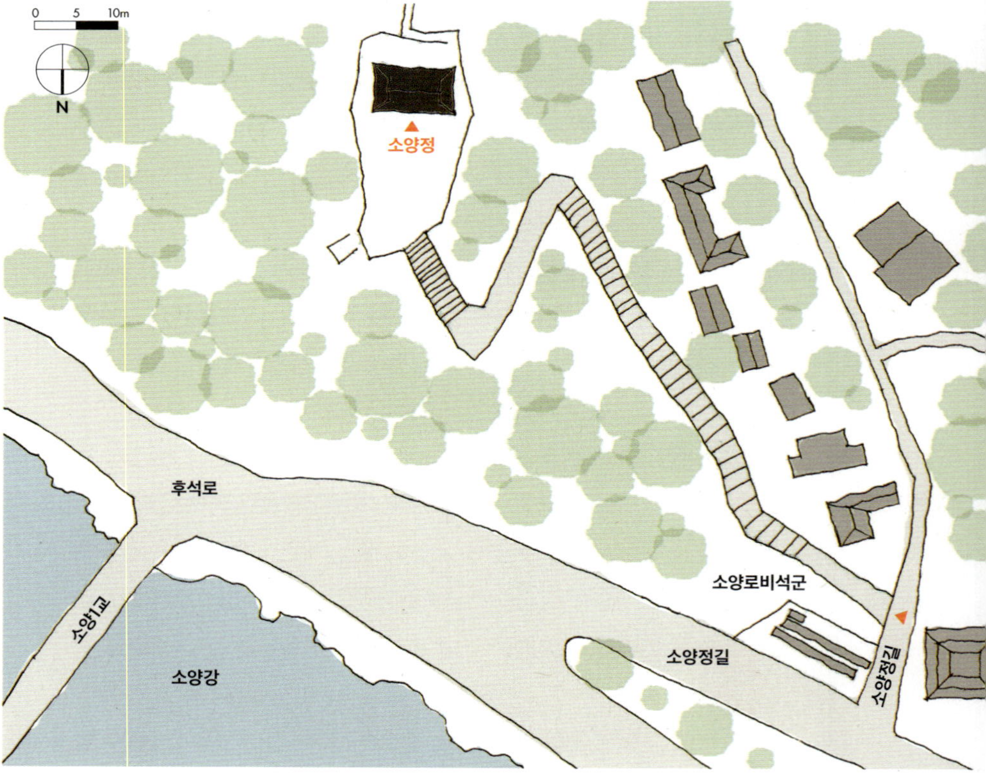

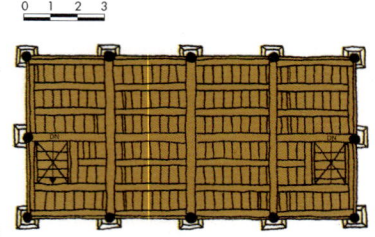

春川 昭陽亭

삼국시대부터 있던 것으로 전해진다. 여러 차례 유실되어 재건, 중수를 반복했다. 1950년 한국전쟁 당시 소실되었는데 1966년에 봉의산 뒤쪽에 중층 누각으로 다시 지은 것이 현재 전한다. 원래는 지금 위치보다 아래, 소양강 가까이 있어서 홍수 피해가 빈번했다는 기록이 있다. 소양강과 춘천의 진산인 봉의산 사이에 있어서 산과 물을 동시에 즐길 수 있는 요산요수(樂山樂水)의 자리에 있다하여 이요루(二樂樓)라는 이름을 가지고 있었으나 조선 순종 때 춘천 부사였던 윤왕국(尹王國)이 소양정으로 이름을 고쳐 지었다.

도리칸 4칸, 보칸 2칸의 이익공집이다. 외부에는 사다리 모양 짧은 화강석 초석 위에 원형 기둥을 사용했으며 내부 중앙부에서 3개의 원형 초석을 볼 수 있다. 출입은 좌우 협칸에 설치한 목재 계단을 이용하며 사면에 파만자교란을 설치했다. 기둥 위에만 공포가 있는 주심포식으로 주칸마다 창방 위에 2개의 파련화반을 두고 소로로 주심도리 장혀를 받고 있다.

원래는 소양강 가까이에 있었으나 1966년 다시 지으면서 현재 위치로 옮겨지었다.

春川 昭陽亭

1. 도리칸 4칸, 보칸 2칸이며 사면에 파만자교란을 설치했다.
2. 양쪽 협칸에 설치한 목재 계단으로 진입한다.
3. 외부에는 사다리형 화강석 초석을 사용하고 가운데 3개만 원형 초석으로 사용했다.
4. 기둥 위에만 포가 있는 주심포 형식으로 주칸마다 창방 위에 2개씩의 파련화반을 두고 소로로 주심도리 장혀를 받고 있다.
5. 우물마루를 깐 마루는 벽체 없이 난간만 두른 채 사면을 모두 개방했다. 바로 아래 소양강이 흐른다.

春川 昭陽亭

횡성 운암정

橫城 雲巖亭

[위치] 강원도 횡성군 횡성읍 한우로 191 (읍하리 산7-1) **[건축 시기]** 1937년
[지정사항] 강원특별자치도 문화유산자료 **[구조 형식]** 5량가 팔작기와지붕

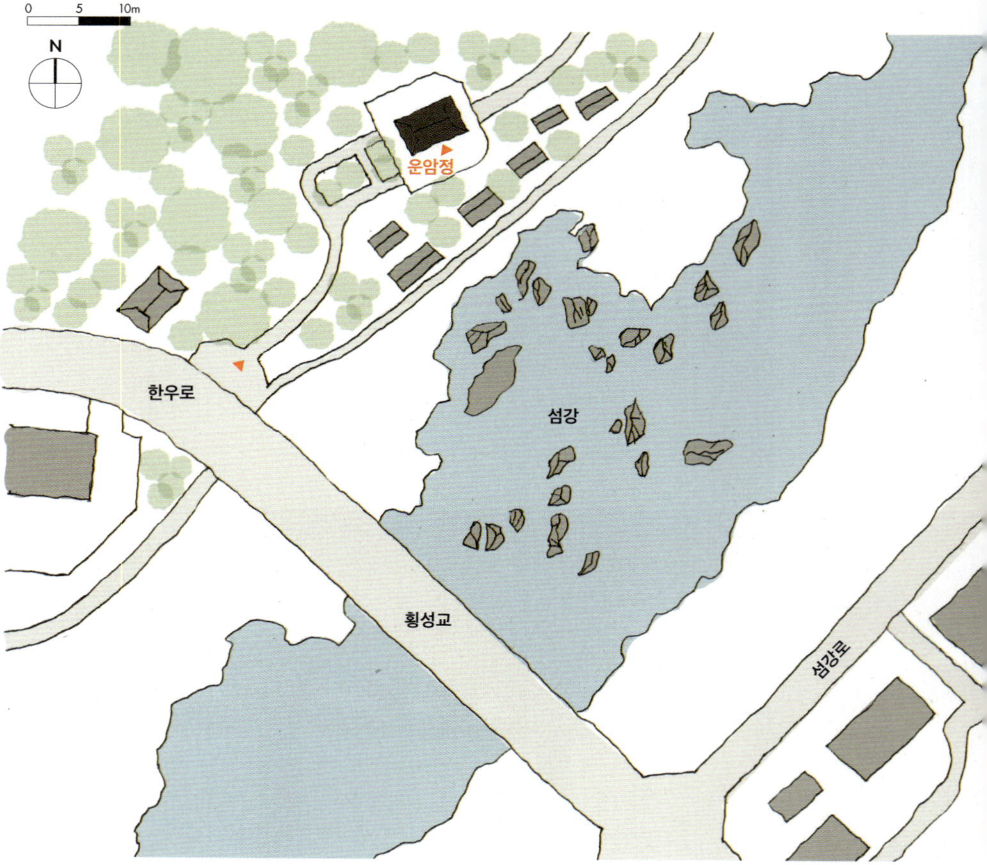

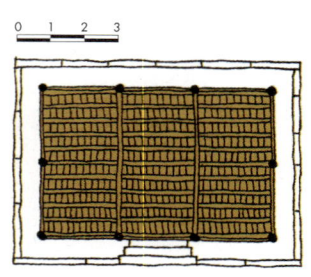

한 동네에서 가난하게 살던 두 사람이 열심히 노력해 큰 부자가 되어 자신들의 성공을 기념하고 동네 사람들에게 보답한다는 뜻에서 섬강이 한눈에 내려보이는 곳에 1937년에 지은 정자이다. 정자 이름은 운수 김종운(雲水 金鍾雲)과 청암 이원직(靑岩 李元稙), 두 사람의 호에서 한 글자씩 가져와 운암정이라고 했다.

도리칸 3칸, 보칸 2칸의 초익공집이다. 화강석 장대석 기단 위에 원형 주초를 두고 원기둥을 사용했으며 출입구 역할을 하는 중앙을 제외한 나머지 부분에는 평난간을 둘렀다. 연등천장으로 꾸민 대청 상부의 외기 쪽은 우물천장으로 마감했다. 중보 위에 사다리꼴 판대공을 두어 종도리를 받았다. 익공은 닭머리와 연봉으로 장식했다. 일제 강점기에 지방에 지은 정자로 서울에 비해 구조와 치목 수법이 다소 거칠어보인다.

橫城 雲巖亭

1 운암정 앞의 섬강 풍경
2 익공의 외부 초가지는 가늘고 길게 내밀어 다소 과장되게 표현하고 아래 연봉을 장식해 마치 초가지가 연봉을 덮어주고 있는 것처럼 보인다.
3 중보 위에서 사다리꼴 판대공이 종도리를 받게 했다.
4 횡성교 건너 바로 오른쪽 산기슭에 석축을 올려 보강한 대지에 자리해 운암정에서는 섬강을 한눈에 조망할 수 있다.

광주 지수당
광주 침괘정
여주 영월루
파주 반구정
파주 화석정
강화 연미정

경기도

광주 지수당

廣州 池水堂

【위치】경기도 광주시 중부면 산성리 124-1 【건축 시기】1672년
【지정사항】경기도 문화유산자료 【구조 형식】1고주 5량가 팔작기와지붕

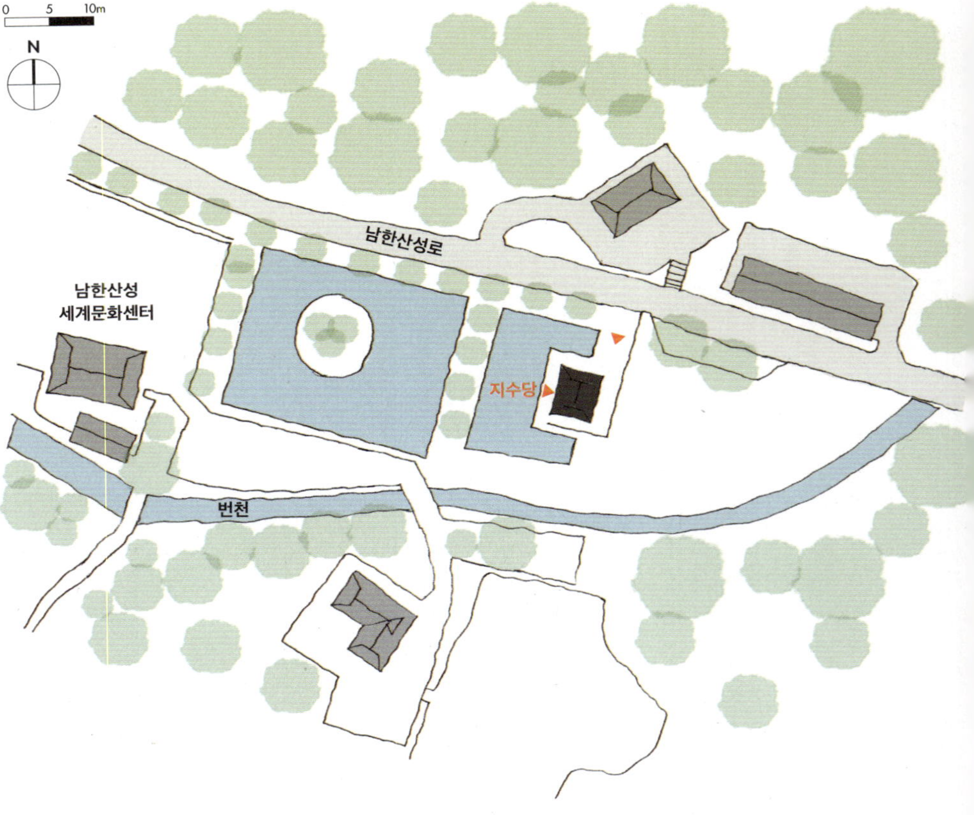

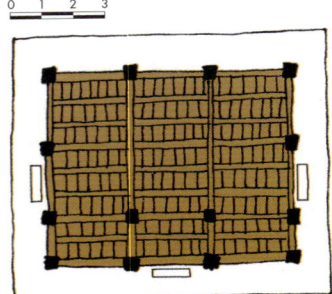

1672년(현종 13)에 부윤 이세화(李世華)가 세운 정자로 남한산성 안에 자리한다. 산성에서는 전쟁에 대비해 물을 모으는 시설이 필요한데 남한산성에는 중심부에서 약간 아래쪽에 집수시설을 마련하였다. 지수당은 이 집수지 위에 지어졌다. 원래 정자 앞뒤로 3개의 못이 있었으나 지금은 2개만 남아 있으며 관료들이 연회를 베풀거나 낚시를 즐기는 곳으로 사용되었다. 2개의 못 중에 위쪽 못 가운데에 원형 섬이 있고 거기에 '관어정'이라는 정자가 있었다고 한다. 지수당은 방형의 못 모서리 양쪽을 밀고 들어와 축대를 쌓고 건립하여 정자 앞의 못은 'ㄷ'자 형태를 이루고 있다.

도리칸 3칸, 보칸 2칸 반 규모로 전면에 퇴를 두고, 전면과 양측면 츨 입구를 제외하고는 머름형 난간을 둘렀으며, 전체를 마루로 구성한 간소한 형태이다.

廣州 池水堂

1 방형 못 모서리 양쪽을 밀고 들어와 축대를 쌓고 정자를 지었다.
2 굴도리집으로 소박하게 구성했지만 종대공은 화려한 파련대공을 사용했다.
3 툇보와 대들보를 고주에 연결하고 고주에서 종보와 중도리를 직접 받는다.
4 지수당에서 연지를 바라본 모습. 방주를 사용하고 우물마루를 깔았다.

광주 침괘정

廣州 枕戈亭

[위치] 경기도 광주시 남한산성면 산성리 591-1 **[건축 시기]** 1751년 중수
[지정사항] 경기도 유형문화유산 **[구조 형식]** 2고주7량가 팔작기와지붕

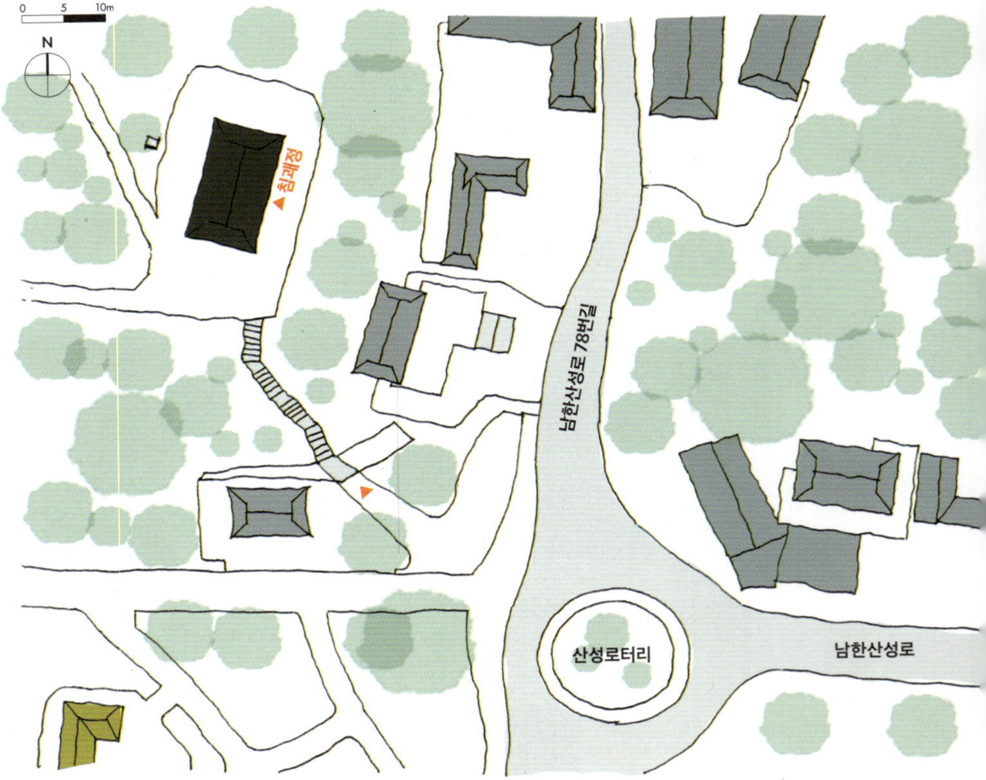

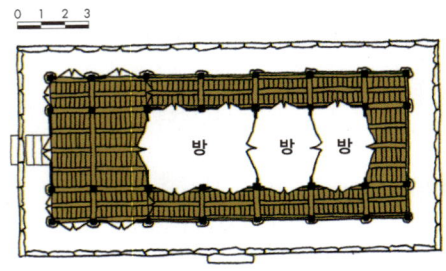

廣州 枕戈亭

　남한산성의 제일 높은 봉우리인 청량산이 행궁을 감싸고 휘어진 끝자락에 서향으로 자리 잡은 침쾌정은 초창에 대해 알 수 없지만 1751년(영조 27) 광주유수 이기진(李箕鎭)이 중수한 후에 침과정(枕戈亭)이라 이름 지었다고 한다. 무슨 이유로 침과정이 아닌 '침쾌정'으로 부르는지 명확하지 않다.

　건물 주변은 백제 온조왕의 궁터였다는 이야기가 전해지나 근거가 미약하다. 다만 침쾌정의 오른쪽에 초석으로 보이는 유구들이 잔존하고, 명나라 사신으로 온 부총병 정룡이 총융무고(摠戎武庫)라 이름하였다는 기록이 있어 무기고나 무기제작소가 있었던 것으로 추정되나 영조대에 오면서 그 기능이 변한 것으로 생각된다.

　도리칸 7칸, 보칸 3칸 규모로 내진 고주가 있고 그 밖으로 툇마루가 사방에 돌아간 평면인데, 오른쪽 두 칸은 외곽에 문을 달아 전체를 마루방으로 하고, 그 왼쪽의 4칸 안쪽은 온돌방으로 구성하였다. 건물의 평면으로 볼 때, 업무를 보는 공간이었을 것으로 추정된다. 그러나 입지를 보면 앞뒤로 트인 언덕 위에 자리 잡고 있으며 건물의 명칭이 정자인 것으로 볼 때, 후대에는 정자 기능을 수행했을 것으로 생각된다.

1　툇보를 고주에 걸고 초각한 보아지를 받쳤다. 고주는 중보 밑을 받치고 외기도리는 툇보 위에 동자주를 설치하여 받았다.
2　도리칸 7칸, 보칸 3칸 규모로 내진 고주가 있고 그 밖으로 툇마루가 사방으로 돌아간 평면이다.

廣州 枕戈亭

1. 이익공집으로 익공을 여느 관아에 비해 화려하게 초각했다.
2. 화반. 여느 관아건물에 비해 화려하고 정교하게 장식했다.
3. 사각형초석이 풍화되고 파손되어 자연석초석처럼 보인다.
4. 고주 상부는 초익공으로 처리하고 전후면 좌우 툇간의 구성은 장방형이고 측면 외기도리는 툇간 위에 동자주를 세워 지지했다. 외기도리 하부 창방과 창방뺄목 등은 독특하게 처리했다.
5. 툇간의 바닥에는 우물마루를 깔고, 천장은 우물천장으로 마감했다.
6. 내부 방을 3칸으로 나누고 방과 방 사이에는 분합문을 달았다.
7. 오른쪽 두 칸은 외곽에 문을 달아 전체를 마루방으로 꾸몄다.

廣州 枕戈亭

광주 침괘정

여주 영월루

驪州 迎月樓

[위치] 경기도 여주시 여주읍 상리 136-6 **[건축 시기]** 18세기 말 추정
[지정사항] 경기도 문화유산자료 **[구조 형식]** 5량가 팔작기와지붕

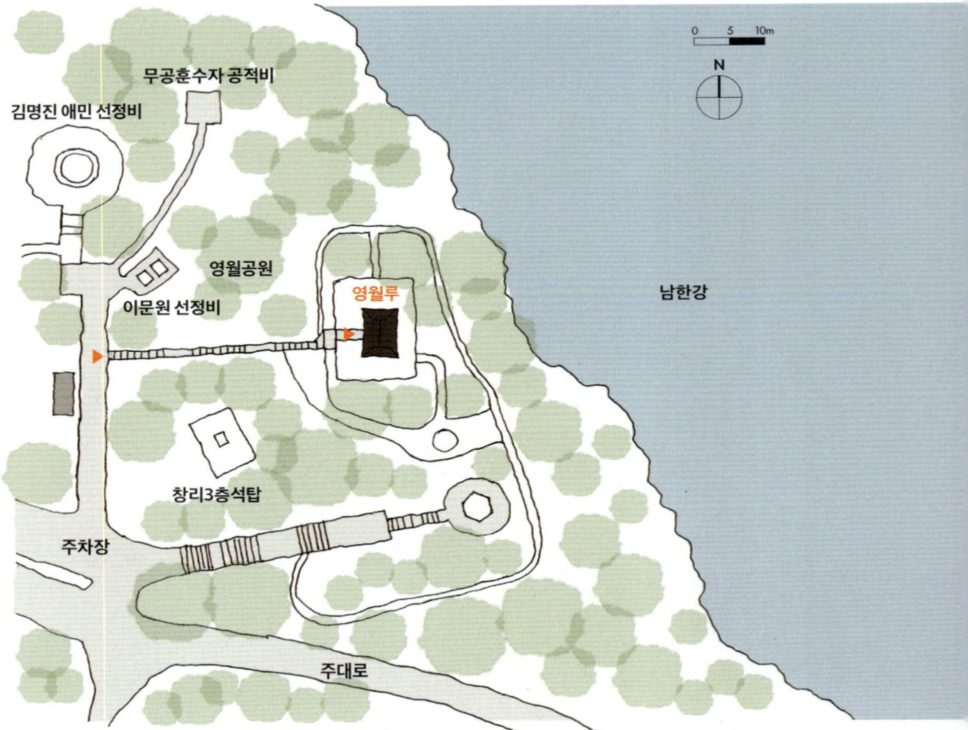

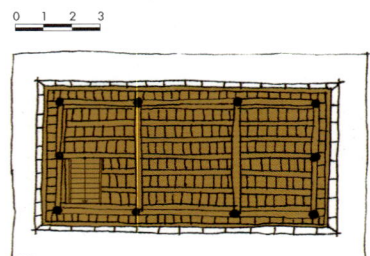

여주시 영월근린공원에 남한강을 바라보며 동서향으로 자리한 영월루는 18세기 말에 건립된 것으로 추정된다. 여주 관아의 정문이었던 것을 1925년경 군수 신현수가 지금 자리로 이건했다.

영월루 아래는 마암(馬巖)이라는 글씨가 있는 바위 절벽으로 일대 경관이 뛰어나다. 특히 영월루에서는 남한강과 신륵사의 전경을 한눈에 볼 수 있다.

도리칸 3칸, 보칸 2칸 일출목 이익공의 2층 누각으로 부재가 건실하다. 방형 장초석 위에는 초각이 새겨진 청방 받침이 있으며 계자각 난간을 사방에 돌리는 등 관아의 아문으로서의 웅장함이 있다.

영월근린공원에는 인근에서 이전된 창리·하리 삼층석탑과 각종 비석이 있다.

1. 충량을 걸고 외기도리를 설치했으며 외기도리 내부는 눈썹천장으로 구성했다.
2. 영월근린공원에 남한강을 바라보며 동서향으로 자리한다.
3. 사방이 트여 있어 사방 풍경을 조망할 수 있는데 특히 남한강과 신륵사 전경을 한눈에 볼 수 있다.

驪州 迎月樓

1 일출목 이익공 5량가로 파련대공을 사용했다.
2 내부 귀포와 도리안초공
3 익공은 전형적인 관아건축의 외형이다.
4 방형 장초석과 초엽
5 계자각 난간을 둘렀다.
6 남한강과 신륵사가 한눈에 들어온다.

驪州 迎月樓

파주 반구정

坡州 伴鷗亭

【위치】 경기도 파주시 문산읍 사목리 190 **【건축 시기】** 조선 초 초창, 1998년 복원
【지정사항】 경기도 문화유산자료 **【구조형식】** 사모기와지붕

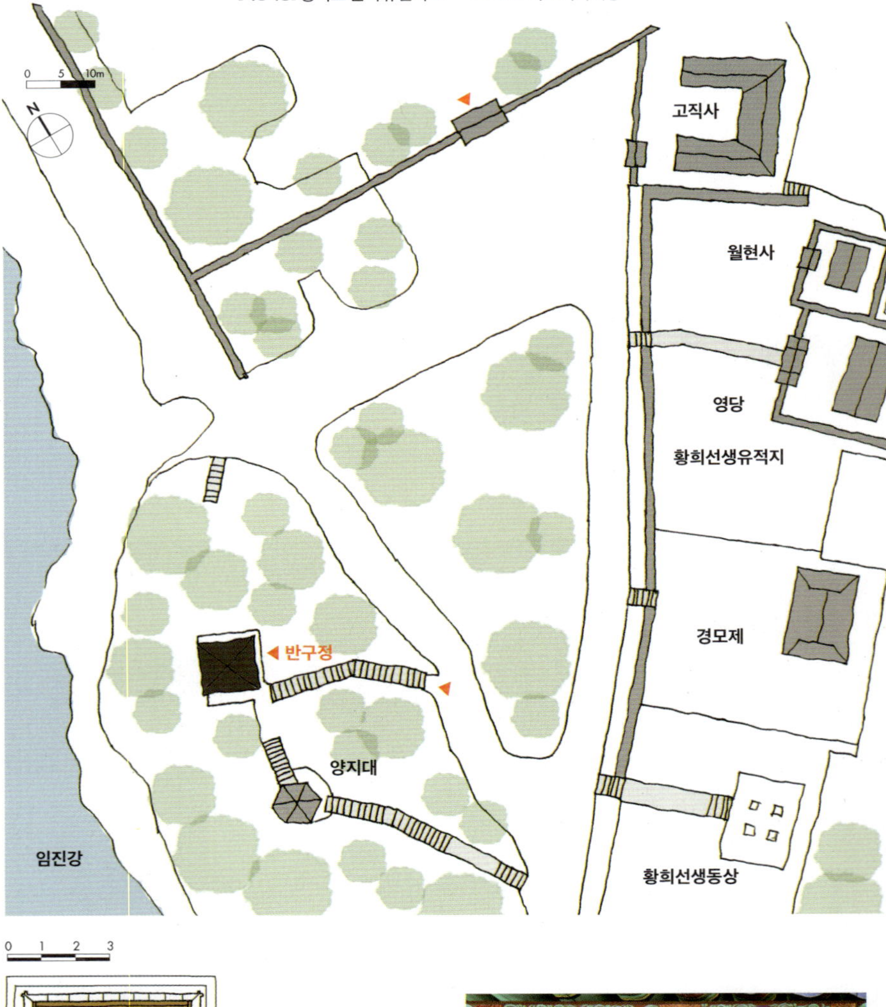

고직사
월현사
영당
황희선생유적지
경모재
황희선생동상
반구정
양지대
임진강

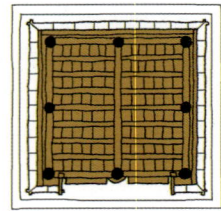

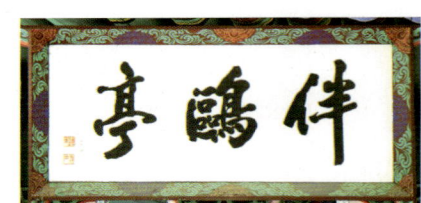

坡州 伴鷗亭

　　임진강 하류 강변의 절벽 위에 세워진 반구정은 조선 초 재상인 방촌 황희(厖村 黃喜, 1363~1452)가 관직에서 물러나 갈매기 나는 모습을 보며 시를 읊고 노년을 보내던 곳이다. 이곳은 허목(許穆, 1596~1682)이 "반구정기"에서 모래사장에 몰려든 많은 갈매기를 표현할 정도로 갈매기가 많이 날아오는 곳이다. 인근에 낙하진이 있어 낙하정(洛河亭)이라 했으나 날아드는 수많은 갈매기와 노닌다는 의미로 '반구정'으로 불렸다고 한다. 황희 사후에도 이곳은 그를 추모하는 팔도사람의 추모 유적지로 지켜져왔으나 안타깝게도 한국전쟁 때 모두 소실되었다. 이후 이 지역 후손들이 1967년 콘크리트 건물로 짓고 1975년에 단청하였다. 1998년 반구정과 앙지대 등을 목조건물로 개축하고 유적지 정화사업을 벌였다.

　　도리칸, 보칸 모두 2칸인 사모정으로 초창의 모습을 확인하기 어려우나 주변의 경관이 아름다워 당시의 분위기를 짐작케 한다.

　　경내에는 방촌영당과 사당인 경모재가 있으며, 정자 바로 위쪽에는 육모정인 앙지대(仰止臺)가 있다. 반구정과 임진강 사이에는 철조망이 있어 분단의 현실을 느낄 수 있다.

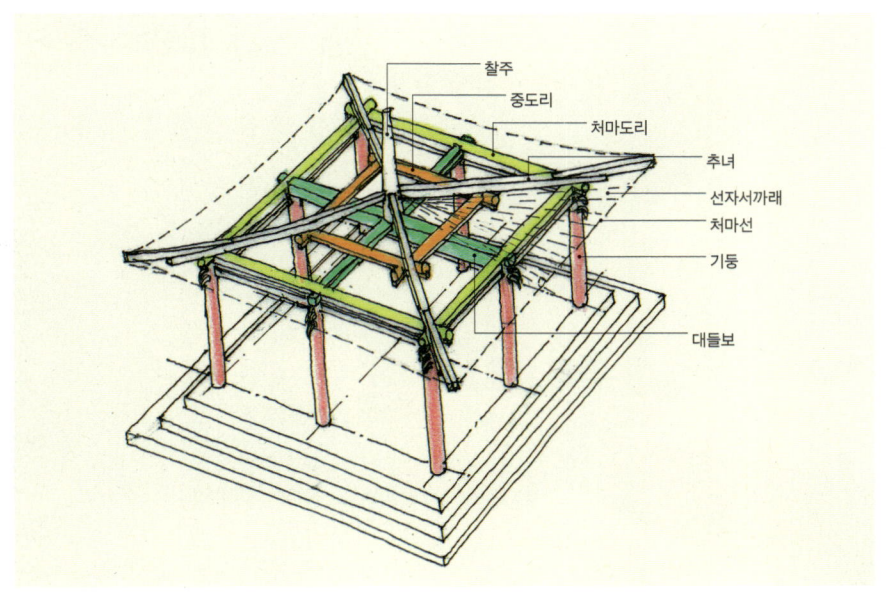

坡州 伴鷗亭

1 반구정에서 바라본 임진강

2 이익공집이다.

3 임진강 하류 절벽 위에 자리한다.

4 도리칸, 보칸 모두 2칸인 사모정이다.

5 가운데 기둥에 대들보와 충량을 걸고 모임지붕을 받는 도리를 걸었다.

1

2

4

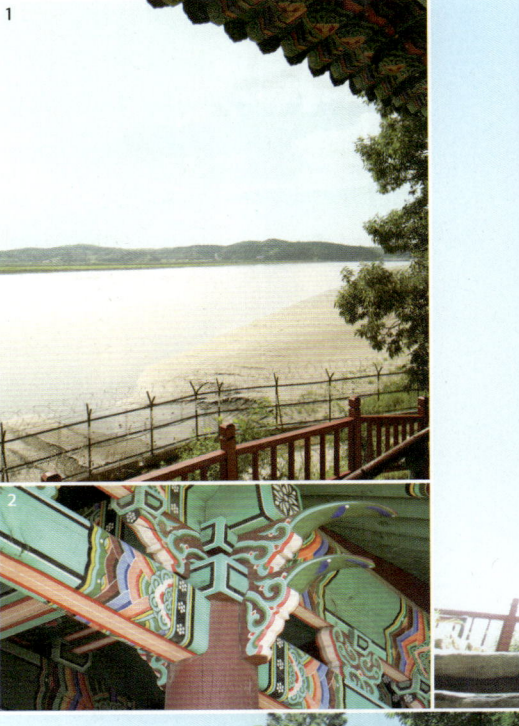

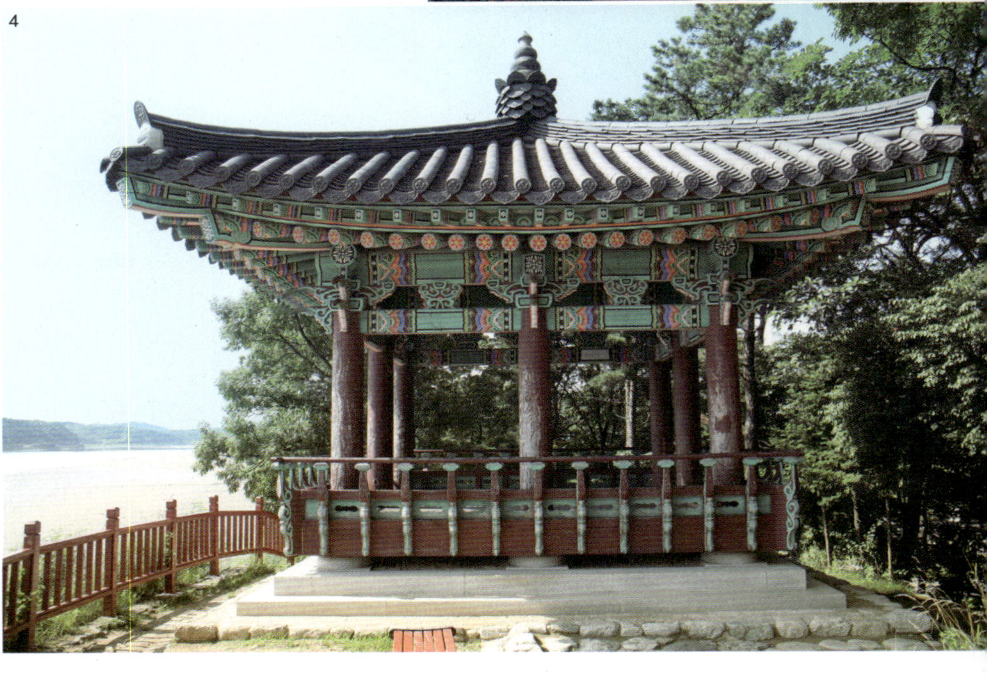

坡州 伴鷗亭

파주 화석정

坡州 花石亭

【위치】 경기도 파주시 파평면 화석정로 152-72 (율곡리)　**【건축 시기】** 1443년 초창, 1966년 복원
【지정사항】 경기도 유형문화유산　**【구조 형식】** 5량가 팔작기와지붕

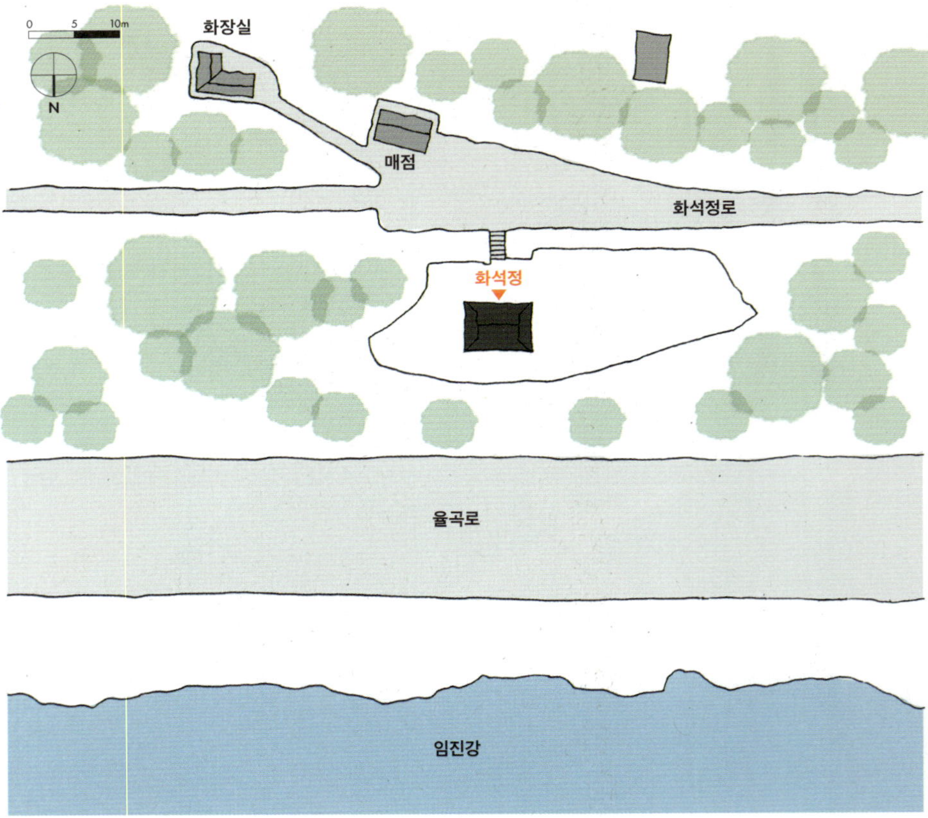

坡州 花石亭

임진강이 훤히 내려다보이는 강가 절벽 위에 남향하고 있는 화석정은 율곡 이이(栗谷 李珥, 1536~1584)가 자주 들러 시와 명상 그리고 학문을 연구하던 곳이다. 1443년(세종 25)에 율곡의 5대 조부인 강평 이명신(康平 李明晨)이 창건하고 1478년(성종 9) 몽암 이숙함(夢菴 李淑瑊)이 화석정이라 이름 지었다. 임진왜란 때 소실된 것을 1673년(현종 14)에 후손들이 다시 지었으나 한국전쟁 때 다시 소실되었다. 현재의 건물은 1966년 다시 지은 것이며 1973년 정부의 유적정화사업 때 단청하고 주변을 정비하였다.

정자에서 보면 아래로 임진강이 보이고 맑은 날에는 서울 삼각산과 개성 오관산까지 보이는 탁 트인 자리에 위치하여 주변 경관이 일품이다.

도리칸 3칸, 보칸 2칸 규모로 전면 출입구를 제외하고는 머름형 난간을 두었으며, 전체를 마루로 구성한 형태이다. 특징적인 것은 굴도리집임에도 장혀 하부에 화반을 두고 그 밑에 창방을 설치하여 벽체가 없는 건물의 내력을 보강한 것이다.

정자 내부에는 〈화석정중건상량문(花石亭重建上梁文)〉과 함께 여러 개의 현판이 걸려 있다.

도리칸 3칸, 보칸 2칸 규모로 전면에만 출입구를 두었다.

坡州 花石亭

파주 화석정

098

1 대들보에 충량을 걸어 외기도리를 받았다.
2 선자연을 짜고 부연을 올렸다.
3 5량가이다.
4 굴도리집임에도 주심도리 장혀 하부에 화반을 두고 그 밑에 창방을 설치하여 벽체가 없는 건물의 내력을 보강했다.
5 임진강이 훤히 내려다보인다.

坡州 花石亭

강화 연미정

江華 燕尾亭

[위치] 인천광역시 강화군 강화읍 월곳리 242　**[건축 시기]** 1744년 중건
[지정사항] 인천광역시 유형문화유산　**[구조 형식]** 5량가 팔작기와지붕

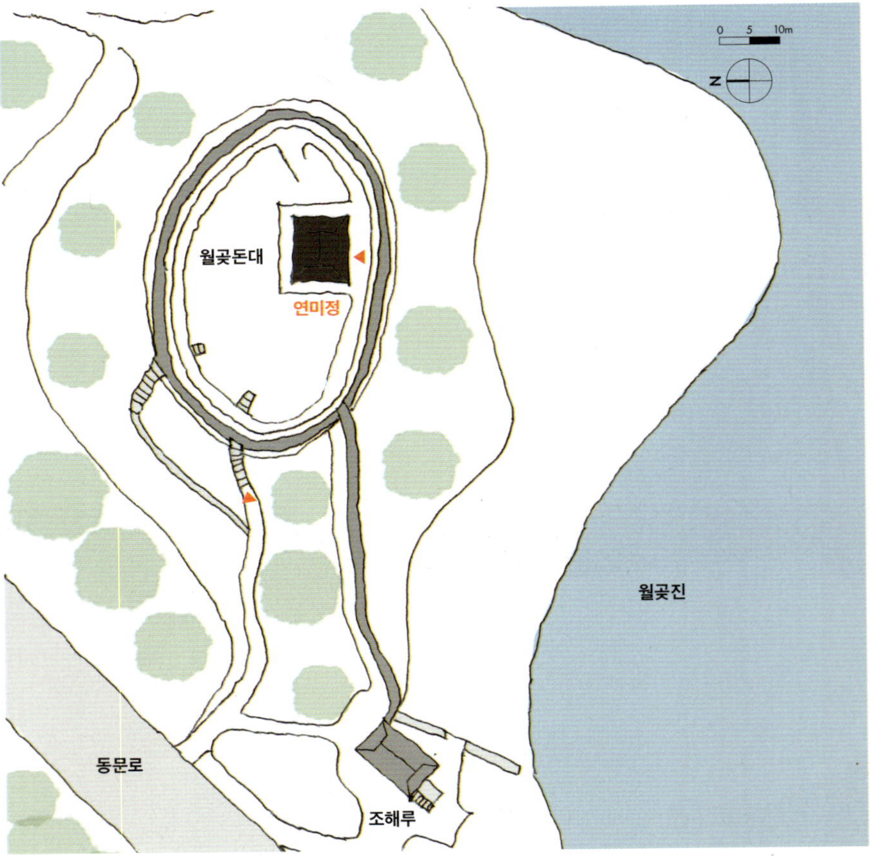

월곳돈대
연미정
월곳진
동문로
조해루

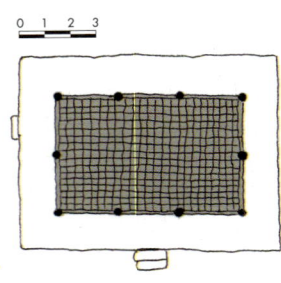

강화 연미정

江華 燕尾亭

　　강화 월곶돈대 내부의 높은 위치에서 강화해협을 바라보며 남향하고 있는 연미정은 지어진 시기는 확실치 않으나, 고려 고종(재위 1213~1259)이 사립교육기관인 구재(九齋)의 학생들을 모아 이곳에서 공부하게 했다는 기록이 있다. 1510년(중종 5) 삼포왜란에서 승리한 황형(黃衡, 1459~1520) 장군에게 이 정자를 주었다는 기록이 있는데, 이를 증명하는 '고공신장무공황형택(故功臣將武公黃衡宅)' 비석이 정자 옆에 있다. 1627년(인조 5) 정묘호란 때에는 강화조약을 이곳에서 체결하였다. 호란으로 훼손된 것을 1744년(영조 20) 유수 김시혁(金始爀, 1676~1750)이 중건하였으며, 1891년(고종 28) 중수한 후 여러 차례 보수하여 현재에 이르고 있다.

　　건물의 이름인 연미정은 한강과 임진강의 합해진 물줄기가 강화도를 향해 오다가 연미정 앞에서 한줄기는 서해로, 또 한줄기는 강화해협으로 흐르는데, 그 형상이 제비의 꼬리와 같다 해서 붙인 이름이다.

　　건물은 도리칸 3칸, 보칸 2칸 규모에 벽체 없이 장주초를 사용한 단순한 건물이다. 대부분 정자가 바닥에 마루를 깔았는데 이 건물은 전돌 바닥이다. 외곽에 돈대가 만들어지면서 현재와 같이 군사용 건물로 변했을 것으로 생각된다.

　　연미정은 개풍과 파주 그리고 김포가 한눈에 들어오는 요충지에 위치하며, 주변 경치가 뛰어나 강화십경의 하나로 꼽힌다.

연미정은 월곶돈대 내에 자리한다.

江華 燕尾亭

1 팔각형 장주초석에 원기둥을 사용하고 벽체는 없는 단순한 건물이다.
2 판대공으로 종도리를 받았다.
3 대들보 위에 외기를 구성하고 눈썹천장으로 꾸몄다.
4 팔각형 장주초석을 사용하고 바닥에는 전돌을 깔았는데 대부분의 정자가 마룻바닥을 까는 것과 다르다.
5 연미정은 개풍과 파주, 김포가 한눈에 들어오는 요충지에 있다.

江華 燕尾亭

서울 용양봉저정
서울 석파정
서울 황학정
탑골공원 팔각정
오운정
경복궁 경회루
경복궁 향원정
창덕궁 낙선재 일원
창덕궁 취운정
창덕궁 한정당
창덕궁 상량정
창덕궁 승화루 일곽
창덕궁 부용지 일원
창덕궁 부용정
창덕궁 주합루
창덕궁 희우정
창덕궁 천석정
창덕궁 애련지 일원
창덕궁 애련정
창덕궁 농수정
창덕궁 존덕지와 관람지 일원
창덕궁 관람정
창덕궁 존덕정
창덕궁 폄우사
창덕궁 승재정

창덕궁 청심정
창덕궁 능허정
창덕궁 옥류천 일원
창덕궁 취규정
창덕궁 취한정
창덕궁 소요정
창덕궁 청의정
창덕궁 태극정
창덕궁 농산정
창덕궁 신선원전 일원
창덕궁 몽답정
창덕궁 괘궁정
창경궁 관덕정
창경궁 함인정

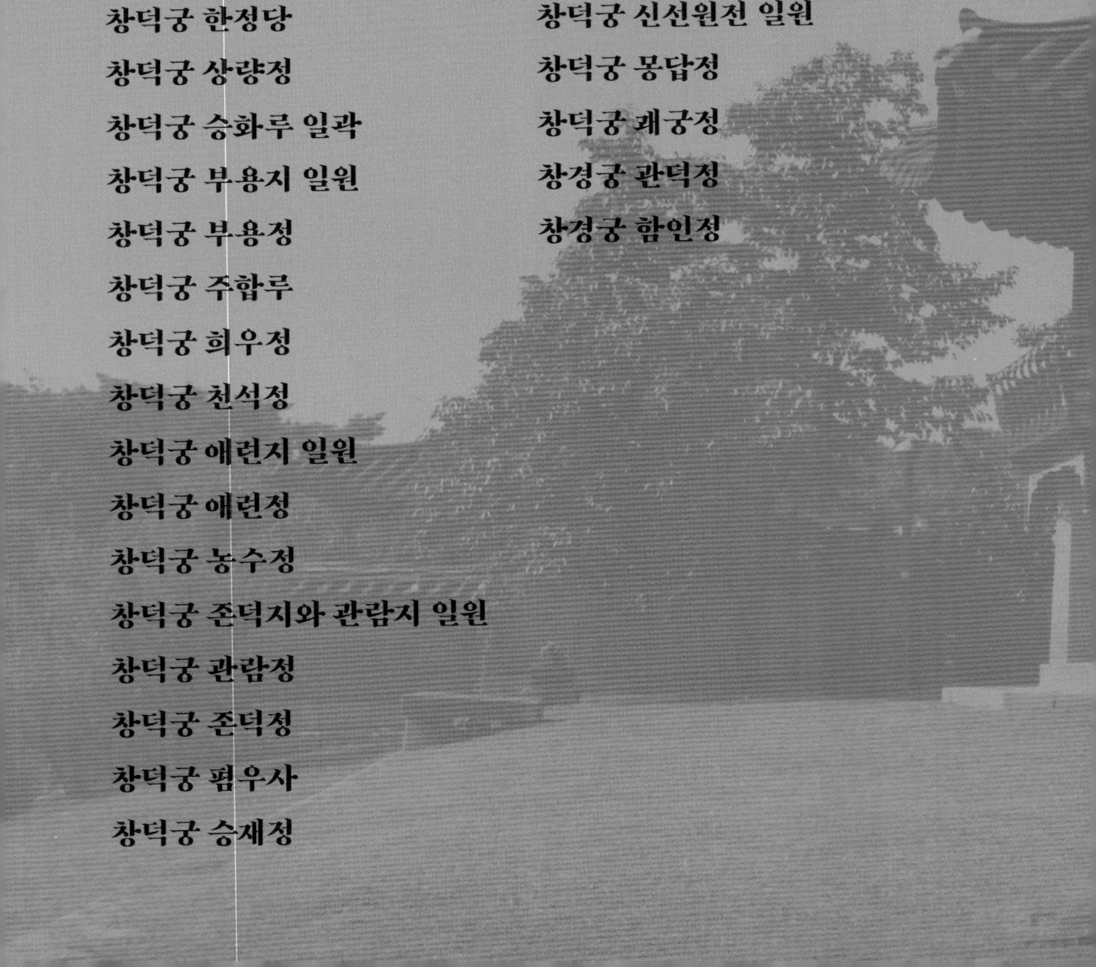

서울

서울 용양봉저정

龍驤鳳翥亭

【위치】 서울 동작구 노량진로32길 14-7 (본동)　【건축 시기】 1789년
【지정사항】 서울특별시 유형문화유산　【구조 형식】 1고주 5량가 팔작기와지붕

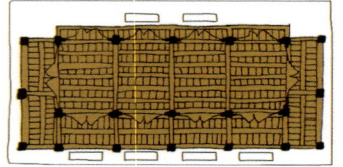

한강대교 남쪽 노량진의 낮은 언덕에 북향하여 자리한 용양봉저정은 정조가 수원 화산에 있는 현륭원에 갈 때 한강의 배다리를 건넌 뒤 잠시 쉬던 행궁이다. 쉬면서 점심을 먹었기에 주정소(晝停所)라고도 했다. 건물은 1789년(정조 13)에 착공하여 2년 뒤 완공했다.

지을 당시에는 정문과 누정 등 여러 채의 건물이 있었으나 일제 강점기에 대부분 철거되고, 정자 이름도 용봉정으로 바꾸고, 주변에 오락 시설을 설치하여 많이 훼손되었다. 해방이 되고나서야 '용양봉저정'이라는 원래 이름을 되찾았다.

건물은 도리칸 6칸, 보칸 2칸 규모로 가운데 뒤쪽으로 마루방을 두고 전면과 양측면에 툇간을 두었다. 마루방에는 사분합들문을 달아 필요할 때 개방할 수 있도록 하였다.

龍驤鳳翥亭

도리칸 6칸 규모로 반칸 물러 마루방을 두고 사분합들문을 달았다.

龍驤鳳翥亭

1 마루방이 있는 배면에는 쪽마루를 달았다.
2 일반적으로 왕지도리 부분에는 추녀의 뒷뿌리를 가릴 수 있는 반자를 설치하는데, 이 집은 추녀 뒷뿌리를 노출하고 있다.
3 1고주 5량가 가구를 구성하고 있으며, 파련대공을 사용한 것을 보아 관아건물 중에서도 위계가 높은 건물임을 알 수 있다.
4 전면에는 툇간을 두고 우물마루를 깔아 출입이 용이하게 했다.
5 온돌방이 아닌 마루방으로 구성한 것에서 잠시 머무르거나 쉬어가는 공간임을 알 수 있다.
6 전면 툇간에는 고주를 두어 대들보와 툇보를 받으면서 왕지도리까지 받도록 했다.

龍驤鳳翥亭

서울 용양봉저정

서울 석파정

石坡亭

【위치】 서울 종로구 부암동 산16-1, 201　【건축 시기】 19세기 말
【지정사항】 서울특별시 유형문화유산　【구조 형식】 근대양식 사모지붕

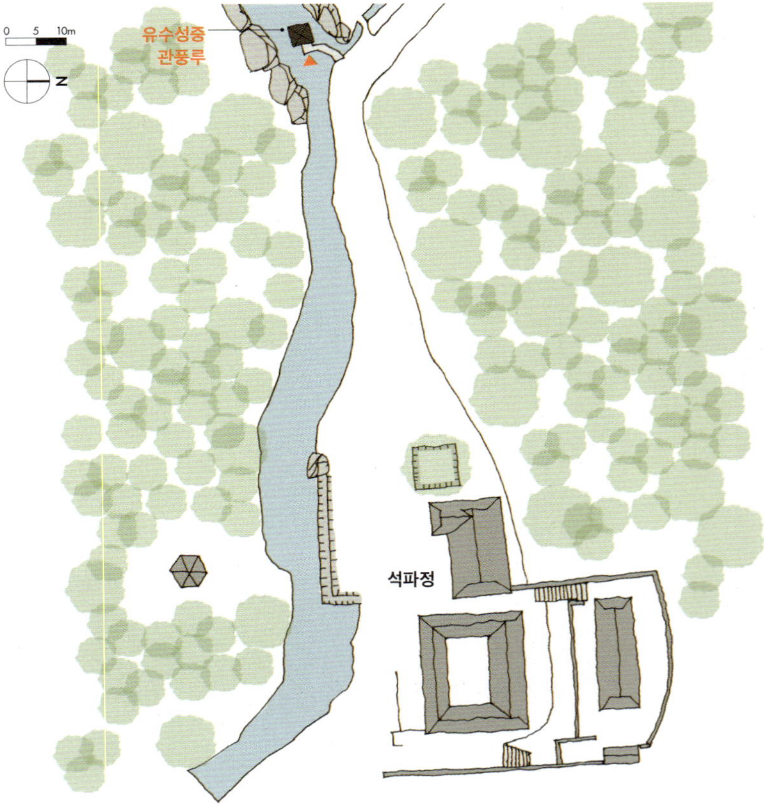

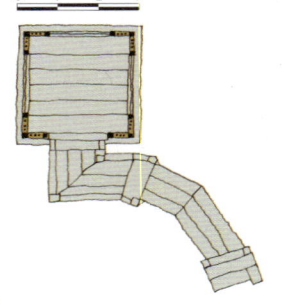

서울 석파정

조선 고종의 친아버지인 흥선대원군의 별장으로 원래는 김흥근(金興根, 1796~1870)의 소유였던 것을 고종 즉위 후 흥선대원군이 사용하였다. '석파정(石坡亭)'이라는 이름은 정자의 앞산이 모두 바위라 흥선대원군이 붙인 것이다. 석파정은 별서주택으로 볼 수 있어 이 책에서는 포함하지 않고, 석파정을 바라보며 향좌측 산으로 조금 올라가면 만날 수 있는 유수성중관풍루(流水聲中觀風樓)를 중심으로 이야기한다.

유수성중관풍루는 암반이 깎이면서 만들어진 작은 계곡 위에 건립한 단칸 정자로 골짜기 암반 위에 평석교를 놓고 정자로 들어갈 수 있게 하였다. 건물의 하층은 돌기둥과 전돌로 홍예를 틀어 물이 흘러 내려갈 수 있도록 하였고, 1층 바닥은 장대석으로 마감하였다. 상층은 네 귀퉁이에 작은 기둥을 'ㄱ'자로 3개 배치하여 지붕을 받치고, 귀퉁이 세 기둥 사이와 상인방 위에는 문양이 있는 창살로 벽을 대신하였으며, 가운데 기둥 사이에는 둥근 동자기둥 난간으로 마감하였다. 창호 상부와 처마 밑에서 보아지와 유사한 형태의 조각으로 상부 하중을 받치고 있다. 덕수궁 정관헌에서 유사한 형태의 조각을 볼 수 있다. 천장은 목재 틀로 9등분하고 널반자를 중앙과 모서리에 방향을 달리하여 설치하였다. 지붕은 동판을 사용하여 기왓골 형태로 설치한 사모지붕이고, 지붕 위에도 동판으로 만든 절병통을 올렸다.

바위로 이루어진 계곡과 작은 폭포 그리고 주변의 수림과 어우러진 근대식 정자가 이루는 풍경이 매우 아름다운 정자이다.

1 지붕은 동판을 사용하여 기왓골 형태로 설치한 사모지붕이고, 지붕 위에도 동판으로 만든 절병통을 올렸다.
2 절병통 상세
3 돌기둥과 전돌로 홍예를 틀어 물이 흘러내려갈 수 있도록 하였다.

石坡亭

서울 석파정

112

1 암반이 깎이면서 만들어진 작은 계곡 위에 건립한 단칸 정자로 골짜기 암반 위에 평석교를 놓고 정자로 들어갈 수 있게 하였다.
2 상인방을 받친 까치발형 장식
3 처마를 받친 까치발형 장식
4 창호 상부와 처마 밑에서 보아지와 유사한 형태의 조각으로 상부 하중을 받치고 있다.
5 천장은 목재 틀로 9등분하고 널반자를 중앙과 모서리에 방향을 달리하여 설치하였다.
6 문에서 본 외부 전경. 배면은 암반으로 둘러싸여 있다.

石坡亭

서울 황학정

黃鶴亭

[위치] 서울 종로구 사직로9길 15-32 (사직동) **[건축 시기]** 1898년 창건, 1922년 이건
[지정사항] 서울특별시 유형문화유산 **[구조 형식]** 5량가 팔작기와지붕

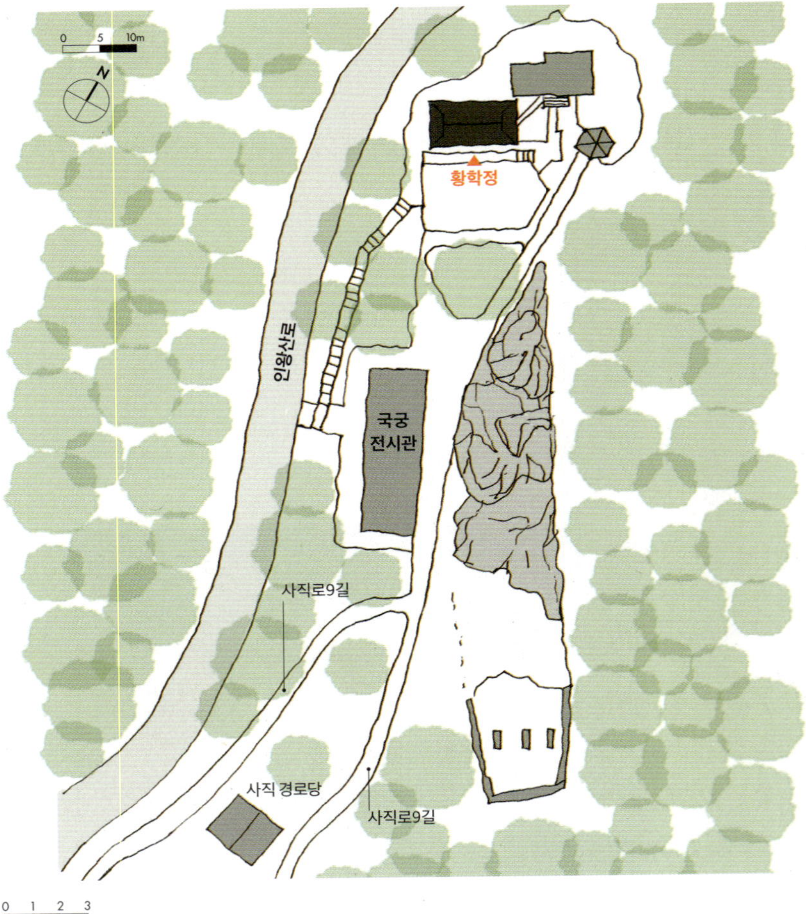

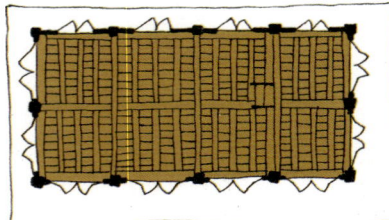

서울 황학정

114

1898년(광무 2) 활쏘기 연습을 위해 경희궁 회상전 북쪽에 지은 사정(射亭)으로 1922년에 지금 자리로 이건했다. 지금도 이곳에서는 궁술 연습과 행사가 이루어지고 있어 옛 모습을 미루어 볼 수 있다. 황학정을 이건한 자리는 당초 도성 안 서쪽에 있는 다섯 개의 사정(옥동의 등룡정, 삼청동의 운룡정, 사직동의 대송정, 누상동의 풍소정, 필운동의 등과정) 중에서 등과정이 있던 자리이다. 현재 오사정은 모두 없어졌다.

건물은 도리칸 4칸, 보칸 2칸 규모로 전체를 마루로 구성했다. 오른쪽 1칸은 장주초를 사용하여 누마루로 꾸몄다. 측면과 배면은 판벽과 판문으로 마감하고, 전면에는 사분합들문을 달아 행사할 때 전체를 개방할 수 있도록 하였다.

1. 5량가의 간단한 도리집이다. 오른쪽 1칸은 장주초를 사용해 누마루처럼 꾸몄다.
2. 서울 사직단 뒤 인왕산 올라가는 길에 있는 황학정은 활쏘기 연습을 위해 지은 사정(射亭)이다.

탑골공원 팔각정

塔骨公園 八角亭

【위치】 서울 종로구 종로 99 (종로2가, 탑골공원) 【건축 시기】 1897년경 추정
【지정사항】 서울특별시 유형문화유산 【구조 형식】 팔모기와지붕

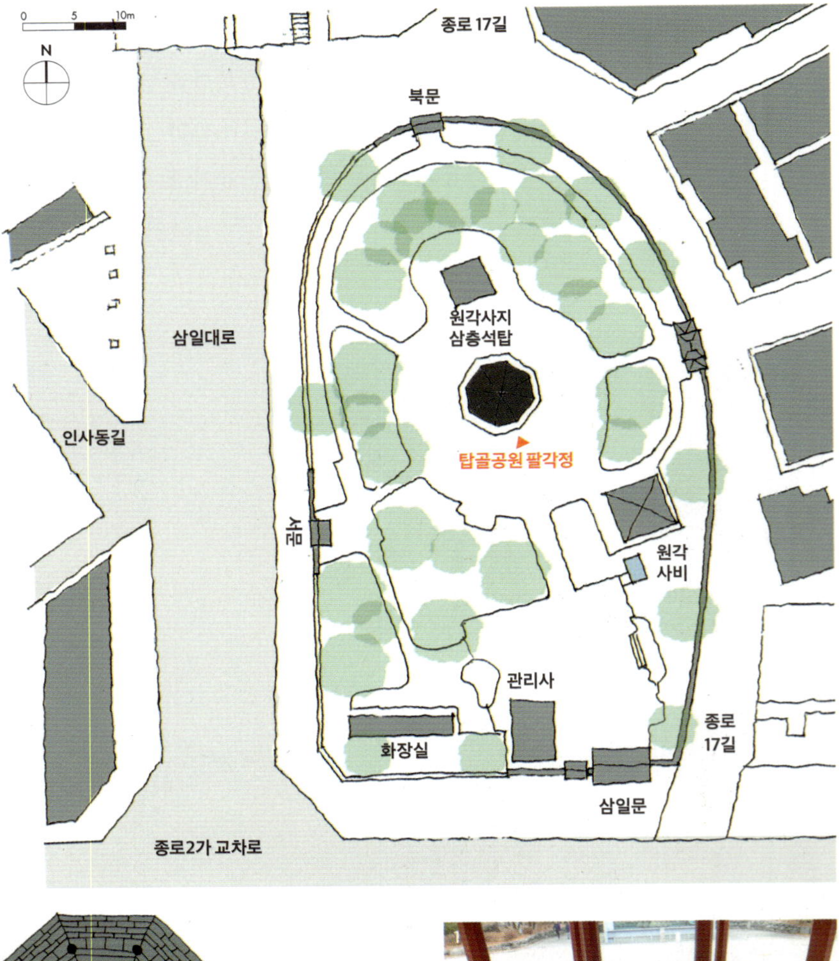

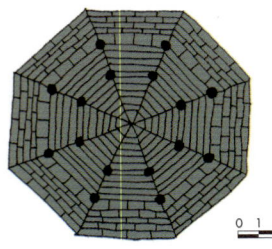

塔骨公園 八角亭

탑골공원은 조선시대 원각사지에 조성한 서울 최초의 근대식 공원이다. 공원 한가운데 팔각정이 있다. 이 정자는 1897년(광무 1) 탁지부 고문으로 있던 영국인 브라운(J. M. Brown)이 공원을 조성할 때 함께 지은 것으로 추정된다고 한다. 탑골공원은 안에 있는 원각사 10층 석탑으로 인하여 파고다공원 또는 탑동공원이라 불렸다. 황실공원으로 제실, 음악연주 장소 등으로 사용되다가 1913년부터는 일반에게 공개되었다. 1919년 3.1만세운동 당시 독립선언문 낭독과 함께 만세운동을 시작한 곳이기도 하다.

건물은 내부에 고주를 두고 외진주에 툇보를 걸었으며, 내부는 '#'자형으로 대들보를 걸고 동자주를 팔각형으로 세워 종도리를 받았다. 황실에서 지은 건물답게 부재가 견실하고 짜임새 있다. 또한 외부의 낙양과 익공의 초각이 세련되고, 단청으로 소나무, 난초 등을 새겨 한국적인 맛이 난다.

1. 바닥은 석재로 마감했다.
2. 내부에 고주를 두고 외진주에 툇보를 걸었다.
3. 내부는 '#'자형으로 대들보를 걸고 동자주를 팔각형으로 세워 종도리를 받았다.
4. 탑골공원 한가운데에 자리한 팔각모임지붕 집이다.

오운정

五雲亭

[위치] 서울 종로구 청와대로 1 (세종로) 청와대 **[건축 시기]** 1865년
[지정사항] 서울특별시 유형문화유산 **[구조 형식]** 사모기와지붕

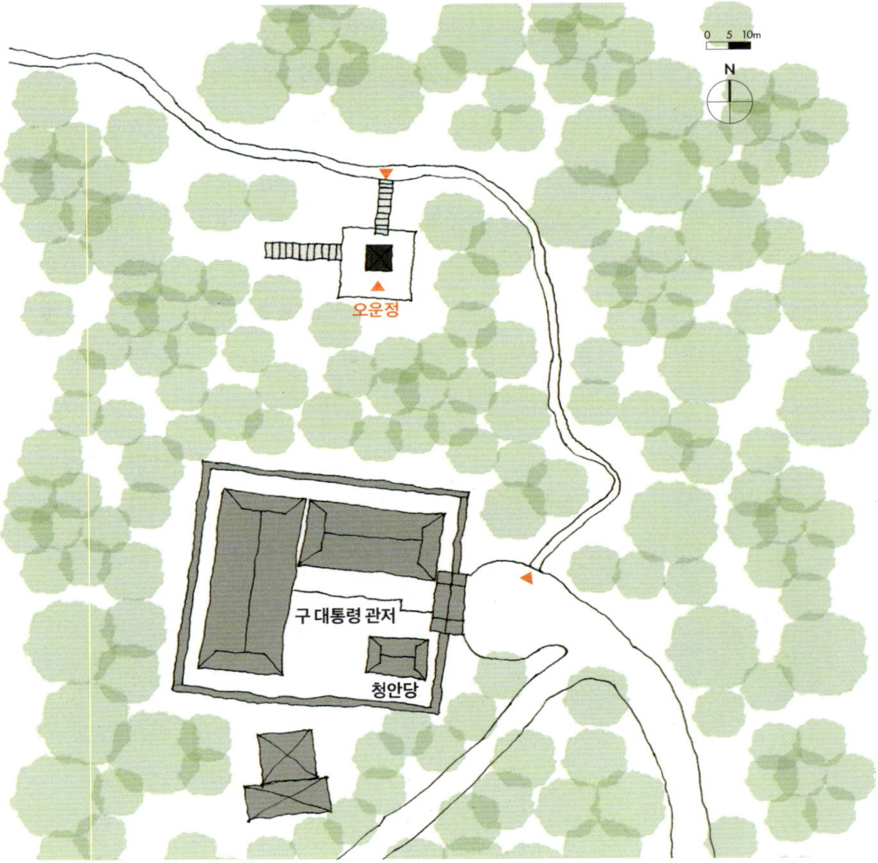

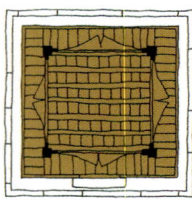

五雲亭

경복궁 궁성 신무문 밖 북쪽 정원에 있는 오운정은 왕이 후원을 거닐거나 군대를 사열하고 농사를 권장하는 행사 때 이용한 건물로, 1865년(고종 2)에 경복궁을 중건하고 이 일대는 북원으로 불렀다. 경복궁 중건 이후 제작한 것으로 추정되는 경복궁의 평면배치도인 〈북궐도형〉에서 북원 영역에 있던 24동의 건물을 확인할 수 있다. 농사 시범장 성격의 경농재, 문신 시험장 성격인 융문당, 활쏘기 연습장 겸 무예 시험장 성격인 융무당, 옥련정, 오운각 등인데, 일제는 1927년에 북원에 총독관저를 지으면서 대부분의 건물을 철거했다. 지금은 침류각과 오운각만 남아 있는데, 오운각이 지금의 오운정이다.

건물은 단칸 사모정으로 출입구를 제외한 사방에 난간을 두르고 사분합들문을 설치하여 개방할 수 있도록 하였다. '오운정' 현판은 이승만 대통령의 글씨이다.

1 절병통
2 단칸 사모정으로 출입구를 제외한 사방에 난간을 두르고 사분합들문을 달았다.

五雲亭

1. 왕이 후원을 거닐다가 군대를 사열하고 농사를 권장하는 행사 때 이용한 건물이다.
2. 물익공집이다.
3. 우물마루를 깔았다.
4. '亞'자형 살난간 위에 하엽동자를 두어 돌란대를 받치고 있다.
5. 사래 끝에 토수를 끼웠다.
6. 운공의 크기가 다른 정자에 비해 큰 편이다.

五雲亭

경복궁 경회루

景福宮 慶會樓

【위치】 서울 종로구 사직로 161(세종로, 경복궁)　【건축 시기】 1867년 중건
【지정사항】 국보　【구조 형식】 4고주 11량가 팔작기와지붕

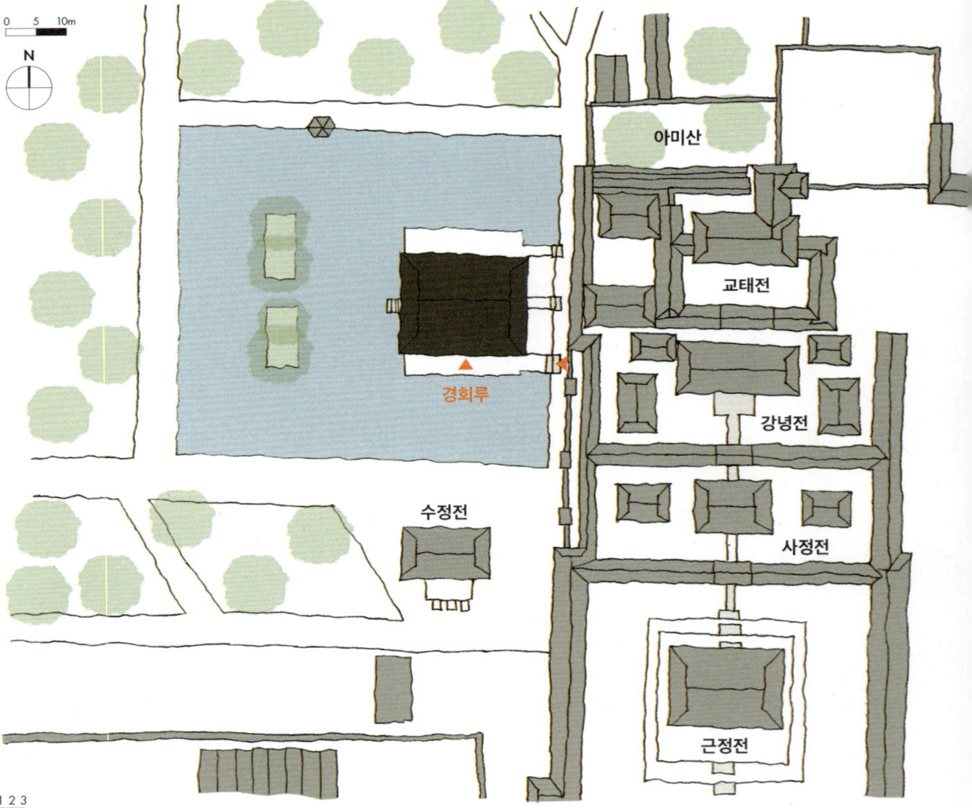

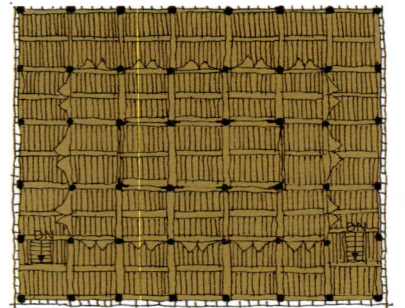

경회루는 조선왕조의 정궁인 경복궁 서쪽에 있는 2층 누각으로 외국 사신의 접대나 궁중의 연회를 위해 1412년(태종 12)에 연못을 크게 파고 지은 것이다. 성종 때 허물어진 것을 재건하였으나 임진왜란으로 소실되었다. 현재의 건물은 1867년(고종 4) 중건되었다.

경회루는 가로, 세로 100m가 넘는 거대한 방지(方池)에 있는데, 방지에 있는 3개의 섬 중에서 동쪽에 있는 제일 큰 섬에 자리한다.

건물은 도리칸 7칸, 보칸 5칸의 35칸 규모로《궁궐지(宮闕志)》에 따르면 "정면 어칸이 20척, 협칸 16척, 그 다음 협칸이 15척이며, 툇간이 15척 5촌이다. 기둥 높이는 상층 12척 5촌, 하층 돌기둥이 15척 5촌이고, 이익공집"이다.

건물 하층의 48개 석주 가운데 외곽에 있는 것은 방형이고 안쪽에 있는 것은 원형으로 조영하였으며, 상층은 마루를 3단으로 층급을 두고 중앙의 제일 높은 단에만 원주를 사용하고 분합문을 달아 공간의 위계를 높였다. 〈경회루전도(慶會樓全圖)〉에서는 이러한 건축 개념을 우주의 질서와 역(易)의 원리로 설명하고 있다. 또한 불을 억제하기 위해 동용(銅龍) 두 마리를 못 북쪽에 넣었다고 기록되어 있는데, 이 중 한 마리가 1997년 연못 정비공사 중에 발견되었다.

경회루는 2층으로 큰 규모의 누각이지만 하층 석주와 상층 목조 그리고 지붕의 비례가 우수하며, 방지와 어우러진 경관이 뛰어난 걸작으로 꼽힌다.

景福宮 慶會樓

도리칸 7칸, 보칸 5칸 규모로 가로, 세로 100m가 넘는 거대한 방지의 동쪽 제일 큰 섬에 자리한다.

景福宮 慶會樓

경복궁 경회루

1 경회루에는 드나들 수 있는 석교가 놓여 있다.
2 방지 한쪽에는 이승만 대통령이 낚시를 즐겼다는 하향정이 있다.
3 경회루에는 48개의 석주가 있는데 외곽의 석주만 방형이고 안쪽의 석주는 원형이다.
4 경회루가 있는 섬 이외에도 두 개의 방형 섬이 있다.

景福宮 慶會樓

경복궁 향원정

【위치】 서울 종로구 사직로 161 (세종로, 경복궁)　**【건축 시기】** 1873년 추정
【지정사항】 보물　**【구조 형식】** 육모기와지붕

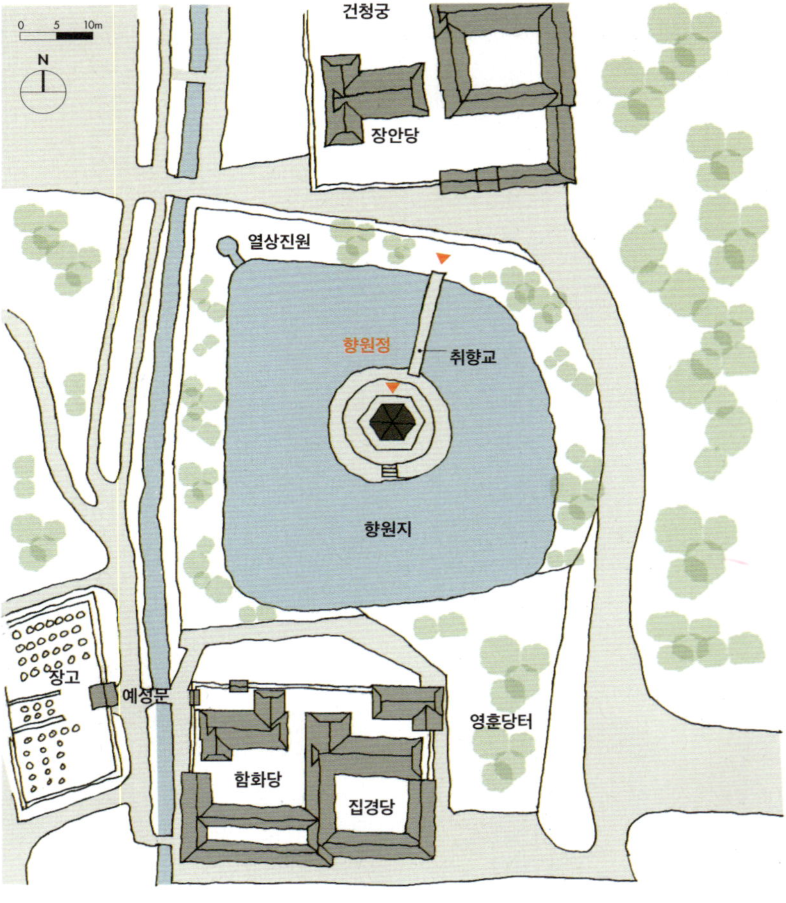

景福宮 香遠亭

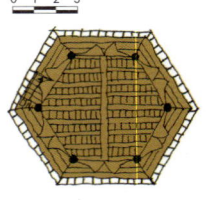

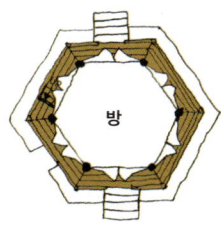

경복궁 건청궁 앞에 못을 파고 그 가운데 원형 섬을 조성하여 세운 2층 누각으로 1867년부터 1873년(고종 10) 사이에 왕족의 휴식 공간으로 지어졌다. '향원(香遠)'은 '향기가 멀리 간다'는 뜻으로 북송대 주돈이(周敦頤, 1017~1073)가 지은 "애련설(愛蓮說)"에서 따온 말이다.

경복궁과 경복궁 후원을 배치도 형식으로 표현한 〈북궐도형〉을 보면 향원지는 정방형 평면에 사모를 둥글게 굴린 형태로 현재와 약간의 차이가 있고, 북서쪽 모서리에는 향원지의 수원(水源)인 '열상진원(洌上眞源)'이라는 샘물이 있다. 〈북궐도형〉과 크게 차이를 보이는 것은 향원정으로 들어가는 '취향교'인데, 당초 건청궁에서 들어가도록 북쪽에 있었으나, 한국전쟁 때 부서진 것을 1953년 복구하면서 남쪽으로 옮겼다. 또한 향원지 주위에는 담장을 두르고, 동쪽에 인유문, 남쪽에 봉집문을 두어 독립적인 공간으로 구성했었는데, 지금은 주변이 개방되어 있어 아늑한 느낌이 덜하다.

건물은 정육각형 평면으로 장대석 기단 위에 육각형 초석과 기둥을 세웠다. 창호는 모든 칸에 완자살창을 달아 통일감을 주면서 1층과 2층의 마루 난간을 달리하는 것으로 변화를 주었다. 1층에는 평난간, 2층에는 계자각 난간을 둘렀다. 공포는 건물의 규모와 어울리는 아담한 크기로 만들어져 앙증맞은 느낌을 준다.

경복궁 후원의 향원지에 세워져 아름다운 풍광을 연출하는 향원정은 평면과 입면의 비례가 우수하고 부재의 사용이 섬세하면서 조화를 이루고 있어 건축계획 측면에서도 뛰어난 우리나라 정자의 대표적 건물이다.

景福宮 香遠亭

1. 난간 보강 철물
2. 2층 난간. 1층에는 평난간, 2층에는 계자각 난간을 둘렀다.

景福宮 香遠亭

경복궁 향원정

1 정육각형 평면으로 장대석 기단 위에 육각형 초석과 기둥을 세웠다.
2 2층으로 오르는 계단
3 1층에서 2층으로 올라가는 계단. 좁은 마루를 이용하여 가파르게 설치했다.
4 2층 쪽마루. 석 장의 넓고 긴 마룻널을 사용한 것이 장마루의 기본 형태를 잘 보여준다.
5 2층 방. 모서리마다 삼각형으로 보강하고 벽지를 발랐는데 삼각형 보강부분은 후대에 보강한 것으로 확인되어 현재는 제거했다.

景福宮 香遠亭

경복궁 향원정

景福宮 香遠亭

1. 향원정으로 들어가는 취향교는 원래 건청궁이 있는 북쪽에 있었으나 한국전쟁 이후 복원하면서 남쪽으로 옮겼다. 최근 보수공사하면서 남쪽 다리를 철거하고 고증을 거쳐 북쪽으로 옮겼다.
2. 추녀 선을 따라 육각형으로 천장을 나누어 반자를 설치했다. 정중앙은 다시 별모양으로 여섯 잎의 반자틀을 구성했다.
3. 내부 포 상세. 창방 위에 화반과 운공을 설치해 도리와 장혀를 받치고 있다. 초각이 매우 섬세하다.
4. 향원정 외곽 경계석. 난간 동자를 꽂았던 홈이 보인다.

景福宮 香遠亭

경복궁 향원정

창덕궁 낙선재 일원

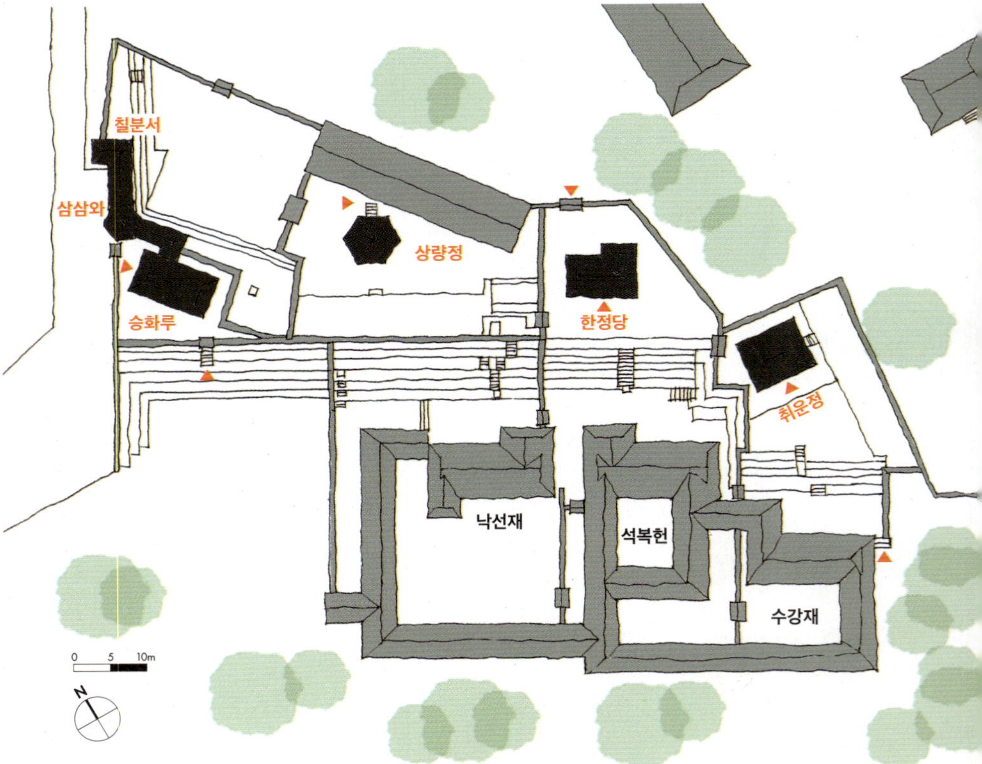

昌德宮 樂善齋 一圓

1 창경궁에서 본 낙선재 후원
2 한정당과 상량정
3 취운정 뒤로 한정당과 상량정의 지붕이 보인다.

창덕궁과 창경궁의 경계에 자리한 낙선재는 1847년(헌종 13) 헌종이 왕비와 대왕대비를 위하고 왕실의 권위 확립과 자신의 개혁 의지를 보이기 위해 지은 집이다. 낙선재 일원은 낙선재, 석복헌, 수강재를 중심 건물로 하여 행각으로 연결한 건물군으로 이들 건물 뒤에는 장대석으로 화계를 만들고 계단을 설치하여 후원에 오를 수 있도록 하였다. 이 후원은 담장을 쌓아 세 개의 공간으로 구분하여 각각의 중심건물에서 계단으로 드나들 수 있도록 하였고, 담장에는 작은 문을 두어 서로 통행할 수 있도록 하였다. 가장 안쪽의 수강재 후원에는 취운정이 있고, 석복헌 후원에는 한정당 그리고 낙선재 후원에는 2층의 누각인 상량정과 서고가 들어서 있다. 상량정 서쪽 담장에 있는 월문을 지나면 승화루와 삼삼와 그리고 칠분서가 있다.

昌德宮 樂善齋 一圓

창덕궁 취운정

[위치] 서울 종로구 율곡로 99-0 (와룡동, 창덕궁)　[건축 시기] 1686년
[지정사항] 사적　[구조 형식] 2고주 5량가 팔작기와지붕

　수강재 뒤편에 장대석으로 조성한 화계 위에 남향으로 자리하고 있는 정자이다. 취운정은 언덕 높은 곳에 있어 남쪽으로는 수강재와 석복헌이 훤히 보이고, 동쪽과 북쪽으로는 창경궁 명정전과 경춘전 그리고 후원이 내려다보인다. '취운(翠雲)'은 '비취색 구름'이라는 뜻으로 사방이 열린 정자에서 바라보는 맑은 하늘을 의미하는 것으로 생각된다.

　이 정자가 처음 세워진 것은 1686년(숙종 12)이고, 종도리장혀에서 발견된 묵서를 통해 1702년(숙종 28)에 수리했음을 알 수 있다.

　건물은 도리칸 4칸, 보칸 3칸으로 사방에 툇마루를 두고 중앙의 2칸을 방으로 구성하였다. 전면과 배면 가운데 2칸의 댓돌이 놓인 위치에는 출입할 수 있게 난간을 두지 않았으며, 나머지 사방에는 '亞'자형 난간을 둘렀다. 건물 왼쪽에는 석축을 이용해 아궁이를 설치하였다. 창호는 양측면에는 양여닫이 세살창을 외부에 두고 내부에는 영창과 갑창을 설치하였다. 전후면에는 하부에 머름을 두고 사분합들문을 달았는데, 〈동궐도〉에는 머름이 없고 궁판세살창으로 표현되어 있는 것을 볼 수 있다. 일반적으로 머름이 있는 곳은 출입을 하지 않는 법인데, 이 건물은 주출입구에 머름이 있는 점이 〈동궐도〉와 다르다. 또한 각서까래를 사용한 것도 일반적인 건물과 다른 특징이다.

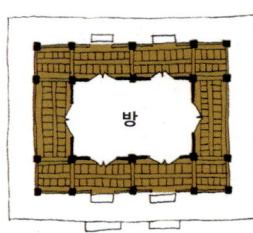

昌德宮 翠雲亭

1 도리칸 4칸, 보칸 3칸으로 장대석 기단 위에 남향으로 자리하고 있다.
2 가운데 방에 고주를 두고 사방에 툇보를 설치해 툇간을 구성하고 툇마루로 꾸몄다.

창덕궁 취운정

昌德宮 翠雲亭

1

4

1. 출입구 부분에는 난간을 설치하지 않고 기단에 댓돌을 두었다.
2. 건물 모서리 툇기둥과 고주의 간격을 같게 하여 고주가 툇보, 창방, 도리까지 모두 받고 있다.
3. 고주가 툇보, 창방, 도리까지 모두 받고 있어 약해질 수 있는 부분을 보아지 등으로 견실하게 결구하고 있다.
4. 왼쪽에는 석축을 이용해 아궁이를 들였다.
5. 사방에 툇마루를 두었다. 창호는 인방 없이 창틀을 설치해 단아한 느낌이다. 고식기법이다.

昌德宮 翠雲亭

창덕궁 한정당

[위치] 서울 종로구 율곡로 99-0 (와룡동, 창덕궁) **[건축 시기]** 1900년대
[지정사항] 사적   **[구조 형식]** 1고주 5량가 팔작기와지붕

석복헌 뒤편 장대석으로 축대를 쌓고 조성한 화계 위에 남서향으로 자리한 정자이다. 한정당 또한 취운정처럼 언덕 높은 곳에 있어 창경궁과 낙선재 권역이 훤히 내려다보인다. '한정(閒靜)'은 '한가하고 고요하다'란 뜻으로 취운정과 달리 좌우 건물에 둘러싸여 아늑한 느낌을 준다.

이 건물이 언제 건립되었는지 알 수 있는 기록은 없다. 단지 〈동궐도〉〈동궐도형〉《조선고적도보》의 〈창덕궁배치도〉에는 그 자리에 건물이 없는 것으로 표현되어 있다. 또한 건물에 근대기의 장마루가 깔려 있으며, 유리와 타일 등 근대기의 재료가 사용된 점을 볼 때, 한정당은 근대기에 지어진 건물임을 추정할 수 있다.

건물은 도리칸 3칸, 보칸 2칸의 'ㄱ'자형 평면으로 오른쪽 2칸은 전퇴를 둔 온돌방이고 왼쪽 1칸은 뒤쪽으로 반 칸을 내밀어 2칸 누마루 방으로 구성하였다. 오른쪽 방이 있는 부분은 굴도리로 구성하고, 누마루는 소로수장으로 마감하여 위계를 한층 높였다. 주변 정자에 비해 마당에 괴석이 많이 있는 것이 눈에 띈다.

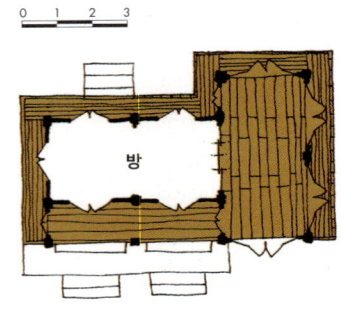

昌德宮 閒靜堂

1 도리칸 3칸, 보칸 2칸의 ㄱ자형 평면이다.
2 다른 정자에 비해 마당에 괴석이 많다.
3, 4 건물 정면 계단 사이에는 밤에 불을 밝힐 수 있는 정료대가 있다. 조각이 정교하고 비례가 잘 맞아 아름답다.

昌德宮 閒靜堂

1

4

창덕궁 한정당

1 석복헌 뒤편 장대석으로 축대를 쌓고 조성한 회계 위에 남서향으로 자리한다.
2 집수구. 궁궐에서 사용하는 집수정의 석재 뚜껑 형태를 잘 보여준다.
3 오른쪽 2칸은 전퇴를 둔 온돌방으로, 왼쪽 1칸은 뒤로 반 칸을 내밀어 누마루방으로 꾸몄다.
4 방이 있는 부분은 굴도리로 구성하고, 누마루 방이 있는 부분은 소로수장으로 마감해 위계를 한층 높였다.
5 한정당에서 본 창경궁. 함인정이 보인다.

昌德宮 閒靜堂

창덕궁 상량정

[위치] 서울 종로구 율곡로 99-0 (와룡동, 창덕궁) **[건축 시기]** 1847년에서 1848년 사이로 추정
[지정사항] 사적 **[구조 형식]** 육모기와지붕

낙선재 뒤편 화계를 올라 오른쪽에 전돌로 조성된 협문을 들어서면 후원 언덕에 육각형 2층 누각이 우뚝 서 있다. '상량(上凉)'은 '최고로 시원하고 맑다'란 뜻이다. 건물 2층에 올라서면 사방이 탁 트여 낙선재 일곽 너머 멀리까지 시야에 들어온다.

이 건물이 언제 건립되었는지 알 수 있는 기록은 없으나 낙선재 일곽의 건립에 대해 기록된 《원헌고》와 《소치실록》을 통해 낙선재 일곽이 조성된 1847년에서 1848년에 상량정도 건립된 것으로 추정된다. 또한 《궁궐지》에는 평원루(平遠樓)라고 기록되어 있고, 《소치실록》에는 평원정이라 기록된 것을 볼 때, 처음에는 평원루라 불리다가 후에 상량정으로 이름을 바꾼 것을 알 수 있다.

장대석 기단 위에 육각형 장초석을 세운 2층 건물로 마루를 깔고 계자각 난간을 돌렸으며, 하부에는 당초문 낙양을 설치하여 화려하게 장식했다. 천장은 연등천장인데, 천장 가운데에 육각형 반자를 두고 용과 봉 그리고 박쥐 문양으로 단청했다. 내부 기둥 사이에는 간단한 형태의 난간을 돌렸다. 지붕을 받치는 공포는 일출목 이익공으로 주칸마다 2개의 운공을 설치하여 도리를 받치고 있다. 상량정 뒤편에는 서고로 추정되는 'ㄴ'자형 건물이 있다.

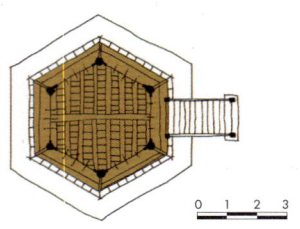

昌德宮 上凉亭

1 장대석 기단 위에 육각형 장초석을 세우고 건물을 올렸다.
2 연등천장으로 천장 가운데에 육각형 반자를 두고 용과 봉, 박쥐 문양으로 단청했다.
3 승화루 영역에서 바라본 상량정. 상량정과 승화루 사이에는 동그란 형태의 월문을 설치했다.

창덕궁 상량정

昌德宮 上凉亭

1 낙선재 뒤 화계 오른쪽 협문을 지나서 있는 후원 언덕에 2층 규모로 자리한다.
2 공포는 일출목 이익공으로 각 주칸마다 2개의 운공에 출목첨차를 설치해 외목도리를 받치고 있어 매우 화려하다.
3 2층에는 계자각 난간을 두르고 하부에는 당초문 낙양을 설치했다.
4 1층 육각형 장초석
5 실내 바닥에는 우물마루를 깔고 난간을 설치했다.
6 상량정과 승화루 경계는 월문과 꽃담장으로 구획했다.

昌德宮 上凉亭

창덕궁 승화루 일곽

[위치] 서울 종로구 율곡로 99-0 (와룡동, 창덕궁) **[건축 시기]** 1782년
[지정사항] 사적 **[구조 형식]** 승화루 3량가 팔작기와지붕 / 삼삼와 육모기와지붕 / 칠분서 3량가 우진각기와지붕

창덕궁 성정각에서 낙선재로 가는 길에 2층 누각과 육각형 건물이 있는데 이들은 행각으로 연결되어 있다. 이 중에서 가장 오른쪽에 있는 2층 누각이 승화루(承華樓)이고, 육모정이 삼삼와(三三窩)이며, 삼삼와의 북쪽으로 연결된 행각이 칠분서(七分序)이다.

승화루에 관한 기록을 1783년(정조 7) 《내각일력》에서 확인할 수 있는 것으로 볼 때, 승화루 일곽은 1782년(정조 6)에 중희당과 함께 건립된 것으로 추정된다. 순종 연간의 《궁궐지》에 따르면 1908년 이전에 중희당은 철거되고 부속건물만 남은 것을 알 수 있다. 헌종 연간의 《궁궐지》에 따르면, 승화루는 세자의 학문정진을 위해 세운 건물로 소주합루(小宙合樓)라고도 하였다. 아래층은 책을 보관하는 의신각인데, 일제강점기에 변형되어 지금은 기둥만 남아있다.

삼삼와는 중희당에서 승화루로 올라가는 보루이고, 칠분서는 세자궁인 중희당과 삼삼와를 연결하는 건물임을 알 수 있다.

승화루는 장초석을 사용한 2층 누각으로 웅장한 반면 삼삼와와 행각은 작지만 섬세하면서도 화려하여 후원으로 넘어가는 길에 가장 눈길을 끄는 건물이다.

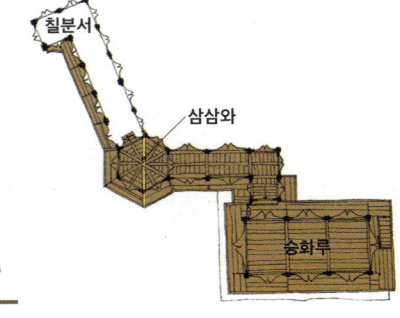

昌德宮 承華樓 一廓

1 왼쪽부터 차례로 승화루, 삼삼와, 칠분서이다.
2 간결한 소로수장집인 칠분서는 통로 역할을 했다. 각서까래를 사용했다.
3 승화루 1층 장초석에는 책을 보관했던 의신각의 부재 연결 흔적이 남아있다.

昌德宮 承華樓 一廓

창덕궁 승화루 일곽

1 세자의 학문정진을 위해 세운 승화루는 장초석을 사용한 2층 누각이다.
2 승화루 천장. 세자가 사용하는 건물로 화려하게 단청하고, 반자 가운데는 팔각으로 구성하고 봉황문을 넣었다.
3 승화루 내부. 사방에 사분합들문과 창을 두어 개방할 수 있도록 하고, 바닥에는 우물마루를 깔았다.
4 승화루 난간. 난간의 살이 얇으면서도 정교하게 조각되어 있다.
5 승화루 오른쪽에는 육모정인 삼삼와가 있다.
6 삼삼와와 승화루는 행각으로 연결된다. 각각의 지붕은 서로 싸우지 않도록 층단을 주어 구성한 계획 의도가 돋보인다.

昌德宮 承華樓 一廓

昌德宮 承華樓 一廓

1 삼삼와 천장은 연등천장으로 구성하고 천장 가운데에 육각형 반자를 두고 용과 봉 문양으로 단청했다.
2 삼삼와의 육각형 내부. 우물마루는 장귀틀을 교차시켜 구성한 매우 독특한 구조이다.
3 승화루 1층은 원래 의신각이라는 책 보관 공간이었는데 일제 강점기에 변형되고 장초석에 벽체를 구성한 목재 결구 홈만 남아 있다.
4 육모정인 삼삼와 북쪽으로 행각인 칠분서가 연결되어 있다.
5 삼삼와 난간. 난간은 파형 '亞'자, '卍'자 문양을 넣어 화려하게 장식했다.

昌德宮 承華樓 一廓

창덕궁 승화루 일곽

창덕궁 부용지 일원

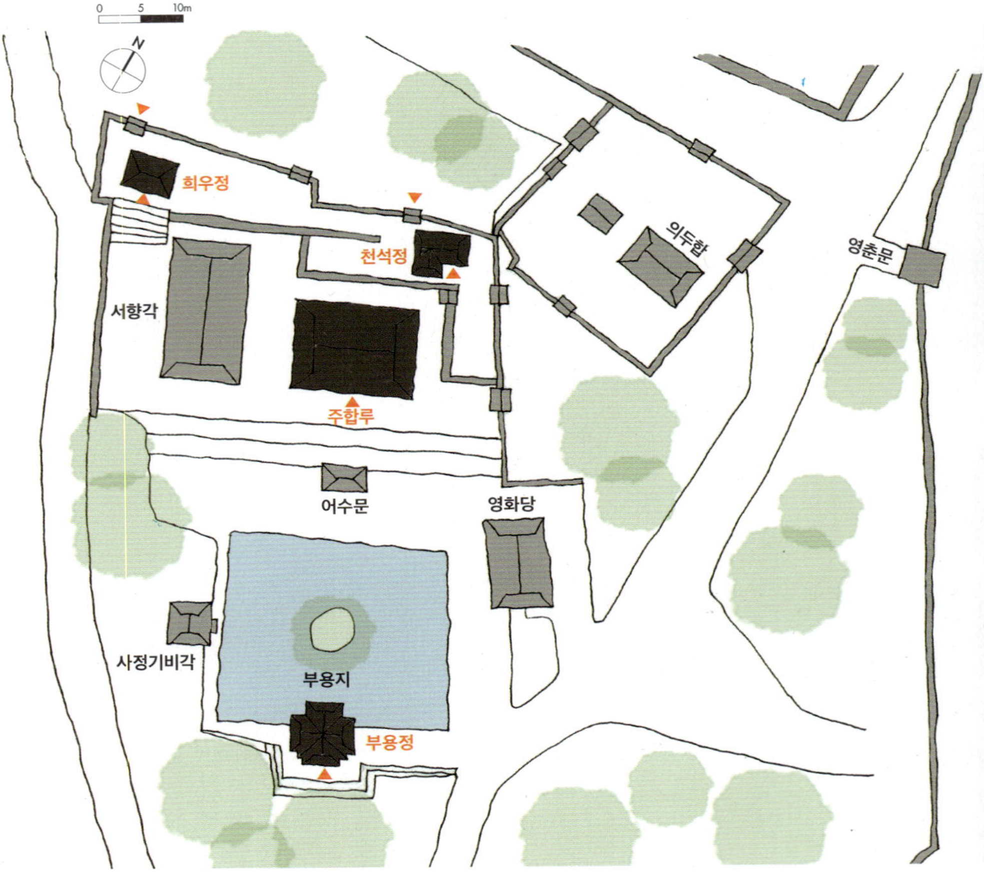

昌德宮 芙蓉池 一圓

地図 labels: 희우정, 천석정, 의두합, 영춘문, 서향각, 주합루, 어수문, 영화당, 사정기비각, 부용지, 부용정

昌德宮 芙蓉池 一圓

창덕궁 후원을 들어서면 가장 먼저 접하는 곳이 부용지이다. 부용지는 천원지방(天圓地方)의 원리에 따라 네모난 방지 가운데에 원형 섬을 조성한 대표적 못으로 정조 임금께서 꽃을 감상하고 고기를 낚던 곳이라고 한다. 부용지 사방에는 각기 다른 기능의 건물이 건립되어 있는데, 부용지에 발을 드리우고 있는 정자가 부용정(芙蓉亭)이고, 좌우에 사정기비각(四井記碑閣)과 영화당(暎花堂)이 있다. 일각문과 담장으로 둘러쳐 있는 사정기비각은 1680년(숙종 6)에 세종의 아들인 영순군과 조산군이 우물을 찾은 것을 기념하기 위해 비를 세우고 비각을 건립한 것으로 전한다. 영화당은 1692년(숙종 18)에 개건한 건물로 숙종, 영조, 순조 등 많은 임금의 기록이 전하고, 정조가 과거시험을 관망하던 곳이기도 하다.

부용정 북쪽에는 5단의 화계를 조성하고, 그 중간 첫 단에 어수문(魚水門)을 두어 주합루(宙合樓)로 오를 수 있도록 하였다. 정조가 즉위한 해(1776)에 건립된 주합루는 2층으로 구성되어 있는데, 1층에 왕실도서관이자 학술 및 정책 연구 기관으로 사용된 규장각(奎章閣)이 있고, 2층 주합루는 열람실로 활용하였다. 주합루의 서쪽에는 책을 말리거나 바람을 쐬는 일을 주관하는 용도의 서향각(書香閣)이 있고, 뒤편 높은 곳에 희우정(喜雨亭)과 천석정(千石亭)이 있다. 희우정은 1690년(숙종 16) 가뭄에 이곳에서 기우제를 지내자 비가 내리게 되어 이름을 희우정으로 바꾸면서 지붕도 기와지붕으로 바꾸었다고 전해지며, 천석정은 건물의 연혁이 확인되지 않고 있다.

1 주합루에서 본 부용지
2 부용정 북쪽에는 5단의 화계를 조성하고 첫 단에는 어수문을 두고, 가장 높은 곳에 주합루를 두었다.
3 주합루의 입구인 어수문

昌德宮 芙蓉池 一圓

1. 천원지방 원리에 따라 네모난 방지 한가운데에 원형 섬을 조성했다. 못에 발을 드리운 부용정과 사정기비각이 보인다.
2. 영화당은 정조가 과거시험을 관망하던 곳으로 알려져 있다.

창덕궁 부용지 일원

창덕궁 부용정

[위치] 서울 종로구 율곡로 99-0 (와룡동, 창덕궁)　**[건축 시기]** 1707년 초창(택수재), 정조대 중건
[지정사항] 보물　**[구조 형식]** 3량가 팔작기와지붕

　　창덕궁 후원을 들어서면 네모난 못인 부용지가 보이고, 이 방지에 발을 드리우고 있는 정자가 부용정이다.

　　《궁궐지》에 따르면 1707년(숙종 33)에 이곳에 택수재(澤水齋)를 지었는데, 정조 때에 이를 고쳐 짓고 이름을 '부용정(芙蓉亭)'이라 바꾸었다. 《동국여지비고》에는 "연못 안에 채색하고 비단 돛을 단 배가 있어, 정조 임금께서 꽃을 감상하고 고기를 낚던 곳이다"라는 기록이 있다. 정조는 이곳에서 과거 급제자들에게 축하 주연을 베풀어주기도 했으며, 신하들과 어울려 시를 읊기도 했다고 한다. 이곳의 풍광을 읊은 시 10개가 기둥에 붙어 있다. 장대석으로 조성된 방지의 남쪽 모서리에는 잉어 한 마리가 물 위로 뛰어오르는 모습을 양각하였는데, 이것은 왕과 신하의 관계를 물과 물고기에 빗댄 것이다.

　　평면은 도리칸 5칸, 보칸 4칸, 배면 3칸으로 십(十)자 모양을 기본으로 동과 서쪽에 반 칸을 덧댄 좌우대칭형이다. 내부는 네 개의 방으로 구성하면서 배면의 방은 한 단계 높게 하여 위계를 달리하였다.

　　연못 안에 2개의 팔각 석주를 세운 다음 그 위에 건물의 비례에 맞는 원기둥을 세우고 앙증맞은 이익공 공포를 짜 올렸으며, 난간도 위치에 따라 계자각 난간과 평난간으로 구분하여 다양한 형식을 취하고 있다. 외부 창은 연못으로 내민 부분만 亞자살 문을 달고, 다른 곳은 모두 띠살문으로 하였으며, 내부에는 정자살문과 팔각형 교살창을 낸 불발기창을 두어 안팎 공간의 구분을 분명하게 하였다.

昌德宮 芙蓉亭

昌德宮 芙蓉亭

1. 건물의 규모에 맞게 앙증맞은 크기의 이익공 공포를 설치했다.
2. 십자 모양을 기본으로 동과 서쪽에 반 칸을 덧댄 좌우대칭형 평면이다.
3. 내부에는 정자살문과 팔각형 교살창을 낸 불발기창을 달았다.

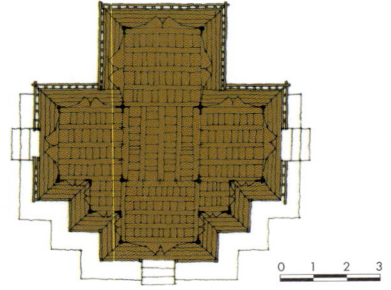

昌德宮 芙蓉亭

昌德宮 芙蓉亭

창덕궁 부용정

1 방지에 2개의 팔각 석주를 세우고 원기둥을 올리고 이익공 공포로 구성했다.
2, 3 위치에 따라 계자각 난간과 평난간을 구분해 사용했다.
4 부용정에서 바라본 부용지와 주합루
5 방지의 남쪽 모서리 장대석에는 물에 뛰어오르는 잉어 한 마리를 새겼다.

昌德宮 芙蓉亭

창덕궁 주합루

[위치] 서울 종로구 율곡로 99-0 (와룡동, 창덕궁)　**[건축 시기]** 1776년
[지정사항] 보물　**[구조 형식]** 2고주 7량가 팔작기와지붕

정조 즉위년(1776)에 지은 2층 건물로 부용지의 북쪽 높은 곳에 남향으로 자리한다. 어수문을 지나 5단의 화계를 올라서면 누각에 이른다. 아래층에는 숙종 어필의 규장각 현판을 걸고, 위층은 정조가 세손 시절 사용하던 경희궁 주합루의 이름을 그대로 쓴 어필 현판을 걸었다.

1층 규장각은 왕실 도서 보관과 어진 봉안 및 근시기구(近侍機構), 2층 주합루는 열람실로 활용했다. '규장(奎章)'의 '규(奎)'는 28수의 별자리 중 문운을 관장하는 별이고, '장(章)'은 '글' 혹은 '밝다'는 뜻이 있다. 결국 '규장'은 왕의 글을 일컫는다. '규장각'은 왕의 어제·어필 등을 보관하는 서고이면서 당대의 학문이 집결된 곳을 뜻한다. 《궁궐지》에 의하면 원래 규장각은 1694년(숙종 20)에 종부사에 세운 조그마한 건물의 이름이었다.

주합루는 네 벌대 장대석기단을 놓고 정면에 3개, 나머지 면에는 각기 1개씩 장대석 계단을 두었다. 정면의 중앙 계단에는 와운문과 초화문을 새긴 곡선형 소맷돌을 두어 왕의 권위와 위용을 드러냈다. 도리칸 5칸, 보칸 4칸으로 상·하층 모두 사방에 1칸씩 툇마루를 두고, 그 안쪽에 3×2칸의 내실을 만들었다. 하층 내실은 서고와 독서 공간으로 사용한 기능에 따라 가운데가 마루이고 그 좌우는 온돌방이며, 상층 내실은 모두 마루이다. 내실의 모든 면에는 사분합들문을 달아 필요에 따라 사방을 개방할 수 있게 했다. 상층으로 오르는 계단은 양측면 툇간에 각각 하나씩 설치되어 있다. 툇간 둘레에는 계자각 난간을 둘렀다.

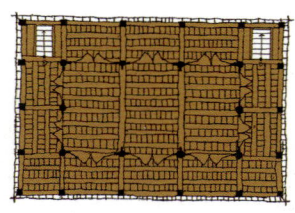
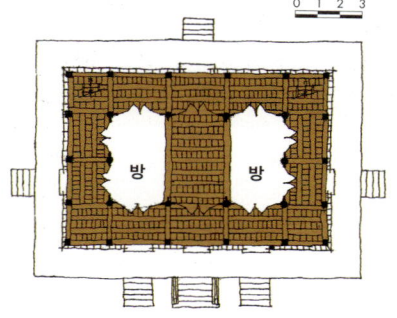

昌德宮 宙合樓

1 3x2칸 규모의 내실
2 주합루 상층에서 내다 본 부용지
3 주합루는 부용지 북쪽 높은 곳에 남향으로 자리한다.

昌德宮 宙合樓

昌德宮 宙合樓

1. 주합루의 정문인 어수문. 어수문 양옆에는 곡선형 지붕을 얹은 작은 문이 있어서 어수문과 함께 삼문 형식을 이룬다. '어수'는 임금과 신하의 관계를 물과 물고기(魚水)에 빗대어 붙인 이름이다.

2, 3 양측면 툇간에 상층으로 오르는 계단이 있다.

4. 도리칸 5칸, 보칸 4칸으로 상하층 모두 사방에 1칸 툇마루를 두고 그 안쪽에 내실을 두었다.

5. 어수문을 지나 5단의 화계를 지나면 네 벌대 장대석기단 위에 있는 주합루에 이른다.

6. 상하층 모두 계자각 난간을 둘렀는데 하층의 출입용 디딤돌이 있는 부분에는 난간을 두르지 않았다.

창덕궁 희우정

昌德宮 喜雨亭

[위치] 서울 종로구 율곡로 99-0 (와룡동, 창덕궁) **[건축 시기]** 1645년 초창(취향정), 1690년 개수
[지정사항] 사적 **[구조 형식]** 3량가 우진각기와지붕

　책 향기가 있는 집이라는 이름을 가진 서향각(書香閣)은 규장각 서쪽 뒤편에 장대석 계단과 화계가 설치된 언덕 위에 남향으로 자리하고 있다. 희우정은 1645년(인조 23) 취향정이란 이름의 초가집으로 창건되었다. 이후 1690년(숙종 16) 가뭄에 이곳에서 기우제를 지내자 비가 내리게 되어 이름을 희우정으로 바꾸면서 지붕도 기와지붕으로 바꾸었다고 《궁궐지》에 전한다.

　기단은 장대석을 간단히 두르고 가공된 팔각형 초석 위에 원기둥을 세웠다. 건물은 도리칸 2칸, 보칸 1칸의 간단한 건물로 내부는 온돌방으로 구성하였다. 서쪽 상부에는 감실을 두고, 하부에는 아궁이를 두었다. 서쪽을 제외한 3면에 쪽마루를 두었다. 출입하는 문은 머름이 없는 것이 일반적인데 비해 이 집에서는 모든 창호 하부에 머름을 두어 주출입구가 확실하지 않다. 건물의 양식은 굴도리집인데, 장혀와 대들보 하부에 물익공을 장식했다.

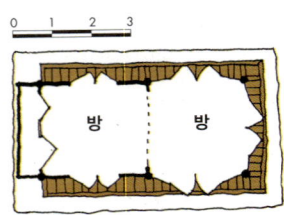

昌德宮 喜雨亭

1 서쪽은 상부에는 감실을 두고, 하부에는 아궁이를 두고, 나머지 면에는 쪽마루를 설치했다.
2 언덕 위에 높게 있어 장대석 계단과 화계를 지나 들어간다.

昌德宮 喜雨亭

1 장대석 기단 위 가공한 팔각형 초석을 올리고 원기둥을 사용했다.
2 귓기둥 상부는 도리 및 장혀 하단에 물익공을 장식했다.
3 온돌방에서 내다본 풍경
4 희우정은 규장각 서쪽 언덕 위에 남향으로 자리한다.
5 모든 창호 하부에 머름을 두어 주출입구가 확실하지 않다.

昌德宮 喜雨亭

창덕궁 천석정

昌德宮 千石亭

[위치] 서울 종로구 율곡로 99-0 (와룡동, 창덕궁) [건축 시기] 미정
[지정사항] 사적 [구조 형식] 5량가 팔작기와지붕

주합루 뒤편에 장대석 석축을 쌓고 그 위에 남향으로 자리한 천석정은 주합루 뒤에 놓인 계단을 통해 오르거나 영화당 쪽에 놓인 화계 사이사이에 놓인 한두 개의 계단을 밟고 올라올 수 있다. 이 계단을 밟고 내려가면서 보는 부용지의 경관이 일품이다.

건물의 연혁이 확인되지 않아 유래는 확인할 길이 없다. 다만, 주합루 권역에서 가장 높은 곳에 있고, '비나 눈이 개어 달빛과 바람을 볼 수 있다'는 '제월광풍관' 현판이 붙어 있는 것에서 알 수 있듯이 규장각과 주합루에서 독서하다 잠시 쉬면서 머리를 식히는 기능을 가졌을 것으로 생각된다. 평면은 도리칸 3칸, 보칸 2칸 규모로 오른쪽 1칸을 누마루로 돌출시킨 'ㄱ'자 형태이다. 누마루의 하부는 사각형의 모를 접어 팔각형으로 만들고 쌍사를 음각한 장초석을 사용했는데, 민도리집인 점을 감안하면 화려한 것이 누마루를 강조하기에는 충분하다. 건물은 방과 마루로 구성하면서 사분합문과 양여닫이문, 그리고 판문을 적절히 배치하여 작지만 아름다운 비례를 가지고 있다.

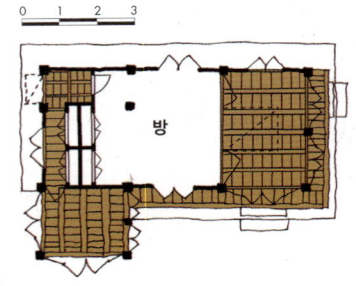

昌德宮 千石亭

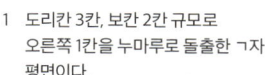

1 도리칸 3칸, 보칸 2칸 규모로 오른쪽 1칸을 누마루로 돌출한 ㄱ자 평면이다.
2 누마루를 제외한 나머지 공간은 방으로 꾸미고 앞에 쪽마루를 두었다.
3 사분합문, 양여닫이문, 판문을 적절히 배치했다.
4 왼쪽 면에는 사분합문을 달았다.
5 누마루 하부는 팔각으로 다듬고 쌍사를 음각한 장초석을 사용했다.

창덕궁 애련지 일원

昌德宮 愛蓮池 一圓

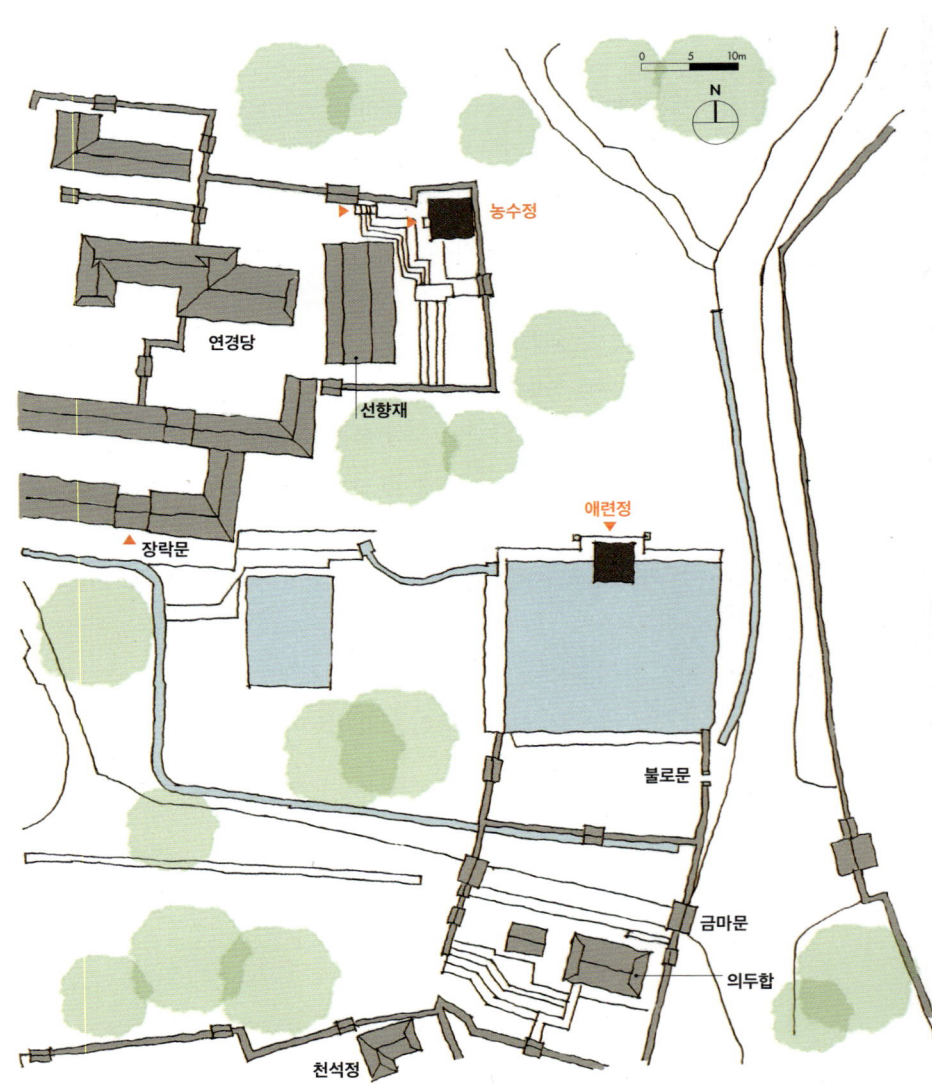

昌德宮 愛蓮池 一圓

　　창덕궁 부용지의 영화당을 지나 낮은 능선을 끼고 돌면 담장을 두른 공간에 금마문(金馬門)이 나타난다. 이 문을 들어서면 경사지에 북향으로 자리한 의두합(倚斗閤)과 운경거(韻磬居)가 보인다. 아담한 크기의 건물이지만 효명세자가 독서를 하던 역사 있는 건물이다.

　　그 담장 끝에 통돌을 'ㄇ'형으로 깎아서 만든 불로문(不老門)이 있다. 이 문은 무병장수를 기원하면서 세운 것이다. 〈동궐도〉에는 이 문밖에 불로지로 추정되는 방지가 있는데, 지금은 없어졌다. 불로문을 들어서면 담장을 두른 마당이 있고, 앞쪽에 연경당(演慶堂)으로 가는 문이 있으며, 마당 오른쪽에 애련지가 있다.

　　애련지(愛蓮池)는 '연꽃이 피는 연못'이란 뜻으로 이름은 송나라의 유학자 주돈이가 쓴 "애련설(愛蓮說)"에서 유래했다. 애련지는 사방을 장대석으로 쌓아 조성하였고, 입구 주변 경사지에는 화계를 조성하고 양쪽에 괴석을 두었다. 연지에는 일반적으로 원형 섬을 두는데 애련지는 가운데 섬이 없는 방지이다. 입수구는 산에서 흘러내리는 물을 모아 연지로 떨어뜨리는데, 비가 올 때는 마치 폭포수가 떨어지는 것처럼 조성하였다. 출수구는 입수구의 대각선 건너편에 만들었다. 원래는 연못 옆에 어수당(魚水堂)이라는 건물이 있었으나, 지금은 남아 있지 않다.

　　애련지를 지나면 서쪽에 작은 방지와 함께 연경당의 대문인 장락문(長樂門)과 행각이 눈에 들어온다. 장락문 앞에는 작은 물길이 있어 널판 돌다리를 건너 연경당에 들어간다. 중문을 지나면 동쪽에 중국풍의 건물인 선향재(善香齋)가 있고, 그 뒤의 경사지는 화계로 조성되어 있으며, 가장 높은 곳에 아담한 크기의 농수정(濃繡亭)이 있다. 선향재 뒤 동쪽 화계에 설치된 계단으로 농수정에 올라갈 수 있다.

昌德宮 愛蓮池 一圓

1. 대개 방지는 가운데에 원형 섬을 두는데 애련지에는 두지 않았다. 사방을 장대석으로 조성했다.
2, 3. 산에서 흘러내리는 물을 모아 연지로 떨어뜨리는 입수구
4. 애련지 북쪽에는 두 기둥을 연못에 드리우고 있는 애련정이 있다.
5. 통돌을 깎아 만든 불로문. 불로문 마당 오른쪽에 애련지가 있다.

昌德宮 愛蓮池 一圓

창덕궁 애련지 일원

창덕궁 애련정

【위치】서울 종로구 율곡로 99-0 (와룡동, 창덕궁)　【건축 시기】1692년
【지정사항】사적　【구조 형식】사모기와지붕

애련지 북쪽에 있는 단칸짜리 간결한 정자가 애련정이다. 1692년(숙종 18)에 건립했으며 숙종이 지은 "애련정기(愛蓮亭記)"가《궁궐지》에 전한다.

건물은 1×1칸으로 일반 건물에 비해 작지만 전면의 두 기둥을 연못에 드리우고 있으며, 추녀가 길게 뻗어 전체적으로 날렵한 느낌을 준다. 사면에 머름을 댄 낮은 의자를 두고, 그 위에 '亞'자형 평난간을 둘렀으며, 기둥마다 낙양을 두었다.

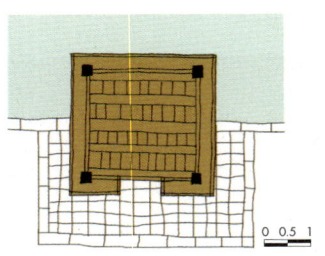

1

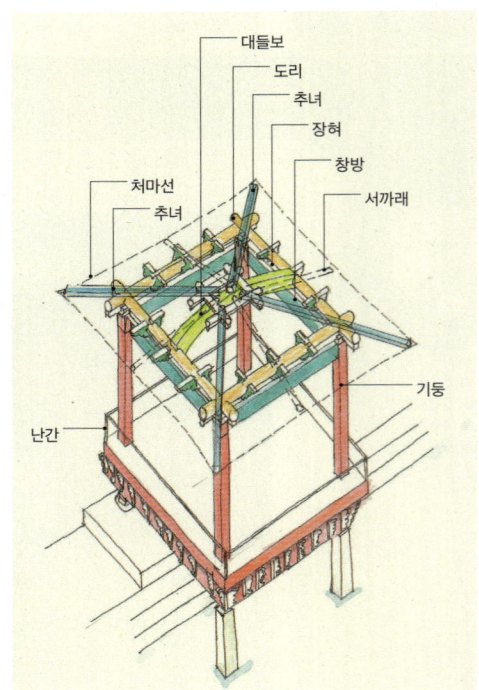

昌德宮 愛蓮亭

1. 앞은 장초석을 연못에 담그고 후면은 방형초석으로 구성했다. 사면에 '亞'자형 평난간을 둘렀다.
2. 애련정은 장대석으로 조성한 애련지 북쪽에 앞의 두 기둥을 연못에 드리우고 자리한다.
3. 귀포. 창방과 장혀의 뺄목에 물익공을 초각했다.
4. 천장 가구. 도리에 곡보를 걸고 외기도리를 설치해 추녀를 걸었다.
5. 사면에 머름을 댄 낮은 의자를 두고 기둥마다 낙양을 두었다.
6. 귓기둥. 한 칸 집으로, 기우는 것과 같은 약점을 보완하기 위해 낙양을 대고 난간과 낮은 의자를 두었으며 의자 밑에도 초각된 까치발을 설치했다.

창덕궁 농수정

[위치] 서울 종로구 율곡로 99-0 (와룡동, 창덕궁) **[건축 시기]** 1828년
[지정사항] 사적 **[구조 형식]** 사모기와지붕

　농수(濃繡)는 "짙은 빛을 수 놓는다"는 의미로 1828년(순조 28) 효명세자가 순조에게 진작례(進爵禮)를 올리기 위해 건립한 연경당의 정자인 점을 고려할 때, 이 시기에 함께 지어진 것으로 추정된다.

　경사진 지형을 이용하여 전면은 세벌대, 후면은 외벌대인 장대석 기단 위에 사다리꼴 초석을 놓고 각기둥을 세웠다. 사면은 벽 없이 '亞'자를 기본으로 한 완자무늬 사분합문을 두어 필요시에는 모두 열어 완전히 개방할 수 있도록 하였다. 내부에는 우물마루를 깔고 천장은 소란반자로 꾸몄다. 쪽마루에는 장마루를 깔고 '亞'자형의 평난간을 설치하였다. 선향재에서 올라오는 서쪽과 남쪽 두 곳에 계단을 설치하여 드나들 수 있도록 하였는데, 현판이 남쪽에 설치된 것으로 볼 때, 정면은 남쪽인 것으로 추정된다. 서재인 선향재에서 독서하다 잠시 쉬는 용도로 지어진 것으로 생각된다.

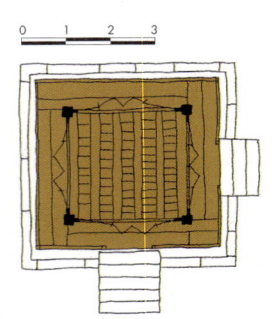

昌德宮 濃繡亭

1 중국풍의 건물인 선향재 뒤 화계로 조성한 경사지 가장 높은 곳에 자리한다.
2 경사진 지형을 이용하여 전면은 세벌대, 후면은 외벌대인 장대석 기단 위에 사다리꼴 초석을 놓고 각기둥을 세웠다.
3 귀포. 창방과 장혀의 뺄목에 물익공을 초각했다.
4 벽 없이 '亞'자를 기본으로 한 완자무늬 사분합문을 두어 필요시에는 모두 열어 완전히 개방할 수 있도록 하였다.
5 농수정에 서 본 풍경
6 쪽마루에는 장마루를 깔고 '亞'자형의 평난간을 설치하였다.

창덕궁 존덕지와 관람지 일원

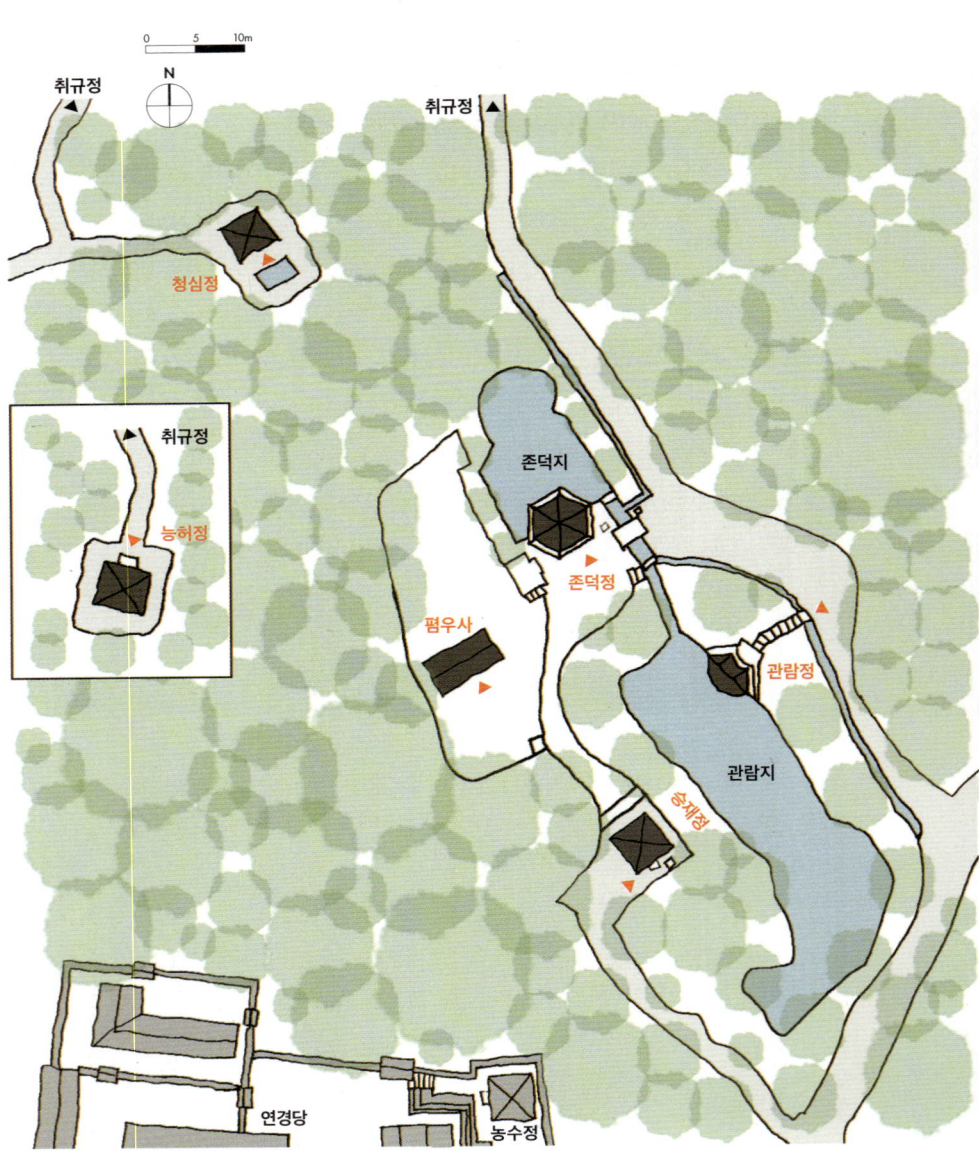

昌德宮 尊德池 + 觀纜池 一圓

창덕궁 존덕지와 관람지 일원

昌德宮 尊德池 + 觀纜池 一圓

불로문과 애련지를 지나 북쪽으로 올라가면 궁궐에서는 보기 힘든 불규칙한 형태의 관람지가 나타난다. 관람지 위쪽에 있는 부채꼴 형태의 정자가 관람정(觀纜亭)이다. 〈동궐도〉에는 관람지의 형태가 현재와 같지 않고 원형 한 개와 방형 두 개의 연지가 줄지어 있는 형태이며, 관람정도 확인되지 않는다. 고종대에 그려진 〈동궐도형〉에는 현재의 모습으로 그려져 있어 조선 말기에 지금과 같은 모습으로 바뀐 것으로 추정된다.

관람지를 지나면 위쪽에 못이 하나 더 있는데, 이것이 존덕지(尊德池)이다. 존덕지 또한 〈동궐도〉에는 반원형과 사각형으로 나눠진 형태이나 현재는 두 개의 못이 하나로 합쳐진 상태이다. 존덕지에서 출수된 물은 작은 물길을 지나 관람지로 들어간다. 이 물길 위에 놓인 작은 홍예교를 지나면 육각형 정자인 존덕정(尊德亭)에 들어갈 수 있다. 홍예교 주변에는 괴석과 석상 그리고 일영대(日影臺) 등이 배치되어 있다. 존덕정 서쪽에는 폄우사(砭愚榭)가 있고, 폄우사 남쪽에 사각형의 정자인 승재정(勝在亭)이 있다. 〈동궐도〉에 보면, 폄우사는 'ㄱ'자로 꺾인 남쪽에 부속채가 있고, 승재정은 'ㄱ'자형의 초가로 표현되어 있다. 이것도 관람지와 마찬가지로 조선 말기에 현재와 같이 변화된 것으로 추정된다.

부채 모양의 관람정이 있는 관람지를 지나면 위쪽에 육각형 정자인 존덕정이 있는 존덕지가 있고 존덕정 서쪽에는 폄우사가 자리한다.

창덕궁 존덕지와 관람지 일원

昌德宮 尊德池+觀纜池 一圓

창덕궁 존덕지와 관람지 일원

1 애련지를 지나 북쪽으로 조금 더 가면 궁궐에서는 보기 힘든 불규칙한 형태의 관람지가 보이는데, 관람지는 우리나라 반도의 모양을 닮았다고 해서 한때 반도지로 불리기도 했다.
2 오른쪽부터 차례로 관람정, 폄우사, 승재정이 보인다.
3 전통 부채 모양을 한 관람정과 사각형 정자인 승재정이 관람지를 따라 자리하고 있다.

昌德宮 尊德池＋觀纜池 一圓

창덕궁 존덕지와 관람지 일원

창덕궁 관람정

[위치] 서울 종로구 율곡로 99-0 (와룡동, 창덕궁) [건축 시기] 1800년 중반 추정
[지정사항] 사적 [구조 형식] 3량가 우진각지붕

애련지를 지나 후원으로 들어가면 첫 번째로 만나는 것이 한반도의 모양을 닮아 반도지(半島池)로 불리던 관람지이다. 관람지에는 관람정이 있다. 관람정의 건립 시기를 정확히 알 수 없으나 1828년에 제작된 〈동궐도〉에는 이곳에 방형 못이 두 개 있고, 둥근 섬을 가지고 있는 원형의 못이 하나 있으며, 그 동쪽 산기슭에 3칸 기와집이 있는 것으로 표현되어 있어 이 시기까지는 반도지와 관람정이 없었던 것으로 추정된다. 관람정을 확인할 수 있는 최초 기록은 순종 때의 《궁궐지》와 〈동궐도형〉이고, 1884년 촬영된 위스콘신대학에 보관된 사진자료이다. 이 자료에 의하면 승재정으로 건너가는 다리가 있었다. 비슷한 시기 다른 사진자료에 의하면 당시 관람정의 지붕은 현재와 같은 기와가 아니고 동판 같은 재료로 확인된다.

건물은 관람지 동쪽 호안 경사지에 기대어 6개의 기둥 중 2개의 기둥을 물속에 담그고 2개의 기둥은 중간에, 나머지 2개의 기둥은 호안에 올라서 있어 평소에는 2개의 기둥만 잠기고 물이 많아지면 4개의 기둥이 잠기도록 조성되어 있다. 초석은 하부에 팔각, 상부에 원형으로 다듬어 평소에는 팔각과 원형이 다 보이지만 물이 불어날 경우에는 원형만 보이도록 만들었다. 건물은 전체적으로 부채꼴 형태로 우리나라에서 이곳에서만 볼 수 있으며, 현판 또한 부채꼴형의 나뭇잎 모양으로 만들어 건물의 이미지를 부각시켰다.

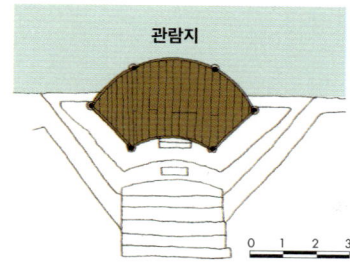

昌德宮 觀纜亭

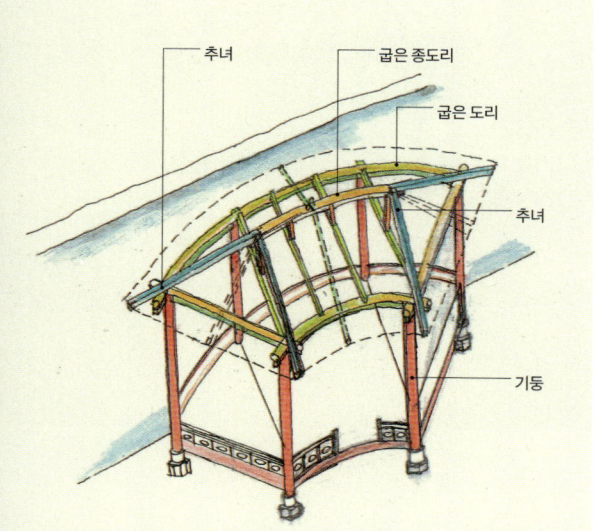

애련지를 지나 후원에 들어서면 가장 먼저 관람지와 관람정이 보인다.

昌德宮 觀纜亭

창덕궁 관람정

1 우리나라 유일의 전통 부채 형태의 정자로 2개의 기둥은 물속에, 또 다른 2개의 기둥은 중간에, 나머지 2개의 기둥이 호안에 올라서 있다.

2 물속에 담겨 있는 2개의 기둥 초석은 하부는 팔각으로, 상부는 원형으로 구성했는데 평소에는 두 모습이 모두 보이지만 물이 불어나면 원형 초석만 보인다.

3 물에 잠기지 않은 4개의 초석 가운데 앞 2개의 초석은 관람지 물이 불어나면 물에 잠기도록 조성되어 있다.

4 출입구를 제외한 모든 면에 장식을 한 평난간을 둘렀다

5 벽이나 문이 없이 모든 면이 트여 있으며 기둥에는 낙양각을 덧대어 화려하게 꾸몄다.

6 지붕 가구. 6개의 기둥 중 앞뒤 2개의 기둥에 각각 대들보를 걸고 둥글게 휜 도리를 걸었으며 둥글게 휜 도리를 보강하기 위해 대들보 사이를 2개의 작은 부재로 보강했다.

昌德宮 觀纜亭

창덕궁 존덕정

[위치] 서울 종로구 율곡로 99-0 (와룡동, 창덕궁)　**[건축 시기]** 1644년
[지정사항] 사적　**[구조 형식]** 육모기와지붕

　관람정을 지나 조금 올라가면 반도지와 존덕지를 연결하는 수로가 있고 이 수로 위에 놓인 돌다리를 지나면 존덕정에 닿는다. 존덕정은 '덕성을 높인다'는 뜻으로 초창 명칭은 육각형의 겹지붕이 특이하여 육면정(六面亭)이라 하였으나 후에 '존덕정'으로 고쳤다고 한다. 《궁궐지》에는 "존덕정은 1644년(인조 22)에 건립되었고, 정자 북쪽에 있는 못을 반월지(半月池)라 하였으며, 정자에 들어가는 석교 남쪽에 일영대(日影臺)를 두어 시각을 쟀다"고 기록되어 있다.

　〈동궐도〉에는 존덕정 주변의 연못이 반달형(반월지)과 네모형(존덕지)의 두 개로 나뉘어 있는데, 지금은 하나로 되어있다. 1903년 후원을 보수할 때 변화된 것으로 추정된다.

　건물은 육각형 평면으로 가운데 고주를 두고 고주의 외곽에 3개의 툇기둥을 설치하여 부섭지붕을 달았다. 마루 안쪽은 우물마루로 하고 바깥쪽은 장마루로 구분하여 중심과 주변의 위계를 구분하였다. 천장은 육각형으로 반자를 구성하고 가운데 반자에는 청룡과 황룡이 여의주를 가지고 노는 형상을 새겼다. 존덕정 앞 석교는 크기는 작지만 궁궐의 권위에 맞게 홍예를 틀고 석난간을 설치하여 품격을 높였다.

　이 정자는 육각형 건물에 이중지붕이라는 특징도 있지만, 아기자기한 공포의 짜임새와 투각된 교창과 낙양 그리고 천장 등에서 뛰어나고 정교한 공예품을 보는 듯하다. 정자에는 인조, 숙종, 정조의 어필과 어시 등을 새긴 편액이 걸려 있다.

昌德宮 尊德亭

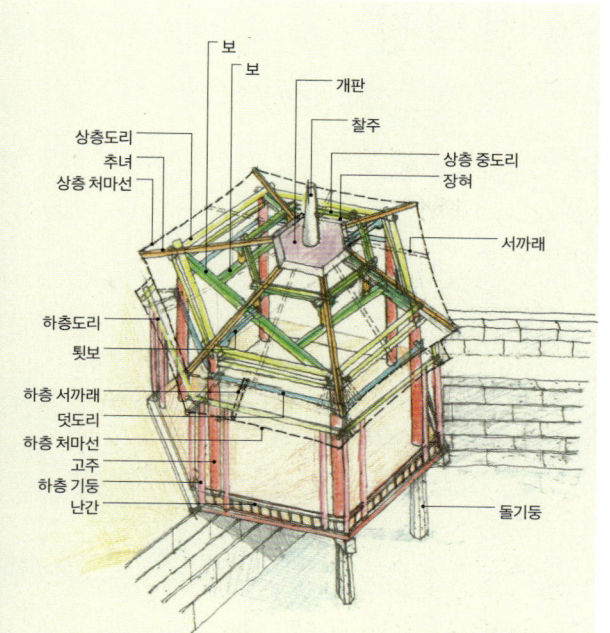

보
보
개판
상층도리
찰주
추녀
상층 중도리
상층 처마선
장혀
서까래
하층도리
툇보
하층 서까래
덧도리
하층 처마선
고주
하층 기둥
난간
돌기둥

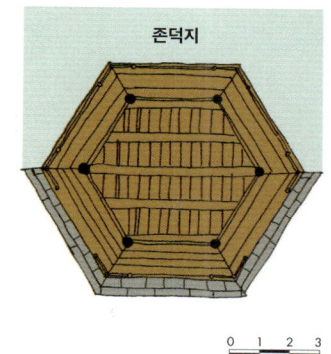

존덕지

0 1 2 3

1 존덕정은 관람지와 존덕지를 연결하는 수로 위 돌다리 너머에 자리한다.

2 존덕정은 2개의 대들보를 걸고 양쪽에 충량을 걸었다. 대들보 위에는 충량 역할을 하는 작은 보를 걸고 종도리를 올려 추녀를 받고 있다.

3 육각형으로 반자를 구성하고 가운데 반자에는 청룡과 황룡을 새겨 넣었다.

昌德宮 尊德亭

창덕궁 존덕정

昌德宮 尊德亭

1. 육각형 평면의 겹지붕이라는 특이한 구성으로 초창 당시에는 육면정으로 불렸다고 한다.
2. 공포의 아기자기한 짜임새가 정교한 공예품처럼 보인다.
3. 기둥 사이에 투각된 교창과 낙양을 달아 장식성을 높였다. 후면의 교창에는 교살을 설치하고, 전면 교창에는 문양을 넣어 정면성을 강조했다.
4. 외곽 기둥 사이에 '卍'자형 난간을 설치하고 육면체의 선을 따라 가공한 초석을 사용했다.
5. 존덕지와 존덕정. 육각형 장초석을 존덕지에 드리우고 귀틀석을 올린 후 기둥을 세웠다.
6. 동판으로 제작한 절병통은 1884년 모습과는 다르다.

창덕궁 폄우사

[위치] 서울 종로구 율곡로 99-0 (와룡동, 창덕궁) **[건축 시기]** 1827년 이전
[지정사항] 사적 **[구조 형식]** 3량가 맞배기와지붕

　존덕정에서 서쪽으로 몇 단 오르면 폄우사가 있다. '폄우(砭愚)'란 '어리석음을 고친다'라는 뜻으로 효명세자가 독서하던 곳으로 알려져 있다. 이 건물이 언제 건립되었는지 알 수 있는 확실한 기록은 없으나, 〈동궐도〉에 'ㄱ'자 형태로 그려져 있는 것을 볼 때, 1827년 이전에 건립되었음을 알 수 있으며, 현재는 'ㅡ'자 형태이다.

　평면은 도리칸 3칸, 보칸 1칸으로 오른쪽 1칸은 반을 감실로 쓰고, 나머지 반과 중앙 1칸을 통으로 마루방으로 구성했으며 나머지 1칸은 벽이 없는 대청이다. 방과 대청 사이에 현재는 문이 없으나 문선이 있고 상인방에 있는 흔적으로 보아 분합문이 있었을 것으로 보인다. 건물에 출입할 수 있는 댓돌이 없으나 대청 정면에 난간이 끊긴 부분이 있어 출입구임을 알 수 있다. 대청의 정면과 왼쪽 면에는 문을 달지 않고 평난간만 둘렀다. 건물의 형태는 단순하지만 독서하는 공간으로 알맞은 평면과 변화 있는 입면을 가진 건물이다.

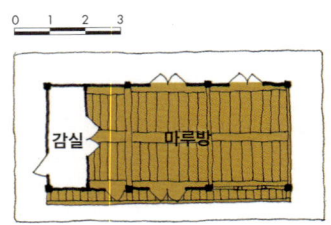

昌德宮 砭愚榭

1

2

3

1. 도리칸 3칸, 보칸 1칸 규모로 서쪽부터 차례로 반 칸 감실, 1칸 반 마루방, 1칸 대청으로 구성되어 있다.
2. 가구는 간결한 3량가로 구성하고 화반대공으로 종도리를 받았다.
3. 공포는 궁궐이나 관아건축에서 흔히 사용하는 간결한 초익공이다.

昌德宮 砭愚榭

1 장대석기단에 방전을 깔고 대청하부에는 장초석을 사용했다.
2 단청하기 전에 세밀하게 초각한 파련대공
3 문인방 상세. 상인방에 문을 달았던 흔적으로 보이는 홈이 있다.
4 건물 규모에 맞게 안상이 있는 작은 난간을 두었다.
5 마루방과 대청 사이에 문이 없지만 문선이 있는 것으로 보아 분합문이 있었을 것으로 보인다.
6 건물 서쪽에 반칸 감실을 두고, 측면에 들어갈 수 있는 작은 문을 두었다.

昌德宮 砭愚榭

창덕궁 승재정

[위치] 서울 종로구 율곡로 99-0 (와룡동, 창덕궁)　[건축 시기] 1800년 중반 추정
[지정사항] 사적　[구조 형식] 사모기와지붕

관람지 서쪽 건너편 가장 높은 언덕에 자리한 1칸짜리 사모정이다. 현재는 폄우사에서 올라가고 있으나 실제로는 애련지를 지나 관람정으로 오면서 가장 먼저 보이는 건물이다. 그래서 정자에 오르면 관람정, 폄우사, 존덕정뿐만 아니라 창경궁까지 내려다보인다. '빼어난 경치가 있다'는 뜻의 승재정에 어울리는 경관이다.

건물의 연혁을 확인할 수 있는 기록은 남아 있지 않지만 1884년 촬영된 위스콘신대학에 보관된 사진자료에 승재정의 모습이 보인다. 〈동궐도〉에는 승재정 자리에 초가 정자가 그려져 있는데 승재정의 전신으로 생각된다.

건물은 장대석으로 석축단을 구성하고 그 위에 장대석 기단을 돌린 후 세웠다. 건물은 작지만 화려하다. 내부는 우물마루이고, 사면에 머름이 있는 분합문을 달아 전체를 개방할 수 있도록 하였으며, 남쪽과 북쪽에 계단을 두고 머름을 끊어 출입할 수 있게 창호를 구성했다. 난간은 하부에 투각된 궁판을 놓고 중간에 '亞'자형 살난간을 두었으며 그 위에 하엽동자를 둔 형태로 인근에 있는 정자에 비해 화려하다.

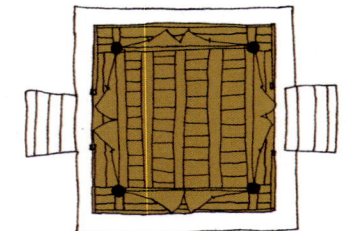

昌德宮 勝在亭

1 관람지 서쪽 가장 높은 언덕에 자리한 단칸 사모정이다.

2, 3 투각된 궁판을 놓고, 亞자형 살난간을 올리고 그 위에 하엽동자를 두어 난간을 화려하게 장식했다.

4 근래 수리된 절병통

창덕궁 승재정

昌德宮 勝在亭

창덕궁 승재정

1 장대석 기단, 난간 장식 등 작지만 화려한 집이다.
2 귀포. 창방과 장혀의 뺄목에 물익공을 초각했다.
3 천장은 우물반자로 하고 화려하게 단청을 했다.
4 사면에 머름이 있는 분합문을 달아 전체를 개방할 수 있도록 했다.
5 장대석으로 석축단을 구성하고 그 위에 장대석 기단을 올리고 건물을 앉혔다.
6 내부는 우물마루로, 쪽마루는 장마루로 구성했다.

昌德宮 勝在亭

창덕궁 청심정

[위치] 서울 종로구 율곡로 99-0 (와룡동, 창덕궁)　**[건축 시기]** 1688년
[지정사항] 사적　**[구조 형식]** 사모기와지붕

　　청심정은 창덕궁 후원 조성에 관심 많았던 숙종이 1688년(숙종 14)에 지은 정자로 존덕정을 지나 옥류천으로 가는 길 서쪽 언덕에 자리한다. 청심정의 청심(淸心)은 '비가 갠 저녁달과 같이 맑은 마음'이라는 의미이다. 지금은 일반인에게는 개방하지 않고 있지만《궁궐지》를 보면 '정자 동쪽 계곡에 홍예교를 놓아 통로로 삼았고, 청심정 남쪽에는 태청문(太淸門)이 있다'고 기록되어 있어 당초에는 홍예교를 건너 존덕정 쪽에서 들어가도록 한 것으로 추정된다.

　　건물은 단칸의 사모정으로 벽체 없이 머름만 돌린 간결한 구조이다. 정자 남쪽에는 '맑고 깨끗한 못'이라는 의미를 가진 빙옥지(氷玉池)라는 석조 연못이 있다. 이 석조 연못 앞에는 'ㄴ'자형 석재 위에 돌거북이 조각되어 있고, 이 거북 위에 '빙옥지(氷玉池)'라는 글씨가 음각되어 있다.

　　청심정에는 역대 임금의 시가 남아 있는데 숙종의 청심완월(淸心玩月), 정조의 청심제월(淸心霽月) 외에도 순조의 시가 있다. 특히 정조는 창덕궁 후원에서 아름다운 열 곳을 선정해 "상림십경(上林十景)"이라는 시를 지었는데 청심정에서 바라보는 밝은 달을 7경으로 읊었다.

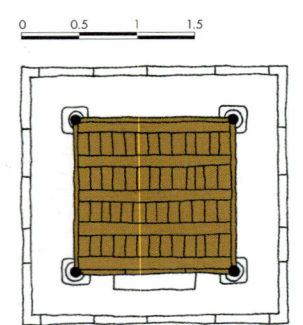

昌德宮 清心亭

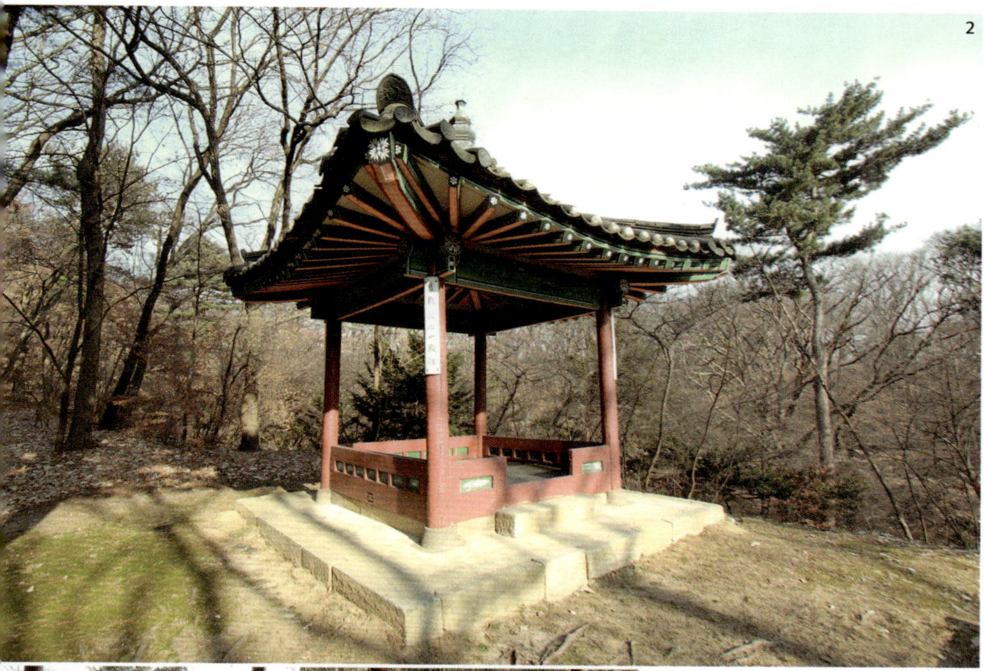

2

3

4

5

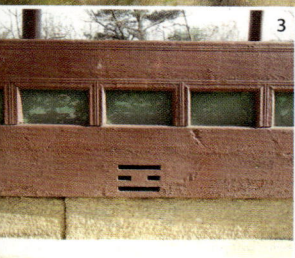

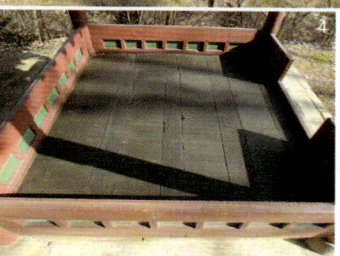

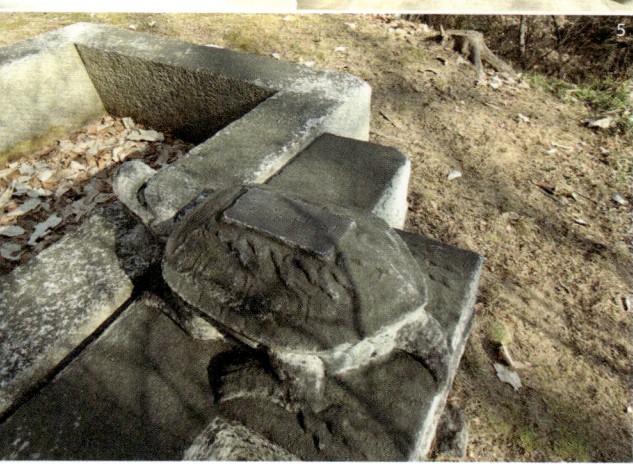

1 도리에 곡보를 걸고 외기도리를 설치해 추녀를 걸었다.

2 단칸 사모정으로 벽체 없이 머름만 있는 간결한 구조이다.

3 머름 난간 한쪽에 통기구가 있다.

4 우물마루로 구성했다.

5 정자 남쪽에는 빙옥지가 있는데, 등에 '어필빙옥지(御筆氷玉池)'라는 이름을 새겨 놓았다.

창덕궁 능허정

[위치] 서울 종로구 율곡로 99-0 (와룡동, 창덕궁)　**[건축 시기]** 1691년
[지정사항] 사적　**[구조 형식]** 사모기와지붕

　　창덕궁 후원에서 가장 높은 곳에 있는 정자로 앞뒤로 백악과 응봉이, 좌우로는 멀리 인왕산과 낙산을 조망할 수 있다. 지금은 주변에 숲이 우거져 잘 보이지 않는다.

　　《궁궐지》에 능허정은 1691년(숙종 17)에 세웠다고 기록되어 있으며, 숙종의 능허정 시가 전해진다. 정조는 창덕궁의 10가지 풍경을 노래했는데, 능허정의 눈내리는 풍경을 보고 '능허모설(凌虛慕雪)'이라며 열 번째 풍경으로 올렸다.

　　건물은 단칸의 사모정으로 경사지를 이용하여 전면과 측면에는 장대석 축대를 쌓아 지형을 정리하고 건물은 외벌대기단 위에 올렸다. 축대와 기단 상부는 방전으로 마감하였다. 건물 내부는 우물마루이고 배면의 출입구를 제외한 사면에 궁판이 있는 평난간을 둘렀다. 지붕은 대들보 없이 추녀를 도리로 엮어 고정하였는데, 규모가 작은 정자에서나 볼 수 있는 구조이다. 건물의 규모에 맞는 작은 부재를 사용하여 간결하면서도 앙증맞은 느낌을 준다.

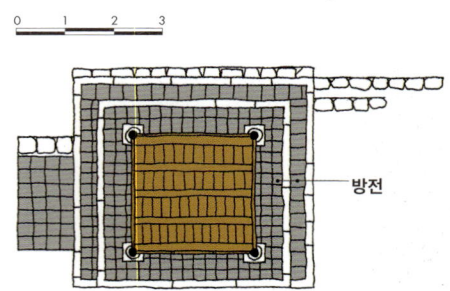

昌德宮 凌虛亭

1. 석재로 만든 절병통을 올렸다.
2. 전면과 측면에는 장대석 축대를 쌓아 지형을 정리하고 건물은 외벌대기단 위에 올렸다.
3. 초익공집이다.
4. 대들보 없이 추녀를 도리로 엮어 고정하였다.
5. 방전을 깐 장대석 기단 위 원형 초석을 사용하고 기둥과 하부 벽체 연결부는 철물로 감쌌다.
6. 축대와 기단 상부는 방전으로 마감했다.

창덕궁 옥류천 일원

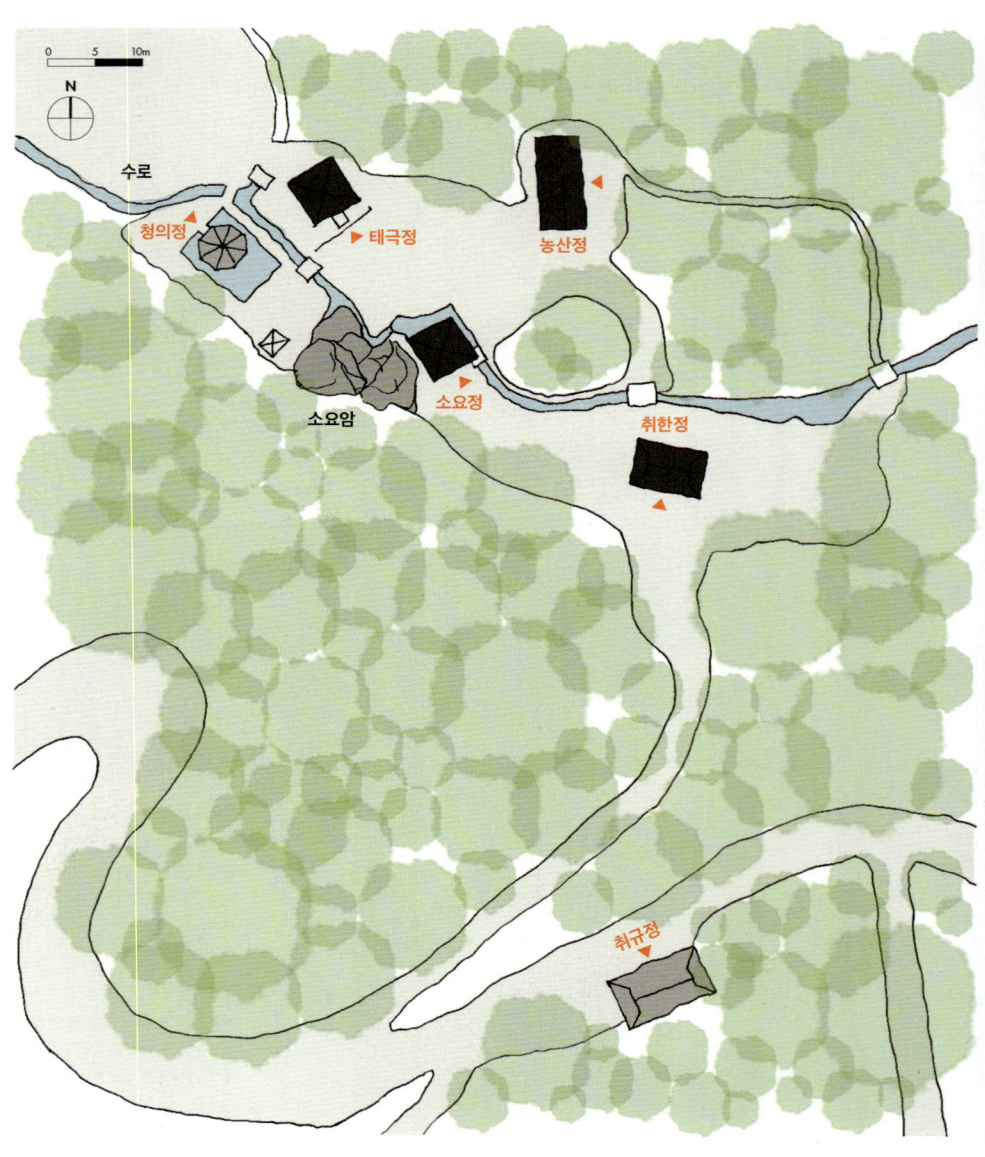

존덕정을 지나 경사진 길을 따라 올라가면 취규정에 이르고, 그 길을 따라 내려가면 창덕궁 후원에서 가장 깊은 지역인 옥류천 일원에 다다르게 된다. 1636년(인조 14) 조성되었다. 이곳에서 첫 번째로 만나는 정자가 취한정(翠寒亭)이다. 궁궐의 여느 정자와 크게 다르지 않은 취한정을 지나면 이 지역의 백미라고 할 수 있는 아담한 크기의 소요정(逍遙亭)과 옥류천이 나타난다. 옥류천 중앙에 있는 바위가 소요암이다. 소요암을 ㄴ형으로 파서 곡수구와 폭포를 만들고 암벽에 시문을 새겼다. 바위 뒷면에 인조가 친필로 '옥류천'이라 새겨 놓았으며, 그 위에 숙종이 "비류삼백척 요락구천래 간시백홍기 번성만학뇌(飛流三百尺 遙落九天來 看是白虹起 翻成萬壑雷)"라는 시를 새겨놓았다. 옥류천으로 떨어지는 물의 소리가 마치 높은 절벽의 폭포처럼 우레와 같고 물이 떨어질 때 흰 무지개가 일어난다는 내용이다. 옥류천 뒤쪽에는 어정이 있는데, 이 어정에서 발원된 물이 옥류천으로 흘러들어 바위에 파 놓은 홈을 따라 휘 돌아내려가 소요정 앞에서 폭포가 되어 떨어지도록 만들었다. 소요정에서 작은 평석교로 계류를 건너 옥류천과 어정을 지나면 직사각형의 작은 논이 있고 그 북쪽에 초가지붕의 청의정(淸漪亭)이 있다.

옥류천 지역은 산에서 내려오는 두 개의 계류가 청의정 위에서 합류하여 하나의 계류를 형성한다. 이 계류의 좌측에 청의정, 소요정, 취한정이 있고, 건너편 장대석기단 위에 당당히 서 있는 태극정(太極亭)이 자리잡고 있으며, 여기서 아래로 내려오면 농산정(籠山亭)이 있다. 〈동궐도〉에는 농산정 위에 작은 초가가 있고 농산정 앞에 취병이 설치되어 있으나 현재는 없다.

초가지붕으로 구성한 유일한 정자, 청의정

昌德宮 玉流川 一圓

1. 창덕궁 후원 가장 깊은 곳에 있는 옥류천 일원. 옥류천은 산에서 내려오는 두 계류를 이용해 만든 천으로 주변에 취규정, 소요정, 농산정, 청의정 등 여러 정자가 자리한다.
2. 옥류천 일원의 백미로 꼽히는 쇼요정과 소요암
3. 소요암 앞에 곡수구와 폭포를 만들고 유상곡수연을 즐겼다고 한다.

창덕궁 취규정

[위치] 서울 종로구 율곡로 99-0 (와룡동, 창덕궁) **[건축 시기]** 1640년
[지정사항] 사적 **[구조 형식]** 5량가 팔작기와지붕

존덕지에서 옥류천 쪽으로 가는 길의 왼쪽 언덕에 있는 정자이다. 취규(聚奎)는 '별이 모인다'는 뜻으로 '우수한 학자들이 모인다'는 의미이다. 옥류천 주변 대부분의 정자가 인조 때인 17세기에 조성된 것처럼 취규정 또한 1640년(인조 18)에 지어졌다. 현재의 건물은 이후 많은 보수가 이루어진 것으로 보인다.

건물의 정확한 용도는 알려지지 않았지만 취규정이라는 이름에서 독서를 위한 공간이었을 것으로 추정할 수 있고, 위치와 주변 현황을 통해 이동 중 잠시 쉬어가는 공간 역할을 했을 것으로 생각된다.

건물은 도리칸 3칸, 보칸 1칸 규모의 통칸 마루로 출입구를 제외한 사면에 머름을 두고 사방은 창호 없이 개방하였다. 기단은 외벌대 장대석으로 구성하고 사각형 초석을 놓았으며, 각기둥을 사용한 간단한 형태이다. 천장은 중도리 안쪽만 우물반자를 두고, 나머지는 연등천장으로 간단히 구성하였다.

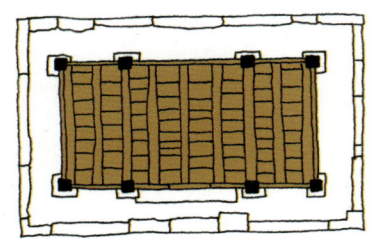

昌德宮 聚奎亭

昌德宮 聚奎亭

1. 외벌대 장대석 기단 위 사각형 초석에 각기둥을 사용한 간단한 형태이다.
2. 중도리 안쪽에만 우물반자를 두고 나머지는 연등천장으로 구성했다.
3. 공포는 궁궐이나 관아건축에서 주로 볼 수 있는 초익공이다.
4. 우물마루를 깔았다.
5. 도리칸 3칸, 보칸 1칸의 통칸 마루로 구성되어 있다.

창덕궁 취한정

[위치] 서울 종로구 율곡로 99-0 (와룡동, 창덕궁) **[건축 시기]** 불명
[지정사항] 사적 **[구조 형식]** 3량가 팔작기와지붕

옥류천 일원에 들어서면 가장 먼저 만나는 건물이 취한정이다. 취한(翠寒)은 '푸르고 서늘하다'는 뜻으로 '푸른 나무들이 추위를 업신여기다'는 의미의 청취능한(蒼翠凌寒)에서 취했다고 한다.

《궁궐지》에 창건 연대가 미상으로 기록되어 있어 정확한 건립 시기를 알 수는 없지만 〈동궐도〉에 담겨 있는 것으로 보아 1830년대 이전에는 확실히 있었을 것으로 추정할 수 있다. 또한 숙종이 쓴 시, "취한정제영(翠寒亭題詠)"이 전하고 있는 것으로 보아 숙종 연간 이전의 건물로 올려 볼 수 있다.

건물은 장대석 외벌대로 단을 올린 후 한단의 기단을 형성했다. 각형 초석 위에 각형 기둥을 올린 후 가구를 구성했다. 평면은 도리칸 3칸, 보칸 1칸으로 어칸의 넓이가 양 협칸을 합친 것과 같은 것이 특징적이다. 정면의 출입구에는 궁판이 있는 난간을 돌리고 나머지 사방에는 머름을 돌렸다. 내부는 전체를 우물마루로 구성했다.

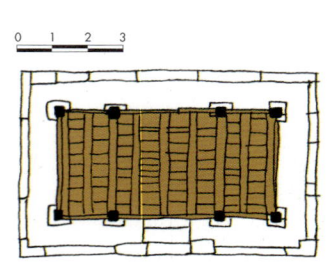

昌德宮 翠寒亭

1 추녀 모임부 상세. 대들보 위에 도리를 올리고 왕지를 짜서 추녀를 걸었다.

2 도리칸 3칸, 보칸 1칸으로 구성되어 있는데 가운데 1칸의 크기가 양옆의 칸을 합친 것과 같다.

3 툇간의 길이를 보칸의 반으로 잡아 왕지도리 위에 올라가도록 구성했다.

4 출입구 부분에만 궁판이 있는 난간을 설치하고 나머지 사방에는 머름을 돌렸다.

5 우물마루를 깔고 출입구를 제외한 나머지 부분에는 난간을 둘렀다.

6 취한정에서 본 외부 경관. 소요정과 농산정이 보인다.

창덕궁 소요정

[위치] 서울 종로구 율곡로 99-0 (와룡동, 창덕궁)　**[건축 시기]** 1636년
[지정사항] 사적　**[구조 형식]** 사모기와지붕

　옥류천 소요암 바로 앞에 있는 단칸 사모정으로《궁궐지》에 1636년(인조 14)에 지었다는 기록이 있다. 지을 당시 이름은 탄서정(歎逝亭)이었으나 후에 소요정으로 고쳤다고 한다. 소요정 옆에는 곡선형 수로를 따라 흐르는 물 위에 술잔을 띄우고 잔이 한 바퀴 돌 때 시를 짓고 노는 유상곡수연(流觴曲水宴)을 하는 곡수구(曲水溝)가 있다.

　소요암 위쪽에는 네모난 지붕돌을 덮은 우물인 어정(御井)이 있어 이곳에서 나오는 샘물이 옥류천으로 흘러들도록 하였다. 소요정은 옥류천에서 떨어진 물이 흘러나가는 수로에 장대석으로 대를 조성하고, 그 위에 건물을 세웠으며, 수로에는 평석교를 놓고 정자에 건너갈 수 있도록 하였다. 정자와 소요암 그리고 옥류천의 조화된 모습이 일품이다.

　소요암과 옥류천에는 여러 왕의 흔적이 남아 있는데, 소요암에는 인조의 어필인 '玉流川'이 새겨져 있고, 그 위에는 1690년에 숙종이 쓴 오언시가 있다. 정조는 "소요정유상(逍遙亭流觴)"이라는 시를 남겼다.

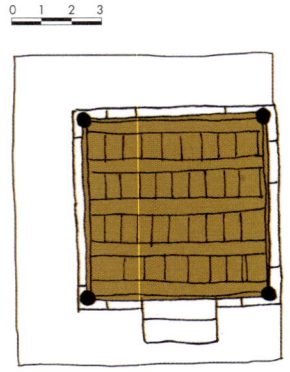

昌德宮 逍遙亭

1. 옥류천 소요암 바로 앞에 자리한 단칸 사모정이 소요정이다.
2. 옥류천에서 떨어진 물이 흘러나가는 수로에 장대석으로 대를 조성하고 그 위에 지었다.
3. 대들보없이 추녀를 도리로 엮어 고정했다.
4. 소요암 위쪽에 있는 어정에는 네모난 지붕돌을 덮어놓았다.
5. 소요암에는 인조의 어필 '옥류천'이 새겨 있으며 그 위에는 숙종이 오언시를 새겨놓았다.
6. 소요정과 유상곡수연을 즐길 수 있는 곡수구와 함께 태극정이 보인다.

창덕궁 청의정

昌德宮 清漪亭

[위치] 서울 종로구 율곡로 99-0 (와룡동, 창덕궁)　**[건축 시기]** 1636년
[지정사항] 사적　**[구조 형식]** 팔모초가지붕

　　청의정은 옥류천 권역 가장 안쪽에 방형의 논을 조성한 후, 그 한쪽에 섬을 만들고 그 위에 지은 단칸 초가 정자이다. 창덕궁에서 유일한 초가집이다. '청의'는 '맑은 물결' 또는 '물이 맑다'는 뜻이다.

　　《궁궐지》에는 1636년(인조 14)에 지은 것으로 기록되어 있으며, 정조의 시가 전한다. 현판은 선조의 어필인데, 원본은 국립고궁박물관에 보관하고 걸려 있는 것은 복제본이다.

　　건물은 방지에 1단의 장대석 대를 쌓고, 잘 다듬은 장대석기단을 조성한 후 초석을 올렸다. 초석은 원형으로 연화문을 화려하게 조각했다.

　　지붕가구의 구성이 독특한데, 기둥머리에 원형의 주두를 놓고 포대공과 같은 동자주를 세워 도리를 받치고 있다. 주심도리는 창방과 평행하지 않고 45도 각을 이루면서 팔각의 지붕을 구성하였다. 또한, 그 상부의 서까래는 원형으로 마무리하여 초가이엉을 올렸다. 건물의 하부는 사각으로 시작하여 위로 올라가면서 팔각이고 마무리는 원형으로 이루어진 '천원지방'의 사상이 엿보이는 건물이다. 목구조의 다양성과 자유로운 기술을 한껏 발휘한 집이다. 초가집이라고는 하나 석재와 목재의 가공 그리고 화려한 단청 등에서 왕권과 관련된 건물임을 보여준다.

　　청의정과 논은 백성의 삶을 이해하기 위해 국왕이 직접 농사를 지었던 곳으로 의미가 크다. 지금도 창덕궁에서는 모내기와 벼 베기 행사가 있다.

昌德宮 淸漪亭

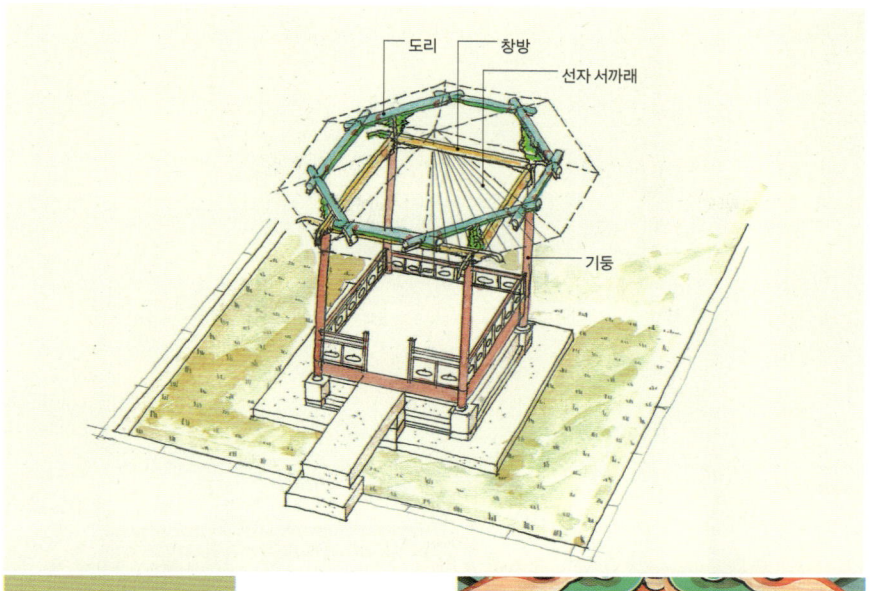

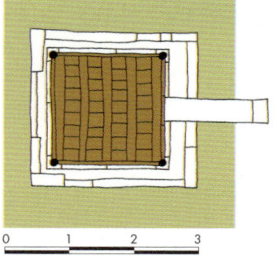

청의정은 옥류천 권역 가장 안쪽에 방형의 논을 조성하고 그 한쪽에 지은 단칸 초가 정자이다.

昌德宮 清漪亭

창덕궁 청의정

1 우물마루를 깔고 궁판과 하엽이 있는 난간을 설치했다.
2 정자에 진입할 수 있는 석교를 놓았다.
3 초석은 연화문을 화려하게 조각해 사용했다.
4 기둥머리에 원형 주두를 놓고 포대공과 같은 동자주를 세워 도리를 받았다.
5 주심도리는 창방과 45도 각을 이루면서 팔각형으로 구성했다.

昌德宮 淸漪亭

창덕궁 태극정

[위치] 서울 종로구 율곡로 99-0 (와룡동, 창덕궁)　**[건축 시기]** 1636년
[지정사항] 사적　**[구조 형식]** 사모기와지붕

옥류천을 사이에 두고 청의정 반대편에 자리한 단칸 사모정으로 '음양과 오행의 근본이 태극이고, 모든 세상 만물이 조화를 이루고 있다'는 뜻으로 지은 정자다.

《궁궐지》에 1636년(인조 14)에 지었다고 기록되어 있으며, 초창 당시의 이름은 운영정(雲影亭)이었으나 후에 태극정으로 바꾸었다고 한다.

〈동궐도〉에는 정자를 둘러싸고 방지가 있었으나, 〈동궐도형〉에는 없다. 현재도 남아있지 않다. 초창 당시 만들어진 것이 이후 없어졌는지, 계획만하고 방지를 만들지 않았는지 확인되지 않는다.

건물은 세벌대 장대석기단 위에 지은 간단한 형태이나 다른 정자와 달리 전면에 방전이 깔린 어도가 조성되어 있다. 승재정처럼 사방에 문이 달린 정자였음을 짐작할 수 있는 문선이 남아있다.

태극정의 아름다움을 읊은 시로 숙종의 "상림삼정기(上林三亭記)"와 정조의 "태극정시(太極亭詩)"가 전해지고 있다. 상림삼정은 옥류천변의 소요정, 청의정, 태극정을 일컫는다.

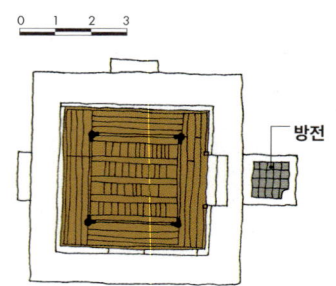

昌德宮 太極亭

1. 천장은 우물반자로 하고 화려하게 단청을 했다.
2. 세벌대 장대석기단 위에 지은 단칸 사모정으로 간단한 형태이지만 전면에 방전을 깐 어도를 놓았다.
3. 문선이 있고 문선에는 사방에 문이 있었던 흔적이 남아있다.
4. '亞'자형 살난간 위에 호리병 모양의 동자를 두어 돌란대를 받치고 있다.
5. 건물 내부에는 머름을 설치하고 외부에 난간을 설치했다. 건너편에 소요정이 보인다.

창덕궁 태극정

창덕궁 농산정

[위치] 서울 종로구 율곡로 99-0 (와룡동, 창덕궁) **[건축 시기]** 1636년
[지정사항] 사적   **[구조 형식]** 3량가 맞배기와지붕

옥류천으로 가다보면 소요정, 태극정, 청의정과는 떨어져서 자리한 건물이 보이는데 바로 농산정이다. 주변의 다른 정자와 같이 1636년(인조 14)에 건립된 것으로 추정된다.

'농산'은 '산으로 둘러싸여 있다'는 뜻으로 산으로 둘러싸인 아름다운 경관을 가진 건물이라는 의미에서 붙인 이름이다. 옥류천 가까이에 있는 다른 정자들과 달리 옥류천에서 조금 떨어져 있고 살림집의 모습이다.

건물은 두벌대 장대석기단 위에 각형 초석을 놓고 건물을 올렸다. 도리칸 5칸, 보칸 1칸으로, 오른쪽부터 2칸 대청, 2칸 온돌방, 1칸 부엌이다. 주변의 풍광을 즐기기 위한 정자라기보다는 임금이 옥류천에서 연회를 베풀거나 휴식을 취할 때 다과상을 올리는 기능을 했을 것으로 추정된다. 정조가 이곳에서 3차례나 머물렀는데 모두 2월과 3월이었다는 기록으로 보아 추위를 피하는 공간으로 사용했을 것으로 보인다.

〈동궐도〉에는 농산정 뒤편에 4칸의 초가가 있고, 앞에는 취병을 둘렀으며, 취한정에서 농산정으로 가는 옥류천 위에 간소한 목교가 있는 것으로 표현되어 있는데 지금은 없다. 현재 농산정은 수목으로 가려져 있다.

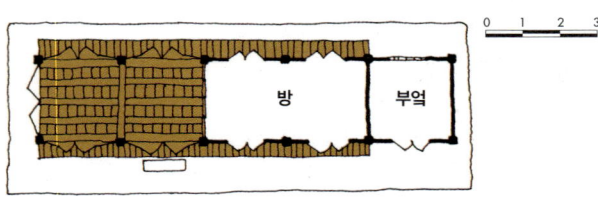

昌德宮 籠山亭

1 옥류천변의 정자들과 달리 옥류천에서 조금 떨어진 곳에 살림집 형태로 자리한다.
2 두벌대 기단 위에 자리한 농산정은 2칸 대청, 2칸 온돌방, 1칸 부엌이 있는 살림집과 같은 모양이다.

창덕궁 신선원전 일원

昌德宮 新璿源殿 一圓

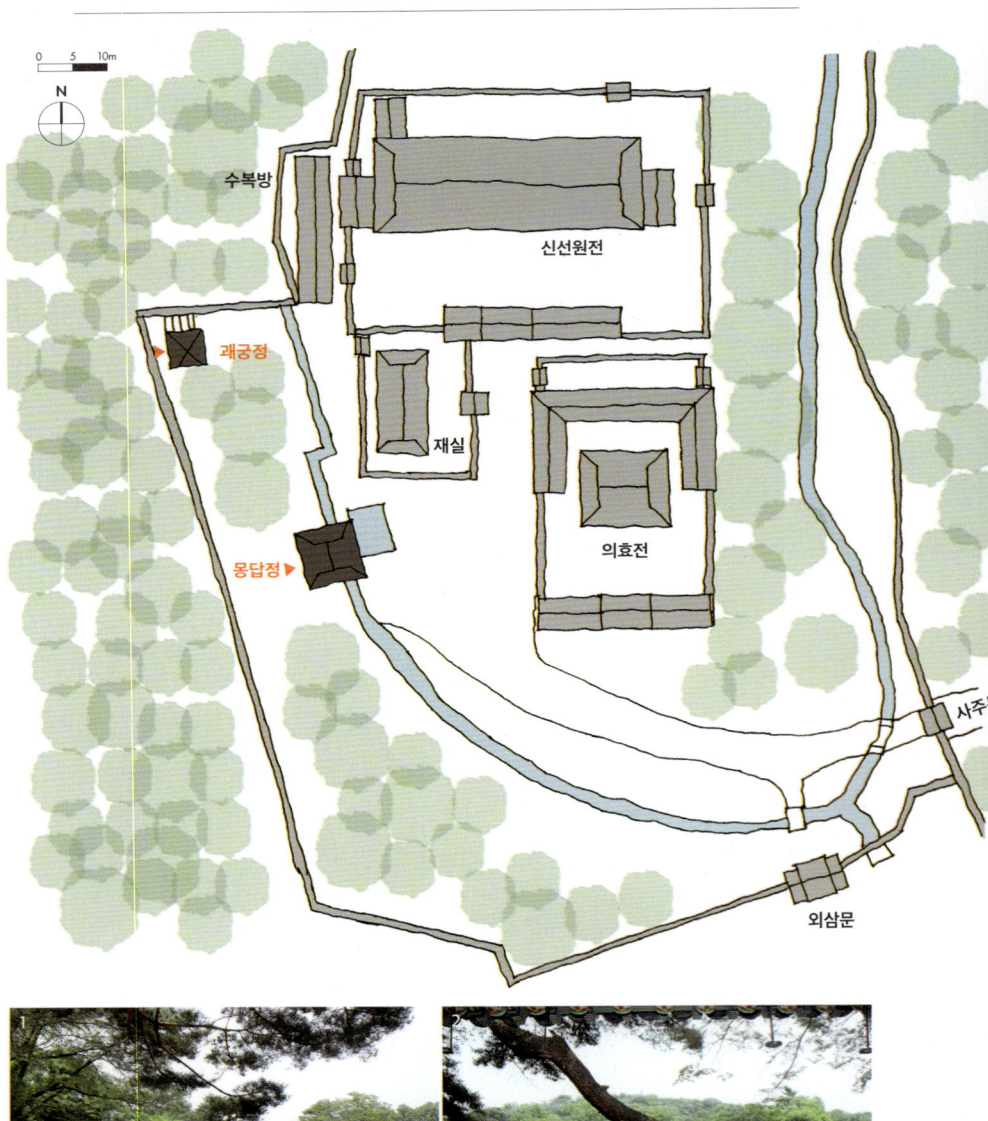

조선조 선왕(先王)을 봉사하는 용도에 사용하던 건물로 종묘와 선원전이 있다. 종묘는 선왕의 위패를 모시고 제례(祭禮)를 행하는 곳이나 선원전은 덕망이 높은 선왕들의 초상화를 봉안하고 생일과 정초에 정기적으로 다례(茶禮)를 봉향하는 용도로 사용하던 곳이다.

선원전 자리는 원래 도총부(都摠府) 자리였는데 1695년(숙종 21)에 어진을 봉안하면서 선원전으로 사용하기 시작하였다. 그러나 1917년 창덕궁 화재 이후 건물들을 중건할 시기인 1921년 창덕궁 북편 옛 북일영 터(北一營址)에 신선원전을 새로 건립하고 원래 있던 선원전은 기능을 상실하고 구선원전이라 불리게 되었다.

신선원전은 창덕궁 돈화문을 들어서서 금천교를 지나는 어구 서쪽의 길을 따라 올라가면 계곡 건너편 후원의 깊은 곳에 자리 잡고 있다. 현재는 길가에 세워져 있는 사주문을 지나 경내에 진입할 수 있도록 되어 있다. 사주문을 들어서서 계곡을 넘는 길을 따라가다 보면 동쪽에 신선원전이 있고 서쪽으로 몽답정과 괘궁정이 보인다.

창덕궁 북쪽에 있던 훈련도감의 분영인 훈국북영(訓局北營)의 군사들이 활쏘기하던 괘궁정과 훈련대장 김성응(金聖應)이 북영에 지은 몽답정은 신선원전보다는 훈국과 관련 있는 정자로 보는 것이 타당할 것이다.

1 신선원전과 몽답정
2 몽답정에서 본 신선원전
3 괘궁정과 신선원전

창덕궁 몽답정

【위치】 서울 종로구 율곡로 99-0 (와룡동, 창덕궁)　【건축 시기】 1700년대
【지정사항】 사적　【구조 형식】 2고주 7량가 팔작기와지붕

　　창덕궁 서북쪽에 있는 신선원전 삼문을 들어서면 의로전(懿老殿) 서쪽, 재실 앞쪽에 방형 못이 있고 그 옆으로 작은 천이 있는데 그 건너에 있는 누각형 정자가 몽답정이다. 몽답정이 지어진 곳은 조선시대 수도방위를 맡은 훈련도감의 본부격이었던 북영(北營)이 있던 장소로 훈련대장 김성응(金聖應)이 지은 정자이다. 영조가 대보단에 올라 이 건물을 보고 이름을 지었다고 한다. 몽답(夢踏)은 '꿈길을 밟고 간다'는 의미이다.《조선왕조실록》에 의하면 정조가 몽답정 을 찾아 휴식을 취한 기록이 있다.

　　건물은 도리칸 4칸, 보칸 4칸으로 하층 전면의 2열은 누각형으로 장초석을 냇물에 드리웠고 그 뒤로는 단층으로 구성하였다. 상층은 사방에 툇마루를 두고 내진 4칸은 사분합들문을 달아 방으로 구성하였는데, 4칸 중 3칸은 마루방이고, 배면 왼쪽의 1칸은 온돌방으로 만들어 문을 달았다. 전면 2열 양끝에는 하부의 장주초를 생략하기 위해 1층까지 생략하였다. 기둥을 두는 것이 일반적인데 생략하여 도리의 처짐이 발생하고 있다.

　　냇물에 장초석을 드리운 몽답정과 전면의 방지가 어우러진 모습이 일품이다.

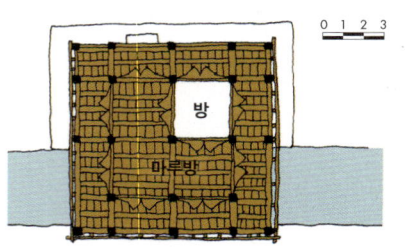

昌德宮 夢踏亭

1 몽답정에서 본 신선원전
2 방형 못 옆을 흐르는 작은 천변에 자리한 누각형 정자이다.
3 툇마루에는 우물마루를 깔았다.
4 내진 4칸은 사분합들문을 달아 방으로 구성했는데 3칸은 마루방으로 구성하고 나머지 1칸은 문을 달아 구분하고 온돌방으로 사용했다.

창덕궁 괘궁정

[위치] 서울 종로구 율곡로 99-0 (와룡동, 창덕궁)   **[건축 시기]** 1729년 추정
[지정사항] 사적   **[구조 형식]** 사모기와지붕

신선원전 재실 옆 냇가 건너 경사지에 축대를 높이 쌓고 건립한 정자가 괘궁정이다. 정자의 건립 연대를 확인할 수 있는 기록은 없으나 정자가 세워진 축대 옆 암반에는 '괘궁암(挂弓岩)'이라 음각되어 있고, 그 옆에 '기유년(己酉年)'이라는 간지가 음각되어 있어 1729년(영조 5)에 건립된 것으로 추정하고 있다.

'괘궁(挂弓)'이 '활을 걸다'라는 의미이니 괘궁정은 활 쏘는 사정(射亭)으로 추정할 수 있다. 또한 조선시대 수도경비를 맡은 훈련도감의 북영(北營) 자리에 있는 것으로 보아 훈국북영의 장수들이 활쏘기 연습하던 건물로 보는 것이 일반적인 추론이다.

높은 대(臺) 위에 장초석을 사용하여 건물을 세워 상당히 높아 보이면서도 위엄이 느껴진다. 경사지를 따라 정자 옆에 계단을 조성했다. 출입을 하는 배면을 제외한 나머지 삼면에는 작은 계자각 난간을 둘렀다. 정자에서 보면 신선원전이 한눈에 내려다보인다.

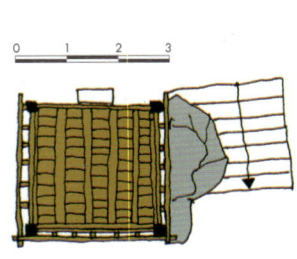

昌德宮 挂弓亭

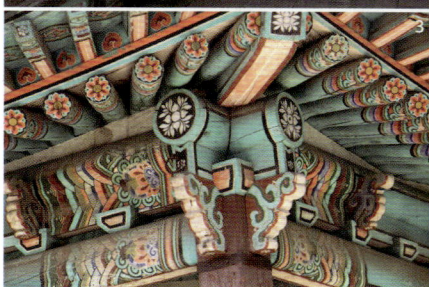

1. 경사지에 축대를 높이 쌓고 장초석을 세우고 지은 단칸 정자이다.
2. 괘궁정에서 신선원전 일대가 보인다.
3. 공포는 물익공이다.
4. 천장 가구. 대들보 없이 추녀를 도리로 엮어 고정했다.
5. 정자가 있는 자리는 원래 훈련도감 북영 자리로 장수들이 활쏘기 연습을 하기 위해 지은 정자로 추측된다.

창경궁 관덕정

[위치] 서울 종로구 창경궁로 185 (창경궁)　**[건축 시기]** 1664년
[지정사항] 사적　**[구조 형식]** 5량가 팔작기와지붕

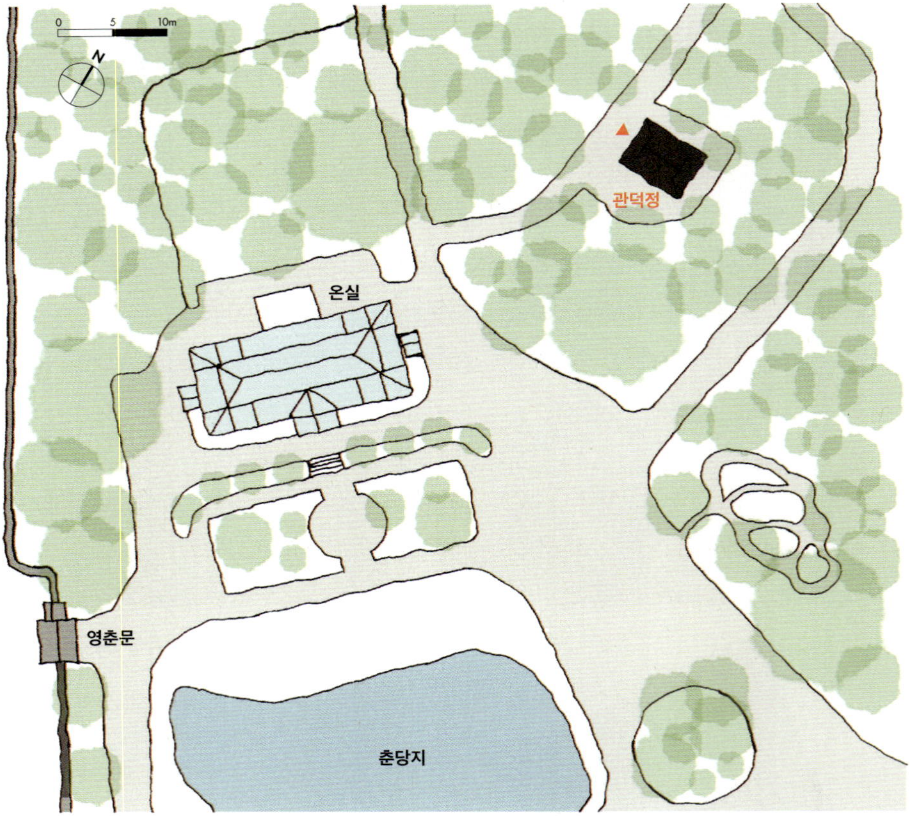

昌慶宮 觀德亭

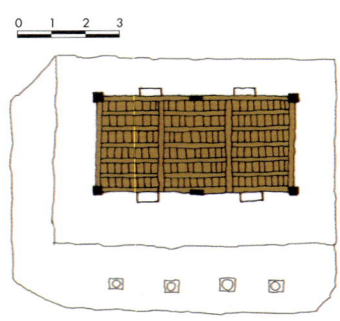

昌慶宮 觀德亭

춘당지에서 동북쪽으로 산을 오르다 보이는 정자로 춘당지에서 벌어지는 과거와 활쏘기 등 무술연마를 왕이 신하들과 관전하던 정자이다. 지을 당시에는 취미정(翠微亭)이라고 불렸는데, 1664년(현종 5)에 정자를 수리하고 관덕정으로 이름도 바꾸었다. 관덕은 '활 쏘는 것으로 덕을 본다'는 의미로 《예기》에서 따 온 것이라고 한다.

건물은 얼핏 보기에 도리칸 2칸, 보칸 1칸으로 보이지만 실제로는 도리칸과 보칸 모두 1칸인 장방형 건물이다. 정면의 가운데에 간주를 세워 넓은 도리칸을 보강했다. 대들보를 귓기둥과 간주 사이의 창방 위에 올려 지붕 가구를 구성하였다. 창방에 대들보가 올라가서 외부에서는 보머리가 보이지 않는다. 대들보의 위치로 봐서는 3×1칸으로 구성하는 것이 적절한 구조이지만 넓은 시야가 필요한 사정(射亭)이라는 점을 감안하여 간잡이를 현재와 같이 구성한 것으로 생각된다.

건물 주변은 화강석 석축을 계단형으로 쌓고 장대석기단 위에 각형 초석을 올리고 각주를 세웠다. 내부 바닥에는 우물마루를 깔았다.

건물 앞에는 방형 위에 원형이 올라간 초석으로 보이는 석재가 있는데, 활 쏘는 자리 표시를 위한 석재로 생각되며, 다른 건물에 사용된 초석을 재활용한 것으로 보인다.

관덕정 뒤에는 단풍나무가 군락으로 자라고 있는데 정조는 관덕풍림(觀德楓林)이라며 창덕궁 후원의 10개 경관 가운데 여덟 번째로 꼽았다.

1 화강석 석축을 계단형으로 쌓고 장대석기단 위에 각형 초석을 올리고 각주를 세웠다.
2 춘당지 오른쪽 언덕 위에 자리한 단칸 장방형 사정이다.

昌慶宮 觀德亭

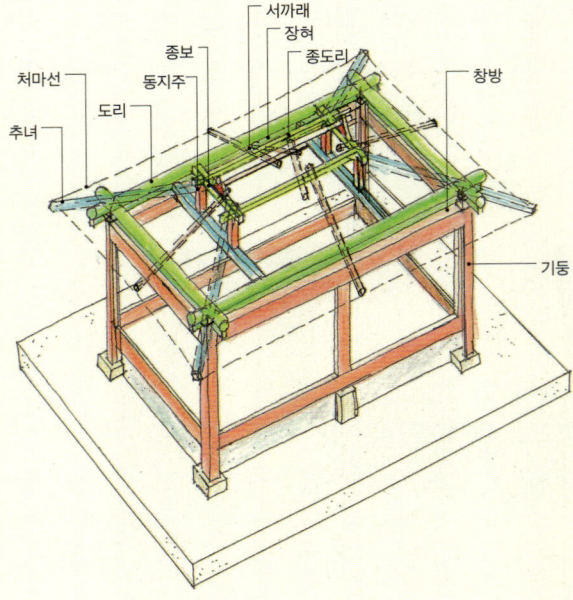

처마선 · 서까래 · 장혀 · 종보 · 종도리 · 창방 · 추녀 · 도리 · 동지주 · 기둥

1 도리칸 2칸, 보칸 1칸처럼 보이지만 도리칸과 보칸 모두 1칸 규모이다. 도리칸 가운데에 간주를 세워 넓은 도리칸을 보강했다.
2 대들보를 귓기둥과 간주 사이의 창방 위에 올렸다.
3 넓은 도리칸을 보강하기 위해 세운 간주
4 창방뺄목을 초익공 형태로 초각했다.
5 가구 구조도
6 활 쏘는 자리 표시를 위한 석재로 추정된다. 다른 건물에 사용된 초석을 재활용한 것으로 보인다.

昌慶宮 觀德亭

창경궁 함인정

[위치] 서울 종로구 창경궁로 185 (창경궁)　**[건축 시기]** 1833년 중건
[지정사항] 사적　**[구조 형식]** 2고주 5량가 팔작기와지붕

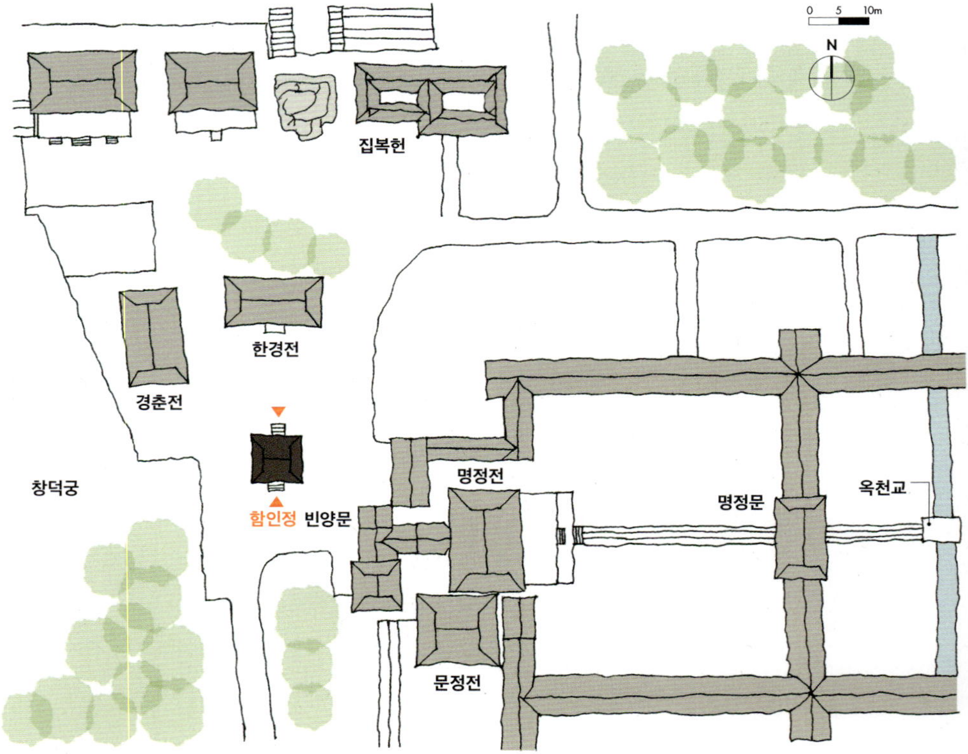

昌慶宮 涵仁亭

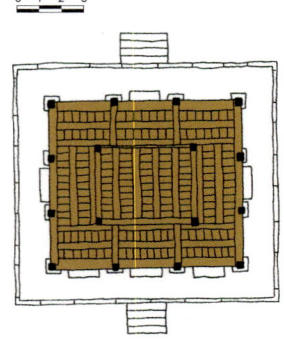

창경궁 명정전 뒤편 마당에 남향하여 자리한 함인정은 성종 때 지은 인양전 자리에 세운 정자이다. 임진왜란 때 인양전이 소실되었는데 1633년(인조 11) 인조가 인경궁에 있던 함인정을 이곳에 옮겨 지은 것이다. 이후 1830년(순조 30)에 화재로 전소된 것을 1833년(순조 33)에 중건하였다.

당초에는 벽체가 있어서 임금의 편전으로 사용하기도 했으며, 영조는 과거에 급제한 이들을 이곳에서 접견하기도 하였다. 지금은 벽체가 없고 모두 개방되어 있다.

건물은 세벌대 장대석 기단 위에 사각형 초석을 놓고, 각기둥을 사용한 3×3칸의 평면이다. 내부에는 우물마루를 깔고 내진주 안쪽은 마루를 한 단 높게 올리고 그 위의 천장을 우물반자로 처리하여 위계를 높였다. 툇간은 연등천장 마감이다.

昌慶宮 涵仁亭

1 지붕가구는 고주 창방에서 외진주에 충량을 걸어 가구를 구성하고 있다.
2 이익공집이다.
3 벽체가 있어서 임금의 편전으로 사용되기도 했다.

昌慶宮 涵仁亭

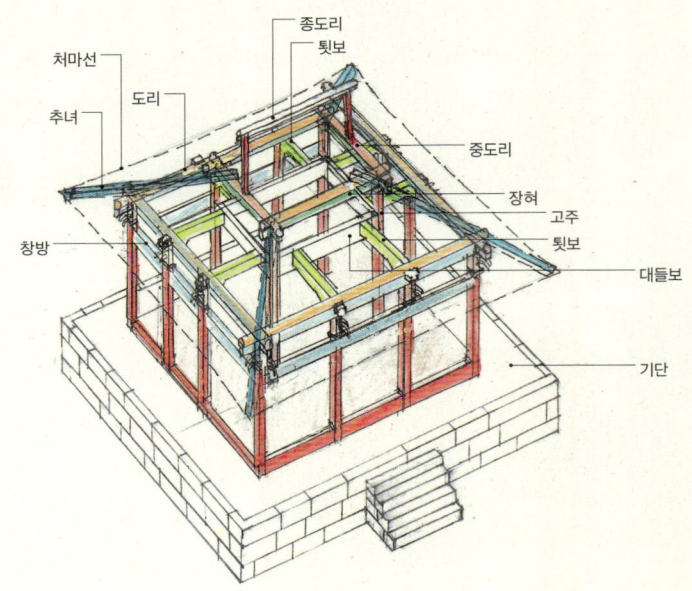

1 창경궁 명정전 뒤편 마당에 3x3칸 규모로 자리한다.
2, 3 평면은 중앙부를 강조하기 위해 중앙부에는 우물마루를 깔고 내진주 안쪽은 마루를 한 단 높게 올렸으며 그 위의 천장은 우물반자로 했다.
4 마루 환기구도 장식적으로 만들었다.
5 가구 구조도
6 세벌대 장대석 기단 위에 사각형 초석을 놓고 각기둥을 사용했다.

昌慶宮 涵仁亭

대전

대전 취백정
대전 옥류각
대전 삼매당
대전 남간정사

세종

나성 독락정

충남

논산 팔괘정
논산 임리정
부여 수북정
부여 사자루
부여 영일루
부여 백화정
예산 일산이수정
천안 노은정
태안 경이정

충북

괴산 암서재
괴산 애한정
괴산 고산정 및 제월대
괴산 취묵당
괴산 수월정
영동 화수루
영동 가학루
영동 한천정사
옥천 이지당
옥천 양신정
옥천 독락정
제천 청풍 응청각
제천 청풍 금남루
제천 청풍 한벽루

청주

청주 백석정
청주 지선정

충청도

대전 취백정

大田 翠白亭

【위치】 대전 대덕구 대청로526번길 45-24　【건축 시기】 1701년
【지정사항】 대전광역시 문화유산자료　【구조 형식】 5량가 팔작기와지붕

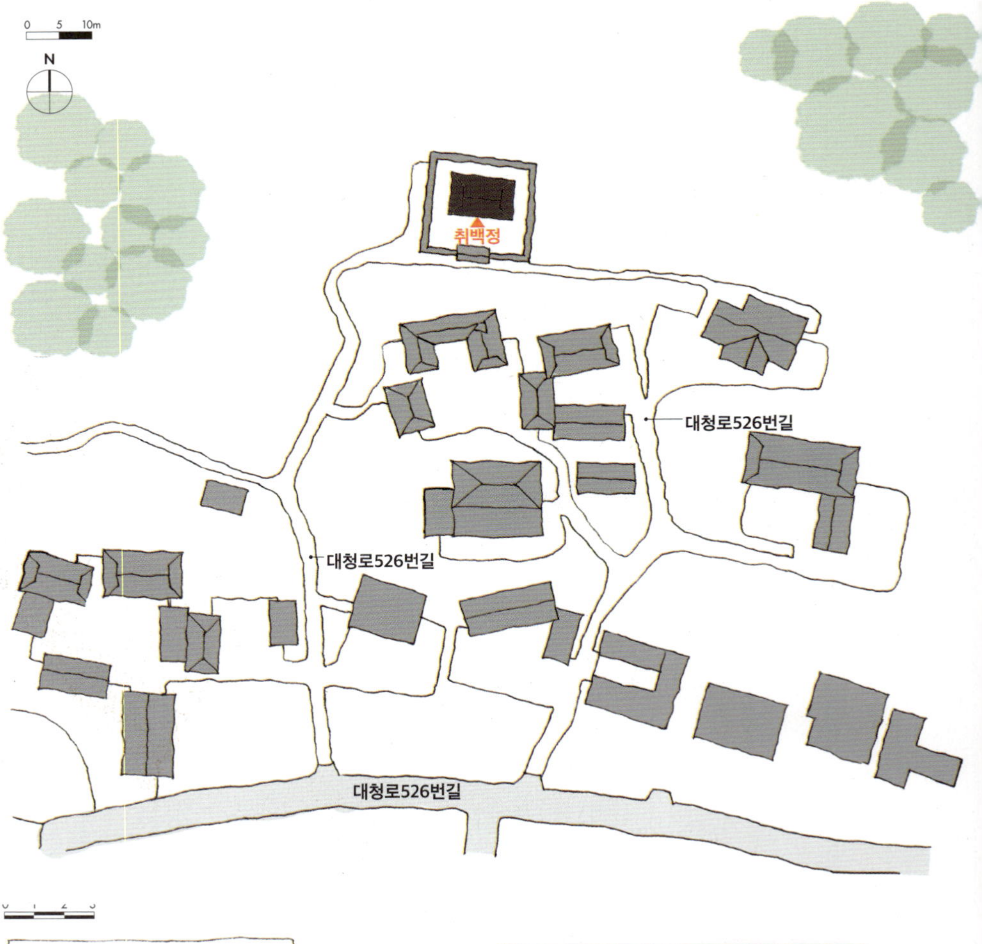

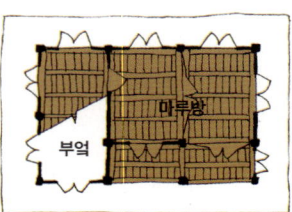

송시열(宋時烈, 1607~1689), 송준길(宋浚吉, 1606~1672)과 삼송(三宋)으로 불리던 제월당 송규렴(霽月堂 宋奎濂, 1630~1709)이 1701년(숙종 27)에 미호서원의 부속건물로 짓고 제자들을 가르치던 건물로 허물어진 것을 후에 아들 송상기(宋相琦, 1657~1723)가 재건했다. 취백정은 금강 대청호가 있는 미호동 언덕 위에 남향으로 자리하고 있으며 사방에 막돌담장을 둘렀다.

정자라기보다 민가처럼 보인다. 도리칸 3칸, 보칸 2칸 규모로 동쪽 2칸이 마루방이고 서쪽 1칸은 부엌이다. 마루방 앞에는 툇마루가 있다. 부엌 위에는 다락이 있는데 단순히 창고로 사용한 것이 아니라 마치 누정처럼 사용하였다. 그 구성이 재미있는데 다락의 천장고를 높여 사용하는데 불편이 없도록 하면서 삼면에 머름을 달고 그 위에 창을 달아 창을 열고 밖을 내다볼 수 있게 했다. 기단은 자연석을 이용해 외벌대로 구성하고 초석은 조금 높고 큰 가공석을 사용했다.

이 집의 추녀와 사래가 특이하다. 홑처마인데 추녀만 있는 것이 아니라 사래도 있다. 겹처마에 사용하는 사래가 있다는 것은 과거에 겹처마로 되어 있을 수도 있다는 것이겠지만 분명치 않다. 굳이 추정해 보면 처마곡을 높이면서 추녀곡으로 해결이 안 돼 사래를 사용한 것이 아닌가 싶다.

大田 翠白亭

동쪽 2칸은 마루방이고 서쪽 1칸은 부엌이다.

大田 翠白亭

1

4

대전 취백정

1. 미호동 언덕에 남향으로 자리하며 사방에 막돌담장을 둘렀다.
2. 홑처마임에도 겹처마에서 볼 수 있는 사래를 걸었다. 처마곡을 높이면서 추녀만으로 해결이 안 돼 사래를 건 것으로 짐작된다.
3. 마루방 뒤쪽에 판문을 달았다.
4. 2칸 마루방 앞에는 툇마루가 있다.
5. 부엌 위에는 다락이 있는데 안에서 경치를 감상할 수 있게 창을 달았다.

大田 翠白亭

대전 옥류각

大田 玉溜閣

【위치】대전 대덕구 비래골길 47-74 (비래동) 【건축 시기】1693년
【지정사항】대전광역시 유형문화유산 【구조 형식】5량가 팔작기와지붕

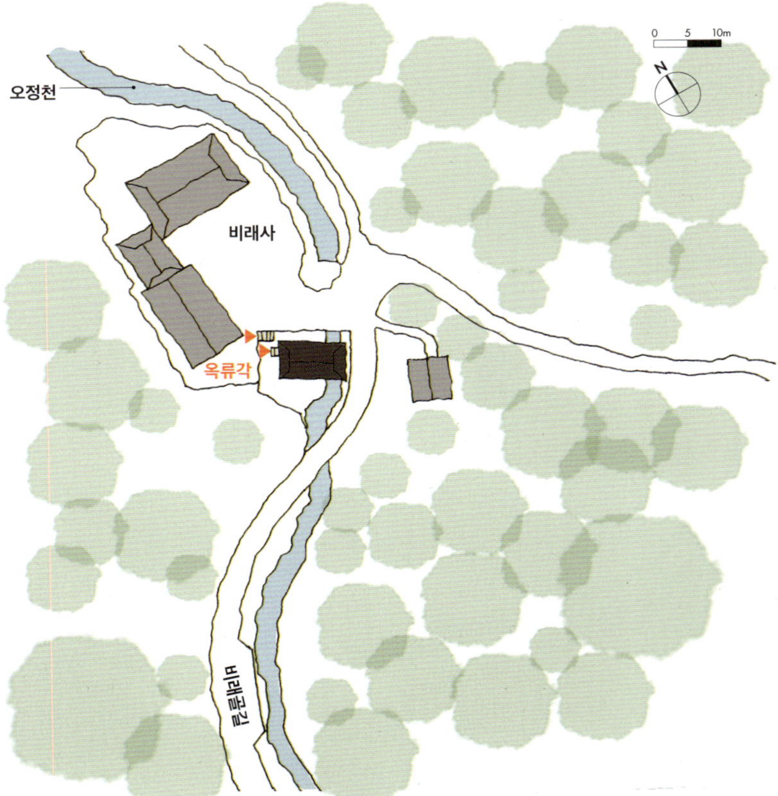

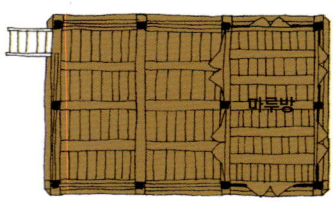

옥류각은 성재산 중턱의 작은 계곡에 남서향으로 자리한다. 동춘당 송준길(同春堂 宋浚吉, 1606~1672)이 학문을 연마하던 비래사의 초입부에 송준길을 기리며 제월당 송규렴(霽月堂 宋奎濂, 1630~1709) 등이 제자, 문인들과 함께 1693년(숙종 19)에 세운 누각이다. 후대에 보수가 있었을 것으로 생각되나 정확한 기록은 확인하기 어렵다.

옥류각의 '옥류(玉溜)'는 '바위 계곡에 흐르는 옥 같은 물(層巖飛玉溜)'이라는 의미로 이곳의 아름다움을 읊은 동춘당의 오언율시에서 따온 것이다.

건물은 계곡 사이의 바위에 장초석을 얹어 누하주를 세운 누각 건물로 도리칸 3칸, 보칸 2칸 규모이다. 서쪽 4칸은 대청, 동쪽 2칸은 마루방으로 구성하고, 대청과 방 사이에는 사분합들문을 달아 개방할 수 있도록 하였다. 건물의 전후면이 계곡인 관계로 서쪽에 나무계단을 두어 출입할 수 있게 하였다. 옥류각 서쪽 바위에는 동춘당이 쓴 것으로 알려진 '초연물외(超然物外)' 글씨가 있는데, 물질에서 벗어나 세속에 초연하라는 뜻이다. '옥류각' 현판은 곡운 김수증(谷雲 金壽增, 1624~1701)의 글씨이다.

옥류각 위쪽에는 비래사가 있으며, 정자 주변으로 도로가 개설되고 계곡에 석축이 설치되는 등 주변 환경이 변하여 과거의 아름다움을 되새겨보기 좋은 곳이다.

大田 玉溜閣

1. 계곡 사이 바위에 장초석을 얹고 누하주를 세운 모습이 인상적이다.
2. 옥류각 앞 바위에 새겨진 '초연물외' 각자. 동춘당이 쓴 것으로 알려져 있다.

大田 玉溜閣

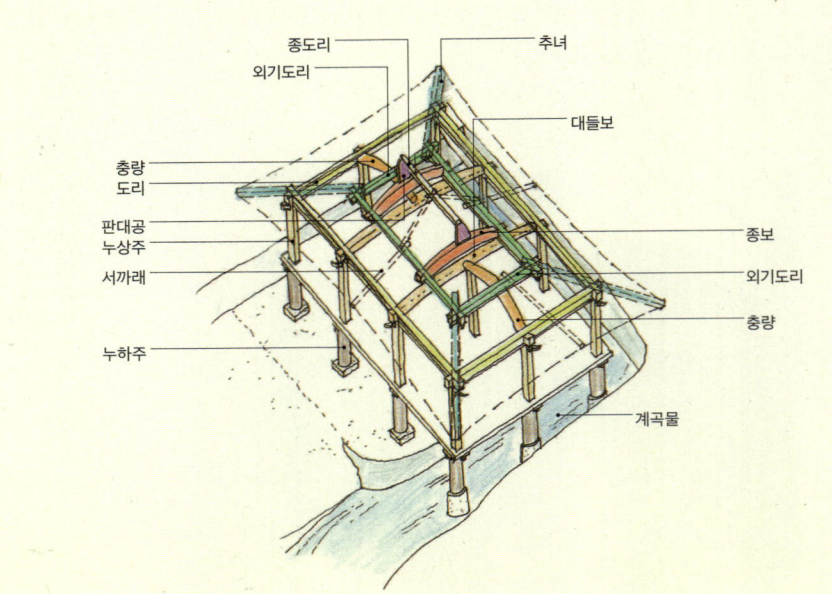

1 2칸 대청과 1칸 마루방으로 구성되어 있다.
2 익공의 초가지 형태가 투박하다.
3 대들보에 충량을 걸어 외기도리를 받았다. 대들보 하부는 평주를 받쳐 보강했다.
4 대청과 방 사이에는 사분합들문을 달아 개방할 수 있도록 했다.
5 가구 구조도
6 대청에서 본 모습

大田 玉溜閣

대전 삼매당

[위치] 대전 동구 충정로 73-17 (가양동) **[건축 시기]** 1644년 초창, 1930년 이건
[지정사항] 대전광역시 문화유산자료 **[구조 형식]** 1고주 5량가 팔작기와지붕

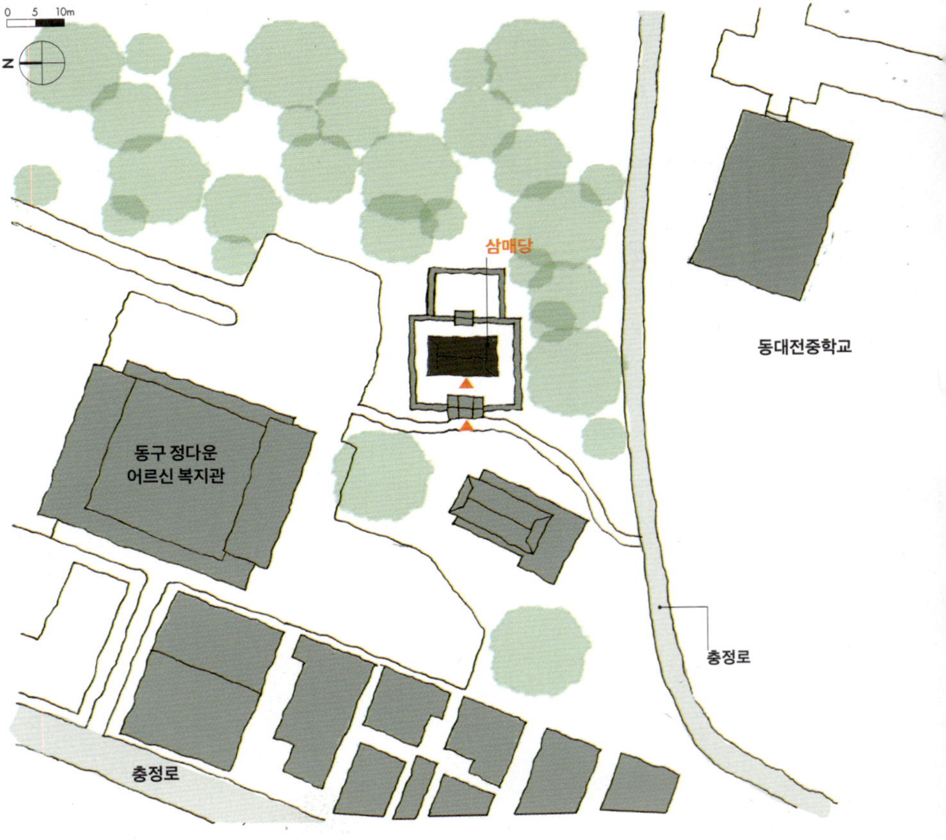

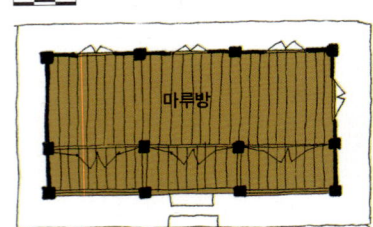

大田 三梅堂

　우암사적공원에 있는 기국정에서 보이는 위치에 있던 삼매당은 선조 때 연원도 찰방을 지낸 박계립(朴繼立, 1600~?)이 관직에서 물러난 1644년(인조 22)에 지은 건물로 1930년 하천의 침수 우려가 있어 선생의 9대손 박태홍이 현 위치로 옮겼다. 박계립은 이 집을 지은 후 앞마당에 매화나무 세 그루를 심고, 자신의 호를 삼매당이라고 하였다.

　건물은 도리칸 3칸, 보칸 2칸으로 전면에 툇마루를 두고 후면에 3칸 마루방을 둔 단순한 평면이다. 1고주 5량가로 전퇴를 두었으며, 전면 3칸 중 가운데 칸에만 댓돌을 두어 출입하도록 하고, 양 협칸에는 '卍'자형 난간을 두었다. 전면 툇간의 양 측면은 벽으로 마감했다.

　삼문에는 우암 송시열(尤庵 宋時烈, 1607~1689)이 쓴 현판이 있는데, 이 현판에는 '삼매당' 글씨 밑에 우암이 쓴 팔경시와 여러 문인의 시가 함께 조각되어 있어 특이하다. 건물 관련 시와 글은 별도로 편액을 만들어 거는 것이 일반적이다.

1　삼문에 걸려 있는 현판. 우암 송시열의 현판을 비롯한 여러 문인의 시가 함께 조각되어 있다.
2　도리칸 3칸, 보칸 2칸 규모로 전면에 툇마루를 두었다.

大田 三梅堂

1 마루방. 바닥에는 장마루를 깔았다. 창호는 전후면을 달리 했는데 전면에는 사분합들문, 후면에는 판문을 달았다.
2 창방 위에 소로를 설치해 장혀를 받았다.
3 후면에 3칸 마루방이 있다.
4 대개 외기도리 안쪽은 우물반자로 꾸미는데 이 집은 넓은 반자를 대고 매화를 그려 넣었다.

大田 三梅堂

대전 남간정사

[위치] 대전 동구 충정로 53 (가양동) **[건축 시기]** 1683년
[지정사항] 대전광역시 유형문화유산 **[구조 형식]** 5량가 팔작기와지붕

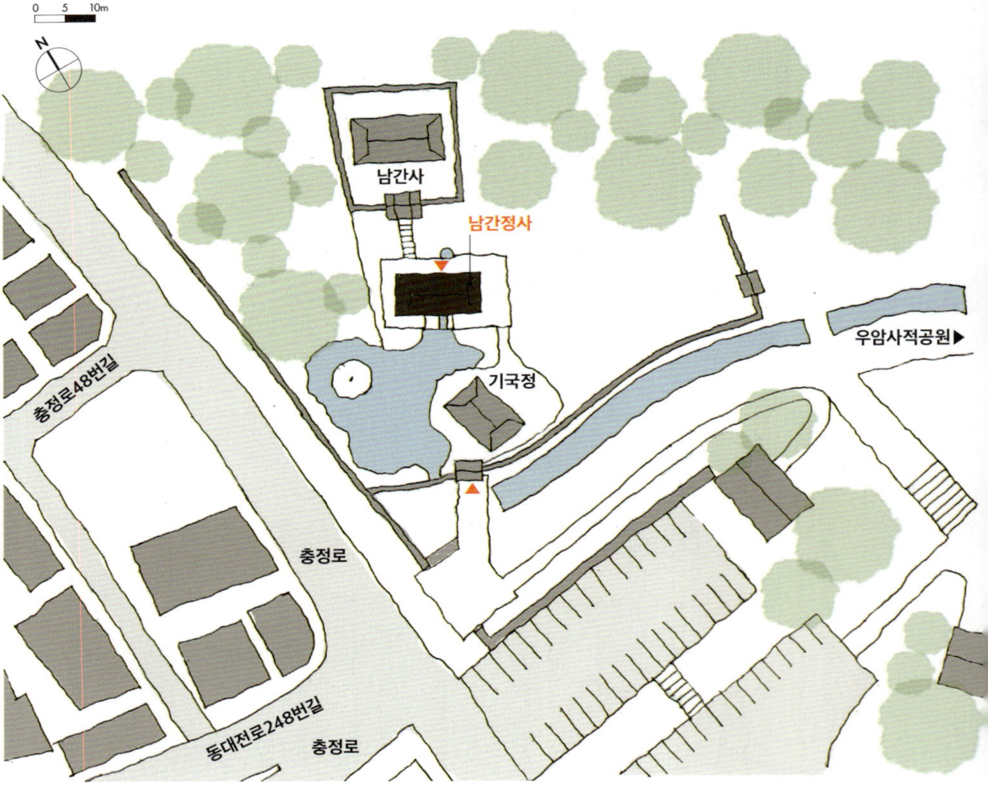

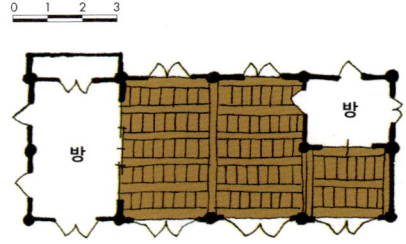

꽃산 기슭의 작은 골짜기에 남향하고 있는 남간정사는 1683년(숙종 9)에 우암 송시열(尤庵 宋時烈, 1607~1689)이 후학을 양성하고자 지은 것이다. 우암은 소제동에 살 때 서재를 짓고 능인암(能仁庵)이라 이름 붙이고 그곳에서 공부했다. 능인암 아래에 이 건물을 지었는데, 많은 제자를 길러내고 학문을 일군 의미 있는 집이다.

건물은 도리칸 4칸, 보칸 2칸 규모로, 4칸 대청을 중심으로 오른쪽에 2칸 온돌방을 들였다. 왼쪽 후면 1칸에는 방을, 앞쪽 1칸에는 마루보다 높은 누를 만들고 아래에 아궁이를 설치하였다. 계곡의 샘에서 내려오는 물이 대청 밑을 지나 연못으로 흘러가도록 하였는데, 매우 독특한 구조이다.

건물 앞에는 잘 가꾸어진 넓은 연못이 있어 운치를 더하고 있다. 남간정사 앞쪽에는 일제 강점기에 소제동에서 옮겨 지은 기국정이, 뒷편 언덕에는 후대에 지은 사당인 남간사가 있다. 또한 송시열의 문집인 《송자대전(宋子大全)》 목판을 보관한 장판각이 맞은편 언덕에 있다.

大田 南澗精舍

1 일제 강점기에 소제동에서 옮겨 지은 기국정

2 연못에서 바라본 남간정사와 기국정

大田 南澗精舍

1. 초익공의 초가지는 앙서형으로 초가지마다 형태가 다른 게 후대에 보수하면서 바뀐 것으로 추정된다. 배면의 초가지가 비교적 초창기의 것으로 보인다.
2. 계곡에서 내려온 물이 연못으로 흐를 수 있도록 대청 아래 물길을 만들었는데 매우 특이한 사례이다.
3. 배면에는 차를 끓이거나 식수로 사용했던 샘이 있다.
4. 동쪽에는 1칸 누마루를 만들고 그 아래에 뒤쪽에 있는 온돌방에 불을 넣기 위한 아궁이를 설치했다.
5. 가구 구조도
6. 남간정사 배면 높은 곳에 사당인 남간사가 있다.

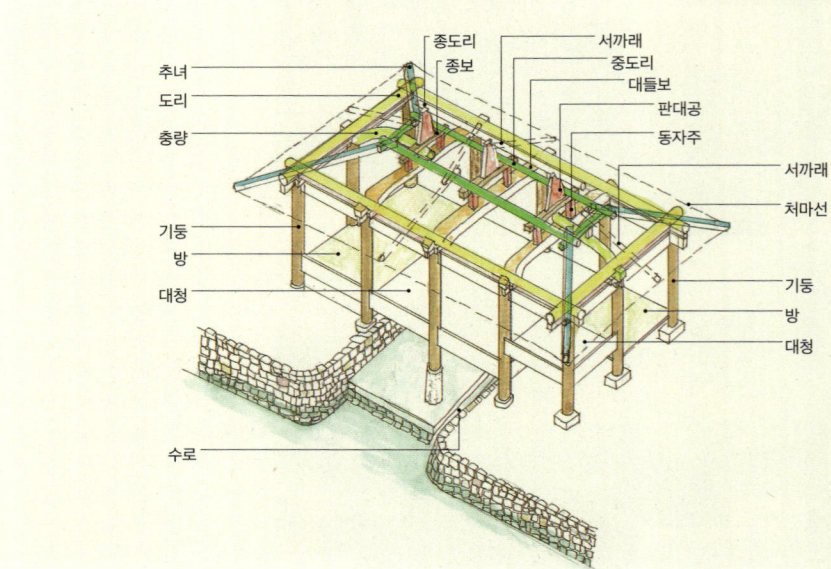

大田 南澗精舍

세종 나성 독락정

【위치】 세종특별자치시 나성길 10-48　**【건축 시기】** 1437년
【지정사항】 세종특별자치시 문화유산자료　**【구조 형식】** 5량가 팔작기와지붕

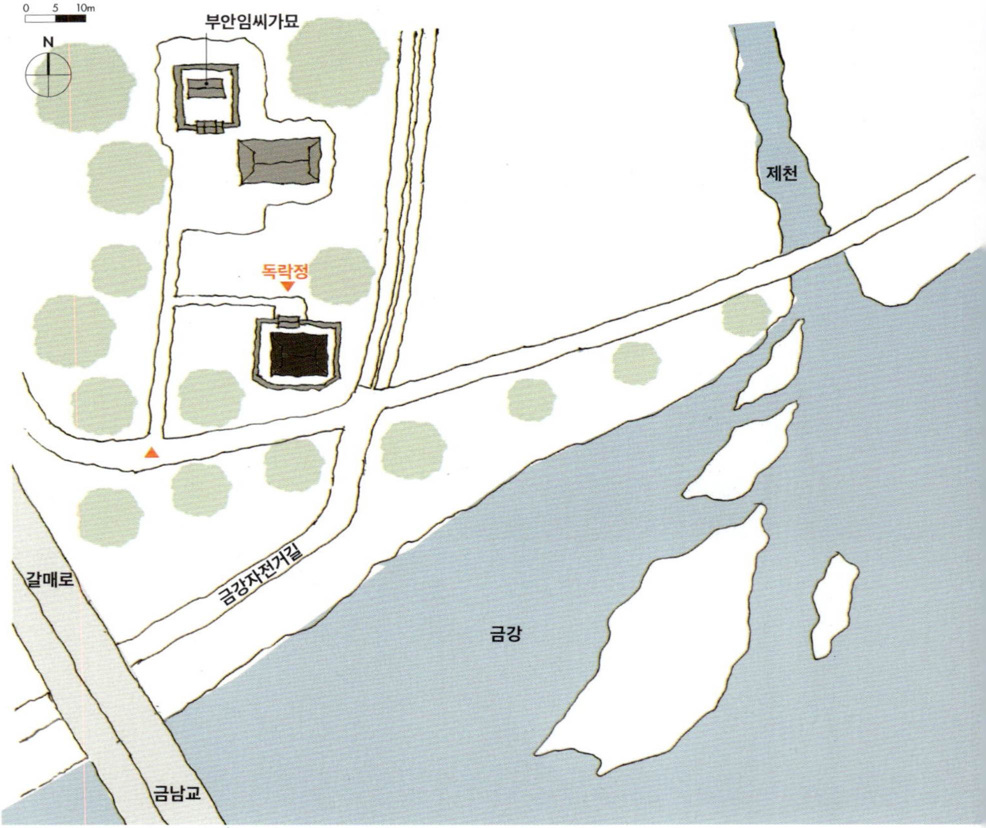

世宗 羅城 獨樂亭

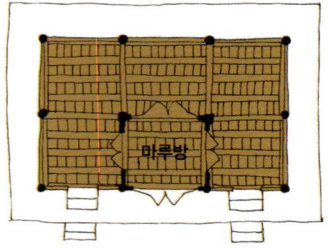

세종시 행정중심복합도시 남쪽 금강변의 낮은 언덕 위에 남서향으로 자리한 독락정은 고려말 임난수(林蘭秀, 1342~1407) 장군이 낙향하여 지내던 옛 집터에 아들 임목(林穆, 1371~1448)이 1437년(세종 19)에 지은 정자이다. 임난수는 조선이 개국하자 두 임금을 섬길 수 없다며 낙향하여 금강 월봉 아래 은거했다. 현재의 건물은 조선후기에 중수된 것이다. 이중환(李重煥, 1690~1756)은 《택리지》에서 금강변의 사송정, 금벽정, 독락정 세 개의 정자를 소개했는데, 지금은 독락정만 남아있다.

독락정은 도리칸 3칸, 보칸 2칸 규모로 가운데 칸에 방을 들이고, 나머지는 마루로 꾸며 개방하였다. 방의 전면과 배면에는 사분합들문을 달고 양측면에는 쌍여닫이문을 달았다. 장대석기단 위에 팔각형 장초석을 사용하였고 원기둥을 사용하였다. 건물은 초석, 기둥, 난간 등의 부재 규격이 크고 굵어 둔중한 느낌을 주는데 후대에 변형된 것으로 생각된다. 단청을 하고, 주변에는 담장과 협문이 있다. 정자에서 바라보는 금강의 경치가 일품이다.

世宗 羅城 獨樂亭

1 장대석기단 위에 팔각형 장초석을 사용하고 원기둥을 올렸다. 초석, 기둥, 난간 등의 부재 규격이 크고 굵어 둔중한 느낌이다.
2 대들보에는 화려하게 용무늬 단청을 했다.

世宗 羅城 獨樂亭

1 금강변 낮은 언덕에 남서향으로 자리한다.
2 대들보에 충량을 걸어 외기도리를 받았다.
3 팔각형 장초석이 둔중한 느낌이다.
4 방의 전면과 배면에는 사분합들문을 달고, 양측면에는 쌍여닫이문을 달았다.
5 정자에서 본 금강 풍경
6 대청에는 우물마루를 깔았다.
7 도리칸 3칸, 보칸 2칸 규모로 가운데 방을 들이고 나머지는 마루로 꾸몄다.

世宗 羅城 獨樂亭

논산 팔괘정

[위치] 충남 논산시 강경읍 황산리 86 **[건축 시기]** 1626년 초창
[지정사항] 충청남도 유형문화유산 **[구조 형식]** 5량가 팔작기와지붕

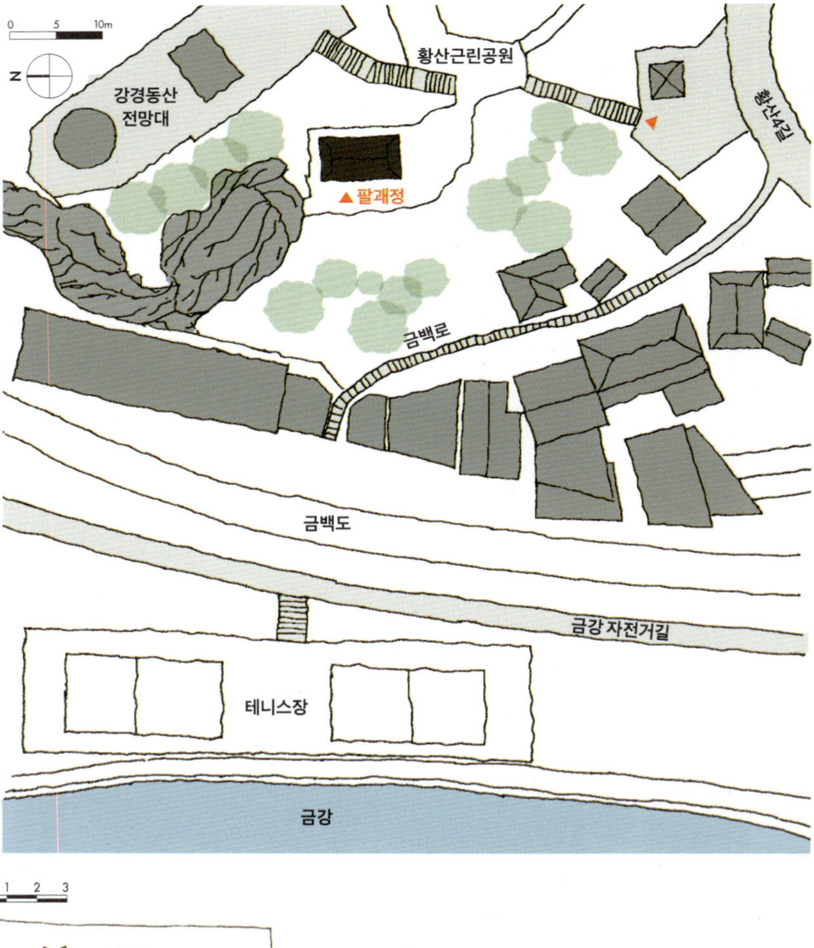

論山 八卦亭

1626년(인조 4)에 우암 송시열(尤庵 宋時烈, 1607~1689)이 스승 김장생(金長生, 1548~1631)의 임리정과 가까운 곳에 지은 것으로 알려져 있다. 송시열이 죽림서원에 배향된 이후 죽림서원의 부속건물로 사용되었다. 일제강점기를 거치면서 퇴락된 것을 1949년 송시열의 후손 송재성이 중수하였다. 죽림서원 북쪽에 자리한 팔괘정은 금강을 바라보며 서향하고 있다. 죽림서원 남쪽에는 임리정이 있어 전체적으로 죽림서원을 남북에서 호위하는 것처럼 보인다. 팔괘정 뒤에는 송시열이 새겼다는 '청초안(靑草岸)', '몽괘벽(夢挂壁)' 등의 글씨가 남아 있다.

건물은 도리칸 3칸, 보칸 2칸 규모로 4칸 마루, 1칸 방이 있으며 방 앞에는 높은 마루를 두었다. 창호의 배열이 상당히 리드미컬한데, 교육 공간이자 금강 조망을 고려한 덕분이다. 방의 서쪽 면 문은 머름 위에 쌍여닫이 세살문을 설치하고 높은 마루가 있는 쪽에는 머름을 높게 설치하고 그 위에 쌍여닫이세살창을 달고 방과 연결되는 부분에는 외여닫이세살문을 달았다. 금강을 조망할 수 있는 정면에서는 적극적인 개방의지가 보이는데 머름 위에 사분합문을 연속으로 달고 툇마루를 구성했다. 동쪽엔 비교적 높은 벽체를 구성하고 그 위에 머름과 사분합창을 달았다. 배면과 동쪽 면에는 여닫이판문을 달았다.

공포는 초각한 물익공을 사용하고 창방과 처마도리장혀 사이에 소로를 설치했다.

論山 八卦亭

도리칸 3칸, 보칸 2칸 규모로 4칸 마루, 1칸 방이 있고 방 앞에는 높은 마루를 두어 금강을 조망할 수 있게 했다.

論山 八卦亭

論山 八卦亭

1. 방 전면 높은 마루가 있는 부분 서쪽에 머름을 조금 높게 설치하고 그 위에 쌍여닫이세살창을 달고 방에는 머름 위 쌍여닫이세살문을 달았다.
2. 초각된 물익공을 사용하고 창방과 처마도리장혀 사이에 소로를 설치하였다.
3. 마루는 우물마루를 깔았으며 측면과 배면에 여닫이판문을 달았다.
4. 방과 마루 사이에는 삼분합들문을 달았고 방 앞의 높은 마루에는 문을 달지 않아 개방되어 마루와 연결된다.
5. 종보 위에 원대공을 두어 종도리를 받았다.
6. 외기는 눈썹천장을 가설하지 않고 단순하게 구성해 추녀와 장연이 걸리는 모습이 잘 보인다.
7. 방의 천장은 소란반자이다.
8. 외벌대기단 위에 높은 초석을 사용했는데 다른 모양의 초석을 사용했다.

논산 임리정

[위치] 충남 논산시 강경읍 금백로 20-8 (황산리) **[건축 시기]** 1626년
[지정사항] 충청남도 유형문화유산 **[구조 형식]** 5량가 팔작기와지붕

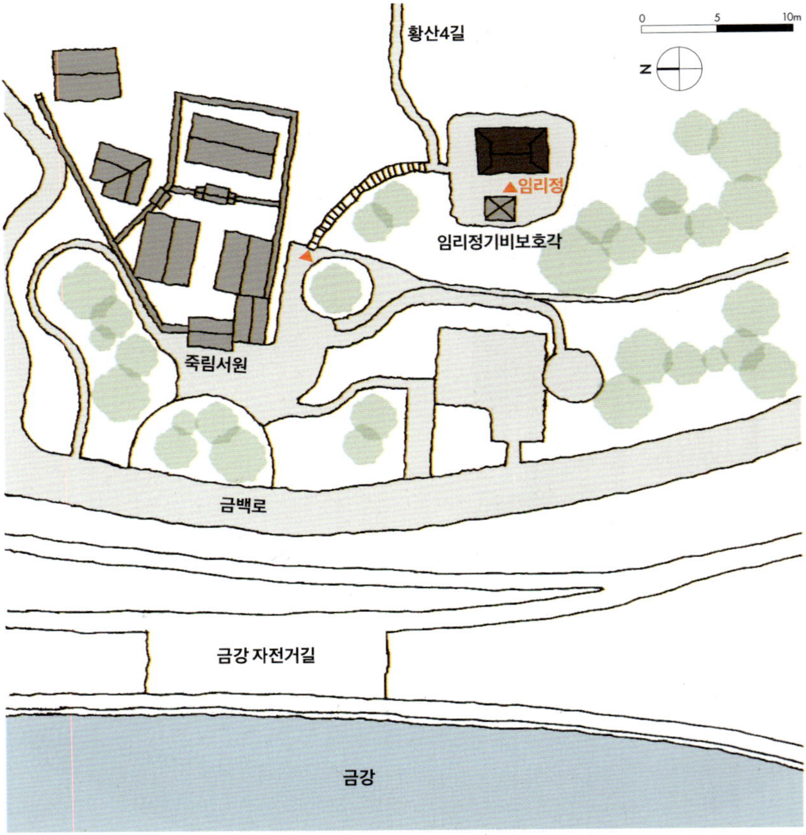

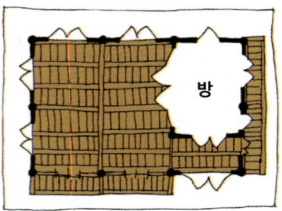

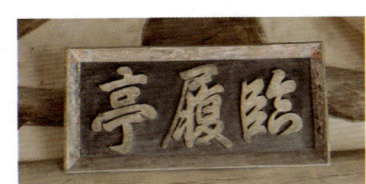

論山 臨履亭

　　1606년(선조 39) 김장생(金長生, 1548~1631)이 지인들과 학문 수양을 목적으로 황산정(黃山亭)을 지었다. 이후 1626년(인조 4) 최명룡(崔命龍), 송흥주(宋興周) 등이 이이(李珥), 성혼(成渾), 김장생을 배향한 황산사(黃山祠)를 건립하고 후에 죽림서원으로 사액을 받으면서 지금의 임리정이 되었다. 죽림서원을 중심으로 남쪽에 자리하며, 북쪽에 송시열이 지은 팔괘정이 있다.

　　정자는 도리칸 3칸, 보칸 2칸 규모로 북쪽에 마루 4칸, 남쪽에 1.5칸 방이 있고, 방 앞에 금강을 조망할 수 있는 높은 마루를 두었다. 방과 마루 사이에 사분합들문을 달았다. 서쪽에는 원추형으로 다듬은 높은 초석을 사용하고, 동쪽은 장대석을 초석으로 사용하였다. 마루 공포는 초익공 형식으로 창방과 도리장혀 사이에 소로 5개씩을 수장한 소로수장집이다. 대들보 위에 짧은 동자주를 올리고 그 위에서 주두처럼 생긴 받침재가 중도리장혀와 중도리, 중보를 받는다. 중보 위에 사다리꼴 형태의 대공을 두어 종도리를 받았다. 충량은 측면 중앙 기둥에 뿌리를, 머리는 보에 걸치고 첨차 형식의 받침재를 두고 외기장혀를 받았다. 외기는 눈썹천장을 가설하지 않고 단순하게 구성했다. 외기장혀가 교차되는 지점에 촉이 달려 있어 원래는 외기달동자가 설치된 것으로 보인다.

　　지붕의 사래 아래를 조금 파내어 추녀 위에 얹고 부연을 사용해 격식을 높였다.

방의 배면에 세살문을, 마루에는 판문을 달았다.

論山 臨履亭

1 북쪽에 4칸 마루가 있고 그 옆에 1.5칸 방과 높은 마루가 있다.
2 공포는 초익공 형식이고 창방과 도리장혀 사이에 소로를 수장한 소로수장집이다.
3 동쪽에는 장대석 초석을 사용했다.
4 5량가를 4분변작하여 대들보 상부가 안정되어 보인다.
5 외기장혀가 교차되는 지점에 촉이 달려 있어 원래는 외기달동자가 설치된 것으로 보인다.

論山 臨履亭

부여 수북정

扶餘 水北亭

[위치] 충남 부여군 규암면 규암리 147-2번지　**[건축 시기]** 17세기
[지정사항] 충청남도 문화유산자료　**[구조 형식]** 2고주 5량가 팔작기와지붕

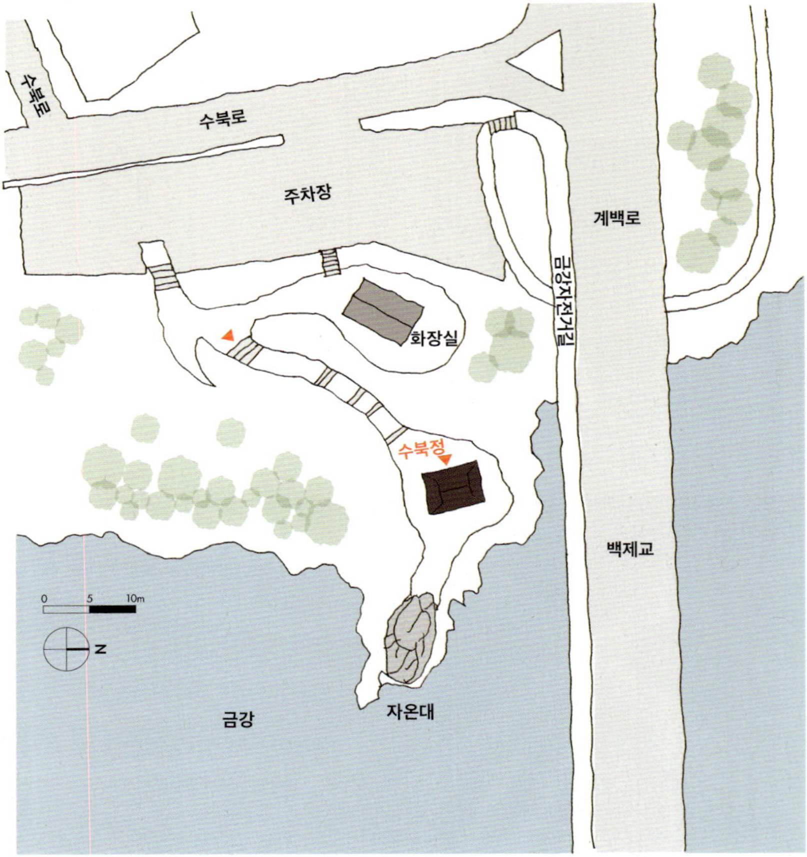

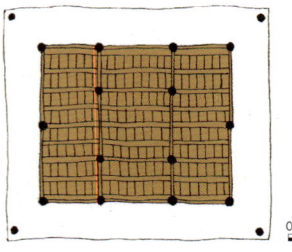

扶餘 水北亭

부여 팔경 가운데 하나로 꼽히는 수북정은 낙화암에서 남서쪽 방향의 금강변 자온대 위 언덕에 동향으로 자리하고 있다. 영변, 회양, 한산, 양주 군수를 지낸 김흥국(金興國, 1557~1623)이 광해군 말년에 낙향하여 지은 정자로 자신의 호를 따서 이름 붙였다. 현재 건물은 1908년에 중수하고 1969년 보수하였다고 한다.

수북정은 정사각형에 가까운 직사각형 평면으로 도리칸 3칸, 보칸 2칸 규모로 벽이나 방이 없이 우물마루로 되어 있고 마루 끝에는 낮은 평난간을 둘렀다. 내부 기둥은 도리칸 방향에서는 외진주와 열이 같지만 보칸 방향에서는 외진주와 열이 같지 않고 엇갈려 있다. 그러다보니 보칸은 내부에서 3칸이 되는 형상이다. 내부 기둥은 고주로, 고주 사이에 보를 걸었는데 그 밑에 다시 보와 같은 역할을 하는 인방 두께의 보를 걸었고 여기에 측면에서 오는 충량을 걸었다. 이중보이다. 원래 충량은 상부에 있는 보에 걸어야 하는데 이 집은 보 밑에 있는 인방부재에 건 것이다. 변칙적인 방법으로 볼 수 있다. 그런데 이런 구성이 크게 거슬리지는 않는다. 다만 툇보를 너무 가는 부재로 한 것이 눈에 거슬리기는 하다.

두벌대 기단에 팔각형으로 가공한 장초석을 사용했는데 장초석이라고 하기에는 비교적 짧은 편이다. 공포는 이익공식이고 5량 구조로 되어 있다. 주심도리와 중도리 사이는 연등천장으로 되어 있지만 중도리 사이는 우물천장으로 되어 있다.

수북정에서 바라본 전경

扶餘 水北亭

부여 수북정

1 도리칸 3칸, 보칸 2칸 규모로 벽이나 방 없이 전체를 마루로 구성했다.
2 측면에서 오는 충량이 인방 두께의 하부 보에 걸려 있고 그 위에 원래 보았다. 툇보가 얇은 편이다.
3 이익공집이다.
4 난간과 초석. 비교적 짧은 장초석을 팔각형으로 가공해 사용했다.
5 중도리 사이는 우물천장으로 되어 있고 주심도리와 중도리 사이 천장은 연등천장으로 되어 있다.
6 익공은 닭머리 모양과 연봉, 연잎 등으로 화려하게 장식했다. 화반에는 도깨비 문양을 그려놓았다.

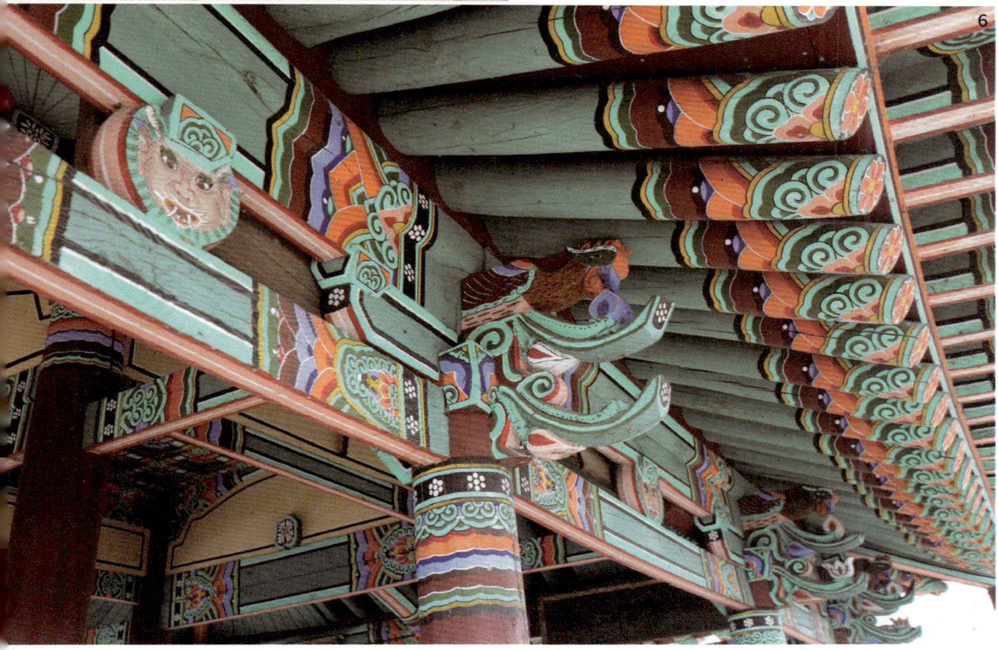

扶餘 水北亭

扶餘 泗沘樓

부여 사자루

[위치] 충남 부여군 부여읍 부소로 31 **[건축 시기]** 1824년 초창, 1919년 이건
[지정사항] 충청남도 문화유산자료 **[구조 형식]** 5량가 팔작기와지붕

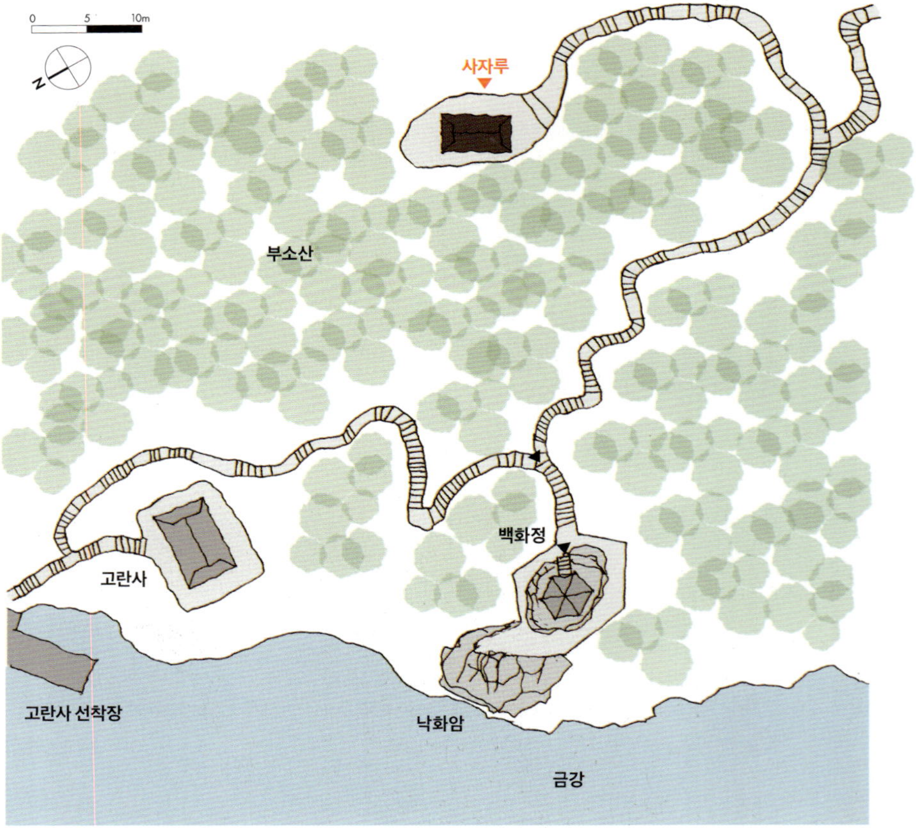

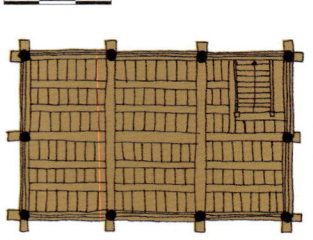

扶餘 泗沘樓

　1824년(순조24)에 군수 심노숭(1726~1837)이 임천의 관아 정문으로 지은 것으로 개산루(皆山樓)로 불리던 것을 현 위치인 부소산성 가장 높은 곳인 송월대에 1919년 옮겨 짓고 사자루라고 이름 붙인 정자이다. 정면에 걸려 있는 사자루 현판은 의친왕이 쓴 것이다. 금강 쪽에는 '백마장강'이라는 현판이 걸려 있는데 해강 김규진(海岡 金圭鎭, 1868~1933)의 글씨라고 한다.

　부소산성 정상 평지에 남향으로 자리한 사자루는 도리칸 3칸, 보칸 2칸 규모로 벽 없이 모두 개방된 누마루집이다. 외벌대 장대석기단에 원형으로 거칠게 가공한 낮은 초석을 사용했다. 공포 형식은 이익공이고 파련대공을 사용했다.

　사자루같은 누마루집은 누하층을 어떻게 디자인하느냐에 따라 집의 느낌이 아주 다른데 단초석을 사용해 하체가 부실하다는 느낌이 든다. 기둥 굵기를 고려할 때 장초석을 사용했다면 조금 더 안정감 있지 않을까 생각한다.

1　부소산성의 가장 높은 곳인 송월대 평지에 남향으로 자리한다.
2　누하층에는 누상층과 달리 내진주가 있다. 초석이 기둥의 굵기에 비해 짧아 하체가 부실해 보인다.

扶餘 泗沘樓

1. 도리칸 3칸, 보칸 2칸 규모의 누마루집이다.
2. 5량 구조이고 3분변작으로 되어 있다.
3. 좌우에서 충량을 대들보에 걸어 외기도리를 받았다.
4. 대들보 위에 충량을 걸고 그 위에 눈썹반자를 설치했다. 동자주에 보아지를 설치해 화려해 보인다.
5. 공포는 이익공 형식이다.
6. 사면에 평난간을 둘렀으며 금강 쪽에는 '백마장강' 현판이 걸려 있는데 해강 김규진의 글씨로 힘차고 역동적이다.

扶餘 泗沘樓

부여 영일루

扶餘 迎日樓

[위치] 충남 부여군 부여읍 쌍북리 463　**[건축 시기]** 1871년 초창, 1964년 이건
[지정사항] 충청남도 문화유산자료　**[구조 형식]** 5량가 팔작기와지붕

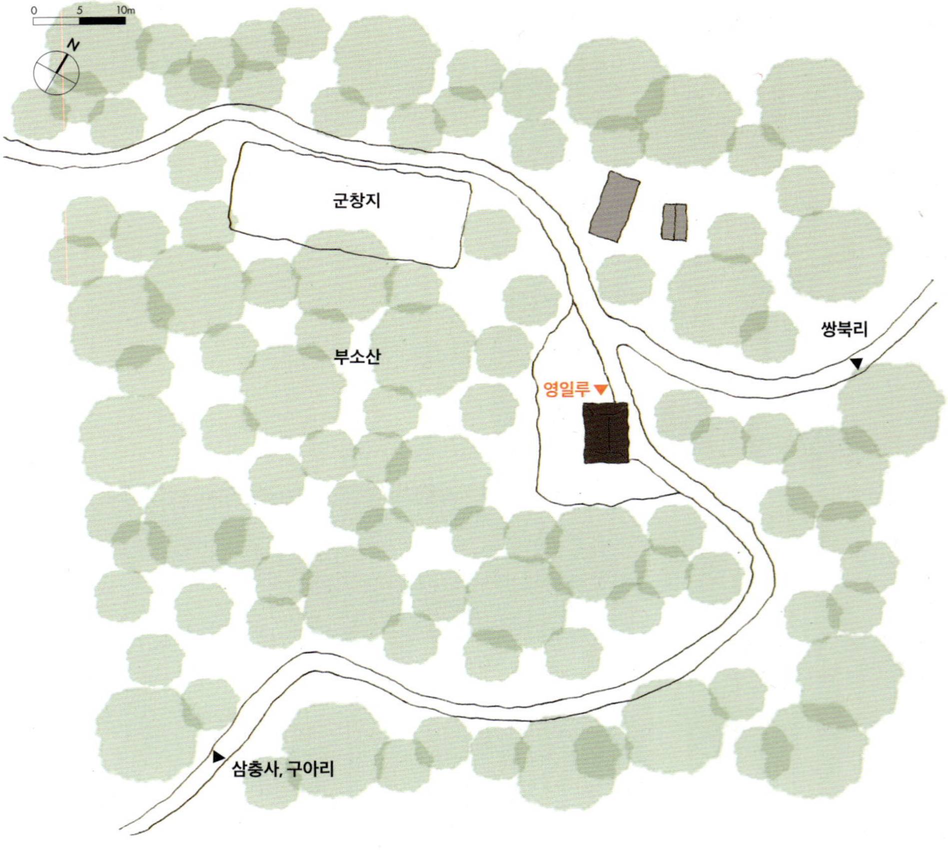

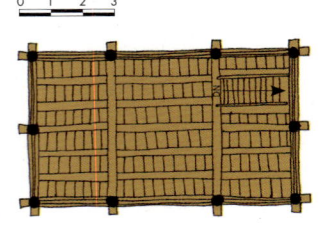

扶餘 迎日樓

계룡산의 연천봉에서 떠오르는 해를 맞이하던 곳이라고 전해지는 영일루는 홍산 군수였던 정몽화(鄭夢和)가 1871년(고종8)에 관아의 문으로 지은 건물로 지을 당시 이름은 집홍루(集鴻樓)였다.

부소산성 오르는 길가에 동향으로 자리한 영일루는 도리칸 3칸, 보칸 2칸 규모의 누마루집이다. 외벌대 기단에 팔각형으로 가공한 장초석을 올리고 원기둥을 사용했다. 공포는 다포식이며 원형대공을 사용했다. 공포 구성이 여느 구성과 다른데 외부는 이출목이지만 내부는 일출목으로 되어 있다. 대개는 내외부 출목수가 같거나 내부 출목수가 하나 더 많다. 내부 출목수가 외부 출목수보다 적어서인지 내부에서 공포 짜임이 어설퍼 보인다. 목재 수급이 어려웠거나 경비를 줄이기 위해 외부는 화려하게 격식을 갖춰 꾸몄지만 내부까지 그렇게 하지 못했을 것으로 추정된다.

도리칸 3칸, 보칸 2칸 규모의 누마루집이다.

扶餘 迎日樓

扶餘 迎日樓

1. 5량 구조이고 3분변작으로 되어 있다.
2. 공포는 다포식인데 외부는 이출목이고 내부는 일출목으로 되어 있다.
3. 종보에 공포를 짜고 종보 위에 원형대공을 설치하고 종도리를 받았다.
4. 대들보 위에 충량을 걸어 외기도리를 받았다.
5. 내부는 외부보다 출목수가 하나 더 작은 일출목으로 되어 있다. 그러다 보니 구성이 어설프다.

부여 백화정

扶餘 百花亭

【위치】충남 부여군 부여읍 부소로 31 【건축 시기】1929년
【지정사항】충청남도 문화유산자료 【구조 형식】육모기와지붕

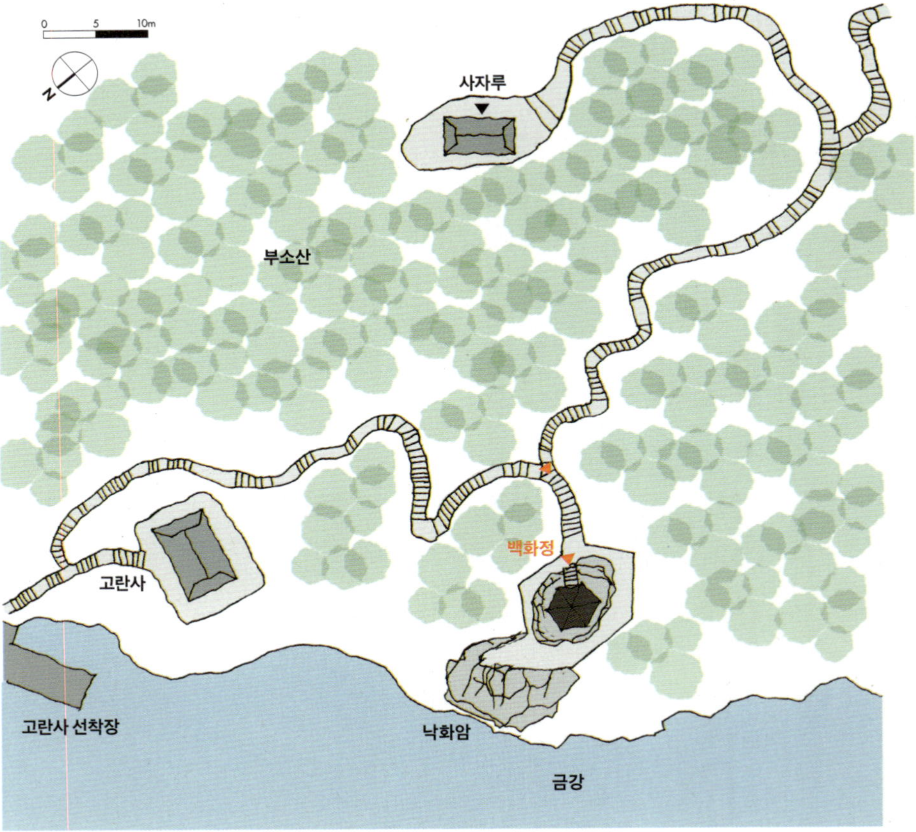

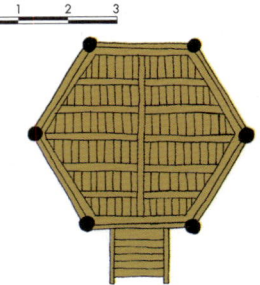

낙화암에서 몸을 던졌다는 백제 궁녀들의 원혼을 추모하기 위해 당시 군수였던 홍한표(洪漢杓)의 발의로 부풍시사(扶風詩社) 시우회에서 1929년에 지었다. 백화정은 동파 소식(東坡 蘇軾, 1037~1101)의 "강금수사백화주(江錦水射百花州)"라는 시에서 따온 것인데 낙화암에서 떨어지는 궁녀들의 모습이 마치 하얀 꽃과 같아 붙인 이름이다. 금강을 끼고 있는 절벽인 낙화암 위에 자리해 사람이 지은 건물이라기보다는 암반 조경물처럼 보인다. 뒤로는 부소산이 펼쳐있고 앞으로는 금강이 한눈에 들어온다.

백화정은 육각형 평면의 육모정으로 험한 암반 자체를 기단 삼아 높낮이 정도만 맞춰 지었다. 원형 초석을 사용하고 원형 기둥을 올렸다. 공포 형식은 직절익공식이다. 육모정이어서 추녀가 모여 지붕 속 찰주와 연결되어 보가 없는 가구 구성이다. 천장은 빗반자와 육각형으로 만든 우물천장으로 되어 있다. 지붕 꼭대기에는 절병통을 올렸다.

扶餘 百花亭

낙화암의 험한 암반을 기단 삼아 자리하고 있다.

扶餘 百花亭

1 원형 초석에 원형 기둥을 사용한 육각형 평면의 육모정이다.
2 보 없이 추녀가 모여 가구를 구성하고 있고 가구 천장은 빗천장과 우물천장으로 되어 있다.
3 평방과 장혀 사이에 궁판을 끼우고 풍혈을 둔 것이 이채롭다.
4 마루 하부
5 백화정에서 바라본 금강
6 부소산성 낙화암 위에 원래 있던 암반 조경물처럼 보인다.

扶餘 百花亭

예산 일산이수정

【위치】 충남 예산군 신양면 서계양리 106번지　**【건축 시기】** 1849년
【지정사항】 충청남도 문화유산자료　**【구조 형식】** 5량가 팔작기와지붕

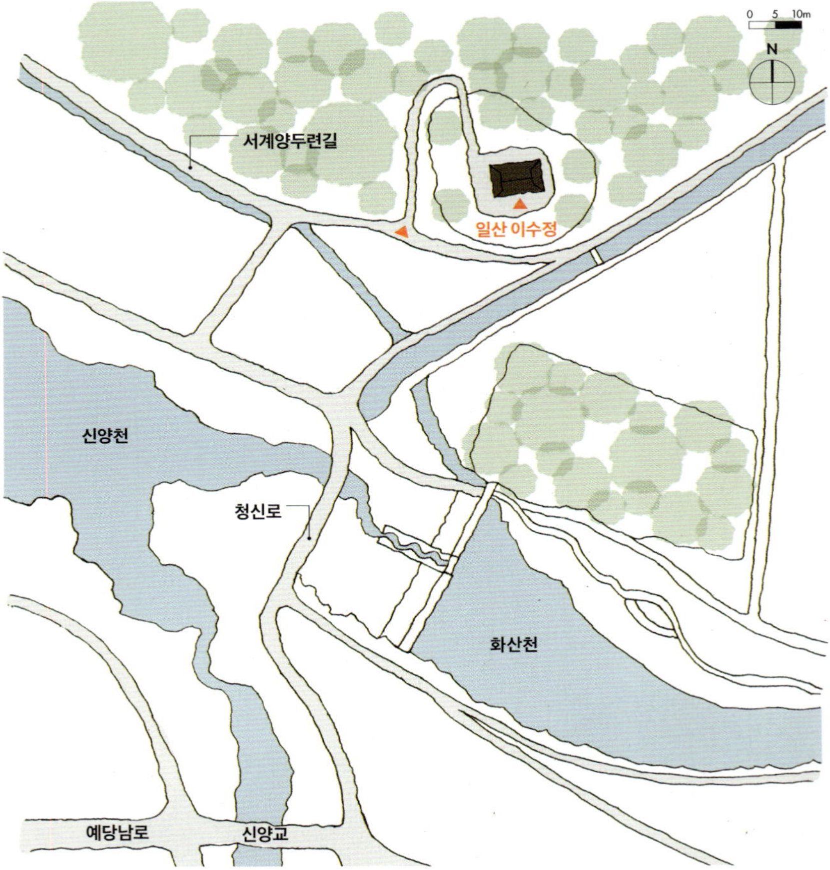

禮山 一山二水亭

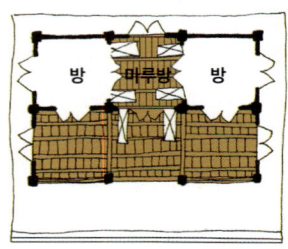

예산 대술에서 흘러오는 달천과 청양에서 흘러오는 죽천이 만나는 합수머리 북쪽의 작은 동산에 남동향으로 자리한 일산이수정은 1849년(헌종 15)에 신양의 명사였던 이철수(李喆洙, 1824~1896)가 학문을 가르치고 강학을 위해 건립한 것으로 전한다. 정자 이름은 '하나의 산에 두 개의 물이 만난다'하여 추사 김정희(秋史 金正喜, 1786~1856)가 이름 짓고 편액하였다. 1920년경에는 국문강습소, 1923년에는 신양공립보통학교 창립 교사(校舍)로 사용되었다.

건물은 도리칸 3칸, 보칸 2칸으로 앞쪽은 3칸 마루로 구성하고 뒤쪽은 3칸 방으로 구성한 '一'자형 평면이다. 건물은 중앙에서만 출입할 수 있게 대청 협칸에 난간과 벽을 두었다. 방도 가운데 칸에만 사분합들문을 달고 양옆에는 하부에 머름을 두고 쌍여닫이창을 설치하였다.

나지막한 언덕에 위치하여 주변의 산과 들 그리고 두 개의 물길이 합쳐지는 입지를 가지고 있어 풍광이 뛰어난 정자이다.

禮山 一山二水亭

1 들판의 작은 동산에 남동향으로 자리한다.
2 이수정에서 본 일대 풍경

禮山 一山二水亭

1 도리칸 3칸, 보칸 2칸 규모로 앞쪽은 마루로 구성하고, 뒤쪽에 방을 두었다.
2 앞쪽 마루와 뒤쪽 방 사이에 기둥을 두고 맞보를 설치한 5량가 구조이다.
3 출입을 위해 가운데 칸에만 머름을 설치하지 않았다.
4 가운데 방과 양측면 방 사이에는 사분합들문을 달아 필요에 따라 개방해 사용할 수 있게 했다.
5 3단으로 쌓은 자연석기단 위에 덤벙주초를 사용했다.
6 전면은 우물마루로 구성하고, 뒤 3칸은 방으로 꾸몄다.

禮山 一山二水亭

천안 노은정

天安 老隱亭

[위치] 충남 천안시 동남구 병천면 도원리 산19번지 　**[건축 시기]** 1689년 초창
[지정사항] 충청남도 문화유산자료 　**[구조 형식]** 사모기와지붕

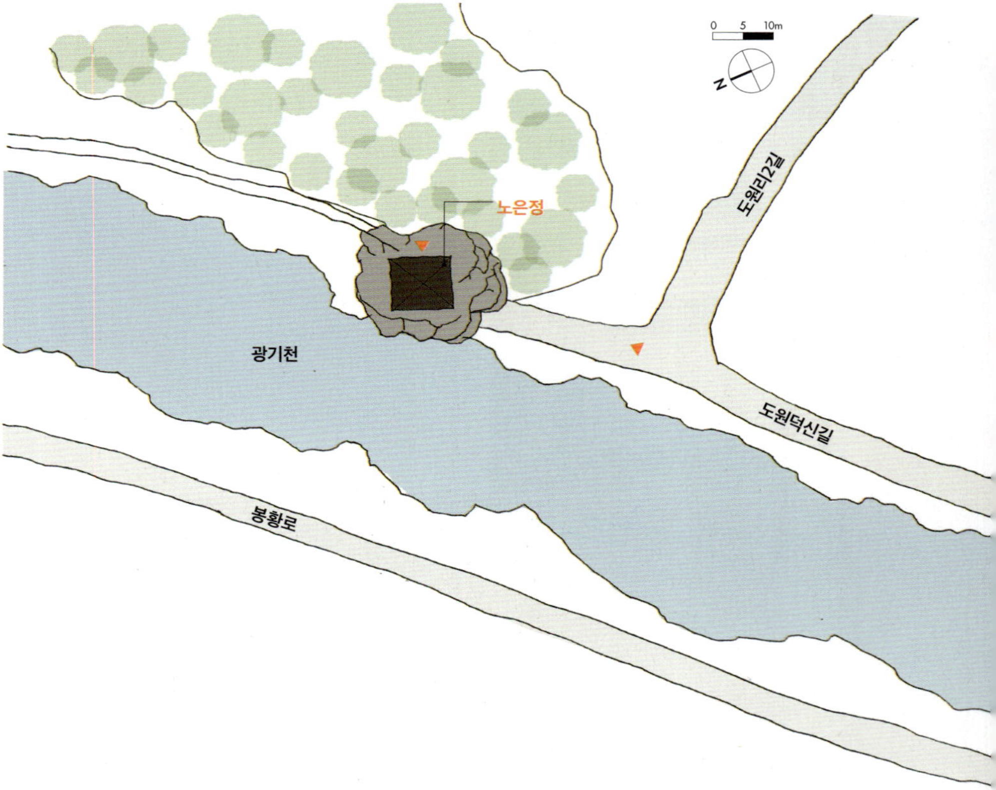

노은정

광기천

도원리2길

도원덕신길

봉황로

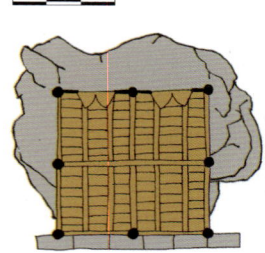

노은 김상기(老隱 金相器)가 1689년(숙종15) 학문 연마와 후진 양성을 위해 지은 노은정은 천안 도원팔경(桃源八景)이라고 일컬어지는 병천면 동성산 계곡을 흐르는 광기천에 바로 붙어 서향으로 자리하고 있다. 동쪽으로는 작은 언덕을 등지고 있고 앞으로는 광기천이 흐르고 있어 풍광이 좋다. 등진 언덕의 수림이 병풍처럼 펼쳐 있어 휴식 공간으로서 역할을 톡톡히 한다. 천안시에서 가장 오래된 정자로 알려져 있다. 도원팔경에서 도원은 진(晉)나라의 연명 도잠(淵明 陶潛, 365~427)이 지은《도화원기(桃花源記)》에 나온 말로 무릉어부(武陵漁父)가 찾아갔다는 선계(仙界)를 가리킨다.

건물은 도리칸, 보칸 모두 2칸 규모인 정사각 평면으로 광기천과 면한 쪽은 판문이 달려 있는 판벽으로 구성하고 나머지는 개방되어 있다. 언덕 암반을 초석 삼아 자리하지만 높낮이 조절을 위해 필요한 경우에만 초석을 사용한 민도리집이다.

대들보가 중앙에 있고 대들보에는 측면에서 나오는 충량이 걸려 있다. 대들보 위에는 종보를 걸었으며 그 위에 동자주를 얹었다. 5량 구조처럼 보이지만 도리를 설치하지 않고 추녀가 동자주를 중심으로 모여 있는 사모지붕 구성이다.

天安 老隱亭

1 뒤로는 언덕을 등지고 앞으로는 개천이 흐르는 풍광이 좋은 곳에 자리한다.

2 언덕 암반을 초석 삼아 자리하는데 높낮이 조절을 위해 필요한 경우에만 초석을 사용했다.

3 광기천과 면한 쪽만 판문이 달려있는 판벽으로 구성하고 나머지는 모두 개방했다.

天安 老隱亭

1

5

동자주
찰주
종보
도리
장혀
추녀
서까래
대들보
기둥

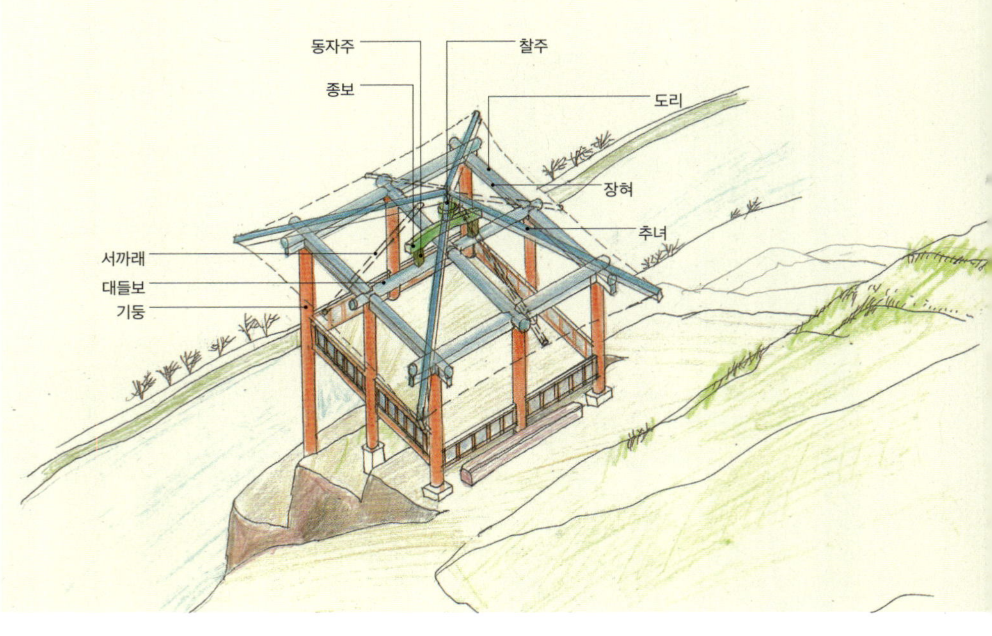

天安 老隱亭

1. 자연암반을 기단 삼아 자리한 정사각 평면의 정자이다.
2. 대들보가 중앙에 있고 대들보에는 측면에서 나오는 충량이 걸려 있다.
3. 충량 위에 동자주가 있고 이 동자주를 중심으로 사방에서 추녀가 모인다.
4. 선자서까래가 말굽서까래처럼 되어 있다.
5. 가구 구조도
6. 내부에는 우물마루를 깔고 지붕은 사모지붕으로 구성했다.

태안 경이정

[위치] 충남 태안군 경이정2길 1　**[건축 시기]** 조선 중기
[지정사항] 충청남도 유형문화유산　**[구조 형식]** 5량가 팔작기와지붕

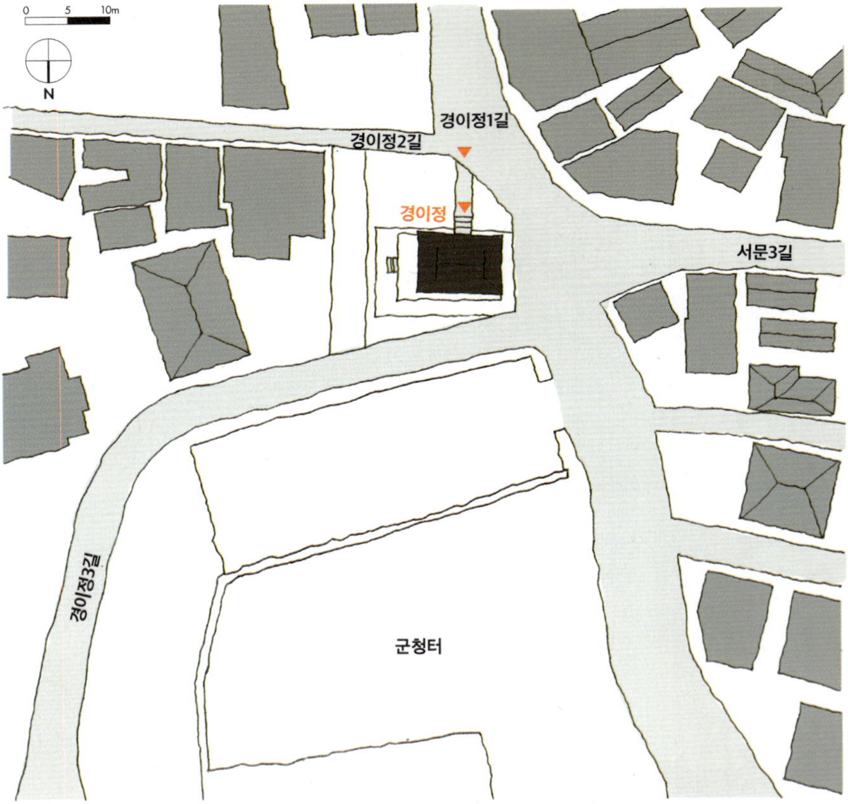

泰安 憬夷亭

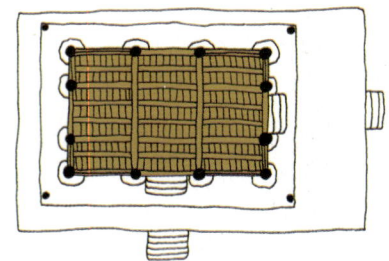

泰安 憬夷亭

해안을 지키는 방어사가 군사를 지휘하던 시설로 안흥항으로 들어온 중국 사신이 휴식을 취하는 공간으로 사용되기도 했다. 조선 후기에는 정월 대보름에 주민들의 안녕과 평안을 기원하는 재우제(宰牛祭)를 지냈다고 한다.

태안군 번화가 북서쪽의 약간 경사진 곳에 남향으로 자리한 경이정은 도리칸, 보칸 모두 3칸인 이익공집이다. 가공한 화강석으로 1미터 정도의 높이로 육축을 쌓고 그 위에 자연석기단을 올린 것이 이채롭다. 거칠고 큰 자연석초석을 놓고 원기둥을 사용하고 벽 없이 사방을 개방했다. 출입구 앞에는 난간 없이 투박한 큰 디딤돌을 놓았으며 나머지 부분에는 평난간을 둘렀다. 파련대공, 화반을 사용하는 등 약간 치장을 했으나 전형적인 정자의 구성과 구조를 가지고 있다.

지금은 주변에 건물이 들어차 있어 외로이 서 있는 것처럼 보이지만 조선시대에는 중심지 역할을 했을 것으로 보인다.

1. 태안군 번화가 약간 경사진 곳에 남향으로 자리한다.

2. 파련대공, 화반을 사용하는 등 약간 치장을 했으나 전형적인 정자 구조이다.

3. 팔각형 단면의 활주를 받는 활주초석도 팔각형이다.

泰安 憬夷亭

1

4

5

6

태안 경이정

1 가공한 화강석을 1미터 정도 쌓고 그 위에 다시 자연석기단을 올렸다.
2 대들보에 2개의 충량을 걸었다.
3 화반
4 투박하고 큰 자연석초석을 사용했다.
5 남동쪽 우주 초석만 장초석을 사용했다.
6 출입구를 제외한 나머지 부분에는 평난간을 둘렀다.
7 공포 형식은 이익공이고 화반을 사용했다.

泰安 憬夷亭

괴산 암서재

槐山 巖棲齋

[위치] 충북 괴산군 청천면 화양동길 188   **[건축 시기]** 1666년경
[지정사항] 사적   **[구조 형식]** 3량가 팔작기와지붕

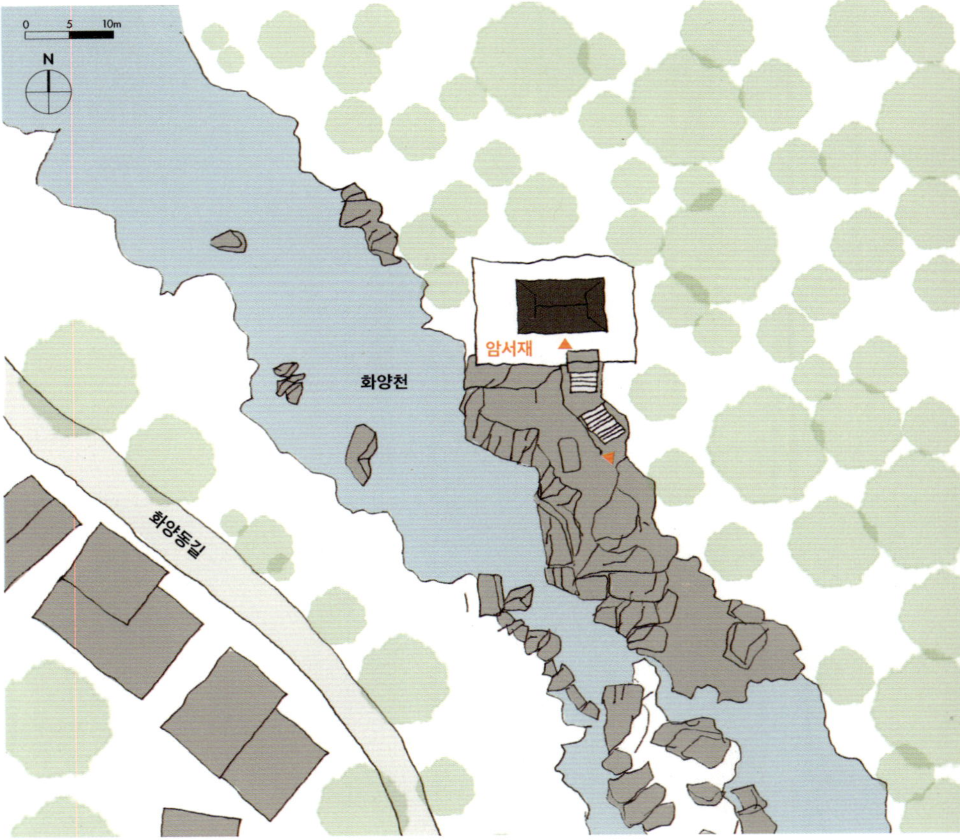

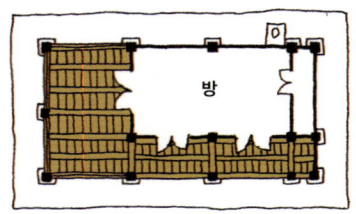

槐山 巖棲齋

화양구곡의 제4곡인 금사담(金沙潭) 큰 바위 위에 자리한다. 우암 송시열(尤庵 宋時烈, 1607~1689)이 은거하며 후학을 가르치던 서당으로 알려져 있다. 1666년경(현종 7)에 창건한 것으로 추정하고 있으며 지금의 건물은 1970년에 중건한 것이다. 정자에는 송시열의 문인이며 기호학파의 계승자인 권상하(權尙夏, 1641~1721)가 쓴 "암서재기(巖棲齋記)"가 걸려 있다. 또 1879년(고종 16)의 중수 기록인 "화양초당암서재중수기(華陽草堂巖棲齋重修記)" 등이 남아 있어서 정자의 유구한 역사를 증명하고 있다.

정자는 도리칸 4칸, 보칸 2칸인데 도리칸 4칸 중 동쪽 1칸은 1/4칸 정도로 매우 협소해 도리칸 3칸이라고 하는 것이 합당하다. 이 작은 칸에는 방에서 이용하는 다락이 만들어져 있다. 보통 다락은 처마 밑에 달아내는 것이 일반적인데 작지만 아예 한 칸으로 만들어 다락을 둔 것은 매우 특이하다. 3칸 중 2칸은 온돌이며 서쪽 1칸은 누마루이다. 누마루 아래에는 아궁이가 설치되어 있어 여기서 불을 때면 방 뒤쪽의 굴뚝으로 연기가 빠져나간다. 이러한 구성으로 미루어 정자라기보다는 작은 서당 기능이 강했을 것으로 추정해 볼 수 있다.

공포는 익공식으로 하고 지붕은 겹처마로 하여 격식을 높이려고 했음에도 방형 기둥을 사용하였고 가구도 3량가이며 별다른 장식 없이 지은 소박한 정자이다.

방 앞에는 퇴를 두었고 이를 위해 툇보를 설치하였으나 이것이 상부 가구와 연결되지는 않았으며 3량가로 처리했기 때문에 마치 내부의 기둥이 헛기둥과 같은 느낌이다. 정자가 깔고 앉아 있는 듬직한 바위에는 '금사담(金沙潭)'이라는 암각 글씨가 선명하게 남아 있으며 여기서 하천 하류 쪽으로 조금 내려가면 깎아지른 바위 절벽에 '운영담(雲影潭)'이라는 글씨가 남아 있다. 금사담은 암서재 아래의 못으로 맑은 물과 깨끗한 모래가 보이는 계곡 속의 못이라는 의미를 담고 있다. 지금도 풍부하고 깨끗한 물이 정자와 바위와 어우러져 수려한 경관을 만들고 있다.

槐山 巖棲齋

1 금강변 낮은 바위언덕에 남향으로 자리한다.
2 3량가로 평면과 가구구성이 서로 다르다.
3 물익공집이다.
4 4x2칸 평면인데 동쪽 칸이 매우 작은 것이 특징이다.
5 운영암의 기암괴석
6 전퇴공간
7 누마루와 난간
8 누마루에서 보이는 금강의 모습

槐山 巖棲齋

괴산 애한정

槐山 愛閑亭

[위치] 충북 괴산군 괴산읍 충민로 검승1길 18-9 　[건축 시기] 1614년
[지정사항] 충청북도 유형문화유산　[구조 형식] 5량가 팔작기와지붕

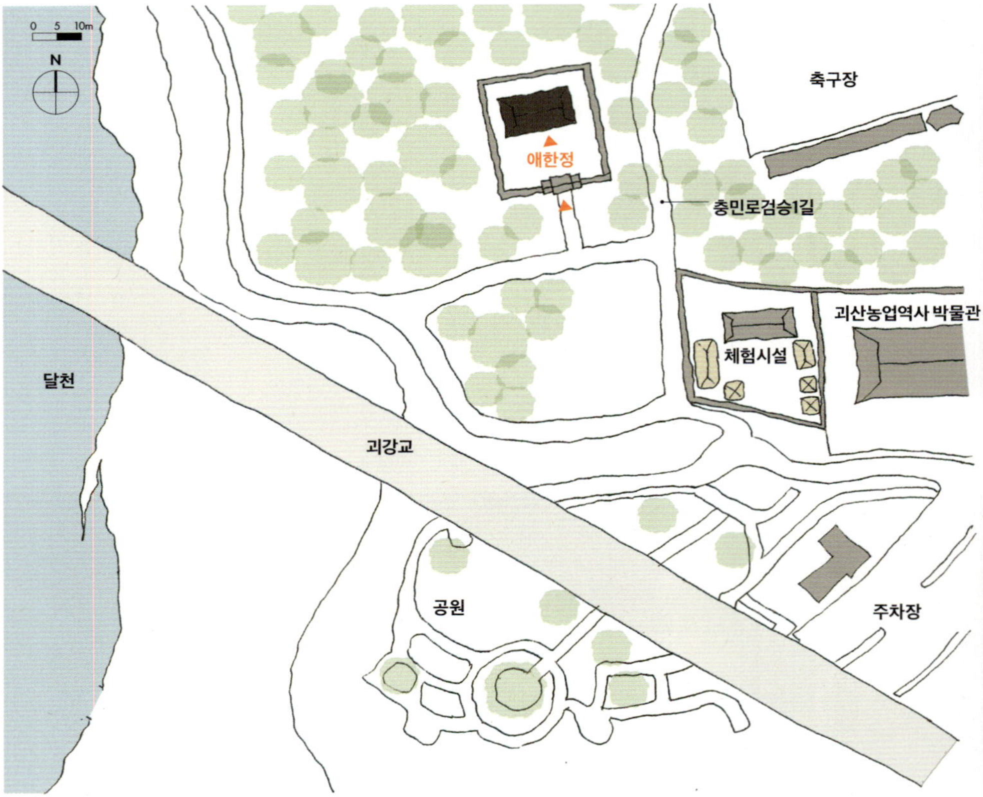

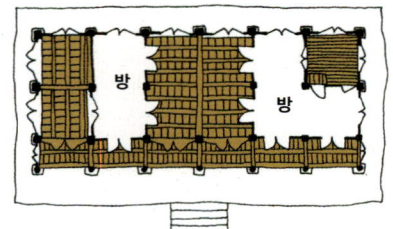

임진왜란 때 벼슬 없이 왕을 의주까지 모신 공으로 별좌에 오른 박지겸(朴知謙, 1549~1623)이 광해군 때 정치가 문란해지면서 아내의 고향인 괴산으로 낙향해 1614년(광해군6)에 지은 정자로 현재 괴산군 청소련수련원 내에 있다. 현재의 정자는 박지겸의 손자인 박연준이 군수 황세구(黃世耈, 1646~?)의 도움을 받아 새로 지은 것이다. 이후에도 여러 차례 중수가 있었다. 정자 이름은 박지겸의 호에서 딴 것이다.

정자는 도리칸 6칸, 보칸 3칸 규모로 비교적 큰 편이다. 가운데 2칸 대청을 기준으로 동쪽에는 마루방과 온돌방을, 서쪽에는 온돌방을 두고 온돌방 뒤에 단차를 이용해 함실아궁이와 벽장을 두었다. 처음 지었을 당시는 3칸으로 작은 건물이었는데 후에 수리하면서 지금의 규모로 커진 것으로 보인다. 처음에는 보통의 정자 모습이었다가 서당으로 사용하면서 서원의 강당과 같은 평면으로 바뀌고 규모도 커진 것으로 추정된다. 도리칸의 칸수가 짝수인 6칸이라는 점이나 규모와 평면구성, 벽체 및 마감 등이 일반적인 정자와는 다르다.

앞쪽 6칸은 모두 툇마루로 구성한 이익공 민도리집이다. 전퇴 부분에만 두 단의 직절익공과 행공, 화반을 사용했다. 온돌방 부분은 1고주 5량가처럼 보이지만 평주를 사용했고 동자주와 고주가 분리되어 있다. 여러 실을 넣으면서 구조도 여느 정자와 달라질 수밖에 없었을 것이다.

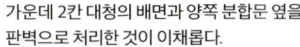
가운데 2칸 대청의 배면과 양쪽 분합문 옆을 판벽으로 처리한 것이 이채롭다.

槐山 愛閑亭

괴산 애한정

槐山 愛閑亭

1. 도리칸 6칸, 보칸 2칸 규모로 서원 강당과 같은 평면구성이다. 도리칸을 짝수로 한 것이 독특하다.
2. 중도리 아래 뜬장혀를 두고 소로로 장식한 것은 누각에서 주로 사용하는 방식인데 여느 정자보다 격식 있는 장식임을 알 수 있다.
3. 대청과 방 사이에 고주가 있기는 하지만 동자주로 연결하지 않고 위치를 달리해 평면과 구조가 일치하지 않는 자유로움을 보여준다.
4. 온돌방 부분의 가구는 1고주 5량가로 보이지만 동자주와 고주가 분리되어 있다.
5. 민도리 집이지만 전퇴 부분만 이익공 형식으로 하고 행공과 화반을 사용해 치장했다.
6. 동쪽 툇간에는 함실아궁이와 벽장을 두었다.
7. 앞쪽 6칸은 툇마루로 구성했다.
8. 도리가 6칸으로 짝수 칸이고 대청도 두 칸이어서 가운데 기둥을 두었다.

槐山 愛閑亭

괴산 고산정 및 제월대

槐山 孤山亭 + 霽月臺

【위치】충북 괴산군 괴산읍 제월리 산16-2번지 【건축 시기】1596년
【지정사항】충청북도 기념물 【구조 형식】5량가 팔작기와지붕

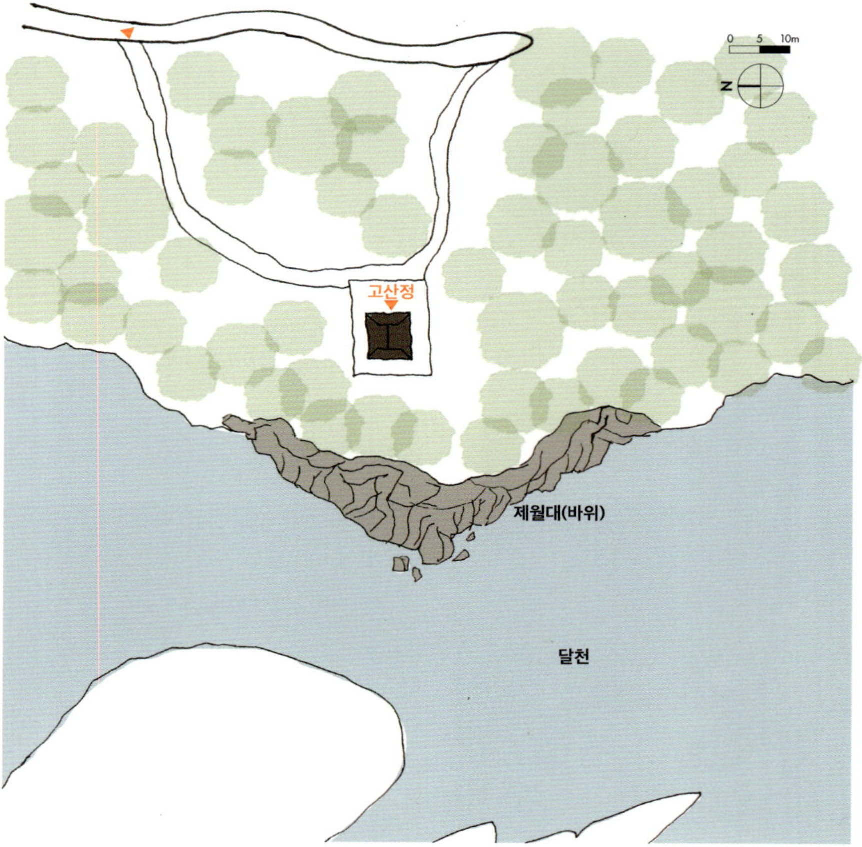

고산정

제월대(바위)

달천

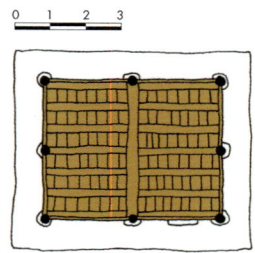

괴산군에서 동쪽으로 약 4km 떨어진 달천(괴강) 변의 이탄유원지에 있다. 1596년(선조 29)에 충청도 관찰사 유근(柳根, 1549~1627)이 지었는데 지을 당시 이름은 만송정(萬松亭)이었다. 만송정 옆에 고산정사가 있었는데 1695년(숙종 21) 화재로 소실되고 만송정만 남아 만송정을 고산정이라 바꿔 불렀다고 한다. 전국에는 고산정이라는 정자가 꽤 많다.

고산정이라는 현판은 정자 안쪽에 걸려있는데 이원(李元)이 썼다고 기록되어 있다. 정자에는 '호산승집(湖山勝集)'이라는 편액도 걸려있는데, 명나라 사신 주지번(朱之蕃, 1546~16824)이 1606년(선조 39)에 쓴 것으로 호수와 산봉우리의 아름다운 경치가 한군데 모여 있는 경관이라는 의미이다. 정자는 달천의 깎아지른 듯한 절벽인 제월대라는 경승지에 자리하며 물과 잘 어우러진다.

정자는 도리칸, 보칸 모두 2칸으로 어디가 정면인지 구분하기 어렵다. 그래도 보가 걸린 방향으로 미루어 남쪽이 정면으로 판단된다. 내부에는 우물마루를 깔고 사방으로 머름을 설치했다. 모든 칸에 문얼굴이 설치된 것으로 미루어 원래는 사방에 문이 달렸을 것으로 추정된다. 그러나 댓돌이 놓인 칸에도 머름과 문얼굴이 설치된 것은 이해할 수 없다. 후대의 변형을 유추해 볼 수 있는 부분이다. 원기둥을 사용하고 겹처마로 구성해 격식을 갖추었지만 공포는 민도리식으로 소박하다. 도리칸 2칸이기 때문에 가운데 대들보가 가운데 하나만 걸리고 대들보 좌우에서 충량을 걸고 외기를 구성했다. 도리칸이 2칸인 경우에 대들보 양쪽에서 충량을 걸어 '+'자형을 이루는 경우는 매우 드문 일인데 그 이유를 알 수 없다.

정자는 강물을 근경으로 바위 절벽과 함께 어우러진 전체 경치가 이루는 풍광이 매우 아름답다.

명나라의 사신 주지번이 1606년에 쓴 것으로 알려진 호산승집(湖山勝集) 편액으로 정자의 역사를 알 수 있는 흔적이라고 할 수 있다.

槐山 孤山亭 + 霽月臺

1 도리칸과 보칸 모두 2칸 규모로 정사각 평면인데, 드문 사례이다.
2 정자는 작고 소박하지만 겹처마와 단청으로 인해 화려해 보인다.
3 도리칸이 2칸이기 때문에 대들보가 가운데 하나만 걸리고 대들보 좌우로 충량이 걸려 '十'자형 가구를 한 특이한 사례이다.
4 기둥은 원기둥으로 후덕한 느낌이지만 포가 없는 민도리집으로 소박하다.
5 정자는 달천의 제월대라는 빼어난 경승지에 자리한다.
6 내부에는 마루를 깔았으며 사방이 트여 있지만 사방에 머름과 문얼굴이 있는 것으로 미루어 창호가 있었던 것으로 추정할 수 있다.

槐山 孤山亭 + 霽月臺

괴산 취묵당

槐山 醉墨堂

[위치] 충북 괴산군 충민사길 45　**[건축 시기]** 1662년 초창
[지정사항] 충청북도 문화유산자료　**[구조 형식]** 2평주 5량가 팔작기와지붕

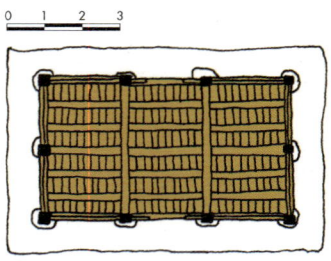

괴산군청에서 동북방향으로 약 5.7km 떨어진 달천(괴강) 변에 있다. 1662년(현종 3)에 김득신(金得臣, 1604~1684)이 독서재(讀書齋)로 지은 것으로 전해진다. 정자에 걸려있는 "취묵당 중건기"에 따르면 1911년에 중건한 기록이 있으며 가장 최근에는 1979년에 해체 수리하였다. 고산정과 같이 괴강 변에 있으나 고산정은 절벽 위에 있고 취묵당은 낮은 언덕에 있어서 강을 내려다보는 느낌이 더 평온해 보인다.

취묵당이라는 이름은 '술에 취해 있어도 침묵한다'는 의미이다. 김득신의 "취묵당기"에 따르면 취해서조차도 침묵으로 경계하여 재앙을 피하고자 하는 의지가 담겨있다. 정자의 규모는 도리칸 3칸, 보칸 2칸으로 흔히 볼 수 있는 규모이다. 방형 기둥을 사용했으며 민도리 형식으로 포와 장식이 없는 소박한 건물이다. 내부에는 우물마루를 깔고 사방에 난간을 둘렀다. 기단도 낮고 마루도 낮아 바닥에 평온히 깔려있는 느낌이다. 정(亭)이라 하지 않고 당(堂)이라고 이름을 붙였고 한국의 정자는 보통 온돌방을 한 칸 정도는 들이기 마련인데 모두 마루로 구성했다. 독서재로 건립하였다고 하지만 누각의 용도로 많이 사용했을 것으로 추정된다.

가구는 2평주 5량가인데 동자주 사이가 좁고 종도리 아래에 뜬창방을 걸고 장혀와 사이를 소로로 장식했다. 공포와 장식이 배제된 매우 소박한 정자인데 종도리 부분은 상당한 격식을 갖추었다. 난간은 조선시대에는 보통 계자난간으로 하는 것이 일반적인데 만자교란으로 했다. 유일하게 화려한 장식이 베풀어진 부분이라고 할 수 있다.

정자의 접근로는 매우 좁고 찾기 어렵지만 정자에 다다르면 괴강을 내려다보는 모습이 매우 평온하다.

1 도리칸 3칸, 보칸 2칸으로 규모는 평범하지만 사방이 트여 있고 내부 전체에 마루를 깐 것으로 미루어 독서재의 용도보다는 누각으로서의 용도로 사용했을 것으로 추정된다.

2 정자에서 달천 쪽을 내다 본 모습

槐山 醉墨堂

괴산 취묵당

1 취묵당의 배산에서 달천의 근경과 조산의 원경을 조망한 모습으로 평온함을 느낄 수 있다.

2 화려한 공포를 사용하지 않고 두공 정도가 있는 민도리로 기둥머리를 처리하여 매우 소박한 느낌을 준다.

3 가구는 2평주 5량가로 일반적인 가구법을 적용했지만 동자주 사이가 가깝고 종도리 아래에는 뜬장혀를 두고 소로로 장식해 정자의 격을 높였다.

4 대들보에서 빠져나온 충량이 외기를 받치고 외기에 추녀를 걸었다. 외기 안쪽은 반자를 하기 마련인데 여기서는 천장을 두지 않았다.

5 대공은 판대공으로 일반적이지만 종도리 아래에 뜬장혀와 소로를 사용한 것은 정자의 유일한 장식 요소이다.

6 강 쪽에서 바라본 정자의 모습인데, 편액이 걸려 있지 않아 정면이 어느 쪽인지 분명치 않다.

7 조선시대 정자는 보통 계자난간을 사용하는데 만자교란을 사용했다. 만자교란은 궁궐건축에서 볼 수 있는 장식 요소이다.

槐山 醉墨堂

괴산 수월정

槐山 水月亭

[위치] 충북 칠성면 산막이옛길 315-20 (사은리)　**[건축 시기]** 1865년
[지정사항] 충청북도 기념물　**[구조 형식]** 5량가 팔작기와지붕

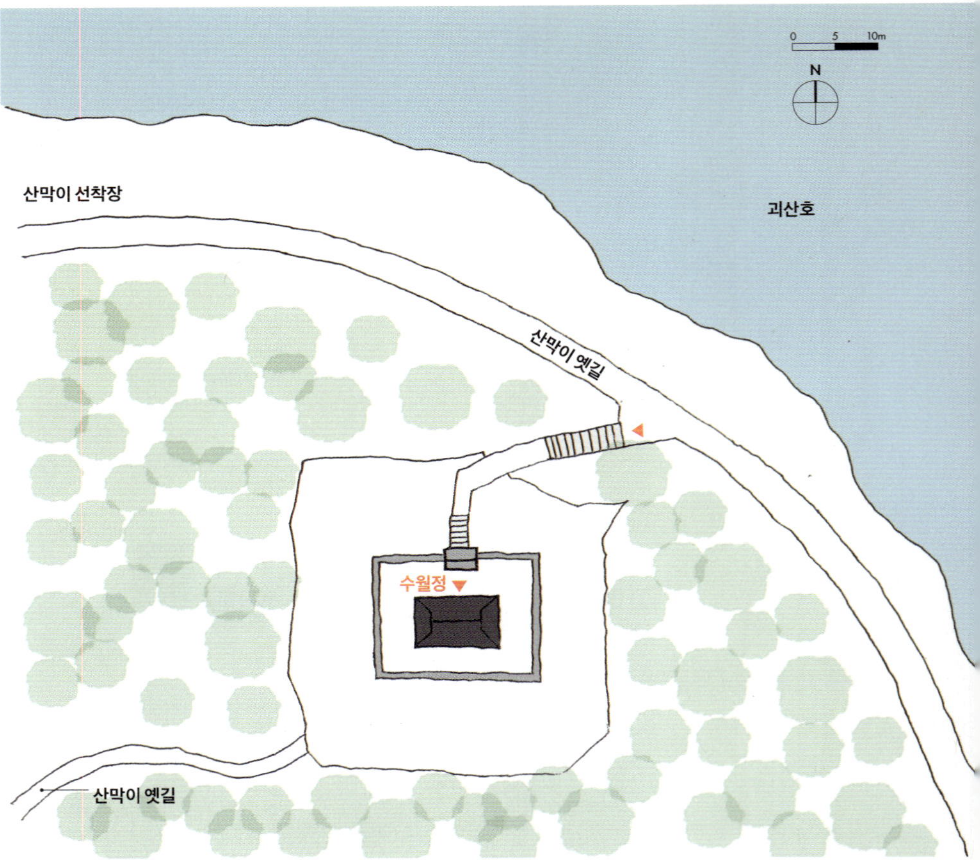

산막이 선착장

괴산호

산막이 옛길

수월정 ▼

산막이 옛길

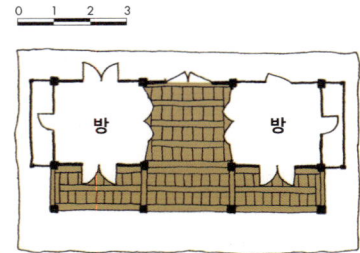

조선 전기의 문신 노수신(盧守愼, 1515~1590)은 을사사화 이후 양재역 벽서사건으로 진도로 유배되어 19년간 유배 생활을 하였는데, 1565년(명종 20)에는 괴산으로 이배되었다. 노수신은 1567년 선조가 즉위하면서 풀려나 다시 조정으로 돌아갔다. 정자는 노수신이 유배 생활을 하던 곳이라는 의미인 노수신 적소(謫所)로 불리다가 노수신의 10대손인 노성도(1819~1893)가 이곳을 1865년(고종 2)에 고쳐 짓고 수월정이라는 이름을 붙였다. 양재역 벽서사건은 외척 윤원형 세력이 반대파를 숙청한 사건으로, 경기도 과천 양재역에서 발견했다는 익명의 벽서를 빌미로 반대 세력을 몰아낸 사건이다.

수월정은 원래 괴산 연하동에 있었으나 1957년 괴산댐 건설로 수몰 위기에 놓이자 후손들이 현재의 자리로 이건하였다.

산막이마을 서남쪽 언덕에 자리한 수월정은 도리칸 3칸, 보칸 2칸 규모로 가운데 마루를, 양옆에 1칸 온돌방을 두고 전면에는 툇마루를 두었다. 온돌방과 마루 사이에는 세살분합문을 달았다. 마루 배면은 머름 위에 판문을 달아 마감했다. 온돌방에는 벽장을 설치했다. 전체적으로 정자리기보다는 작은 민가처럼 보인다.

槐山 水月亭

대문은 맞배지붕에 풍판을 설치한 사주문이다.

槐山 水月亭

1. 5량가 민도리집으로 방과 마루 사이에는 세살분합문을 달고 마루 배면에는 판문을 달았다.
2. 전면은 툇마루로 꾸미고 양 옆에 머름을 설치했다.
3. 초석은 자연적으로 둥글게 다듬어진 강돌을 사용했다.
4. 마루의 배면은 머름 위에 판문을 설치했으며 자연 환기공 3개가 있고 양쪽 온돌방의 굴뚝 2개가 양쪽에 가지런히 배치되어 있다.
5. 도리칸 3칸으로 전면에는 툇마루를 두고 1칸 방, 1칸 마루, 1칸 방을 두었다.
6. 온돌방 난방을 위한 함실아궁이

槐山 水月亭

영동 화수루

永東 花樹樓

[위치] 충북 영동군 상촌면 하도대3안길 33-18 (하도대리)   **[건축 시기]** 1804년
[지정사항] 충청북도 유형문화유산   **[구조 형식]** 5량가 팔작기와지붕

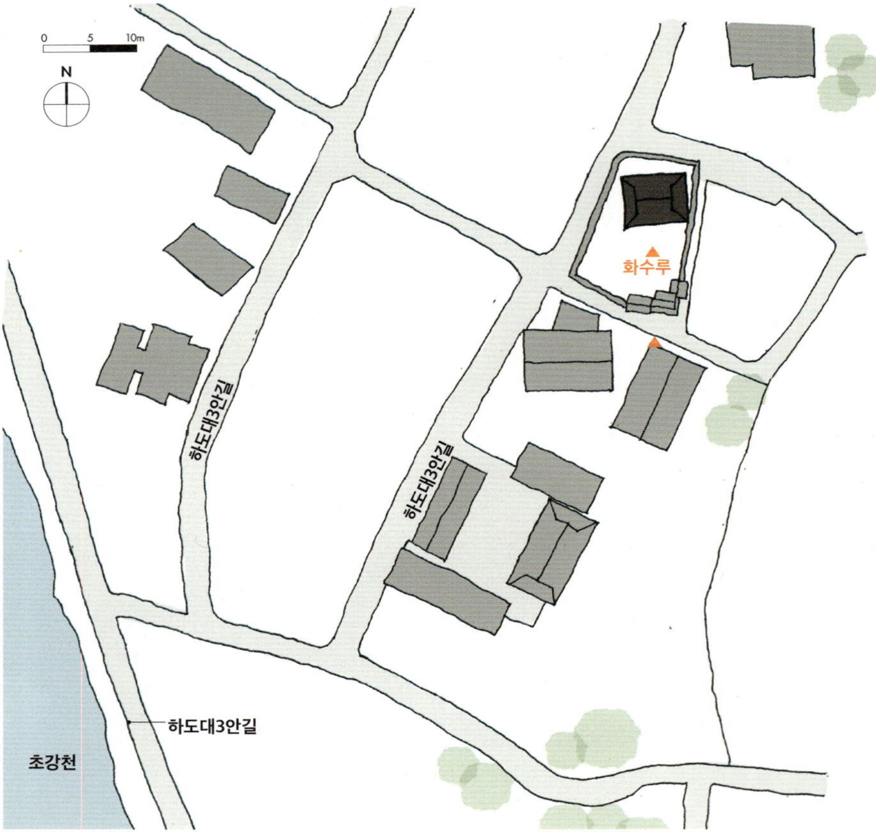

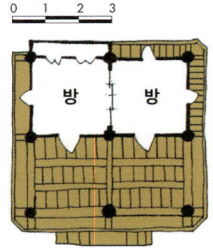

永東 花樹樓

1546년(명종 1) 옥계서당의 부속 정자로 지은 것을 1804년(순조 4) 고성남씨 수일파 문중에서 지금의 자리로 옮겨 짓고 '화수루'로 이름도 바꾸고 강학 장소로 사용했다. "화수루 중수기"에 기록이 남아 있다.

건물은 도리칸, 보칸 모두 2칸 규모의 정방형 평면으로 전면은 마루로 꾸미고 후면에 방을 두었다. 방 뒤에는 벽장을 설치했다. 방과 방 사이에는 사분합 미서기문을 달아 필요하면 문을 열고 하나의 방처럼 사용할 수 있게 했다. 기둥 위에 창방과 주두를 놓고 도리와 받침장혀를 받은 물익공집이다. 추녀 뒷뿌리가 들리지 않게 고정하기 위해 설치한 강다리 끝을 꽃모양으로 장식했다. 기둥 밖으로 머름난간이 설치된 헌함을 둘렀다. 마당 왼쪽에는 빗물의 배수를 위해 자연석으로 조성한 집수구가 있다.

건물에 오르는 계단이 특이하다. 정면 중앙에 八자 모양으로 설치해 양쪽에서 오르내릴 수 있게 했다. 계단을 대칭으로 구성한 것처럼 중앙 기둥을 중심으로 양쪽을 철저히 대칭으로 구성한 것에서 서원건축의 규범을 따른 정자임을 알 수 있다.

1 대문을 들어서면 오른쪽 모둥이에 1칸짜리 화장실이 있다.

2 마당 서쪽에는 빗물의 배수를 위해 자연석으로 조성한 집수구가 있다.

3 방과 방 사이에는 사분합 미서기문을 달아 필요하면 문을 열고 하나의 방처럼 사용할 수 있게 했다.

永東 花樹樓

1 중앙 기둥을 중심으로 완벽한 대칭을 이룬다.
2 건물 규모에 비해 대들보가 상당히 두껍다.
3 추녀 뒷뿌리가 들리지 않도록 고정하기 위해 설치한 강다리 끝을 꽃모양으로 장식했다.
4 건물 정면 중앙에 八자 모양의 계단을 설치해 정자에 오를 수 있게 했다.
5 기둥 밖으로 머름난간이 설치된 헌함을 둘렀다.
6 기둥 위에 창방과 주두를 놓고 도리아래 받침장혀를 받은 물익공집이다.

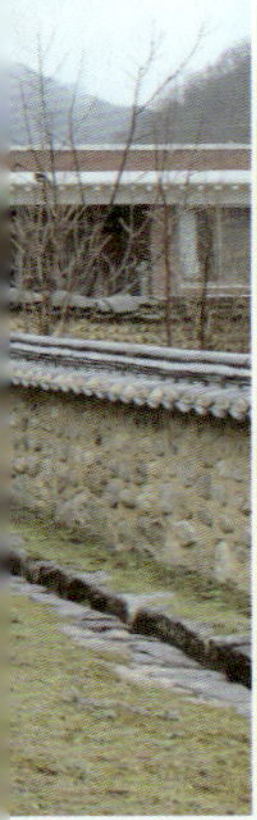

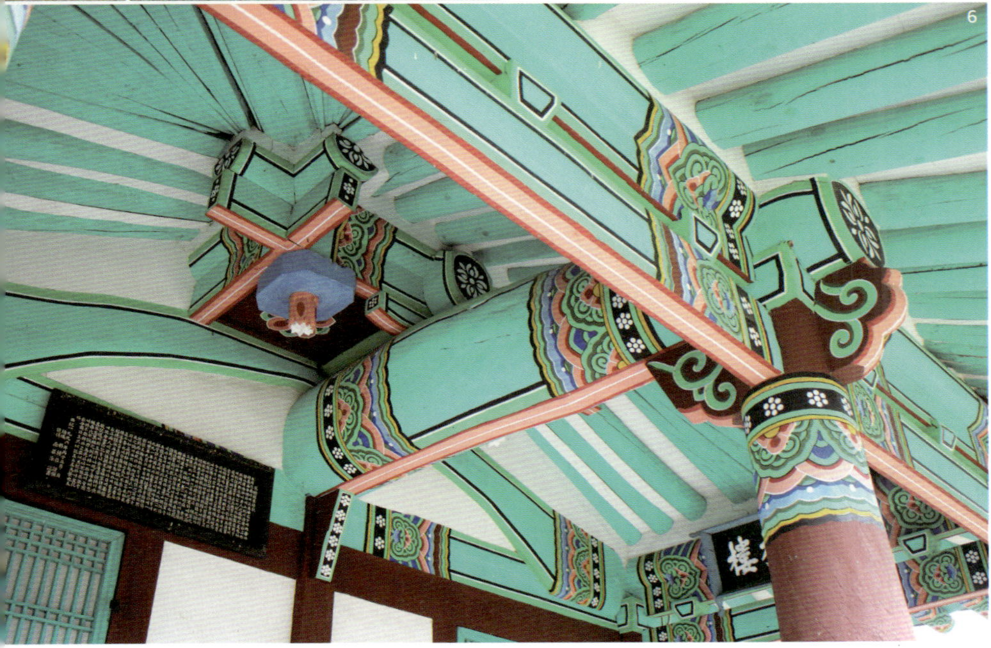

永東 花樹樓

영동 가학루

永東 駕鶴樓

[위치] 충북 영동군 황간면 남성리 140번지　[건축 시기] 1393년 초창, 임진왜란 이후 중건
[지정사항] 충청북도 유형문화유산　[구조 형식] 1고주 5량가 팔작기와지붕

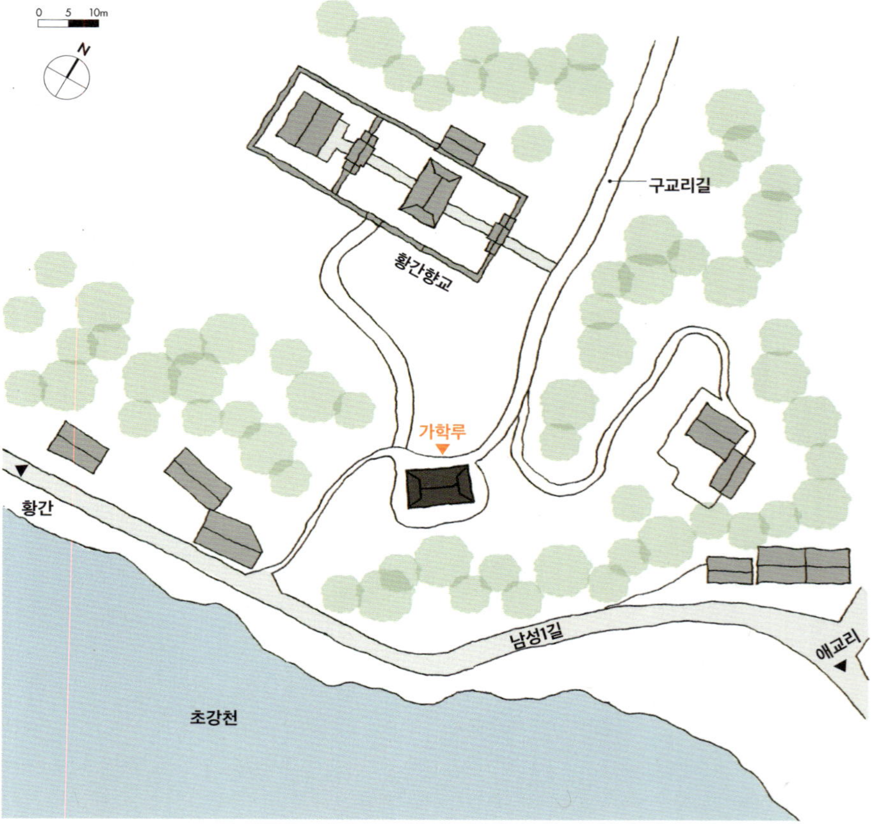

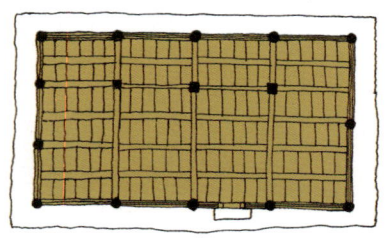

1393년(태조 2)에 현감 하첨(河詹)이 관아의 접객 용도로 지은 정자이다. 지을 당시에는 영빈루(迎賓樓)라고 했는데 이곳을 방문한 경상도관찰사 남재(南在, 1351~1419)가 '가학루'라고 이름 붙였다. 가학(駕鶴)은 '천지의 시초를 초월하고 도의 본체와 어울려 바람을 타고 노니는 신선이 된다'라는 의미이다. 임진왜란 때 불 탔으나 현감이 중건하고 이후에도 여러 차례 중수가 있었다.

황간향교가 있는 북서향으로 자리하고 있으며 남쪽으로는 절벽 아래 초강천이 보인다.

도리칸은 4칸인데 동쪽 보칸은 2칸이고, 서쪽 보칸은 3칸으로 다르게 구성되어 있다. 외부 기둥은 모두 원형으로 하고 내부 고주는 방형을 사용했다. 이처럼 내외부 기둥을 달리하는 경우는 대개 내부에 방을 설치하기 위해서이다. 공포 형식은 재주두 없는 이익공이다. 내부는 보아지를 두고 대들보와 툇보를 받았다. 종보는 동자주 위에 직절한 보아지로 받고 그 위에 파련대공을 놓았다. 관영건물로서 절제된 조형미가 보인다.

永東 駕鶴樓

1 도리칸은 4칸인데 동쪽 보칸은 2칸이고, 서쪽 보칸은 3칸으로 되어있다.
2 5량 구조이고 3분변작으로 되어 있다.
3 재주두 없는 이익공집이다.
4 보아지를 두고 대들보와 툇보를 받았다.
5 종보 아래 설치한 파련대공. 관영건물로서 절제된 조형미를 보여준다.

영동 한천정사

永東 寒泉精舍

【위치】충북 영동군 황간면 원촌동1길 48　【건축 시기】1955년
【지정사항】충청북도 문화유산자료　【구조 형식】3량가 팔작기와지붕

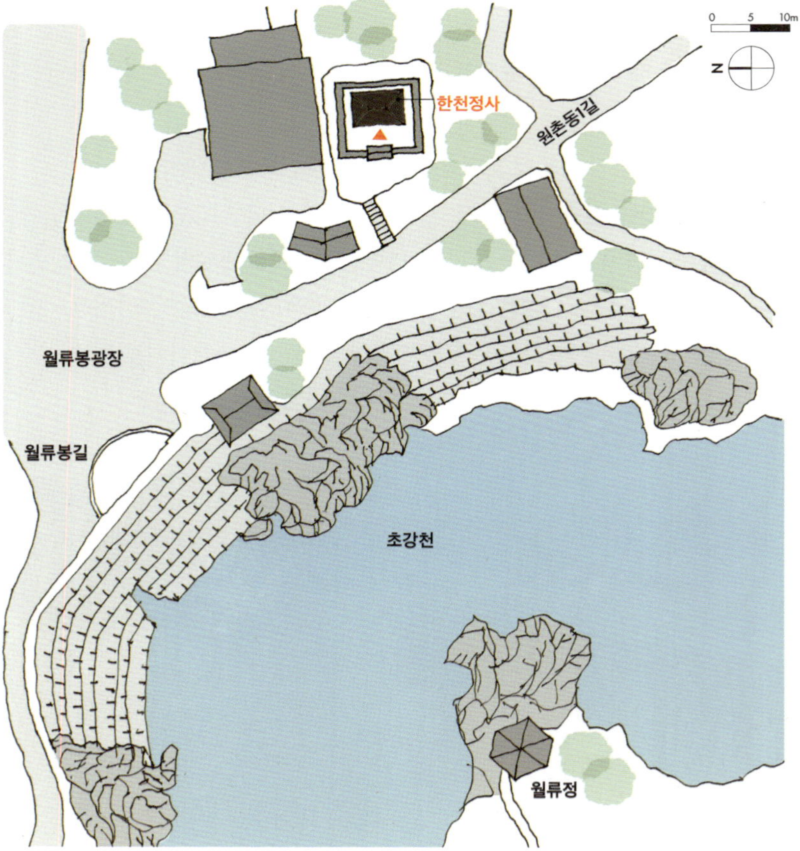

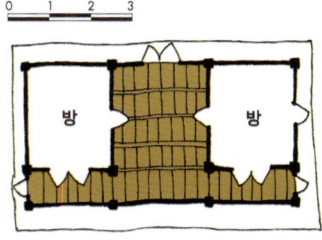

우암 송시열(尤庵 宋時烈, 1607~1689)이 학문을 연구하던 자리에 후학들이 한천서원을 짓고 그를 향사했다. 서원은 1868년(고종5) 철거되었다. 1955년 유성연(柳性淵) 외 107명의 유림이 그 자리에 다시 지은 정사이다. 정사는 남서향으로 자리하고 있는데 앞으로 월류봉 자락이 병풍처럼 둘러있는 경관이 매우 수려한 곳이다.

2단 높이의 석축을 쌓고 조성한 터에 지은 한천정사는 도리칸 3칸, 보칸 2칸 규모로 가운데 마루를 두고 양쪽에 온돌방을 두었다. 전면에 툇마루를 두었지만 별도의 툇보 없이 전후를 튼실한 대들보만으로 구성한 3량가이다.

보머리는 별도의 장식을 두지 않고 직절하여 사용했는데 유교 이념을 반영해 검소하게 구성한 것으로 생각된다. 방에는 세살문을 달고 방문 위에 판대공을 설치해 종도리와 종도리를 받치는 받침장혀를 받았다. 굴도리를 사용했다.

한천정사는 월류봉 자락이 병풍처럼 둘러있는 경관이 매우 수려한 곳에 자리한다.

永東 寒泉精舍

永東 寒泉精舍

1 2단 정도의 석축을 쌓고 조성한 터에 남서향으로 자리한다.
2 방형 기둥 위에 튼실한 대들보를 올리고 그 위에 판대공을 두어 종도리와 받침장혀를 받은 3량가이다.
3 굴도리집이다.
4 도리칸 3칸, 보칸 2칸으로 방, 마루, 방이 있으며 전툇간은 마루로 꾸몄다.
5 방에는 세살문을 달고 마루 배면에는 판문을 달았다.

옥천 이지당

[위치] 충북 옥천군 군북면 이백6길 126 **[건축 시기]** 1673년 초창, 1901년 재건
[지정사항] 보물 **[구조 형식]** 3량가 팔작기와지붕

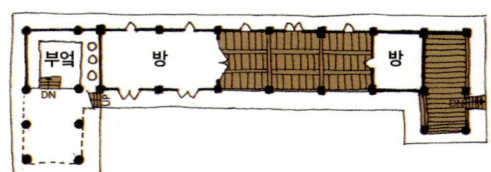

沃川 二止堂

조선 중기 문신이자 의병장이던 중봉 조헌(重峯 趙憲, 1544~1592)이 옥천의 각신촌에 은거하며 후학양성을 위해 지은 각신서당(覺新書堂)에서 유래한 정자이다. 조헌 사후 80여 년 뒤인 1673년(현종 14) 군수였던 김만균(金萬均, 1631~1676)을 비롯한 선비들이 이곳을 정비하고 강학 공간으로 삼았다. 우암 송시열(尤庵 宋時烈, 1607~1689)이 《시경(詩經)》〈소아(小雅)〉의 "고산앙지(高山仰止) 경행행지(景行行止)"라는 문구를 인용해 '이지당'이라고 이름을 붙였다. "높은 산을 우러러보아야 하고, 큰길을 따라 가야 한다"는 의미이다. 현재의 건물은 1901년 재건한 것이다.

마을에서 다소 외진 서화천 변에 자리한 이지당은 도리칸 7칸, 보칸 1칸 규모로, 서쪽 1칸은 앞으로 돌출해 누마루로 꾸몄다. 동쪽에는 도리칸 1칸, 보칸 3칸 규모의 누마루를 덧붙여 전체적으로 ㄷ자형 평면구성이다. 가운데 3칸 마루를 중심으로 서쪽에는 2칸 방, 동쪽에는 1칸 방을 두었다. 서쪽 끝의 누마루는 나무계단을 두어 오르내릴 수 있게 했는데 디딤판만 두는 대개의 경우와 달리 챌판까지 갖춰 상당히 안정감을 준다. 동쪽에 덧붙인 누각 건물은 앞 2칸에 우물마루를 깔고 누마루로 구성했으며 뒤 1칸은 온돌방으로 꾸몄다. 치목을 최소화한 원목을 기둥으로 사용하고 맞배지붕으로 구성한 몸채와 달리 팔작지붕으로 구성했다. 2층으로 되어 있어 눈에 띈다.

1 난간은 경관 감상을 해치지 않도록 장식하지 않고 최소한으로 구성했다.
2 마을에서 조금 떨어진 서화천변에 자리한다. 지금은 탐방길이 조성되어 있지만 예전에는 징검다리를 건너야 했을 것이다.
3 후면에는 방형기둥을 사용했으나 전면에는 치목을 최소화하고 원목을 그대로 사용했다.

沃川 二止堂

1 다소 높은 곳에 자리해 천변과 주변 산의 수려한 경관을 즐길 수 있다.
2 누각 부분의 보는 누각부분의 전면 기둥처럼 치목을 최소화한 원목을 사용했는데 튼실해 보인다.
3 디딤판만 두는 대개의 나무계단과 달리 챌판까지 갖춰 안정감을 준다.
4 도리칸 7칸으로 서쪽부터 2칸 온돌방, 3칸 마루, 1칸 방, 1칸 누마루로 구성되어있다.
5 서쪽에 덧붙인 누각건물은 단층인 몸채와 달리 2층으로 구성해 눈에 띈다.

沃川 二止堂

옥천 양신정

【위치】충북 옥천군 동이면 옥천동이로 788-29 (금암리) 【건축 시기】1545년 초창, 1828년 중건
【지정사항】충청북도 기념물   【구조 형식】3량가 팔작기와지붕

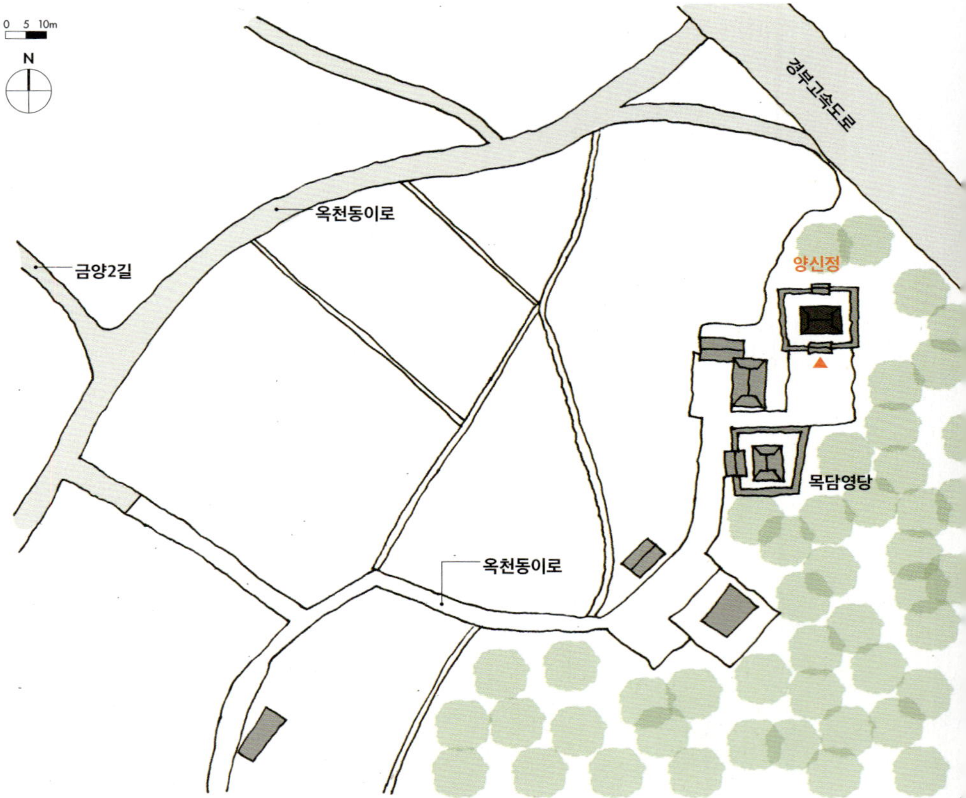

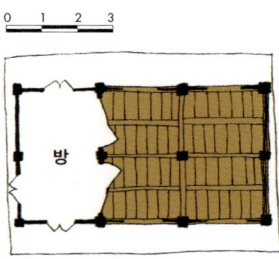

沃川 養神亭

도리칸 3칸, 보칸 2칸 규모로 2칸 온돌방, 4칸 마루로 구성된 익공집이다. 중수기에 따르면 조선 중기 문신인 송정 전팽령(松亭 全彭齡, 1480~1560)이 낙향하여 1545년(인종 1) 심신수련과 후학양성 목적으로 지은 정자이다. 정자는 전팽령의 호에서 따온 '전송정'으로 불리기도 했다. 1732년(영조 8) 무너져 터만 남아 있었는데 1828년(순조 28) 옥천전씨 문중에서 전팽령의 뜻을 기려 중건한 것이 현재 전한다.

장대석기단 위에 두주초석을 올리고 방형기둥을 사용했다. 기둥 옆으로 문선을 놓고 마루가 있는 부분은 정방형 머름으로만 난간을 설치했다. 대들보는 굽은 목재를 사용하고 동자주 없이 종보를 대들보 위에 얹어놓았다. 익공은 연봉을 초각해 장식하고 내부에서는 사절했다. 대청에서 방으로 연결되는 부분은 가운데 기둥을 놓고 맞보를 설치했으며 이분합 들문을 달아 필요에 따라 완전히 개방할 수 있게 했다.

장대석기단 위에 두주초석을 올리고 방형기둥을 사용했다.

沃川 養神亭

옥천 양신정

1 도리칸 3칸, 보칸 2칸으로 1칸 온돌방, 2칸 마루로 꾸몄다.
2 초익공집으로 익공에는 연봉을 초각했다.
3 휜 목재를 대들보로 사용해 동자주 없이 종보를 받았다.
4 마루 쪽의 방 문에는 이분합들문을 달아 필요에 따라 개방해 사용할 수 있게 했다.

沃川 養神亭

옥천 양신정

옥천 독락정

[위치] 충북 옥천군 안남면 연주길 170 (연주리) **[건축 시기]** 1607년
[지정사항] 충청북도 문화유산자료 **[구조 형식]** 5량가 팔작기와지붕

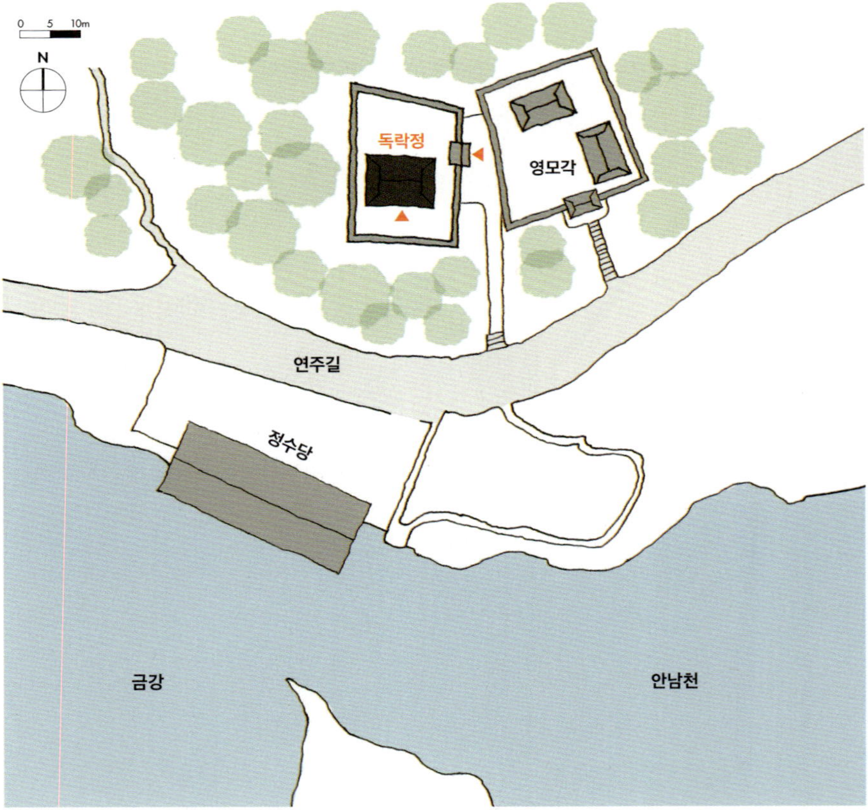

沃川 獨樂亭

금강이 남에서 북으로 흐르다가 다시 남으로 돌아가는 만곡부에 자리한 독락정은 뒤로는 산이 있고 앞으로는 물을 둔 배산임수 형국의 땅에 절충장군·첨지중추부사의 벼슬을 지낸 주몽득(周夢得)이 1607년(선조 40)에 지은 정자이다. 이후 후손들이 강학공간으로 사용하면서 수차례 보수를 했다.

둔덕 위에 석축을 쌓고 조성한 독락정은 도리칸 3칸, 보칸 2칸 규모로 가운데 2칸은 온돌방으로 꾸미고 양옆과 전툇간에는 마루를 깔았다. 후면에는 툇간을 두지 않은 대신 쪽마루를 두어 뒤에서도 방으로 출입할 수 있게 했다. 양쪽에 마루가 있어 4칸처럼 보이지만 양쪽 마루 폭을 좁게 했다. 전통건축은 대개 기둥열에 맞추어 평면계획을 짜는데 전후 기둥에 변화를 준 것이다.

기둥 위에 창방과 상인방을 올리고 온돌방을 구성했는데 온돌방 가구를 중심으로 수평 수직으로 확장하는 구성이다. 상인방 위로는 방형의 동자주를 올려 고주와 높이를 맞추고 중도리와 받침장혀를 받았다. 전면과 측면 툇간은 툇보를 놓아 구성했다. 전면은 툇간의 기둥열과 온돌방의 기둥열이 맞지 않아 기둥이 아닌 창방 중앙에 툇보를 결구했다.

도리칸 3칸, 보칸 2칸 규모로 가운데 2칸 온돌방을 두었다.

沃川 獨樂亭

1. 전면은 툇간과 기둥열이 맞지 않아 온돌방 창방 중앙에 툇보를 결구했다.
2. 기둥 위에 창방과 상인방을 올리고 그 위에 동자주를 얹어 고주와 높이를 맞춘 뒤 중도리와 받침장혀를 올렸다.
3. 배산임수 형국의 땅의 둔덕에 석축을 쌓고 터를 조성했다.
4. 정면 툇간에서는 툇간의 기둥을 생략했지만 배면은 양쪽 툇간에 맞춰 기둥을 두어 배면의 도리칸이 4칸인 것처럼 보인다.
5. 배면에는 툇간을 두지 않은 대신 쪽마루를 설치했다.

沃川 獨樂亭

옥천독락정

제천 청풍 응청각

堤川 淸風 凝淸閣

【위치】 충북 제천시 청풍면 청풍호로 2048 (물태리)　【건축 시기】 16세기 이전
【지정사항】 충청북도 유형문화유산　【구조 형식】 2평주 5량가 팔작기와지붕

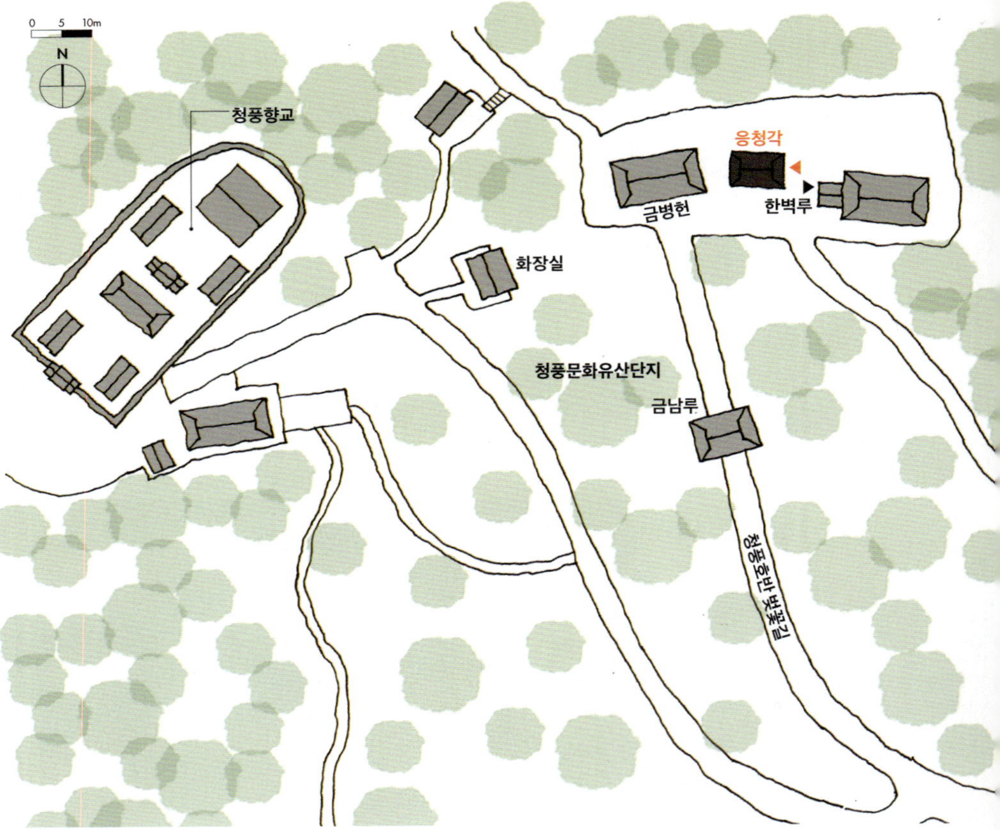

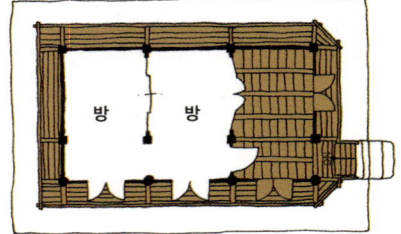

응청각은 원래 청풍면 읍리 203-1번지에 있었으나 댐 건설로 1983년 현재의 청풍문화유산단지로 옮겼다. 처음 건립한 시기는 알 수 없으나 16세기 기록에 응청각의 이름이 등장하므로 16세기 이전에 건립하였음을 알 수 있다. 1900년에 금남루와 함께 중수하였다. 응청각은 용도는 알 수 없으나 청풍현 객사의 누각으로 사용했던 한벽루 옆에 나란히 있었으며 충청감사 정세규(鄭世規, 1583~1661) 등이 유숙했다는 기록으로 미루어 마루만으로 구성된 한벽루를 보조해 온돌방을 이용하는 별채의 기능을 했을 것으로 추정할 수 있다.

누각의 규모는 도리칸 3칸, 보칸 2칸인데 온돌방과 마루방이 있다. 누하층은 비교적 높지만 사람 키를 넘지 않아 상시 사용은 하지 않았을 것으로 추정된다. 누하층 사방은 토석벽으로 막혀 있으며 온돌방의 아궁이와 굴뚝이 분명하지 않으나 누하층에서 불을 땠을 것이다.

가구는 외부에서 봤을 때 1고주 5량가처럼 보이지만 내부에서 보면 2평주 5량가로 앞뒤 기둥을 하나의 대들보로 걸고 고주는 대들보 밑까지만 올라간 평주이다. 보조 기둥은 툇간을 구분하는 정도로 사용했다. 공포는 초익공 형식인데 창방은 장혀와 같은 폭으로 좁은 것을 사용했다는 것이 특징이다. 온돌방은 전면 툇간까지 확대되어 있으며 사방에 세살창을 달았다. 마루에는 판문을 달았으며 측면 툇간에 나무계단을 놓아 오를 수 있도록 했다. 단청이나 건축양식으로 미루어 민가형 별당은 아니고 관아나 객관 등 관영건축의 누각으로 추정된다.

堤川 淸風 凝淸閣

배면에는 관수당이라는 편액이 별도로 걸려 있다. 이 편액은 원래 청풍부 치소의 한 건물에 걸려 있었던 것인데 건물이 없어지고 응청각에 옮겨 건 것으로 추정된다.

堤川 清風 凝清閣

제천 청풍 응청각

1 누하층에 온돌 아궁이가 있었을 것으로 추정된다. 2칸은 온돌이고 1칸은 마루로 구성했는데 누각과 정자 건물의 용도로는 매우 독특하다고 할 수 있다.

2 건물 측면에서는 충량 없이 내부 평주와 외부 툇기둥을 연결하는 장혀형 창방 위에 외기를 구성했다.

3 두 칸은 모두 온돌인데 전퇴 부분까지 온돌을 확장했다.

4 공포 중에서 가장 간단한 초익공 형식이다. 관영 건물로는 매우 소박하고 장식이 없는 건물이다.

5 건물 사방으로는 귀틀을 뺄목으로 하여 툇마루를 설치하고 사방에 난간을 둘렀다.

6 대들보는 앞뒤 기둥을 통으로 연결하고 내부 기둥은 보 밑에서 보조 기둥 역할을 하는 구조이다. 1고주 5량가와 다른 구조법이다.

7 응청각은 누로만 구성된 청풍현 객사의 누각인 한벽루를 보조하여 온돌을 이용하는 별채로 사용되었을 것으로 추정된다. 청풍문화유산단지로 옮기면서도 두 건물을 나란히 배치했다.

堤川 淸風 凝淸閣

제천 청풍 금남루

【위치】 충북 제천시 청풍면 청풍호로 2048 (물태리) **【건축 시기】** 1825년
【지정사항】 충청북도 유형문화유산 **【구조 형식】** 2평주 5량가 팔작기와지붕

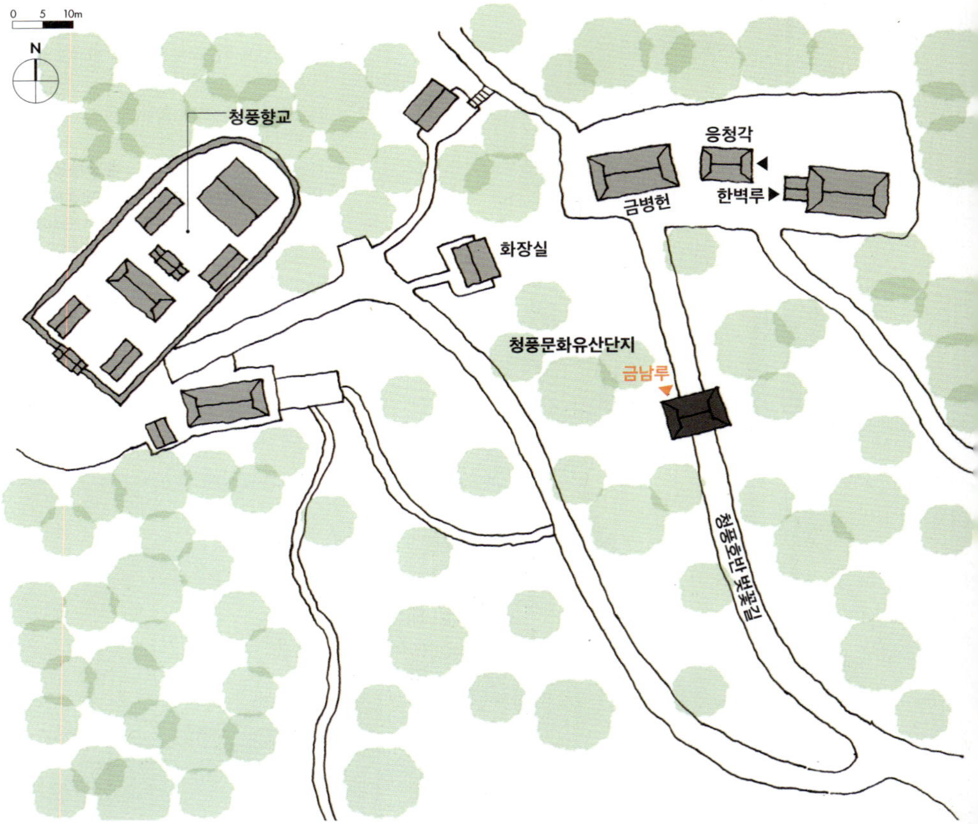

堤川 淸風 錦南樓

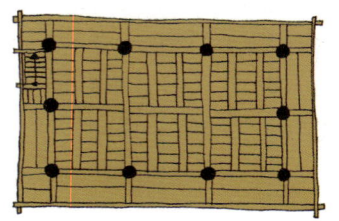

堤川 淸風 錦南樓

　원래는 청풍면 읍리 203-1번지에 있었으나 댐 건설로 1983년에 청풍문화유산단지로 이축하여 복원하였다. 금남루는 청풍부의 아문으로 관아를 출입하는 누문에 해당한다. 누 바깥쪽에 '도호부절제아문(都護府節制衙門)' 현판이 걸려 있는 것을 보면 알 수 있으며 안쪽에는 '금남루'라는 편액이 걸려 있다. 1825년(순조 25)에 청풍부사 조길원(趙吉源)이 건립하였고 1870년과 1900년, 1956년에 수리가 있었다.

　누문은 도리칸 3칸, 보칸 2칸 규모이며 가구는 2평주 5량가이다. 누하층은 가운데 기둥열 3칸 모두에 두 짝 판문을 달아 여닫을 수 있도록 했으며 문지방은 두지 않았다. 초석은 두주형 팔각초석으로 운두가 비교적 높다. 기둥은 원기둥이고, 기둥머리에서는 창방과 주두를 사용하였고 공포는 익공식이다. 쇠서와 익공이 키가 낮고 길게 빠진 것이 특징이며 보머리에는 별도의 봉황머리를 조각해 붙였다. 장식적으로는 조선 말기의 경향을 보인다. 누상층은 서쪽 기둥밖에 설치한 나무계단을 통해 오르며 바닥은 우물마루를 깔아 마감했다. 사방에 계자난간을 둘렀으며 별도로 창호를 설치하지는 않았다. 측면에는 원형화반, 전후면에는 파련형화반을 사용하였는데 주칸 넓이에 비례하여 모양을 달리 한 것을 볼 수 있다.

　건물 양측면에서 충량을 걸었고 충량은 외기를 받치고 있다. 외기 안쪽에는 우물반자를 설치했다. 가구는 삼분변작을 사용했으며 중도리가 높지 않아 동자주 없이 뜬창방으로 처리한 것이 특징적이다. 단청을 해 화려해 보이지만 건물의 규모와 형식에서는 아문으로서는 소박하다고 할 수 있다.

1　정면과 배면에 사용한 파련형화반
2　도호부절제아문 현판. 도호부의 아문이었음을 나타내는 편액으로 누문의 바깥쪽에 걸려 있다.

堤川 清風 錦南樓

1 일반적인 관아 누문 모습이다. 누하층은 출입을 통제하는 문의 기능을 했으며 누상층은 누각으로 다양한 기능을 했다.
2 누상층의 공포는 익공식으로 익공과 쇠서가 높이에 비해 길이 빠진 것이 특징이며 보머리에 별도의 봉황머리 장식을 한 것은 조선 말기의 경향을 보여준다.
3 누하층은 3칸 모두에 판문을 달아 출입을 통제했다.
4 판문의 문고리 둔테
5 가구는 2평주 5량가로 중도리 사이가 가까운 삼분변작법을 사용한 것이 특징이며 중도리 높이가 낮아 동자주 없이 뜬창방으로 처리한 것도 특징이다.
6 대들보는 계풍부분에도 문양을 그려 화려하게 장식하려는 경향을 보인다.
7 두주형 팔각초석을 사용했다.
8 여느 누문처럼 누상층에는 모두 우물마루를 깔고 계자난간을 둘렀다.

堤川 淸風 錦南樓

제천 청풍 금남루

제천 청풍 한벽루

堤川 淸風 寒碧樓

[위치] 충북 제천시 청풍면 청풍호로 2048 (물태리) **[건축 시기]** 1317년 초창
[지정사항] 보물 **[구조 형식]** 2평주 5량가 팔작기와지붕

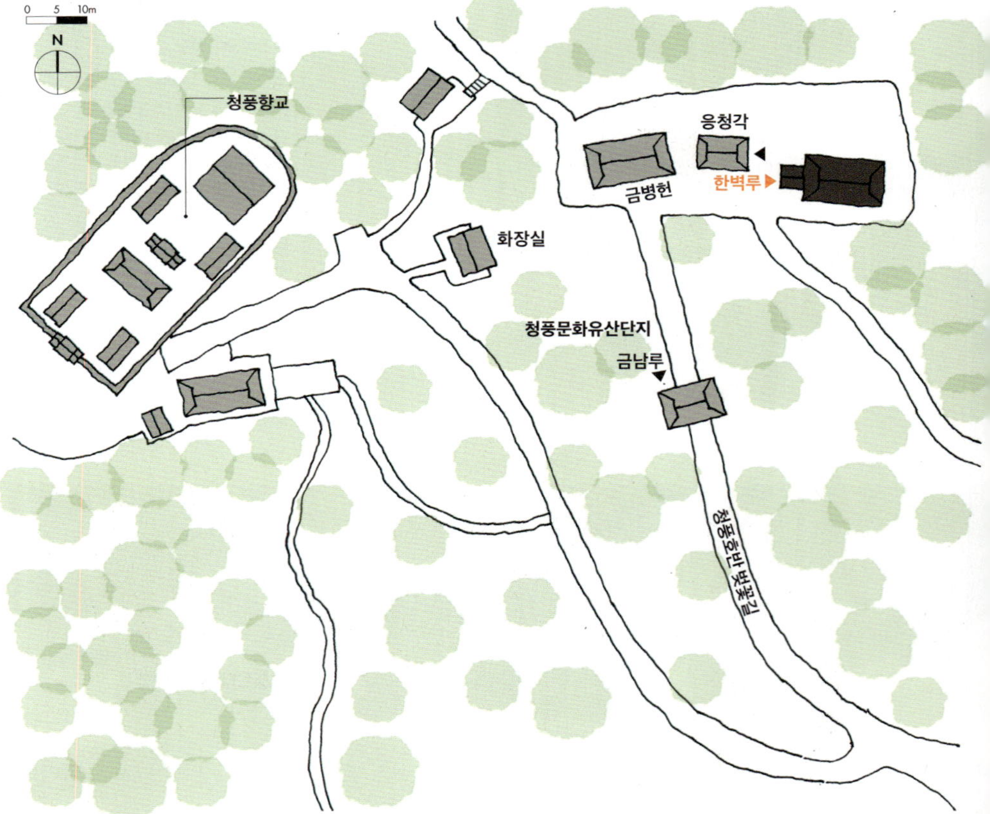

지도 내 표기: 청풍향교, 금병헌, 응청각, 한벽루, 화장실, 청풍문화유산단지, 금남루

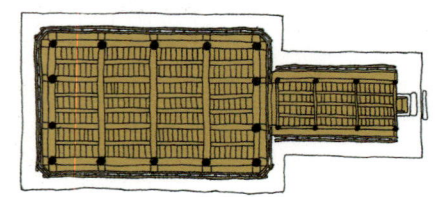

청풍부 객사의 누각으로 사용된 건물로 충주댐 건설로 1983년 현재의 청풍문화유산단지로 옮긴 것이다. 이 누각은 원래 청풍부의 치소 건물인 관수당 동편의 강변 벼랑 위에 객사와 나란히 있었다. 이 누각은 1317년(고려 충숙왕 4) 청풍현이 군으로 승격되면서 초창되었다고 전해진다. 이후 1397년(태조 6)과 1634년(인조 12)에 중건되었고 근래에는 1972년 대홍수로 무너진 것을 1975년 원래의 양식대로 복원하여 현재에 이른다.

한벽루는 밀양의 영남루와 느낌은 다르지만 누각 측면에 복도각이 별도로 붙어있다는 것이 공통점이다. 또 누각은 독특하게도 도리칸을 4칸으로 짝수로 구성하였다. 보칸은 3칸이지만 전후 협칸은 기둥 간격이 좁다.

공포는 기둥 위에 주두를 놓고 행공과 익공을 십자로 짠 일출목 익공 형식이다. 쇠서와 익공은 세장하고 길며 연화가 장식되어 있다. 보머리에는 봉황머리를 별도 부재로 만들어 붙였다. 양식은 조선 말기 양식이다. 창방과 장혀 사이는 화반을 배치하여 장식했다. 가구는 2평주 5량가로 앞뒤 기둥을 연결하는 긴 대들보 하나로 걸고 대들보 위는 중도리가 낮아 종보를 동자주 없이 뜬창방으로 지지하고 있다는 것이 특징이다. 중도리와 종도리 아래에는 모두 뜬창방을 둔 화려한 가구법을 사용했다.

복도각은 누각 측면에 붙어있는데 도리칸 3칸, 보칸 1칸이다. 3량가이지만 기둥이 팔각으로 화려하고 창방과 초익공을 사용한 장식적 건물이라는 것이 특징이다. 또 처마는 홑처마인데 도리 안쪽은 원형 단면이고 도리 바깥쪽 처마부분은 부연처럼 방형으로 가공해 사용했다. 다른 건물에서 좀처럼 보기 드문 형식이다. 복도각의 마루는 두 단으로 구성하여 누각에 오를 수 있도록 했다.

누하층 내부 양쪽 중심기둥만 팔각기둥으로 한 이유를 알 수 없다.

堤川 淸風 寒碧樓

堤川 清風 寒碧樓

제천 청풍 한벽루

344

堤川 淸風 寒碧樓

1 누각과 복도각이 별동으로 붙어있고 규모 및 장식이 화려한 이러한 누각은 호서지방에서 보기 드문 사례이다.
2 가구는 2평주 5량가로 대들보로 꽤 긴 부재를 사용한 것이 특징이다. 중도리가 낮아 동자주가 없으며 중도리와 종도리 아래 뜬창방으로 화려하게 꾸몄다.
3 측면은 3칸으로 충량을 두 줄로 걸어 외기를 받치도록 했다.
4 공포는 출목익공 형식으로 쇠서와 익공이 춤이 낮고 길며 연화장식이 화려하고 보머리에 봉황머리를 장식한 것 등은 청풍의 금남루나 응청각에서도 나타나는 공통적인 특징이다.
5 비교적 넓은 앞뒤 기둥을 우람한 하나의 보로 걸어 웅장하고 장중한 맛을 느끼게 한다.
6 상세 부분은 조선 말기 양식이지만 전체적인 구성과 형식은 고식 기법을 사용했다.

청주 백석정

清州 白石亭

[위치] 청주시 상당구 낭성면 관정리 산 34-1 **[건축 시기]** 1677년 초창, 1927년 중건
[지정사항] 충청북도 문화유산자료 **[구조 형식]** 5량가 팔작기와지붕

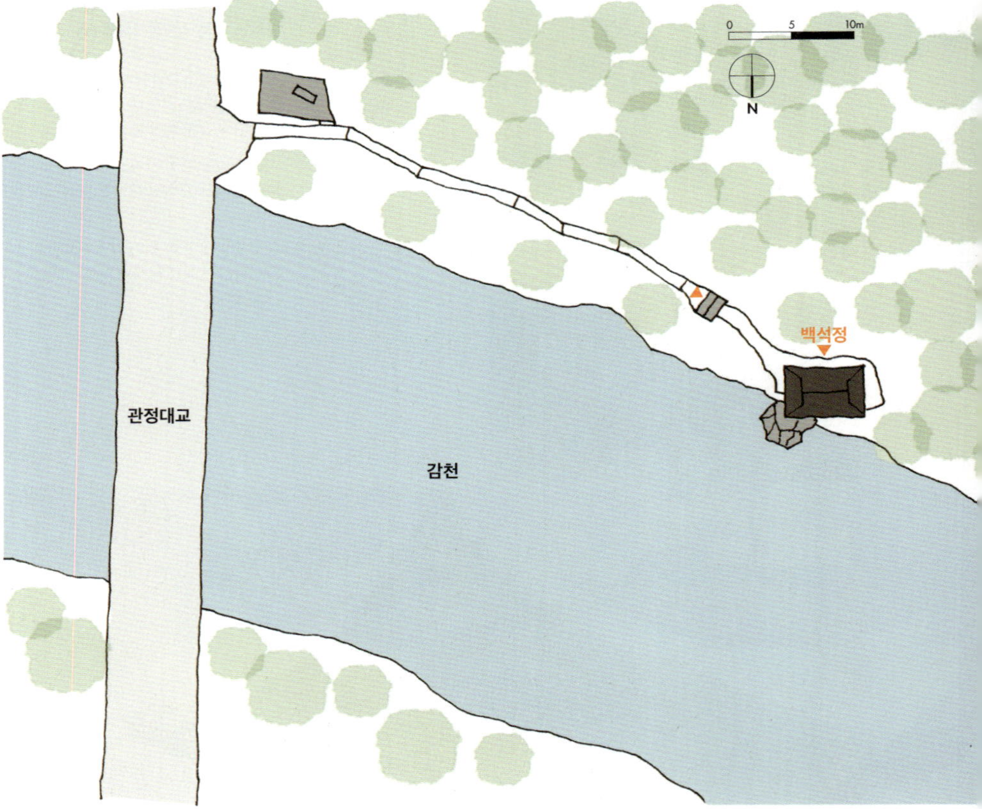

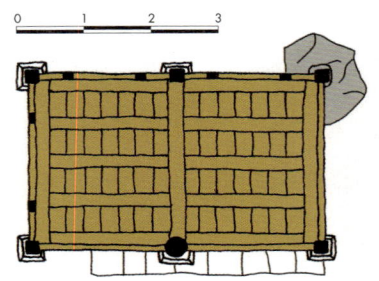

청주 대항산 자락이 내려와 감천과 만나는 절벽에 북향으로 자리한 백석정은 1677년(숙종 3)에 기호지방의 대표적인 문인이자 가사문학의 거장인 백석정 신교(白石亭 申灚, 1641~1703)가 세운 정자이다. 현재의 정자는 1927년 후손들이 중건하였다. 신교는 1690년(숙종 16) 비교적 늦은 나이에 관직에 나아가 10여 년 정도 여러 관직을 맡았다. 관직에서 물러난 후에는 여러 시가를 창작했으며 1703년(숙종 29) 고향인 낭성면 묵정에서 별세하였다. 지금도 묵정에는 신교의 영당이 남아 있다.

건물은 도리칸 2칸, 보칸 1칸으로 경사진 지형을 이용해 지은 누각형 정자이다. 지형차 극복을 위해 강 쪽에는 장초석을 사용해 누각형으로 구성하고 산 쪽은 단층으로 구성했다. 출입은 단층인 산 쪽에서 할 수 있다. 내부는 전체를 마루로 구성하고 강 쪽에만 머름형 난간 위에 판벽과 판문을 달았다. 전체적으로 세장한 부재를 이용해 간결하게 구성했는데 유독 입구 쪽 가운데 기둥은 치목하지 않은 자연목을 그대로 사용했다.

1. 청주 대항산 자락이 내려와 감천과 만나는 절벽에 북향으로 자리한다.
2. 직절익공집이다.

淸州 白石亭

청주 백석정

348

1 강 쪽에는 장초석을 사용해 누각형으로 구성했다.
2 도리칸이 2칸인 정자는 대들보가 가운데만 있어서 대들보에서 측면으로 곡보를 설치하는 것이 일반적인데, 이 건물은 양 측면의 도리와 도리 사이에 수평부재를 걸어 외기도리를 받고 있다.
3 산 쪽 가운데 기둥만 치목하지 않은 자연목을 그대로 사용했다.
4 강 쪽에만 머름형 난간을 두르고 판벽과 판문을 달았다.
5 산 쪽은 단층으로 구성하고 출입할 수 있게 머름을 두르지 않았다.

清州 白石亭

청주 지선정

【위치】 청주시 서원구 현도면 중척리 산25 　**【건축 시기】** 1614년 초창, 1704년 중건
【지정사항】 충청북도 유형문화유산 　**【구조 형식】** 5량가 팔작기와지붕

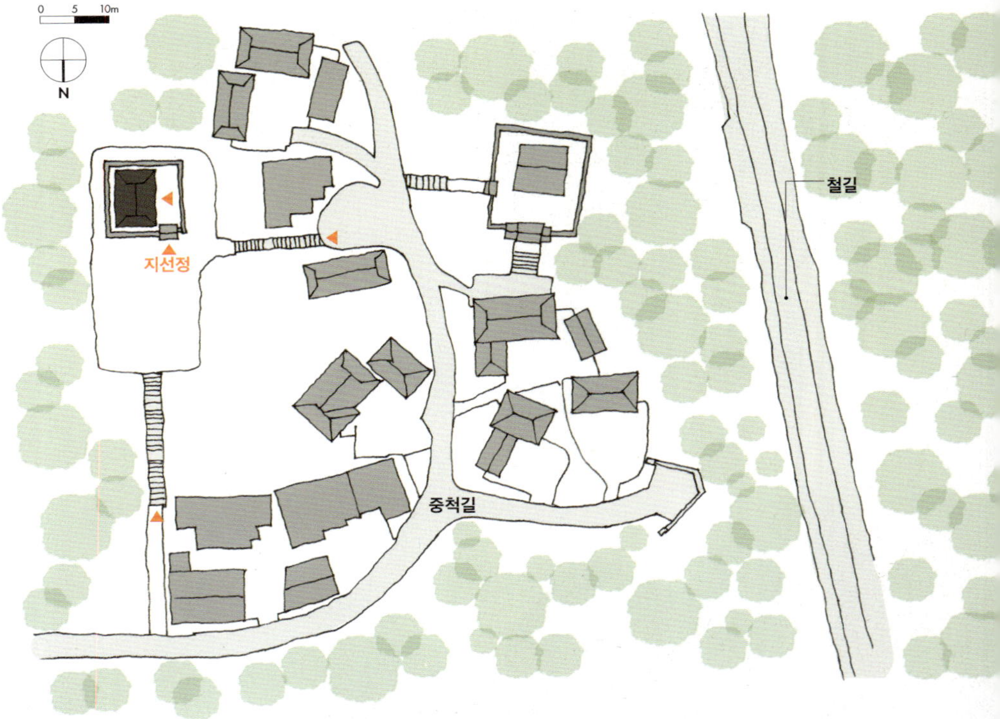

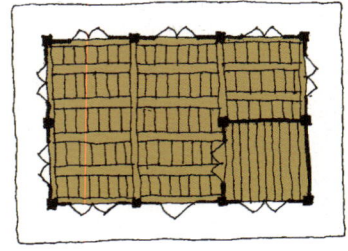

清州 止善亭

청주 중척리 금강변의 낮은 언덕에 매방산을 등지고 동향하고 있는 지선정은 1613년(광해군 5) 폐모론이 일어나자 벼슬을 단념하고 낙향한 지선 오명립(止善 吳名立, 1563~1633)이 1614년(광해군 6)에 세운 정자로 자신의 호를 따서 이름 짓고 후학을 길렀다. 이후 1704년(숙종 30)에 중건하고, 1738년(영조 14)과 1802년(순조 2)에 중수하였다. 담장과 협문은 고종 때에 둘렀다고 한다.

건물은 도리칸 3칸, 보칸 2칸 규모로 동쪽 2칸은 마루이고, 서쪽은 앞과 뒤를 나누어 방과 누마루로 구성하였다. 대들보와 서까래 주변에는 여러 학자의 시문 현판이 걸려 있는데 우암 송시열(尤庵 宋時烈, 1607~1689)이 오명립에 써준 '충효일생 와지강분(忠孝一生 臥之江濱)'이라는 편액도 있다. 벼슬을 마다하고 충과 효에 매진하며 강가에서 조용히 살아간다는 의미라고 한다.

정자에서 내려다보는 금강과 매방산의 풍광이 매우 아름답다.

도리칸 3칸, 보칸 2칸 규모로 동쪽 2칸은 마루로 구성하고 서쪽은 앞에 방을 두고 뒤는 누마루로 꾸몄다.

淸州 止善亭

1 동쪽 2칸은 마루로 중앙에 출입문을 두고, 측면에는 머름있는 창을 설치했다. 서쪽은 앞쪽에 방이 있어 세살창을 두었다.
2 마루방 측면 창호 상세
3 마루방이 있는 곳은 중앙 기둥에 맞보로 결구했다.
4 서쪽 1칸은 앞뒤로 나눠 앞에는 마루방을 두고 뒤에는 단을 높인 마루로 구성했다.

清州 止善亭

제주
제주 관덕정
제주 연북정

전남
강진 다산초당
곡성 수성당
곡성 함허정
구례 운흥정
구례 방호정
나주 쌍계정
나주 장춘정
나주 만호정
나주 벽류정
담양 명옥헌
담양 식영정 일원
담양 소쇄원
소쇄원 광풍각
소쇄원 제월당
담양 독수정
담양 남희정
담양 척서정
담양 면앙정
담양 송강정
담양 상월정

무안 식영정
보성 열화정
보성 취송정
순천 초연정
순천 상호정
영암 영보정
영암 영팔정
영암 부춘정
영암 장암정
보길도 세연정
장성 기영정
장성 관수정
장성 청계정
장성 요월정
장흥 부춘정
장흥 용호정
장흥 동백정
장흥 사인정
진도 운림산방
함평 영파정
해남 방춘정
화순 임대정
화순 영벽정
화순 학포당

광주
광주 호가정
광주 만취정
광주 풍영정
광주 양과동정
광주 부용정
광주 풍암정
광주 취가정
광주 만귀정

전북
고창 취석정
남원 무진정
남원 오리정
남원 퇴수정
남원 최락당
남원 광한루
남원 사계정사
무주 서벽정
무주 한풍루
순창 구암정
순창 낙덕정
순창 귀래정
순창 영광정
순창 여은정

전라도·제주도

- 완주 남계정
- 익산 망모당
- 익산 함벽정
- 임실 운서정
- 임실 만취정
- 임실 오괴정
- 임실 광제정
- 임실 수운정
- 임실 양요정
- 장수 자락정
- 전주 추천대
- 전주 오목대
- 전주 한벽당
- 전주 문학대
- 정읍 군자정
- 정읍 송정
- 정읍 피향정
- 진안 수선루
- 진안 영모정
- 진안 태고정

제주 관덕정

[위치] 제주특별자치도 제주시 관덕로 19 (삼도이동) **[건축 시기]** 1448년
[지정사항] 보물   **[구조 형식]** 2고주 7량가 팔작기와지붕

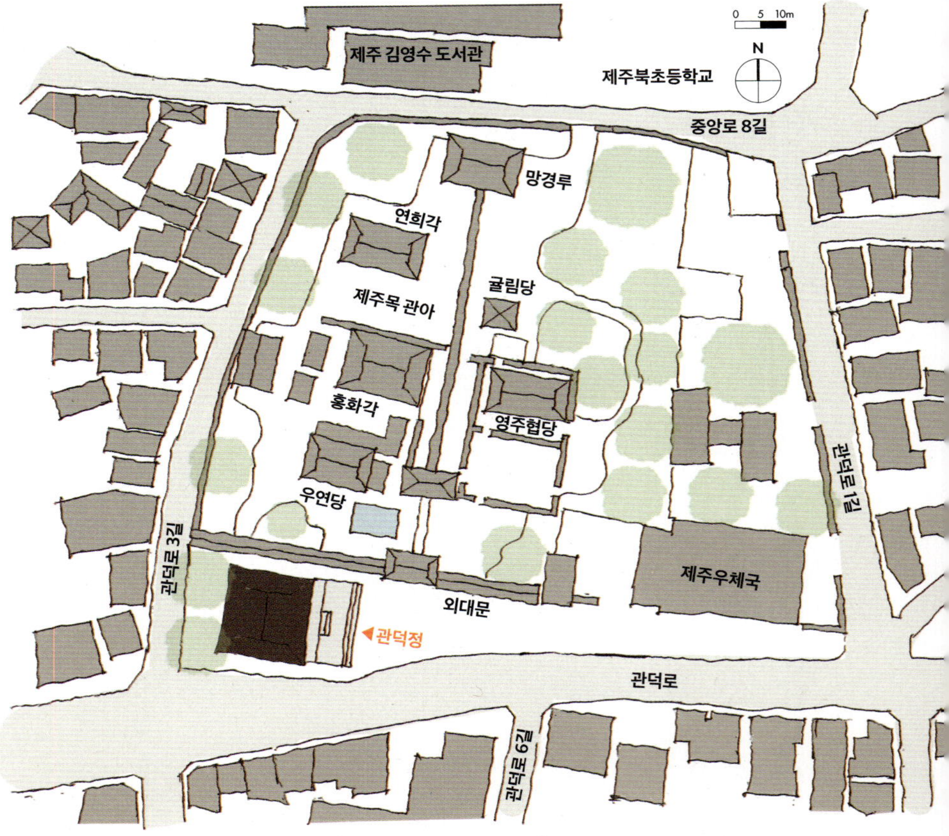

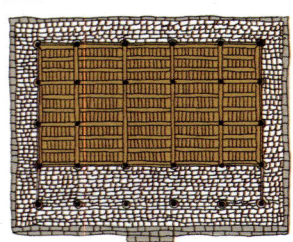

濟州 觀德亭

　보물로 지정될 만큼 제주의 가장 오래된 건물 중 하나이다. 관덕정과 그 앞의 광장은 제주 역사의 주무대로 여러 시기 동안 부침을 겪었다. 관덕정은 제주목 관아의 외곽에 자리한 관료와 민중의 사이 공간이기도 하다. 북쪽에 있는 제주목 관아의 남쪽에서 동향으로 자리한 것도 특징이다.

　'관덕(觀德)'은 평소에 마음을 바르게 하고 훌륭한 덕을 쌓는다는 뜻이다. 1448년(세종 30) 안무사 신숙청(辛淑晴)이 세웠고 1480년(성종 11) 제주목사 양찬(梁瓚, 1443~1496)이 중수하였다. 1702년(숙종 28) 제주목사 이형상(李衡祥, 1653~1733)이 화공을 시켜 제작한 기록화인 〈탐라순력도(耽羅巡歷圖)〉의 제주목 관련 여러 그림에서도 관덕정 모습을 확인할 수 있다. 1882년(고종 19)에 중수를 거쳤으며 2006년에도 보수공사가 있었다.

　건물은 도리칸 5칸(약 17.4m), 보칸 4칸(약 12.9m)으로 넓은 평면이다. 내부는 통칸 마루로 되어 있으며 전면 툇간에만 현무암 박석을 깔았다. 2고주 7량가이며 이익공 일출목의 공포이다. 여러 단의 축대를 조성하고 이중기단 위에 위치하여 위엄 있는 모습이다.

여러 단으로 조성한 축대 위에 이중기단을 올리고 정자를 앉혔다.

濟州 觀德亭

1 도리칸 5칸, 보칸 4칸 규모의 큰 관아 정자이다.
2 공포는 이익공 일출목 형식이다.
3 종도리에 호남의 제일 정자라는 의미의 "호남제일정(湖南第一亭)" 현판이 붙어 있다.
4 2고주 7량가이다.
5 전체를 마루로 구성하고 진출입을 위한 앞뒤 어칸을 제외한 나머지 면에는 난간을 설치했다.

濟州 觀德亭

제주 연북정

濟州 戀北亭

【위치】 제주특별자치도 제주시 조천읍 조천리 2690번지 　**【건축 시기】** 1599년
【지정사항】 제주특별자치도 유형문화유산 　**【구조 형식】** 2고주 7량가 팔작기와지붕

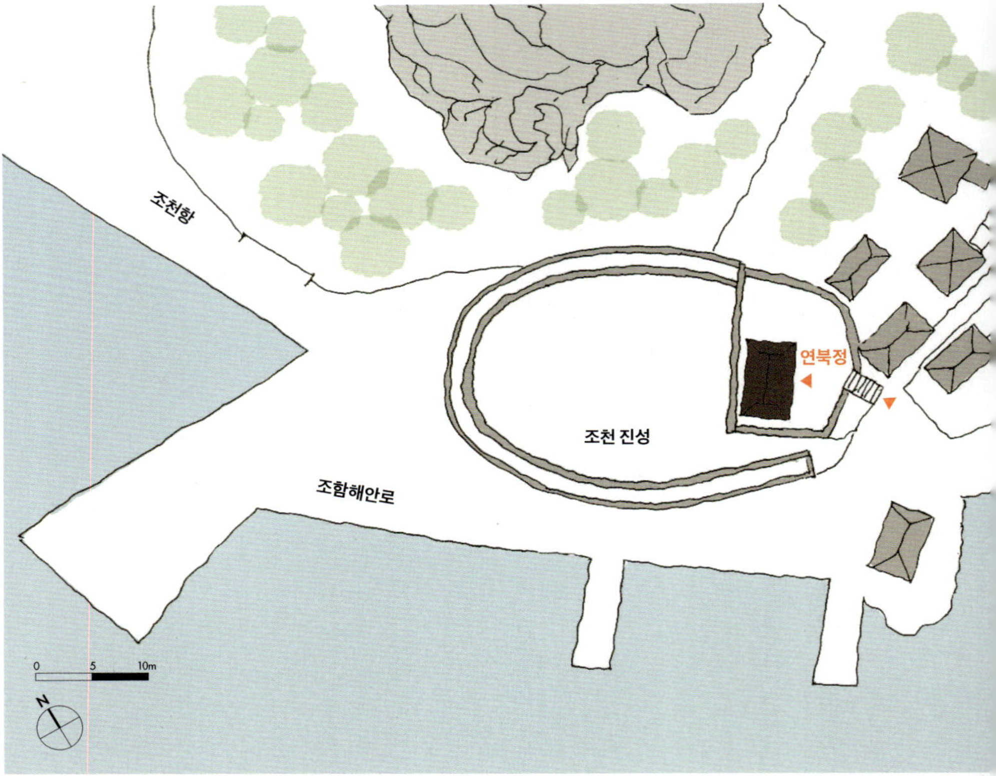

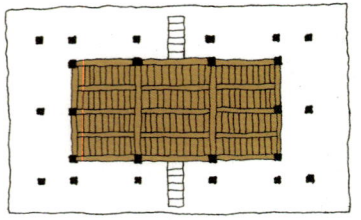

제주특별자치도의 9개 진성 가운데 하나인 조천진성의 동남쪽 높은 축대 위에 연북정이 자리한다. '연북(戀北)'은 북쪽의 임금에 대한 충정을 담은 말로, 이곳 조천포구가 화북포와 함께 육지로 배가 드나드는 관문이라는 데에서 기인한 이름이다. 1599년(선조 32) 제주목사 성윤문(成允文, 불명)이 기존 망루(당시는 '쌍벽루'라 불렀다)를 중수하여 연북정이라 이름 붙였다. 〈탐라순력도(耽羅巡歷圖)〉의 '조천조점(朝天操點)'에서도 확인할 수 있다. 지금의 건물은 종도리장혀에 있는 상량대에서 나타나듯이 1973년에 보수를 거쳤지만 큰 틀에서는 예전의 모습이 잘 남아있다.

건물은 도리칸 3칸, 보칸 2칸으로 내부는 전체를 마루로 꾸몄다. 좌우에 툇간을 둔 건물로 제주 민가의 평면 형태와 유사하다. 제주 민가는 툇간을 두어 비바람 등의 외기에 대응하여 한번 더 감싸는 역할을 하고 불을 때는 굴목(구들에 불을 땔 수 있게 만든 아궁이와 그 아궁이의 바깥 부분. 제주 방언) 등으로 활용한다. 가구는 툇간까지 포함하여 2고주 7량가이다.

濟州 戀北亭

제주의 9개 진성 가운데 하나인 조천진성의 동남쪽 높은 축대 위에 자리한다.

濟州 戀北亭

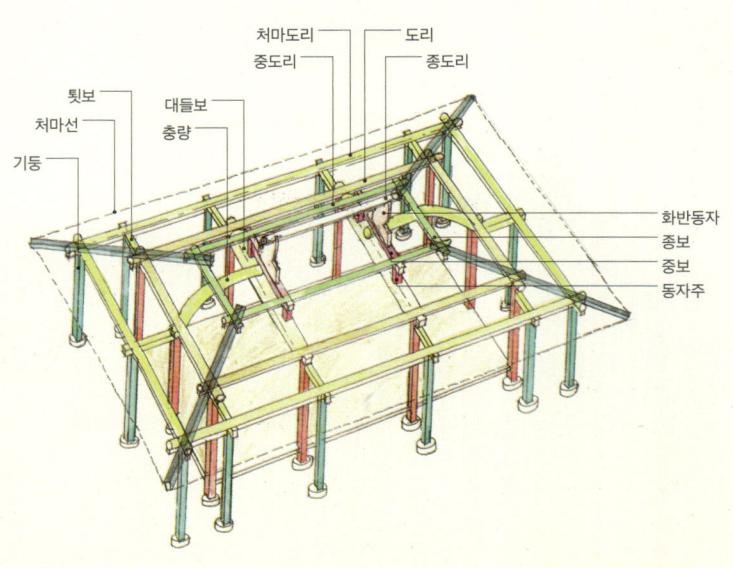

제주 연북정

1 도리칸 3칸, 보칸 2칸으로 내부는 전체를 마루로 꾸몄다.
2 대들보 위에 동자주를 올려 종보를 받고 종보 위에는 간단하게 초각한 연꽃모양의 판대공을 사용했다.
3 연북정에서 본 조천포구
4 가구 구조도
5 조천포구와 나란히 자리한 연북정

濟州 戀北亭

강진 다산초당

[위치] 전남 강진군 도암면 만덕리 산103-2　**[건축 시기]** 1958년 중건
[지정사항] 사적　**[구조 형식]** 2고주 5량가 팔작기와지붕

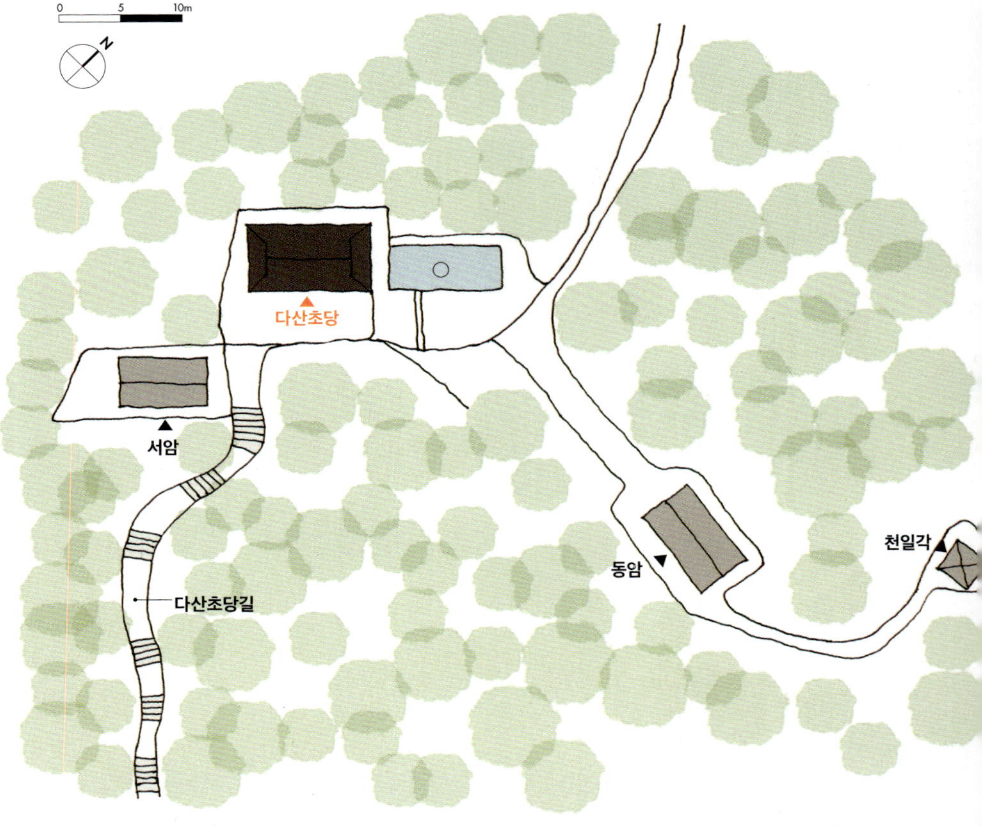

康津 茶山艸堂

강진 다산초당

康津 茶山艸堂

조선 후기 실학자인 다산 정약용(茶山 丁若鏞, 1762~1836)이 10여 년 동안 머문 곳으로 강진 정약용 유적으로 지정되어 있다. 정약용은 정조 사후인 1801년(순조 1)에 강진으로 유배되어 사의재, 고성사 보은산방 등을 거쳐 1808년(순조 8) 이곳으로 옮기게 된다. 원래 이곳은 다산의 외가인 해남윤씨의 산정(山亭)이었다. 이때의 다산초당은 1836년(헌종 2) 허물어졌으며, 1958년에 중건한 것이다. 이후 다산유적복원회에 의해 서암, 동암, 천일각도 중건되었다.

다산초당은 도리칸 5칸, 보칸 3칸 규모이다. 도리칸과 보칸 모두 반 칸 규모의 툇간이 있다. 좌우에 방을 두고, 가운데는 대청이며 툇간에는 마루를 깔았다. 대청에도 문을 달아서 실내처럼 꾸민 것이 특징이다. 자연석기단 위에 덤벙주초를 놓고 각기둥을 올렸다. 김정희가 쓴 '다산초당(茶山草堂)' 현판이 걸려 있다.

다산초당 서쪽에는 서암(西庵)이 있는데, 도리칸 3칸, 보칸 1칸 반 규모이다. 서쪽에 부엌을 두고, 동쪽 2칸은 전면 툇마루를 둔 방으로 꾸몄다.

다산초당의 동쪽에는 연지가 있다. 연지 가운데에 돌로 석가산을 만들어 두었다. 연지를 따라 동쪽으로 가면 동암(西庵)이 있다. 동암은 송풍루(松風樓)라고도 불리는데, 손님을 맞이하던 공간이다. 도리칸 3칸, 보칸 1칸 반으로 서암과 규모가 같다. 가운데에 대청을 두고 좌우에 방을 두었다.

동암의 끝에는 천일각(天一閣)이 자리한다. 도리칸 1칸, 보칸 1칸 규모로 여기에서 바라보는 강진만의 풍경이 수려하다.

1~3 동암 서쪽방에는 보정산방(사진 1)이라는 현판을 걸었는데 김정희의 글씨이다. 정약용을 보배롭게 생각하는 집이라는 의미이다. 이외에도 다산초당 동쪽 방에는 못에 노니는 물고기를 본다는 의미의 관어재(觀漁齋) 현판(사진 2)을, 서암 서쪽 방에는 차를 나누며 늦은 밤까지 학문을 연구한다는 의미의 다성각(茶星閣) 현판(사진 3)을 거는 등 방마다 의미를 두어 현판을 걸었다.

康津 茶山艸堂

강진 다산초당

康津 茶山艸堂

1. 하늘 끝 한모퉁이라는 뜻을 가진 천일각(天一閣)은 1칸 규모 정자로 이곳에서 보이는 강진만의 풍경이 일품이다.
2. 다산초당 서쪽에 있는 서암은 1칸 부엌과 1칸 규모 방 2개로 구성되어 있다.
3. 다산초당은 대청에도 문을 달아서 실내처럼 꾸몄다.
4. 다산초당에는 짧고 휜 모양의 툇보를 사용했다.
5. 다산초당 동쪽에는 가운데에 석가산을 꾸민 연지가 있다.
6. 다산초당은 도리칸 3칸, 보칸 1칸 규모로 가운데 대청을 두고 양옆은 방으로 꾸몄다. 다산초당 현판은 김정희의 글씨이다.
7. 다산초당 동쪽에 있는 동암 역시 서암과 마찬가지로 도리칸 3칸, 보칸 1칸 반 규모이다.

곡성 수성당

谷城 壽星堂

[위치] 전남 곡성군 오곡면 오지5길 14(오지리)　**[건축 시기]** 1875년
[지정사항] 전라남도 문화유산자료　**[구조 형식]** 5량가 팔작기와지붕

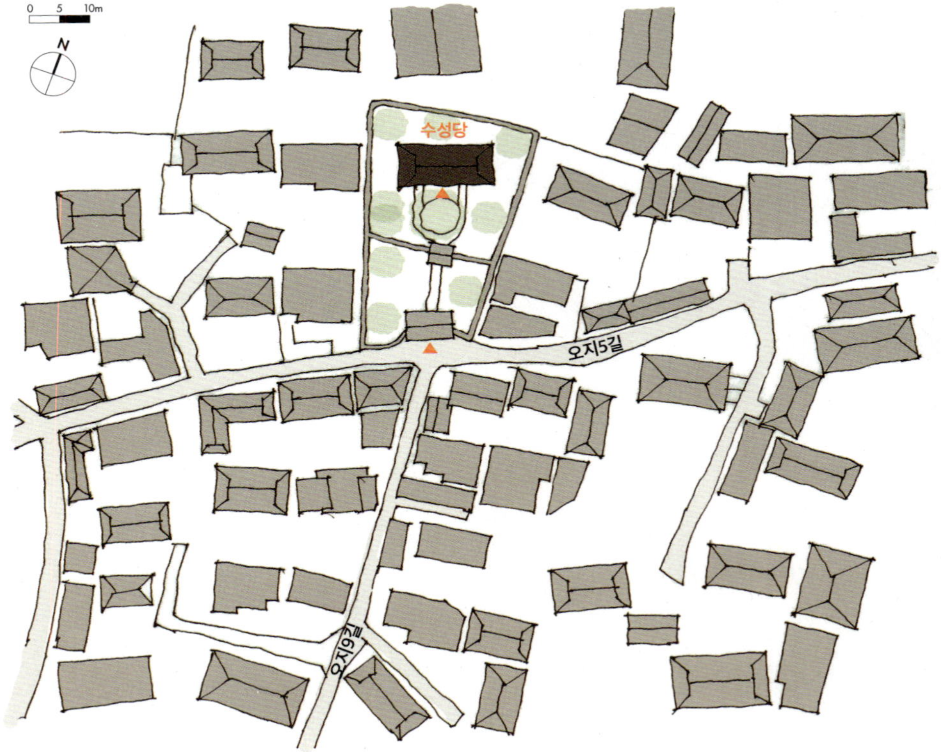

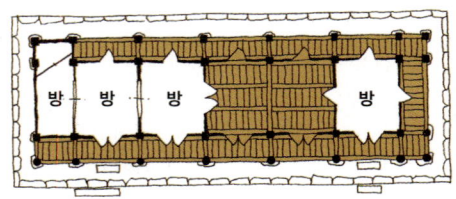

1875년(고종 12) 서당으로 지은 건물로 현재는 노인정으로 사용되고 있다.

도리칸 5칸, 보칸 1칸 규모로 사방에 퇴가 있다. 정자로는 독특한 평면이다. 서쪽부터 방 2칸, 대청 2칸, 방 1칸이 있다. 방에는 이분합세살문을 달고, 대청에는 사분합들어열개문을 달았다. 2단의 낮은 자연석기단 위에 덤벙주초를 놓고 원주를 사용했다. 대청에 있는 대들보는 굴곡이 심한 커다란 원목을 2겹으로 결구하였다. 창방과 장혀 사이는 소로로 장식했다.

건물 앞 정원에는 연못이 있고 소나무, 은행나무 등 다양한 나무를 심었다.

谷城 壽星堂

1 도리칸 5칸, 보칸 1칸 규모로 앞과 뒤 왼쪽에 툇마루가 있다.
2 툇마루에는 장마루를 깔았다.

谷城 壽星堂

1. 2단의 낮은 자연석기단 위에 덤벙주초를 놓고 원주를 사용했다.
2. 툇보가 매우 짧다.
3. 5량가이다.
4. 덤벙주초
5. 굴곡이 심한 커다란 원목을 두 겹으로 결구해 대들보로 삼았다.
6. 앞마당에 원형으로 정원을 꾸미고 다양한 수목을 심었다.

谷城 壽星堂

곡성 함허정

[위치] 전남 곡성군 입면 제월리 1016번지 **[건축 시기]** 1543년
[지정사항] 전라남도 유형문화유산 **[구조 형식]** 5량가 팔작기와지붕

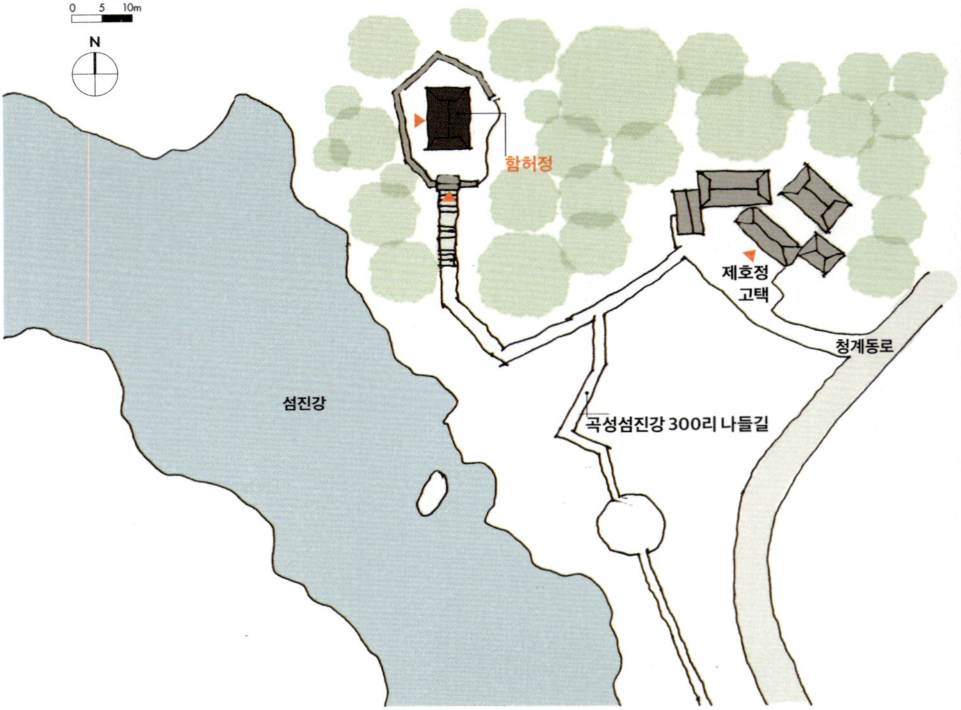

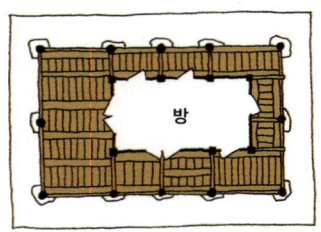

谷城 涵虛亭

섬진강 구릉지에 지역 유림들과 풍류를 즐기기 위해 1543년(중종 38) 제호정 심광형(齊湖亭 沈光亨, 1510~1550)이 지은 정자이다. 후에 증손인 구암 심민각(龜巖 沈民覺, 1589~1643)이 쇠락한 정자를 지금 자리로 옮겨 짓고 호연정(浩然亭)으로 이름을 바꾸었다. 이후에도 여러 차례 중수를 거쳐 19세기에 지어질 당시 이름인 함허정으로 다시 불리게 되었다.

천마봉을 향해 남동향으로 자리한 함허정은 외벌대 기단 위에 덤벙주초를 놓고 외부에는 원주를, 안쪽에는 방주를 사용한 도리칸 4칸, 보칸 2칸 규모의 홑처마집이다. 서쪽 1칸은 삼면을 마루로 구성하고 그 옆에 2칸 반 온돌방을 두었다. 동쪽 끝 반 칸은 바닥을 높인 쪽마루로 구성했다. 쪽마루 아래에는 함실아궁이가 있다.

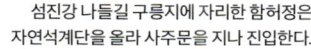

섬진강 나들길 구릉지에 자리한 함허정은 자연석계단을 올라 사주문을 지나 진입한다.

谷城 涵虛亭

곡성 함허정

1 낮은 자연석 기단 위 덤벙주초를 놓고 외부에는 원주를 사용했다.
2 대들보 위에 동자주를 세우고 작은 외기를 걸었다.
3 종보 위에 선자연이 모여들었다.
4 온돌방 천장은 고미반자로 마감했다.
5 대들보를 양측면의 툇간까지 연결했다.
6 온돌방 측면 쪽마루는 한 단 높여 설치하고 아래 함실아궁이를 두었다.

谷城 涵虛亭

구례 운흥정

求禮 雲興亭

【위치】전남 구례군 산동면 구만제로 973-54(시상리) 　【건축 시기】1926년
【지정사항】전라남도 문화유산자료 　【구조 형식】5량가 팔작기와지붕

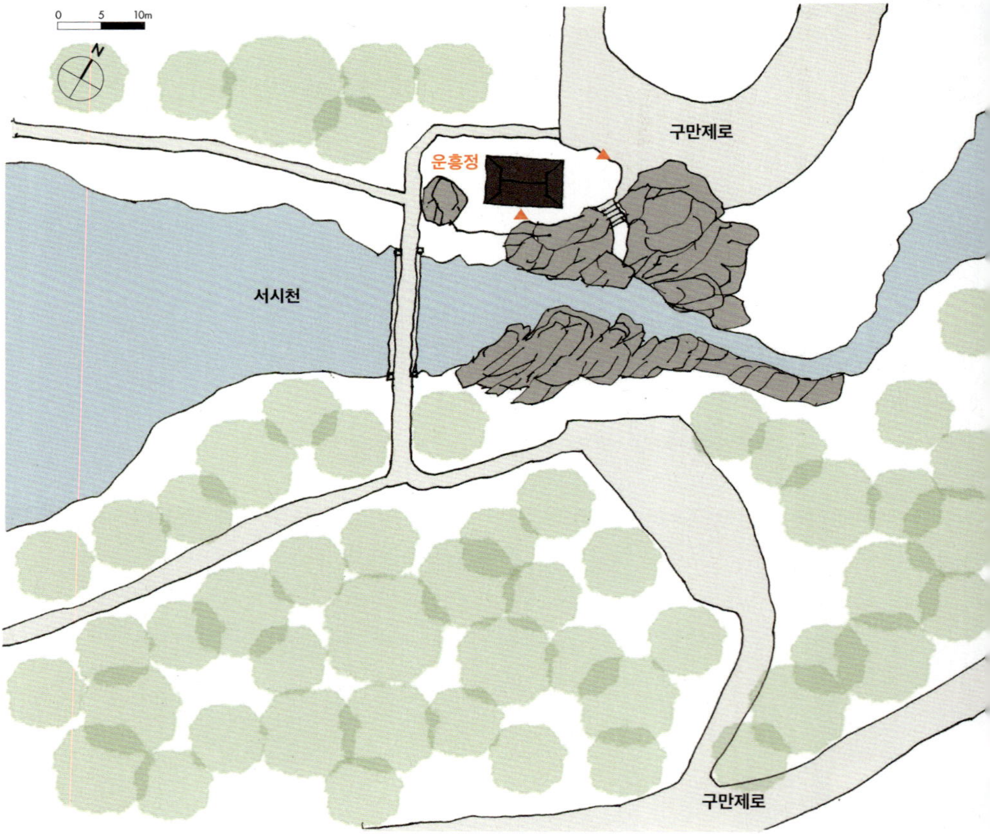

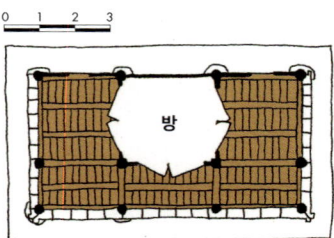

求禮 雲興亭

구례 산동면 시상리 운흥용소 위에 있는 정자로 1926년 이 지역 선비들이 시사계(詩社契)를 조직하여 망국의 설움을 달래고 시(詩)를 발전시킨다는 의지를 담아 지은 정자이다.

도리칸 3칸, 보칸 2칸으로 전퇴를 둔 5량가이다. 가운데 1칸 온돌방을 두고 양옆에 마루를 두었으며 배면의 토벽을 제외한 삼면에 계자난간을 돌렸다. 자연암반이 있는 부분은 초석을 따로 두지 않고 자연암반을 초석으로 삼았으며 다른 부분에는 원형초석 위에 가는 원형기둥을 올렸다. 대개 중층누각은 누하부 기둥과 누상부 기둥을 별도로 구성하는데 이 정자는 누하부 기둥의 길이가 짧아 전체를 하나의 기둥으로 구성했다.

기둥머리에서 안쪽을 경사지게 깎은 보아지로 툇보를 받치고 창방을 가로지른 다음 주두를 얹어 장혀받침 굴도리를 사용한 민도리집이다. 기둥과 기둥 사이 창방과 장혀 사이에는 4개의 소로를 끼워 수장했다.

천변 암벽 위의 일부에 축대를 쌓고 정자를 앉혔다.

求禮 雲興亭

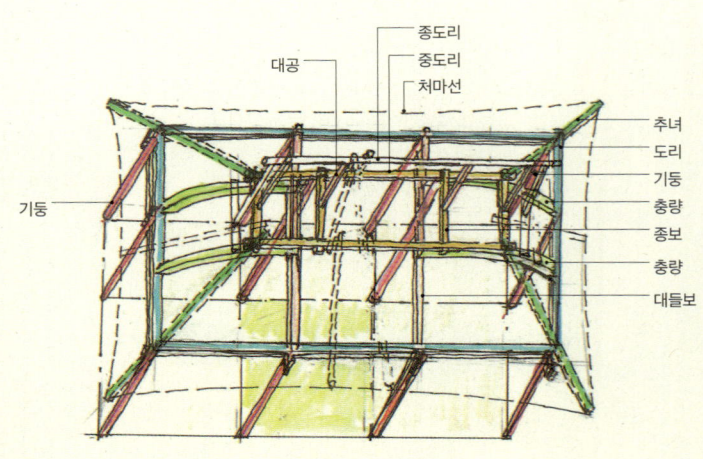

1. 도리칸 3칸, 보칸 2칸 규모로 양옆에 누마루를 두고 가운데 온돌방을 두었다.
2. 자연암반을 그대로 초석으로 사용했다.
3. 대개 누상부와 누하부의 기둥을 따로 설치하는데 이 집은 구분해 사용하지 않았다.
4. 가구 구조도
5. 가운데 있는 온돌방에는 사분합들문을 달아 필요에 따라 방 전체를 개방할 수 있게 했다.

求禮 雲興亭

구례 방호정

求禮 方壺亭

【위치】전남 구례군 산동면 좌사리 839-3번지 　【건축 시기】1930년
【지정사항】전라남도 문화유산자료 　【구조 형식】2평주 5량가 팔작기와지붕

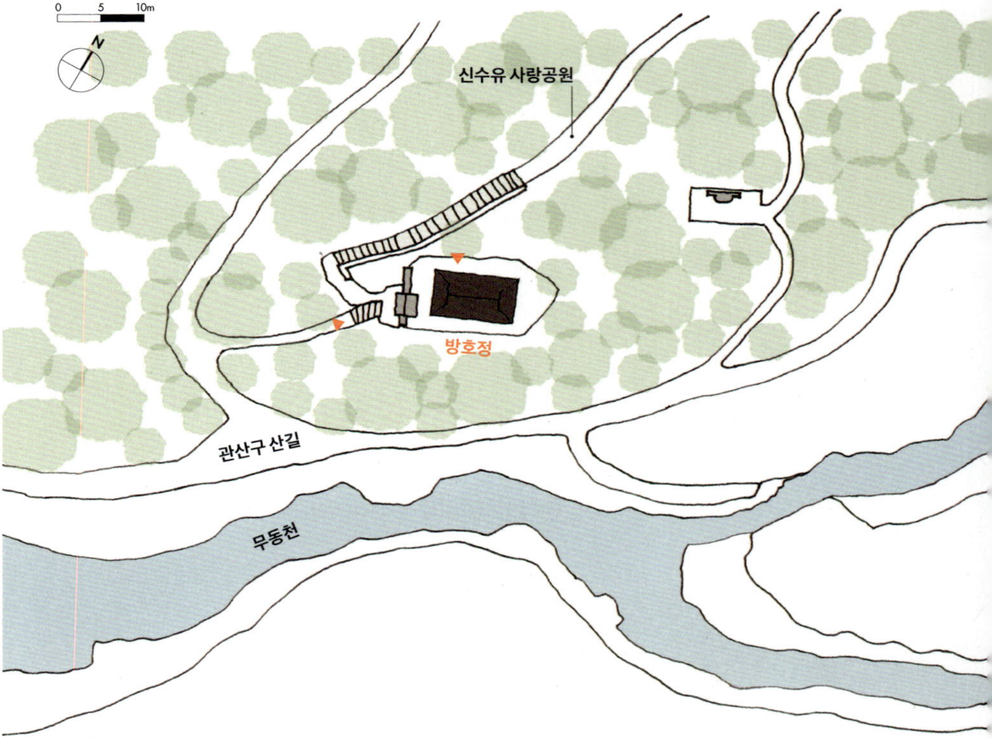

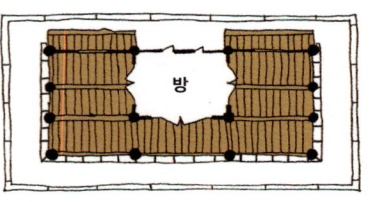

일제 강점기의 암울한 상황을 시를 지으면서 달래자며 지방 유림들이 뜻을 모아 마을과 개천이 내려다보이는 경치 좋은 곳에 터를 정해 지은 정자이다. 정자가 있는 산동면은 봄철 산수유축제로 유명한 산수유마을 부근으로 현재는 지역축제 공간으로 활용되고 있다. 산수유마을은 중국 산둥지방에서 산수유나무를 가져와 심은 우리나라 최초의 산수유 재배지이다.

도리칸 3칸, 보칸 3칸 규모로 가운데 1칸 온돌방을 들이고 양쪽은 마루로 구성했다. 온돌방은 판장벽으로 마감한 배면 이외에 삼면에 사분합 들문을 달았다. 건물은 세벌대 기단 위에 잘 다듬은 원형초석을 올리고 원주를 사용했다. 가구는 치목과 짜임이 정교하며 추녀 부분의 선자서까래가 뚜렷하게 드러나 있다.

1 보칸은 3칸으로 2개의 충량을 걸었고 충량 사이에 외기를 두었다.
2 2평주 5량가이지만 대들보 아래 평주에도 외곽기둥과 같이 주두와 두공을 장식했다.

求禮 方壺亭

구례 방호정

1 도리칸 3칸, 보칸 3칸으로 가운데 1칸 방을 두고 모두 마루로 꾸몄다.
2 배면에 석축을 쌓고 화계를 조성했다.
3 방의 삼면에 사분합들문을 달고, 천장은 연등천장으로 했다.
4 마루의 배면에는 쪽마루를 설치했다.
5 마루 후면은 판장벽으로 마감했다.

求禮 方壺亭

羅州 雙溪亭

나주 쌍계정

[위치] 전남 나주시 노안면 금안리 251-1번지   **[건축 시기]** 고려 후기
[지정사항] 전라남도 유형문화유산   **[구조 형식]** 2평주 5량가 맞배기와지붕

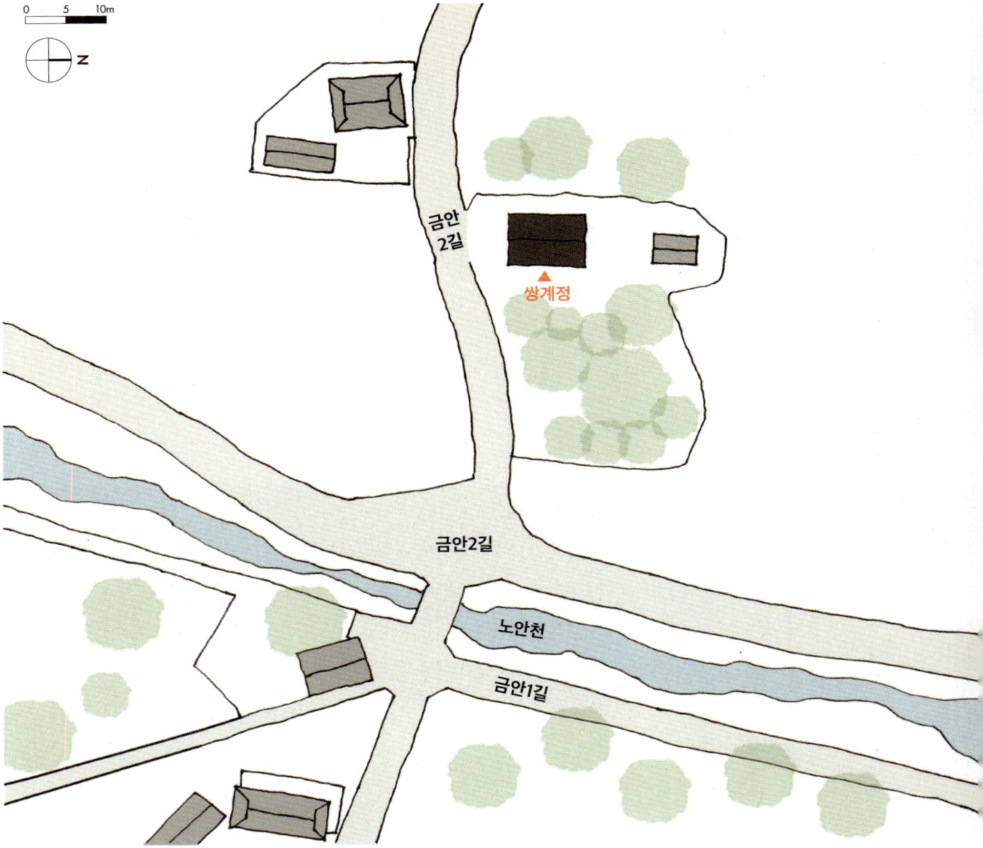

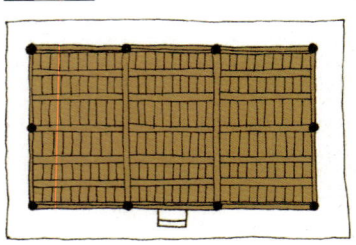

나주시에서 북쪽으로 약 7km 지점 금암동마을 어귀에 있는 정자이다. 마을 남쪽 금성산에서 발원한 천변에 자리하며 대동계와 향약 및 마을 사람들이 공동으로 이용했던 마을 정자이다. 원래 이 정자는 고려 충렬왕 때에 정가신(鄭可臣, 1224~1298)이 세웠다고 알려져있지만 확실하지 않다. 조선시대에는 신숙주(申叔舟, 1417~1475)를 비롯한 여러 학자가 강학하던 곳으로 유명하다. 쌍계정 편액은 석봉 한호(石峰 韓濩, 1543~1605)가 쓴 것이다. 그러나 지금의 편액에는 낙관이 남아 있지 않아 알 수 없다. 정자에는 여러 개의 중수기 편액이 걸려 있는데 가장 최근 것은 2006년이며 다른 것들도 그렇게 오래된 것은 아니다.

정자의 규모는 도리칸 3칸, 보칸 2칸이며 전체에 우물마루를 깐 맞배지붕집이다. 정자가 맞배지붕인 것은 의외로 그 사례가 많지 않다. 기둥 간격이 보통의 정자보다 약간 넓은 편이며 벽 없이 트여있고 전체에 마루를 깔아서 당당하고 시원한 느낌을 준다.

정면 중앙 칸을 제외하고는 낮은 통머름을 설치해 공간감이 있으며 난간이나 문을 설치하지 않아 개방적이다. 전면 안쪽에는 사생강당(四姓講堂)이라는 편액이 걸려 있는데 이것이 조선시대 강학 공간으로 사용했었다는 증거일 것이다. 아마 이때는 일부 온돌이 있었을 수도 있다.

가구는 2평주 5량가인데 대들보는 원목의 형태를 그대로 살려 육중하고 무거운 느낌을 준다. 공포는 사용되지 않았으며 장식 또한 거의 없다. 간소미를 볼 수 있으며 단순하고 명쾌한 가구법은 소박하지만 강직한 구조미를 보여준다. 정자 앞뒤로는 오래된 느티나무가 서 있는데 이 노거수 덕분에 이 장소의 유구함을 느낄 수 있다.

羅州 雙溪亭

정자 중앙 칸 전면 내부에 걸려 있는 '사생강당' 편액은 강당으로 사용했을 당시의 편액으로 추정된다.

羅州 雙溪亭

1 쌍계정 앞뒤로 오래된 느티나무가 정자의 지붕을 형성하고 있으며 장소의 유구함을 느낄 수 있게 한다.
2 2평주 5량가로 중첩된 자연목 대들보는 육중하지만 안정감을 주는 조형 요소로 작용하고 있다.
3 건물은 크지만 공포와 장식이 없고 단순 명료하여 소박하지만 강직한 느낌을 준다.
4 정자의 지붕 역할을 하는 느티나무의 계절마다 달라지는 색은 정자의 차경을 구성하는 중요한 요소이다.
5 앞뒤에 있는 느티나무는 외부공간의 공간감보다는 정자와 함께 육중함을 준다.

羅州 雙溪亭

羅州 雙溪亭

1. 측면도 2평주 5량가로 대들보가 앞뒤 기둥을 직접 연결하고 가운데 기둥은 보조기둥 정도의 역할을 한다. 일반적으로 측면에서는 중앙기둥에서 대들보를 연결하는 것이 보통이다.
2. 정자에 사용된 자연석초석
3. 정자로서는 드물게 맞배지붕을 하였으며 벽과 문 없이 트이고 우물마루로 넓게 마닥을 마감한 것은 강직하고 장중함을 준다.
4. 중첩된 대들보와 넓은 대청은 누각은 아니지만 누각과 같이 넓고 시원한 느낌을 준다.
5. 종도리 아래에 작은 벽장을 만들어 중요한 물건을 보관할 수 있도록 한 특징적인 사례이다.

羅州 雙溪亭

나주 장춘정

羅州 藏春亭

[위치] 전남 나주시 다시면 죽산리 화동마을 969번지 **[건축 시기]** 1561년
[지정사항] 전라남도 기념물 **[구조 형식]** 2평주 5량가 팔작기와지붕

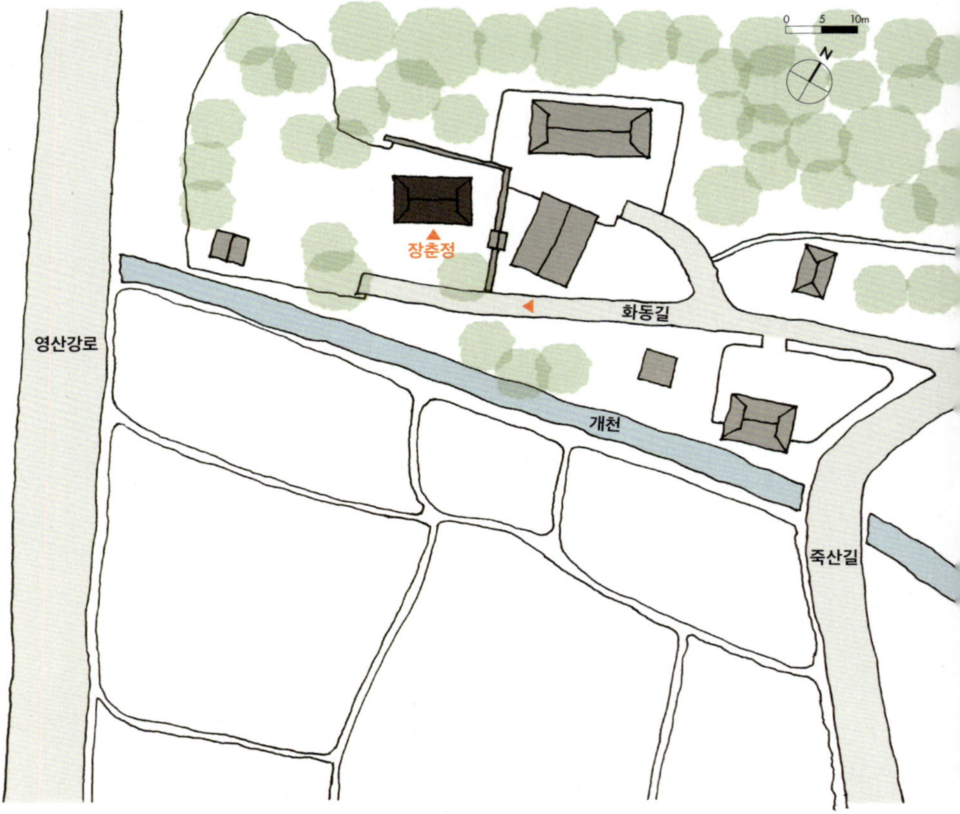

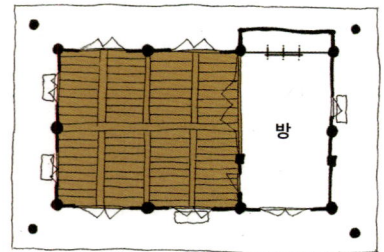

영산강 강가에 있지만 영산강이 바로 내려다보이지는 않는다. 이 정자는 1561년(명종 16) 고흥유씨 유충정(柳忠正, 1509~1574)이 지은 것으로 알려져 있으며 현재도 문중에서 관리하고 있다. 1818년(순조 18)과 1930년에 중수가 있었다. 정자 안에는 1818년(崇禎紀元後 四戊寅)에 중건하고 쓴 "장춘정기(藏春亭記)" 편액이 남아 있다.

정자는 경사지를 이용한 축대 위에 있어서 규모는 작아도 위풍당당해 보인다. 규모는 도리칸 3칸, 보칸 2칸이며 동쪽 협칸 앞뒤 2칸에는 온돌을 들였으며 나머지 4칸에는 우물마루를 깔았다. 가구는 2평주 5량으로 동자주 사이 간격이 같은 함평지역의 영파정과 유사하다. 자연목의 곡선을 그대로 살려 껍질만 벗겨 사용한 대들보의 모습도 공통점이다.

기둥은 느티나무로 자연 형상을 최대한 살려 사용했다. 창방과 소로, 주두, 공포 등을 사용하지 않은 민도리 구조로 장식이 없으며 매우 소박하고 고졸하다. 온돌 쪽은 내부에 고주를 세우기는 했으나 동자주열과 일치하지 않고 평주 높이에서 기둥을 잘라 마치 헛기둥과 같이 사용한 것이 구조적인 특징인데 이러한 구조법이 드문 것은 아니다. 대청과 방 사이에는 네짝분합문을 달았는데 원형은 아니었을 것으로 추정된다. 전퇴에도 외짝 세살창을 달았으나 홍예형 상인방의 모습으로 미루어 이 또한 원형은 아니었을 것으로 추정된다.

전면에도 모두 창호를 달았는데 양쪽 협칸에는 머름이 있다. 가운데 문과 양쪽 협칸 창이 크기만 다를 뿐 청판이 있는 빗교살 창호로 형상이나 위치가 다른 정자에서 찾아볼 수 없는 독특한 모습이다. 또한 측면과 배면에도 벽은 판벽인데 창호는 판문이 아니라 창호지가 있는 세살로 한 것도 드문 일이다. 창호는 후대에 거의 새로 만들었을 것으로 추정되는 이유이다. 전면에는 활주가 있는데 활주머리에 거북 조각을 끼워 추녀를 받치게 한 것이 유일한 장식적 요소이다. 정자 서쪽에는 수령이 250년된 은행나무가 있어서 정자와 함께 그 역사의 유구함을 증명하고 있다.

羅州 藏春亭

1 도리칸 3칸, 보칸 2칸으로 같은 지역의 영파정과 규모와 구조, 형식이 거의 일치한다. 다만 전면이 창호로 막혔다는 것이 차이점이다.
2 영파정과는 달리 공포와 장식이 없는 매우 소박한 모습이다.
3 온돌 전면의 툇간에는 작은 세살창이 있는데 상인방이 이중이다. 상부 인방은 머리를 부딪치지 않도록 홍예 형태로 가공했는데 현재의 창호와는 어울리지 않는다.
4 가운데 정칸의 문을 열고 내다본 차경
5 가구는 2평주 5량가이며 자연목 보를 사용한 것과 동자주의 간격이 좁은 것 등은 같은 함평의 영파정과 매우 흡사하다.
6 동쪽 온돌방은 2칸으로 넓다.
7 정자에서 영산강 쪽으로 내다 본 차경인데 영산강이 보이지는 않는다.

羅州 藏春亭

羅州 藏春亭

1 전면에만 활주가 있으며 활주머리는 거북이 받치고 있다. 소박하지만 활주에는 화려한 장식을 하였다.
2 정자 뒤 큰 바위에 새겨진 것으로 '고흥유씨세수정(高興柳氏世守亭)'이라고 하여 고흥유씨의 문중 정자임을 증명하고 있다.
3 정자 서쪽의 250년 수령의 은행나무는 정자와 함께 역사적 유구함을 증명하고 있다.
4 정자 서쪽 4칸에는 모두 우물마루를 깔았고 측면과 배면의 벽은 판벽인데 창호는 창호지가 있는 세살창이라는 것이 서로 어울리지 않아 원형이 아닐 것으로 의심된다.
5 정자 동쪽의 2칸은 온돌방인데 창호는 원형이 아닐 것으로 추정된다.

羅州 藏春亭

나주 만호정

羅州 挽湖亭

【위치】 전남 나주시 봉황면 철천리 343-1번지 　【건축 시기】 1601년
【지정사항】 전라남도 기념물 　【구조 형식】 2평주 5량가 팔작기와지붕

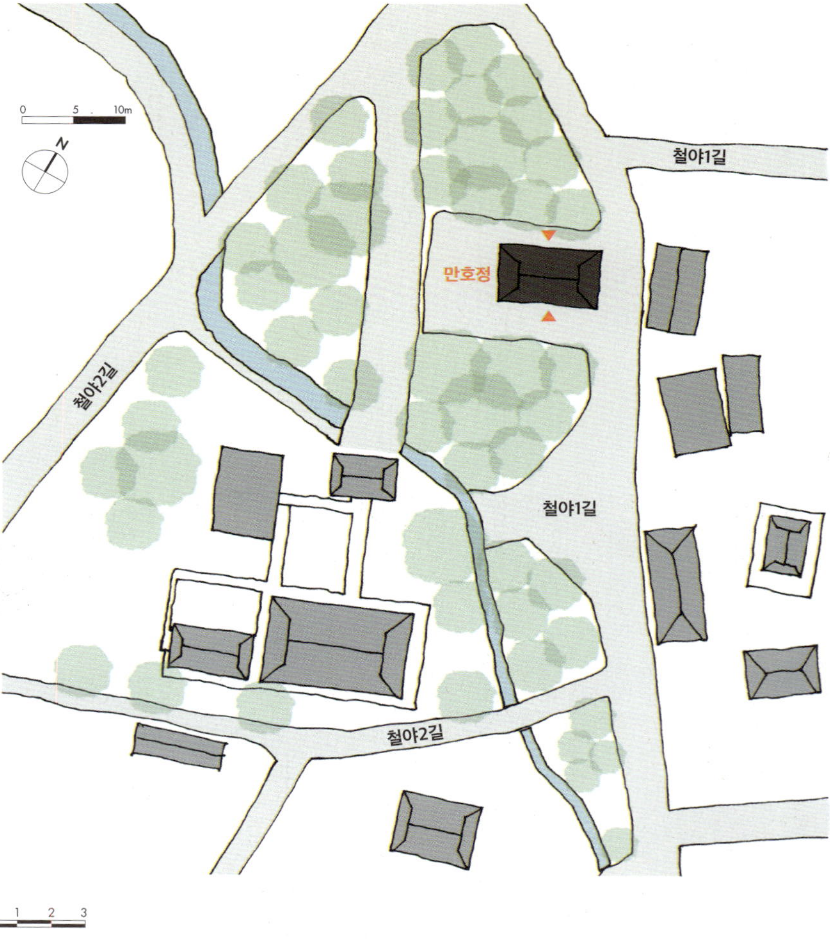

羅州 挽湖亭

고려 전기에 '무송정'이라는 이름으로 지어졌다고 전해진다. 이후 쾌심정으로 이름이 바뀌고 지금의 자리로 옮기면서 영평정이라고 불렀다. 1601년(선조 34)에는 정자를 수리하고 만호정이라고 이름을 바꾸었다. 정자의 규모로 보아 관아나 객사 등의 누각으로 사용되었을 것으로 추정되지만 지금의 철야마을 어귀로 옮기면서 마을 사람들이 공동으로 사용하는 휴식 및 향약과 동규 등의 기능으로 바뀌었다.

도리칸 5칸, 보칸 3칸으로 마을 정자로서는 규모가 큰 편이다. 누각은 아니지만 마루가 비교적 높으며 모두 시원하게 우물마루가 깔려 있어서 일반적인 정자와는 느낌이 다르다. 기둥은 모두 원기둥이고 공포는 익공식이며 창방과 소로가 사용된 격식을 갖춘 집이지만 화려함보다는 소박미가 있다. 창방 아래에는 모두 상인방이 있는 것으로 미루어 이 자리로 옮기기 전까지는 사방에 문이 있었을 것으로도 추정된다. 측면은 규모가 좀 있어서 3칸으로 하고 두 줄로 충량을 걸었으며 충량 위에 외기 기둥을 세워 추녀를 지지하도록 했다. 소규모 건물에서 충량이 중앙에 하나만 사용되는 것과 대비된다.

대들보는 자연스러운 원목의 곡선을 그대로 살려 동적인 아름다움이 있고 넓은 마루는 웅장함과 호쾌한 느낌을 준다. 그러면서도 장식을 절제하여 소박함이 있다. 부연은 짧지만 후림이 급격하여 동적이다.

마을 어귀에서 바라본 만호정

羅州 挽湖亭

1. 비교적 높고 넓은 대청마루는 누각과 같아서 일반적인 마을 정자와는 다른 느낌이다. 마루의 열이 서로 다른 동귀틀은 질서 정연한 귀틀을 건 것과는 달리 오히려 장쾌한 맛을 준다.

2. 처마는 겹처마로 화려한 듯하지만 부연이 짧고 후림이 많아 강직하고 동적인 느낌을 동시에 준다.

3. 공포는 익공식이며 주두와 소로 및 창방을 사용해 격식을 갖추었으나 단청과 장식이 없는 소박함을 볼 수 있다.

4. 간격이 넓은 앞뒤 기둥을 호쾌하게 건너지른 대들보는 웅장함과 자연목의 곡선적 부드러움이 조화된 멋을 지니고 있다.

5. 측면 칸이 넓어서 두 줄로 충량을 걸었으며 그 위에 외기 기둥을 세우고 추녀를 지지한 모습이 대들보와 어울려 장중한 맛을 준다.

6. 정자는 그 뒤로 마을 주산의 안개 낀 모습을 차경하면서 자연과 건물의 습합을 보여준다.

7. 세월의 흐름을 고스란히 주름처럼 간직하고 있는 투박하면서도 강직한 기둥의 모습

8. 정자에서 바라본 마을 어귀의 차경으로 마을로 드나들며 모두 보이는 위치에 정자가 자리한다.

羅州 挽湖亭

나주 벽류정

羅州 碧流亭

【위치】전남 나주시 세지면 벽산리 475번지 【건축 시기】1640년
【지정사항】전라남도 유형문화유산 【구조 형식】2고주 5량가 팔작기와지붕

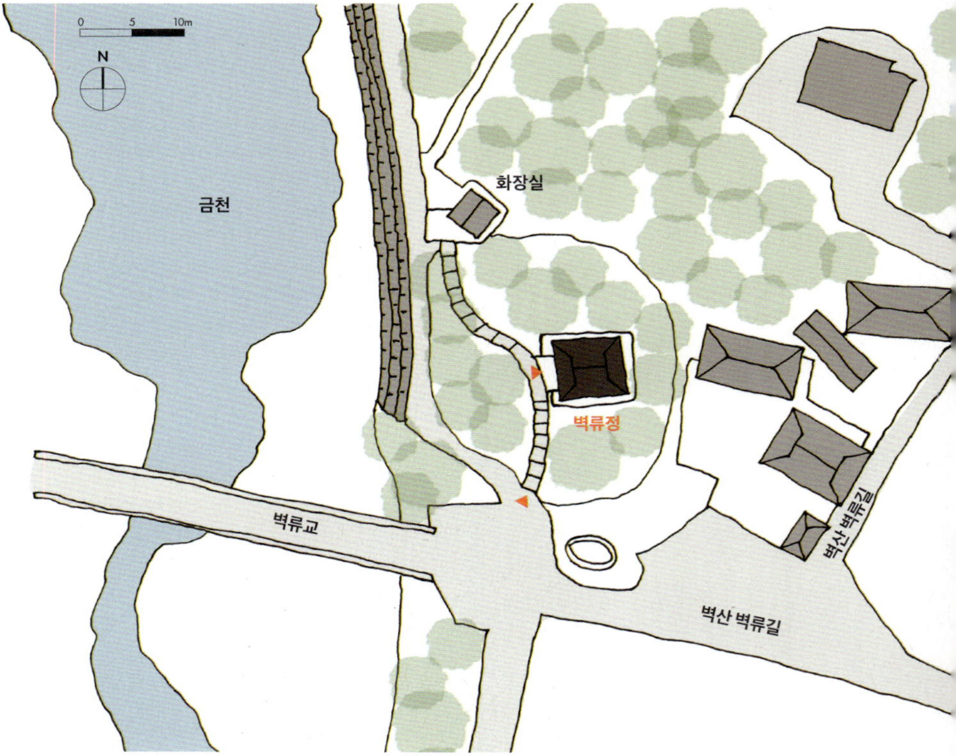

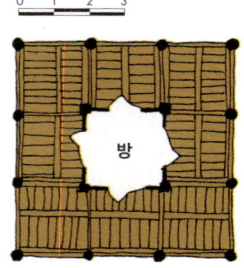

영산강 지천인 만봉천 상류에 자리한 정자는 1640년(인조 18) 김운해(金運海, 1577~1646)가 지었다. 이후 1678년(숙종 4)과 1862년(철종 13)에 중수하여 지금에 이르고 있다.

도리칸, 보칸 모두 3칸으로 가운데에 1칸 온돌방을 들였다. 온돌방 사방에는 마루를 깔았는데 북쪽 1칸은 높이를 높여 마루 밑에 아궁이를 설치했다. 외곽기둥은 모두 원기둥이고 온돌방 사방은 방형 기둥으로 했다. 그러나 기둥열을 맞추지 않고 툇보가 방형 기둥 안쪽 상인방에 결구되도록 한 것이 구조적인 특징이라고 할 수 있다. 온돌방 사방의 고주는 중도리를 직접 받도록 하였으며 중도리가 만나는 모서리에 추녀를 걸었다. 가구법은 매우 단순하고 명쾌하다.

공포는 익공식인데 기둥머리에는 장혀형 창방을 걸고 주두와 원형 화반 위에는 장혀와 굴도리를 사용해 서까래를 지지하였다. 장혀와 창방의 간격이 넓고 시원하며 주두와 화반의 사용 등은 장식적이며 정자의 격식을 높여주고 있다. 그러나 정자의 규모, 사용된 부재의 크기, 가구법의 단순함 등에서 소박하고 간소하지만 누추하지 않은 느낌을 준다.

정자는 태봉처럼 솟아오른 낮은 언덕의 정상부에 있으며 사방으로 여유 공지가 없어서 긴장감을 주기도 한다. 그리고 사방에는 아름드리 느티나무와 대나무들이 있어 세월의 유구함과 포근함을 동시에 느낄 수 있다.

羅州 碧流亭

1 김민국(金珉國)이 쓴 벽류정 현판
2 신헌(申櫶, 1811~1844)이 쓴 벽류정 현판
3 좌의정을 지냈고 글씨에 능한 황사 민규호(黃史 閔奎鎬, 1836~1876)의 글씨

羅州 碧流亭

1 도리칸, 보칸 모두 3칸 규모의 정방형 정자는 아름드리 느티나무에 둘러싸여 있다.

2, 3 창방과 장혀 사이를 비교적 높게 하고 화반을 설치하여 세장한 부재와 규모가 작아 왜소해 보일 수 있는 정자의 모습을 위풍당당하게 만들었다. 방형화반과 원형화반을 섞어 사용해 정적인 느낌과 동적인 느낌이 조화되도록 하였다.

4 2고주 5량가로 온돌 사방의 방형 고주는 중도리를 직접 받도록 했으며 장식 없이 단순하고 강직하다.

5 기둥머리의 창방과 고주와 평주를 잇는 툇보를 얇은 수장 폭으로 처리하여 반복적으로 사용된 수평부재에 의한 중압감이 없도록 하였다.

羅州 碧流亭

羅州 碧流亭

1. 9칸 정방형 평면의 중앙에 1칸 온돌방을 들이고 사방에 마루를 깔았다.
2. 활주머리에는 주두형의 장식 부재를 두어 활주와 추녀의 결구가 안정되어 보이도록 하였다.
3. 사방의 추녀에는 활주를 두어 공간감을 주었다.
4. 온돌방 배면 중앙 1칸은 고상마루로 하고 하부에 아궁이를 설치했다.
5. 정자 뒤 급경사를 이루는 곳에 아름드리 느티나무를 심어 경사지의 긴장감을 나무의 안정감으로 보완하고 고풍스럽게 하였다.

羅州 碧流亭

담양 명옥헌

潭陽 鳴玉軒

[위치] 전남 담양군 고서면 후산길 103, 등 (산덕리) **[건축 시기]** 17세기
[지정사항] 명승 **[구조 형식]** 5량가 팔작기와지붕

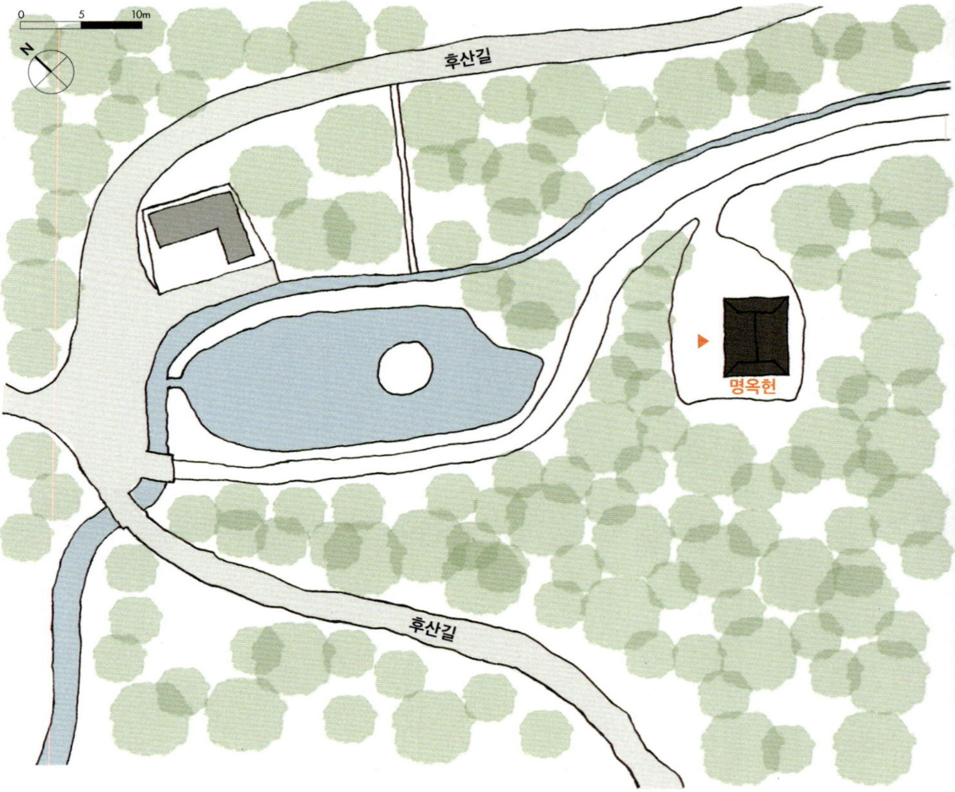

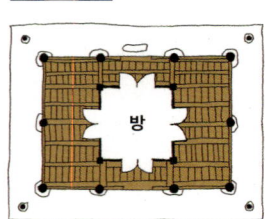

潭陽 鳴玉軒

담양 월봉산 산줄기 끝자락 수목이 우거진 곳에 북서향으로 자리한 명옥헌은 조선 중기 오이정(吳以井, 1619~1655)이 지은 정자이다. 정자 앞에 방지를 파고 주변에 적송과 배롱나무를 심었다. 계곡이 흘러 방지로 갈 때 나는 물소리가 마치 옥에 부딪히는 것 같다고 해서 우암 송시열(尤庵 宋時烈, 1607~1689)이 명옥헌이라는 이름을 붙이고 계곡 바위에도 새겼다고 한다.

명옥헌은 도리칸 3칸, 보칸 2칸 규모로 가운데에 1칸 방을 두고 남은 부분에는 마루를 깔고 모두 열어놓았다. 방을 중앙에 두니 내진주가 생기는데 이 기둥은 평주이고 상부 가구와 바로 연결되지 않고 독립적으로 구성되어 있다. 두벌대 장대석기단 위에 원형초석을 올렸다. 외부기둥은 모두 원형기둥이고 내부기둥은 방형이다. 공포는 민도리식이다.

지붕가구의 보방향 구조와 도리방향 구조가 재미있다. 대개 보방향 구조는 외진주와 외진주 사이에 대들보를 거는데 이 집은 내진주와 내진주 사이에 대들보를 걸고 외진주와 내진주 사이에는 툇보를 걸었다. 이는 외진주열과 내진주열이 맞지 않기 때문이다. 도리방향 구조에서 특이한 것은 내진주 상부에 도리가 걸려 있는 점이다. 도리는 서까래를 받는 부재이기 때문에 정확히는 도리라고 할 수 없으나 그 모양과 구성은 도리와 같다. 대들보 위에 동자주가 걸리면서 상부 구조를 형성하고 있는데 내진주와 엇갈리다 보니 방 벽의 상부가 서까래와 바로 연결돼서 서까래 부분 마감이 매끄럽지 못하다.

방에서 방지를 바라보면 마치 액자 속 한 폭 그림처럼 보인다. 방 사면에 여닫이문을 달았는데 이 문을 모두 열면 정원 속에 내가 온전하고 안전하게 있다는 느낌이 든다.

1 내진주 평주 위에 변칙적으로 도리 아닌 도리가 걸려 있고 동자주와 중도리는 평주와 엇갈려 걸려 있어 벽 상부 마무리가 서까래에서 이루어진다.
2 명옥헌의 가구 구조와 일반적인 가구 구조

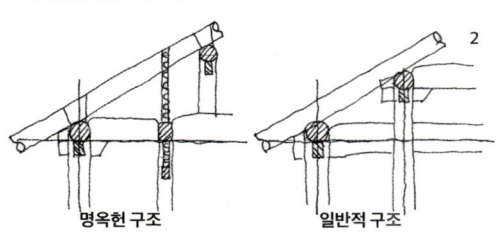

명옥헌 구조 / 일반적 구조

潭陽 鳴玉軒

담양 명옥헌

1 도리칸, 보칸 모두 3칸 규모로 가운데 1칸 온돌방을 두었다.
2 월봉산 산줄기 끝자락 수목이 우거진 곳에 자리한 명옥헌. 정자 앞에 방지를 파고 주변에 적송과 배롱나무를 심었다.
3 방 사면에 모두 여닫이문을 달았다.
4 온돌방 아궁이
5 방에서 본 차경
6 마치 무릉도원에 있는 쉼터 같다.

潭陽 鳴玉軒

담양 식영정 일원

潭陽 息影亭 一圓

[위치] 전남 담양군 남면 가사문학로 859　**[건축 시기]** 1560년
[지정사항] 명승　**[구조 형식]** 5량가 팔작기와지붕

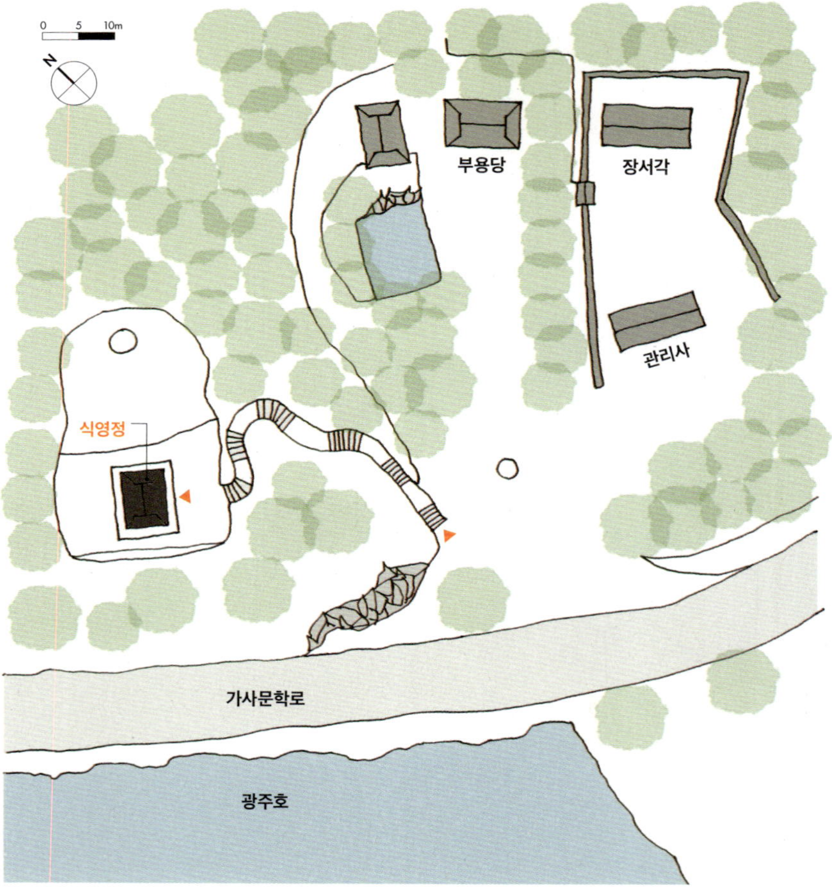

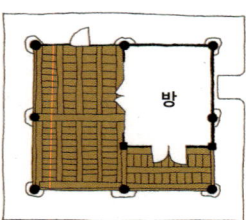

송강 정철(松江 鄭澈, 1536~1593)이 성산별곡을 포함한 한시와 가사, 단가 등 문학작품을 남긴 송강문학의 산실로 일컬어지는 곳이다. 1560년(명종 15) 서하당 김성원(棲霞堂 金成遠, 1525~1597)이 정자를 짓고 장인 석천 임억령(石川 林億齡, 1496~1568)이 '식영(息影)'이라는 이름을 지어주었다고 한다. 식영정은 사선정(四仙亭)으로 불리기도 했는데 정자를 지은 김성원, 그의 장인 임억령, 정철과 제봉 고경명(齊峰 高敬命, 1533~1592)이 식영정에 모여 자주 시회를 가진 것에서 비롯된 이름이다.

정자는 도리칸, 보칸 모두 2칸으로 정사각형에 가까운 평면이다. 북쪽으로 1.5칸 되는 방이 있고 나머지는 우물마루를 깔고 개방했다. 두벌대 자연석기단 위에 덤벙주초를 올렸으며 외부는 원형기둥을, 내부에는 방주를 사용했다. 내부에 있는 기둥은 방을 구성하는 간주이고 상부 구조와는 상관없다. 이 기둥은 동자주 축선과 벗어나 있어 상부 벽이 도리없이 서까래와 직접 면해 마감이 일반적이지 않다. 공포는 민도리식이다. 평면이 정사각형임에도 불구하고 가구는 5량가이다. 동서방향으로 대들보가 걸리고 이 대들보에 남북방향으로 충량이 걸려 상부 가구가 짜이는 구조이다.

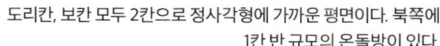

도리칸, 보칸 모두 2칸으로 정사각형에 가까운 평면이다. 북쪽에 1칸 반 규모의 온돌방이 있다.

潭陽 息影亭 一圓

潭陽 息影亭 一圓

1 저 멀리 광주호가 보인다.
2 대들보 위에 충량을 걸었다.
3 왼쪽 면에는 온돌방 아궁이가 있다.
4 휜 나무 모양 그대로 사용한 충량. 마루에는 우물마루를 깔았다.
5 내부에 있는 기둥은 방을 구성하는 간주로 동자주 축선과 벗어나 있어 상부 벽이 도리없이 서까래와 직접 면해 있다.

담양 소쇄원

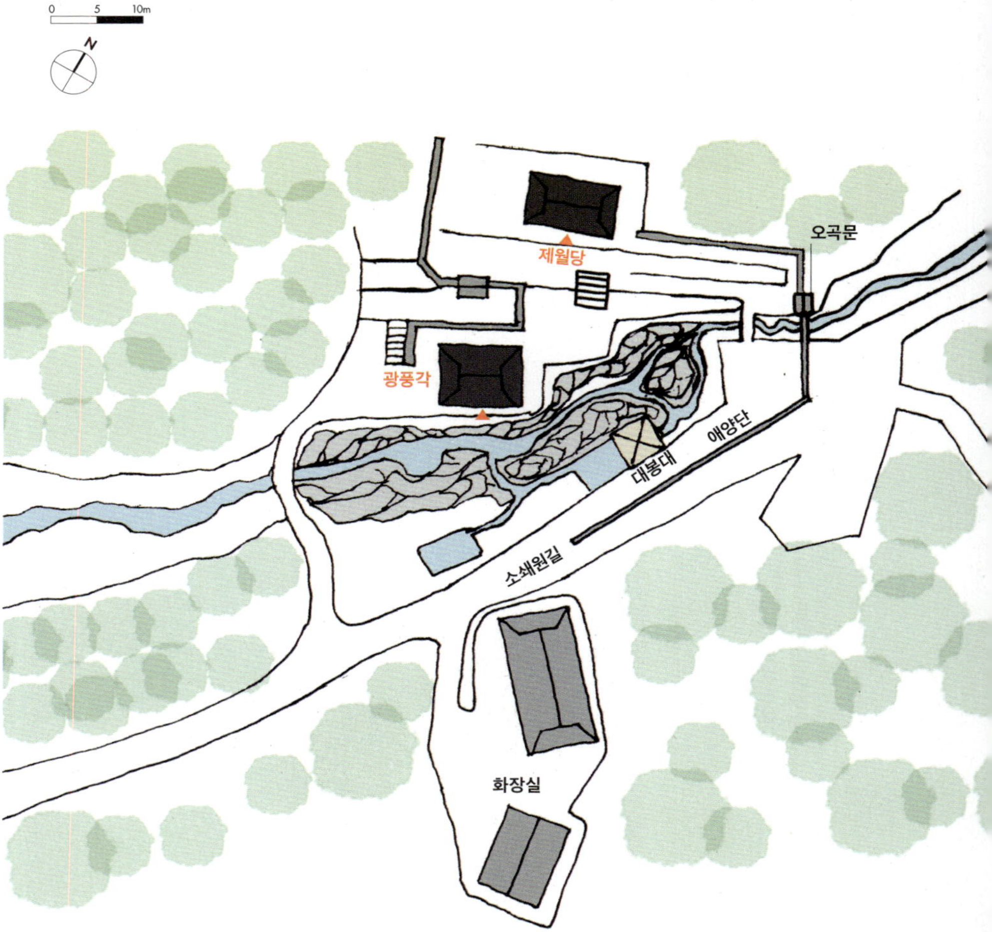

潭陽 瀟灑園

자연과 인공이 잘 어우러진 조선 중기의 정원이다. 양산보(梁山甫, 1503~1557)가 스승 정암 조광조(靜庵 趙光祖, 1482~1519)가 유배되자 고향으로 내려와 조성했다. 면앙 송순(俛仰 宋純, 1493~1583)이 깨끗하고 시원하다는 의미로 소쇄원이라는 이름을 지어줬다고 한다.

소쇄원은 계곡을 중심으로 사다리꼴 모양으로 구성되어 있으며 기능과 공간의 특성에 따라 애양단 구역, 오곡문 구역, 제월당 구역, 광풍각 구역으로 구분할 수 있다. 애양단(愛陽壇)은 흙과 돌로 동쪽에 길게 쌓은 담장이다. 북쪽의 산사면에서 흘러내린 물이 오곡문(五曲門) 담장 밑을 통과해 소쇄원을 관통한다. 계곡 옆에 있어 흐르는 물과 물이 바위에 부딪히는 소리를 보고 들을 수 있는 공간인 광풍각(光風閣)과 광풍각 뒤 조용한 곳에 있어 책을 읽고 사색하는 공간으로 꾸민 제월당(霽月堂)이 있다. 대나무와 소나무 등 나무들이 있는 숲을 지나 가장 먼저 만날 수 있는 정자가 대봉대(待鳳臺)인데 대봉대는 초가지붕을 올린 정자이다.

1755년(영조 31) 소쇄원의 모습을 목판에 새긴 〈소쇄원도〉가 남아 있어 당시 모습을 알 수 있다.

潭陽 瀟灑園

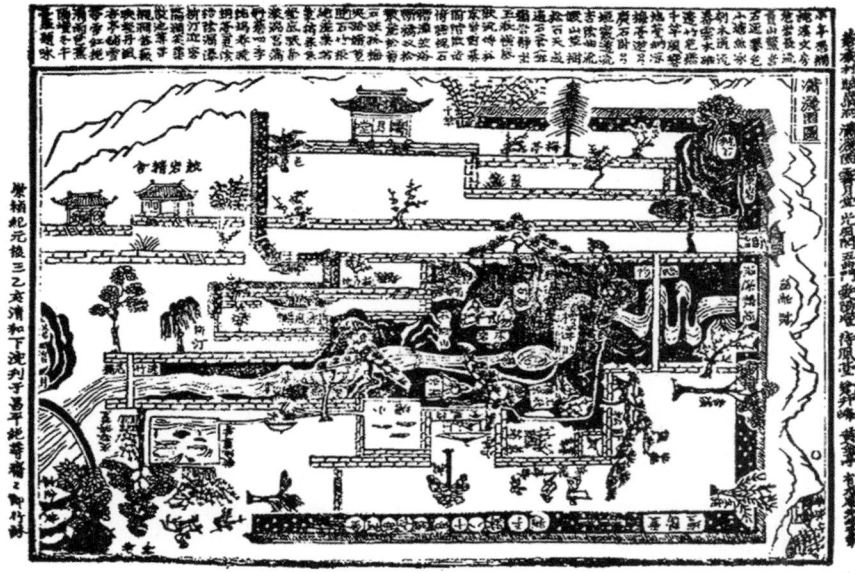

〈소쇄원도〉 판본, 1775

소쇄원 광풍각

[위치] 전남 담양군 남면 소쇄원길 17 **[건축 시기]** 조선 중기
[지정사항] 명승 **[구조 형식]** 5량가 팔작기와지붕

　소쇄원을 흐르는 계곡 옆 석축 위에 동남향으로 자리한 광풍각은 도리칸 3칸, 보칸 2칸 규모이다. 보칸은 3칸처럼 보이지만 주간 길이로 볼 때 2칸으로 보는 게 적절하다. 가운데에 1칸 방이 있고 나머지는 마루로 꾸몄다. 배면 쪽 마루는 고상마루로 꾸몄는데 방 난방을 위한 아궁이 설치를 위해 높인 것이다. 굴뚝을 독립적으로 만들지 않고 전면에 있는 석축 일부에 구멍을 내 굴뚝을 대신했다. 외벌대 자연석기단 위에 덤벙주초를 올렸다. 외부에는 원형기둥을, 내부에는 방형기둥을 사용했다. 공포는 직절익공식이다.

　5량가이지만 가구구성이 약간 변칙적이다. 일단 대들보가 눈에 띄지 않는다. 또 충량이 보 위에 걸쳐 있지 않고 내진주에 꽂혀 있다. 그러면서 앞뒤로 툇보가 내진주에 걸쳐 있는 모습이다. 지금 일반적 가구구성으로 알고 있는 구조는 조선 초·중기 이후 완성된 것이라는 점을 고려하면 조선 중기에 지어진 광풍각은 건축 당시의 보편적 구조형식에서 벗어난 사례로 보인다.

　광풍각의 '광풍(光風)'은 비가 갠 뒤 해가 뜨며 부는 청량한 바람이라는 뜻인데 "애련설"로 잘 알려진 북송의 주돈이(周敦頤, 1017~1073)의 인물됨을 표현한 말에서 따온 이름이라고 한다.

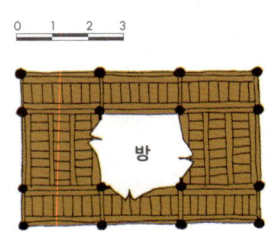

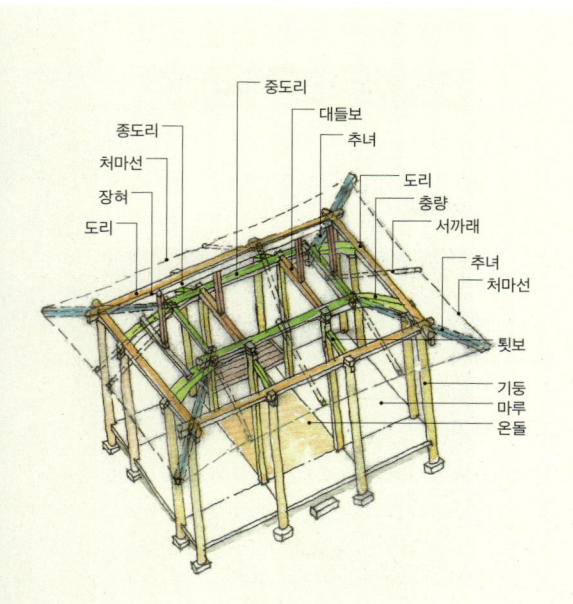

1 가구 구조도
2 대들보가 눈에 띄지 않고 충량이 내진주에 꽂혀 있다. 툇보도 내진주에 연결되어 있다.
3 눈썹천장을 장마루로 처리했다.
4 인위적으로 꾸민 방지와 계곡이 있고 계곡 옆에 광풍각이 있는데 각 요소가 서로 거슬리지 않고 자연스럽게 어우러진다.
5 방 뒤쪽 마루는 아궁이 설치를 위해 다른 곳에 비해 높게 설치했다.

瀟灑園 光風閣

소쇄원 광풍각

瀟灑園 光風閣

1. 자연석 하나를 디딤돌로 사용한 것이 이채롭다.
2. 광풍각에서 본 풍경
3. 광풍각 배면 왼쪽에 제월당이 있다.
4. 광풍각 앞으로는 계곡물이 지형을 따라 흐르고 주변에 여러 수종의 나무가 있어 풍광이 아름답다.
5. 석축 위에 자리한 광풍각은 도리칸 3칸으로 가운데에 1칸 방이 있다.
6. 보칸은 3칸처럼 보이지만 중앙 1칸의 폭이 양옆 칸의 폭을 합한 것과 비슷하다. 따라서 3칸이 아닌 2칸으로 보는 게 적절하다.

瀟灑園 光風閣

소쇄원 광풍각

소쇄원 제월당

瀟灑園 霽月堂

[위치] 전남 담양군 남면 소쇄원길 17 **[건축 시기]** 조선 중기
[지정사항] 명승 **[구조 형식]** 3량가 팔작기와지붕

광풍각 위쪽에 자리한 제월당은 '비 갠 하늘의 상쾌한 달'이라는 의미를 가진 정사이다. 주인이 거처하던 살림집 성격이 강하다.

도리칸 3칸, 보칸 1칸으로 서쪽에 1칸 온돌방이 있고 방 뒤에는 돌출된 벽장이 있다. 마루 뒤에는 심벽에 판문이 있고 전면과 동쪽 면은 개방되어 있다. 공포는 민도리식이다. 지붕의 앙곡이 매우 센 편이고 처마가 길지 않음에도 활주를 둔 것이 특이하다.

자연스러움을 추구하는 우리나라 정원에서 정원 속 건물이 주변과 어떻게 어우러지는지 알게 해주는 좋은 사례라고 생각한다.

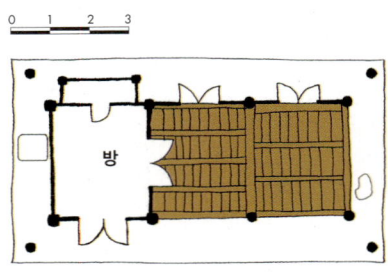

瀟灑園 霽月堂

1. 도리칸 3칸, 보칸 1칸 규모의 살림집 성격이 강한 정자이다.
2. 온돌방 배면에는 돌출형 벽장이 달려 있고 마루 배면은 심벽에 판문이 달려 있다.
3. 뒷벽으로 들어오는 주변 풍경
4. 3량가로 합각을 만들기 위해 덧서까래를 사용한 것으로 추정된다.
5. 충량과 서까래. 서까래는 말굽서까래이다.
6. 귀틀이 조금씩 어긋나게 배치되어 있다.
7. 소쇄원의 절경이 한눈에 들어온다.

담양 독수정

[위치] 전남 담양군 독수정길 33 (가사문학면, 독수정원림)　**[건축 시기]** 고려 말
[지정사항] 전라남도 기념물　**[구조 형식]** 5량가 팔작기와지붕

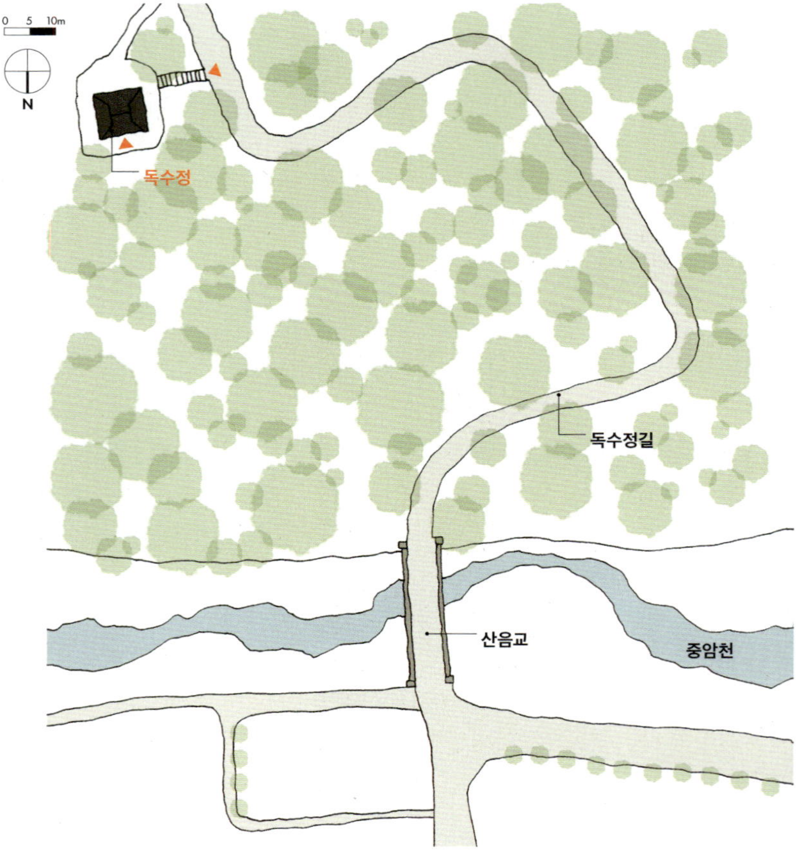

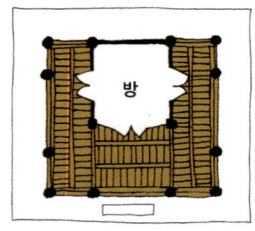

독수정원림은 고려시대 성행했던 산수원림 기법을 알 수 있는 원림이다. 독수정원림에는 느티나무, 회화나무, 왕버들, 소나무, 참나무, 서어나무 등이 있다. 독수정은 산등성이 일부에 터를 닦고 외벌대 장대석기단 위에 원형초석을 올린 도리칸 3칸, 보칸 3칸 규모의 물익공집이다. 가운데 칸 뒤쪽으로 1칸짜리 방을 들였다. 방에서 들문을 들어올리고 내다보면 마루 건너 기둥 사이로 마을을 관통하고 있는 하천이 보이는데 경관과 구성이 절묘하다.

고려 공민왕 때 병부상서를 지낸 전신민(全新民)이 고려가 망한 후 두 나라를 섬기지 않겠다며 이곳으로 내려와 북향으로 지었다. 북향으로 지은 이유는 아침마다 송도를 향해 탄식하며 절을 하기 위함이라고 한다. 독수정의 이름은 당나라 이백(李白, 701~762)의 시에서 따온 것으로 높은 절개를 의미한다.

독수정은 5량가인데 정사각형 평면이다 보니 직사각형 평면의 일반적인 가구 구성과 조금 다르다. 가장 큰 차이는 대들보와 종보의 결구 방향이다. 외진주에서 대들보로 툇보(사실 충량일 수도 있다)가 걸리고 그 위에 중도리와 종보가 걸린다. 그런데 대들보와 종보가 같은 방향으로 걸려야 되는데 종보가 대들보 방향과 직각으로 구성되어 있다. 변칙적이다. 아마 정사각형 평면이고 방 위치에 따른 내부 구성상 가구 골격미를 감안한 결과로 보인다. 마루 끝에 여모 귀틀이 덧붙어 있는 것이 눈에 띈다. 장귀틀 옆에 귀틀을 하나 더 덧댄 것인데 중간 춤에 단을 한번 접었고 위아래로 쌍사를 둔 것이 특이하다. 일반적이지 않은 기법으로 매우 고급스럽다.

潭陽 獨守亭

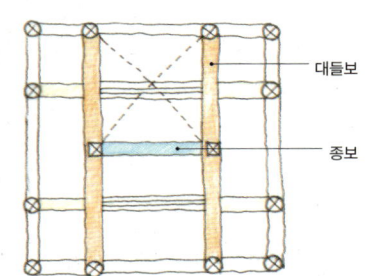

정면 방향으로 대들보가 걸려 있고 그 위에 종보가 대들보와 같은 방향으로 걸려야 하는데 직각방향으로 걸려 있다.

潭陽 獨守亭

1 가운데에 있는 1칸 규모 온돌방에서 문을 모두 들어올리고 밖을 내다보면 기둥 사이로 마을을 관통하는 하천이 내려다보이는데 경관이 일품이다.

2 직절익공집이다.

3 마루에 자귀로 치목한 흔적이 남아 있다.

4 마루 끝 장귀틀 옆에 귀틀을 하나 더 덧붙인 여모 귀틀이 눈에 띈다. 중간에 단을 한 번 접고 위아래에 쌍사를 두었다.

5 길고 휜 대들보가 있고 그 위에 툇보가 걸리고 다시 툇보 위에 도리와 보가 걸려 있다.

6 방에서 내다 본 모습

7 산등성이 일부에 터를 닦고 지은 도리칸 3칸, 보칸 3칸 규모 정자이다.

8 온돌방 배면 하부에 아궁이들 들였다.

潭陽 獨守亭

담양 남희정

潭陽 南喜亭

[위치] 전남 전라남도 담양군 남촌길 91-1 (담양읍, 남이정)　**[건축 시기]** 1857년, 1981년 이건
[지정사항] 전라남도 문화유산자료　**[구조 형식]** 2평주 5량가 팔작기와지붕

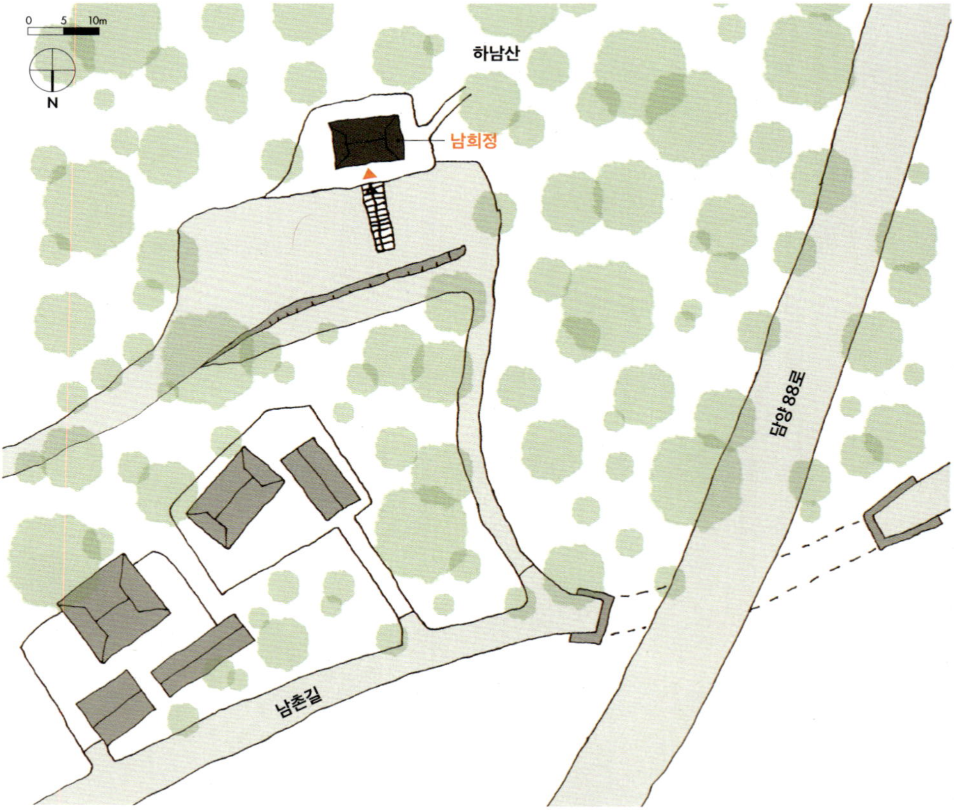

潭陽 南喜亭

　　1857년(철종 8)에 담양부사였던 황종림(黃鐘林, 1796~?)이 노인을 돌보고 교육을 위해 정자 2동을 짓고 북쪽 정자는 관어대(觀魚臺)라고 하고 남쪽 정자는 남희정(南喜亭)이라고 했다. 1925년에 수리했고 1981년 88고속도로 건설로 현재 자리로 이건했다.

　　남희정은 도리칸, 보칸 모두 2칸 규모의 정사각형 평면이다. 내부에 방이 없고 마루로 개방되어 있다. 외벌대 장대석기단 위에 원형초석을 올리고 원형기둥을 사용했다. 바닥에는 우물마루를 깔았다. 공포는 주두 있는 직절익공식이다. 평면이 정사각형임에도 가구는 2평주 5량가로 하고 지붕도 모임지붕이 아닌 팔작지붕으로 했다. 처마는 부연이 있는 겹처마이며 단청은 대들보와 충량에만 일부 있는데 모로단청이다. 수리하면서 부재가 교체되어 일부에만 단청이 남아 있는 것 같다. 대들보는 직재가 아니라 자연 곡선재를 사용해 마치 꿈틀대는 용과 같은 느낌을 준다.

88고속도로 건설로 이건된 정자는 담양 남산 중턱을 깎아 터를 만들고 북향으로 배치했다. 뒤로 낮은 석축이 있으며 앞에는 진입 계단을 두었다.

담양 남희정

潭陽 南喜亭

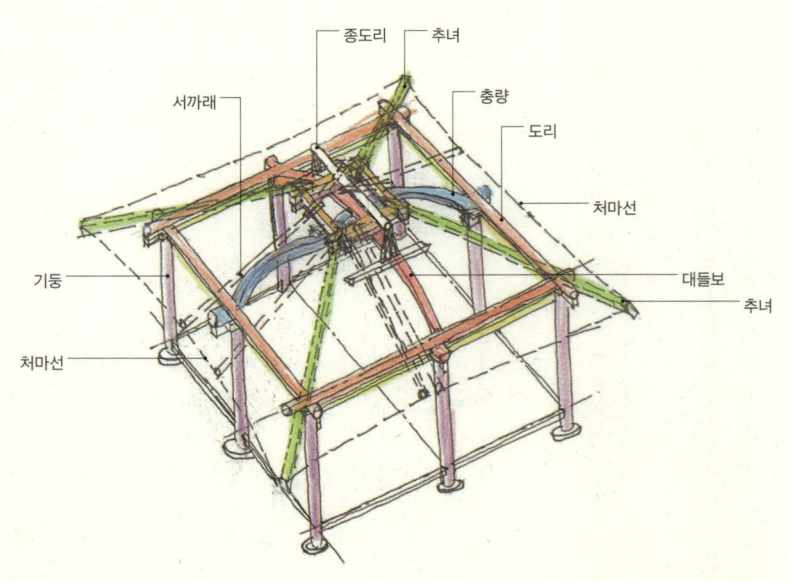

담양 남희정

1 도리칸, 보칸 모두 2칸 규모이며 부연이 있는 겹처마를 사용했다.
2 남희정에서 본 풍경
3 칸 전체를 마루로 구성하고 우물마루를 깔았다.
4 가구 구조도
5 대들보와 충량에만 단청이 있다.

潭陽 南喜亭

담양 남희정

담양 척서정

潭陽 滌暑亭

[위치] 전남 전라남도 담양군 대전면 대치리 1038-4 **[건축 시기]** 17세기 추정
[지정사항] 전라남도 유형문화유산 **[구조 형식]** 3량가 팔작기와지붕

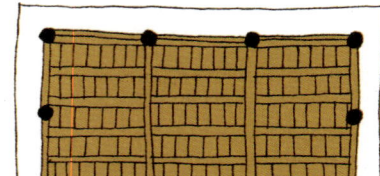

조선 중·후기에 지어진 정자는 대부분 경관을 즐기거나 은둔의 목적으로 마을 외곽이나 경관이 좋은 곳에 있는데 이 정자는 마을 중간에 자리한다. 도로 중간에 있어 도로가 척서정을 중심으로 양쪽으로 갈라지고 주변에는 가옥들이 있다. 이런 입지로 보아 마을 공동의 휴식공간이자 교류공간이었을 것으로 생각된다.

내부에는 척서정 현판과 10여 개의 편액이 걸려 있는데 이들 기록으로 미루어 척서정은 17세기에 건립된 것으로 추정되며 1827년을 포함해 몇 차례 중수했음을 알 수 있다. 1879년 《광주읍지》에는 강호정을 척서정으로 했다는 기록이 있어 원래는 강호정이라 했다가 뒤에 척서정으로 바꿔 부른 것으로 보인다.

도리칸 3칸, 보칸 2칸으로 방을 두지 않고 모두 마루로 구성했다. 마루에는 난간을 두지 않아 편하게 걸터앉을 수 있다. 마루 끝에는 여모귀틀을 덧붙였다. 외벌대 자연석기단 위에 덤벙주초를 올리고 원형기둥을 세웠다. 기둥은 상당수가 동바리이음되어 있다. 외진주는 일반적으로 기둥 하부가 잘 부식되는데 그래서인지 동바리이음하는 경우가 많다. 이음 방법은 여러 가지가 있는데 이 집은 횡력에 유리한 방식인 엇걸이산지이음으로 했다. 공포는 민도리식이고 가구는 3량가이고 판대공을 사용했다.

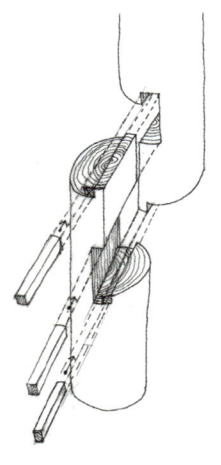

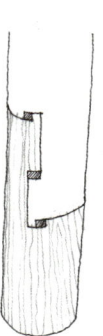

기둥 동바리를 엇걸이산지이음했다. 중앙과 위, 아래에 산지가 있다.

潭陽 滌暑亭

1

5

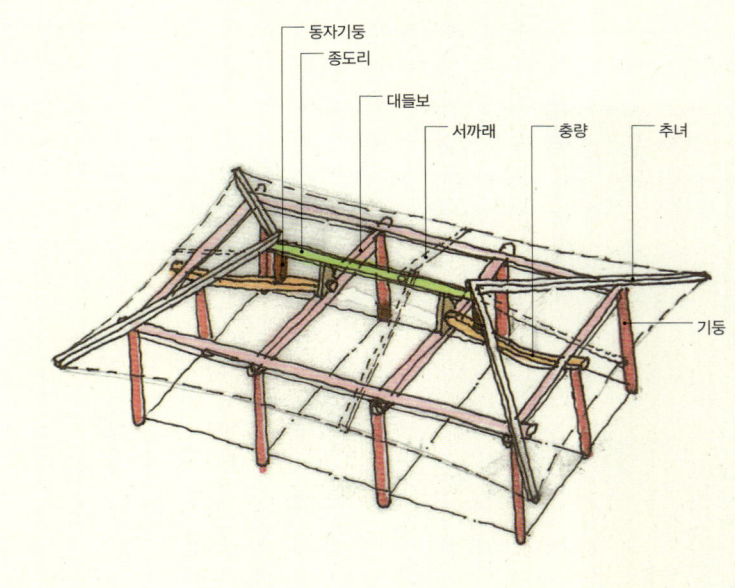

동자기둥
종도리
대들보
서까래
충량
추녀
기둥

1. 도로 중간에 자리해 마을 공동의 휴식공간이자 교류공간으로 이용됐을 것으로 보인다.
2. 보칸이 2칸 임에도 3량가로 구성하고 대들보 위에 판대공을 올리고 그 위에 종도리를 올렸다.
3. 공포는 민도리식이다.
4. 마루 끝에 여모귀틀을 덧붙였다.
5. 가구 구조도
6. 방 없이 전체를 마루로 구성하고 난간을 두르지 않아 편하게 걸터앉을 수 있다.

潭陽 滌暑亭

담양 면앙정

【위치】 전남 담양군 봉산면 면앙정로 382-11 (제월리)　**【건축 시기】** 1533년, 1654년 재건
【지정사항】 전라남도 기념물　**【구조 형식】** 5량가 팔작기와지붕

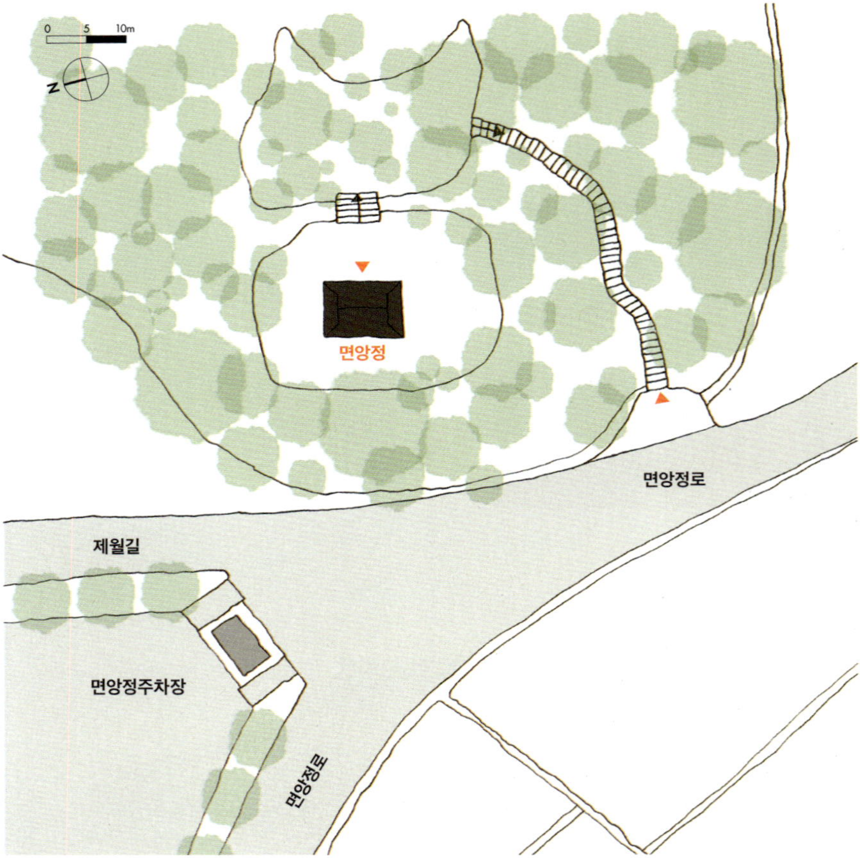

潭陽 俛仰亭

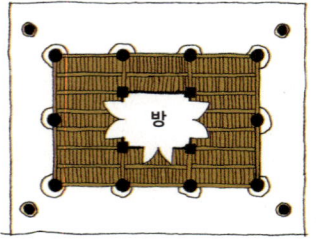

광주시와 담양군 경계지역 평야 산등성이 끝자락 평지에 북서향으로 자리한 면앙정은 1533년(중종 28)에 면앙정 송순(俛仰亭 宋純, 1493~1583)이 지은 정자이다. 송순은 관직을 떠나 이곳에서 이황을 비롯한 유학자들과 학문을 나누며 여생을 보냈다. 임진왜란으로 파괴된 것을 후손들이 1654년(효종 5)에 다시 지었다.

면앙정은 도리칸 3칸, 보칸 2칸 규모로 정중앙에 1칸짜리 방이 있다. 방 뒤쪽의 마루는 다른 곳보다 조금 높게 구성한 점이 특이하다. 다만 방이 있으면 아궁이가 있어야 하는데 보이지 않는다. 원래 있었는데 없어진 것인지 내력을 확인할 수 없다.

측면이 2칸이다 보니 내진주열과 외진주열이 엇갈려 있다. 배면에만 난간을 설치하고 정면에는 설치하지 않았다. 외벌대 자연석기단 위에 덤벙주초를 올리고 외진주에는 원형을, 내진주에는 방형기둥을 사용했다. 공포는 초익공식인데 다소 변칙적이다. 기본적으로 있어야 할 창방이 없고 마치 이익공식처럼 주심첨차가 있다. 익공에는 연화문을 초각했다. 이익공처럼 보이기 위해 화려하게 꾸민 것으로 생각된다.

등성이 끝자락 평지에 북서향으로 자리한다.

潭陽 俛仰亭

담양 면양정

潭陽 俛仰亭

1. 도리칸 3칸, 보칸 2칸 규모로 정중앙에 1칸짜리 방이 있다.
2. 배면 방 뒤쪽 마루가 살짝 높게 설치되어 있다.
3. 방에서 본 모습
4. 대들보 위에 충량이 걸리고 그 위에 눈썹천장이 있다.
5. 익공에 연화문을 초각해 화려하게 꾸몄는데 조선 후기 모양이다.
6. 초익공 형식인데 창방이 없고 첨차 모양을 하고 있다.
7. 마루에는 우물마루를 깔고 모두 개방했다.
8. 정면에는 난간을 설치하지 않고 배면에는 머름을 설치했다.

담양 송강정

【위치】 전남 담양군 송강정로 232 (고서면)　**【건축 시기】** 1584년
【지정사항】 전라남도 기념물　**【구조 형식】** 5량가 팔작기와지붕

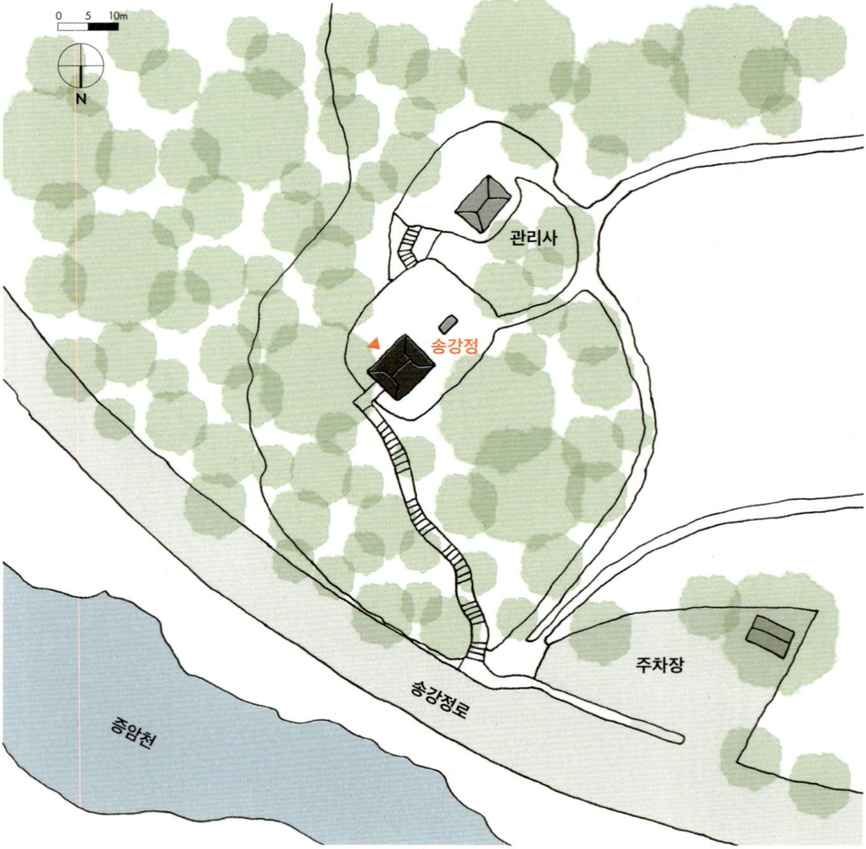

潭陽 松江亭

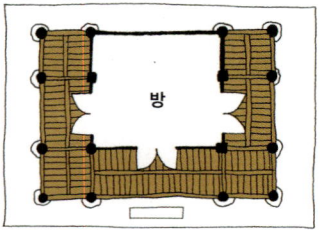

담양에 있는 또 다른 정자인 담양 식영정과 함께 송강 정철(松江 鄭澈, 1536~1594)이 성산에 내려와 머물던 정자이다. 송강정은 송강이 당쟁을 일삼는 조정을 떠나 성산에 내려와 1584년(선조 17)에 죽록정을 고쳐 지은 정자로, 나지막한 산 정상에 동향으로 자리하고 있다. 주변으로 수목이 비교적 울창해 조용하고 아늑하다.

송강정은 도리칸 3칸, 보칸 3칸으로 정사각형 평면이다. 중앙에 1칸 반 규모의 방이 있고 나머지는 개방된 마루로 되어 있다. 외벌대 장대석기단 위에 원형으로 가공한 초석을 올렸다. 외부기둥은 모두 원형기둥으로 되어 있고 내부기둥은 방주로 되어 있다. 공포는 직절익공식이다. 평면이 정사각형임에도 불구하고 가구는 5량가로 구성했다.

마루의 귀틀 중 외부에 면하는 귀틀은 이중으로 되어 있다. 인방처럼 비교적 얇은 귀틀이 있고 그 밑에 다시 인방재가 있다. 일반적인 방법이 아닌데 상부에 있는 귀틀이 얇아 보강의 의미로 두었거나 하부가 좀 두텁게 보이게 하기 위함일 수 있다.

화려하지 않고 소박한 느낌이지만 부재가 비교적 두텁고 용마루나 내림마루, 추녀마루의 적새기와가 일반적인 단수인 5단이 아닌 9단으로 된 것은 조금 과장된 느낌이다.

潭陽 松江亭

일반적인 귀틀   송강정의 귀틀

외부에 면한 마루귀틀은 인방처럼 비교적 얇은 귀틀이 있고 그 아래 보강의 의미인지 두텁게 보이기 위함인지 불분명한 인방재를 덧대었다.

潭陽 松江亭

1 직절익공식이다.
2 잘 가공한 원형초석을 사용했다.
3 나지막한 산 정상에 동향으로 자리한다.
4 동쪽 면에 송강정의 전신이었던 죽록정 현판이 걸려 있다.
5 도리칸, 보칸 모두 3칸 규모이며 가운데에 1칸 반 규모의 방이 있다.

潭陽 松江亭

담양 송강정

담양 상월정

潭陽 上月亭

【위치】전남 담양군 창평면 용운길 142-1 (용수리) 【건축 시기】1851년
【지정사항】전라남도 문화유산자료 【구조 형식】1고주 5량가 팔작기와지붕

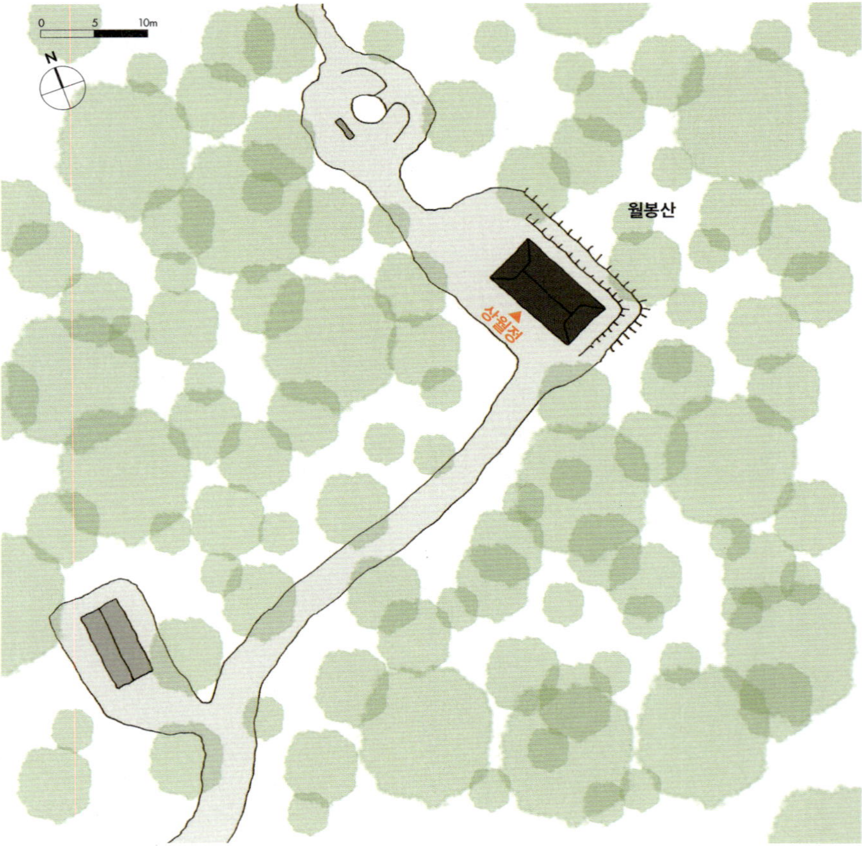

월봉산

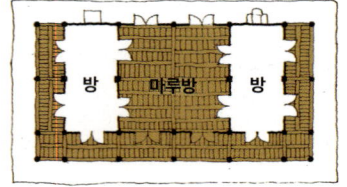

潭陽 上月亭

담양군 창평면 월봉산 중턱에 남서향으로 자리한 상월정은 1457년(세조 3) 김자수(金自修)가 벼슬을 그만두고 낙향하여 대자암 터에 정자를 세우고 상월정이라 한 것이 시초이다. 이후 퇴락한 것을 1808년(순조 8) 연재(淵齊)·초정(草亭) 두 사람이 고쳐 지었으나, 1851년(철종 2)에 홍수 피해를 입어 고재준(高在俊)·고광조(高光造) 등이 다시 고쳐 지었다. 1858년(철종 9)에 서까래와 보를 수리하여 오늘에 이르고 있다. 1905년 을사늑약이 체결되자 근대교육의 선구자인 춘강 고정주(春崗 高鼎柱, 1863~1933)는 낙향하여 이곳에 영학숙을 열고 다수의 후학을 양성하였다.

정자는 경사진 산지를 깎아 배면과 동쪽 면에 석축을 쌓고 지었다. 도리칸 6칸, 보칸 3칸 규모의 완벽한 좌우대칭 건물로 전면과 좌우측면에 반칸 툇마루를 두어 실제 사용되는 내부 공간은 4×2칸이다. 내부는 중간에 4칸 대청을 통으로 두고 좌우에 방을 둔 중당협실형이다. 자연석기단에 자연석주초를 올렸다. 가구는 1고주 5량가로 툇마루에 고주를 두고 툇보를 걸어 툇마루를 구성하고 익공은 직절해 사용했다. 대청의 대들보와 종보 사이에 동그란 부재를 설치하였는데, 대청의 종보 길이가 길어 구조적 보강 차원에서 설치한 것으로 보인다. 대청의 창은 일반적인 사분합들문에 고창을 설치하였고, 방문은 양여닫이 살문이다. 양쪽 방의 좌우측면에도 칸마다 세살문을 단 것이 일반적인 건물과 다른 점이다.

방 내부

潭陽 上月亭

潭陽 上月亭

1. 월봉산 중턱에 있어 승용차는 들어가기 어렵다. 30분 이상 걸어서 산행을 해야 갈 수 있다.
2. 대공 상세. 종도리는 둥그란 형태의 판대공으로 받치고 있다.
3. 우주 상부 직절익공 상세
4. 툇보 상세. 툇마루에 고주를 두고 툇보를 걸었다.
5. 중간에 4칸 대청을 통으로 두고 좌우에 방을 둔 중당협실형이다.
6. 도리칸 6칸, 보칸 3칸 규모의 완벽한 좌우대칭으로 전면과 좌우측면에 반 칸 툇마루를 두어 실제 사용되는 내부 공간은 4x2칸이다.

담양 상월정

潭陽 上月亭

1. 측면에는 작은 문을 설치하는 것이 일반적인데, 이 정자는 전면과 같은 크기의 세살문을 달았다.
2. 대들보와 종보 사이는 비워 두는 것이 일반적인데, 종보의 길이가 길어 구조적 보강 차원에서 동그란 부재를 설치한 것으로 보인다.
3. 배면 창호는 일반적으로 판문으로 하는데, 이 집은 울거미판문을 설치했다.
4. 계곡의 물을 끌어 식수로 사용하고 있다.

潭陽 上月亭

담양 상월정

무안 식영정

【위치】 전남 무안군 몽탄면 이산리 (배뫼) 551외　**【건축 시기】** 1630년
【지정사항】 전라남도 문화유산자료　**【구조 형식】** 2고주 5량가 팔작기와지붕

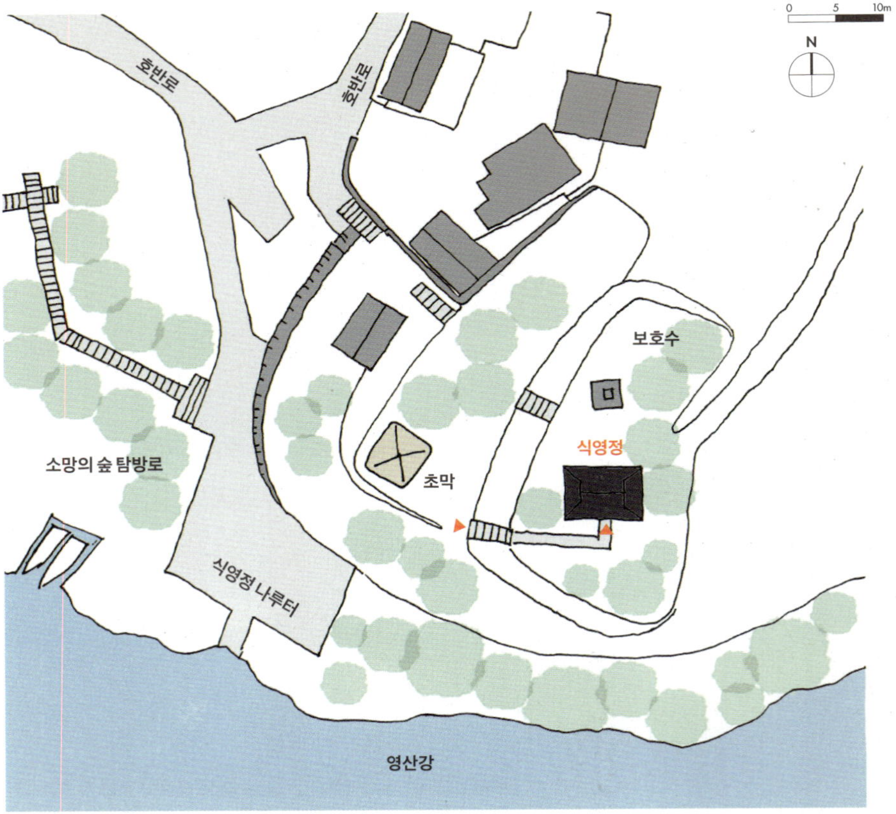

務安 息營亭

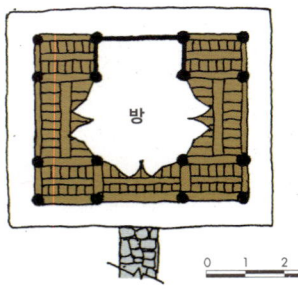

務安 息營亭

무안군청에서 남쪽으로 약 7km 지점의 영산강 강가에 자리한다. 한호 임연(閑好 林煉, 1589~1648)이 무안에 입향하여 지은 것으로 나주임씨의 강학과 학문교류의 장소로 사용되었다. 현재의 건물은 1900년대 초반에 중건한 것이다.

규모는 도리칸 3칸, 보칸 3칸의 정방형 평면이며 가운데 온돌을 두고 정면과 양 측면에 툇마루를 두었다. 외곽기둥은 원형이지만 온돌방 사방에는 방형기둥을 사용했다. 온돌방 전면과 좌우에는 창 없이 청판이 있는 네짝분합문을 달았다. 머름이 없어서 분합문을 모두 들어 걸면 전체를 통으로 넓게 쓸 수 있다. 공간의 융통성을 고려한 계획이라고 할 수 있다.

구조는 2고주 5량가로 평주와 고주는 사방 모두 툇보로 연결하였다. 공포는 민도리식이다. 장식이 거의 없고 매우 단순 강직한 조형미를 보여준다.

정자 정면으로는 넓은 영산강이 내려다보이며 주변에 고목으로 자란 팽나무가 고풍스러운 자연경관을 만들고 있다. 평면이 정방형이기 때문에 모임지붕으로 처리하는 것이 합당하지만 팔작으로 하기 위해 좌우 툇보 위에 외기를 걸고 합각을 지지할 수 있도록 했다.

온돌방에는 머름 없이 네짝분합문을 달아서 필요에 따라 들어 걸어 하나의 공간으로 사용할 수 있게 했다.

務安 息營亭

무안 식영정

務安 息營亭

1 도리칸, 보칸 모두 3칸으로 정방형 평면이다. 좌우 툇간에 비해 정칸이 눈에 띄게 넓다.
2 평면이 정방형이지만 지붕을 팔작으로 하기 위해 좌우 툇보에 외기를 걸었다.
3 공포는 두공이 있는 민도리 형식이다. 조각과 장식이 배제된 매우 절제된 강직함을 보여준다.
4 전면과 좌우면에 우물마루를 깐 툇마루를 두었다. 온돌만큼 넓지는 않지만 활동하기에는 좁지 않다.
5 오래된 팽나무는 정자에서 차경에 큰 역할을 하고 있다.
6 팽나무 사이로 영산강이 보인다.

보성 열화정

寶城 悅話亭

【위치】전남 보성군 득량면 강골길 32-17 (오봉리)　【건축 시기】1845년
【지정사항】국가민속문화유산　【구조 형식】3량가 팔작기와지붕

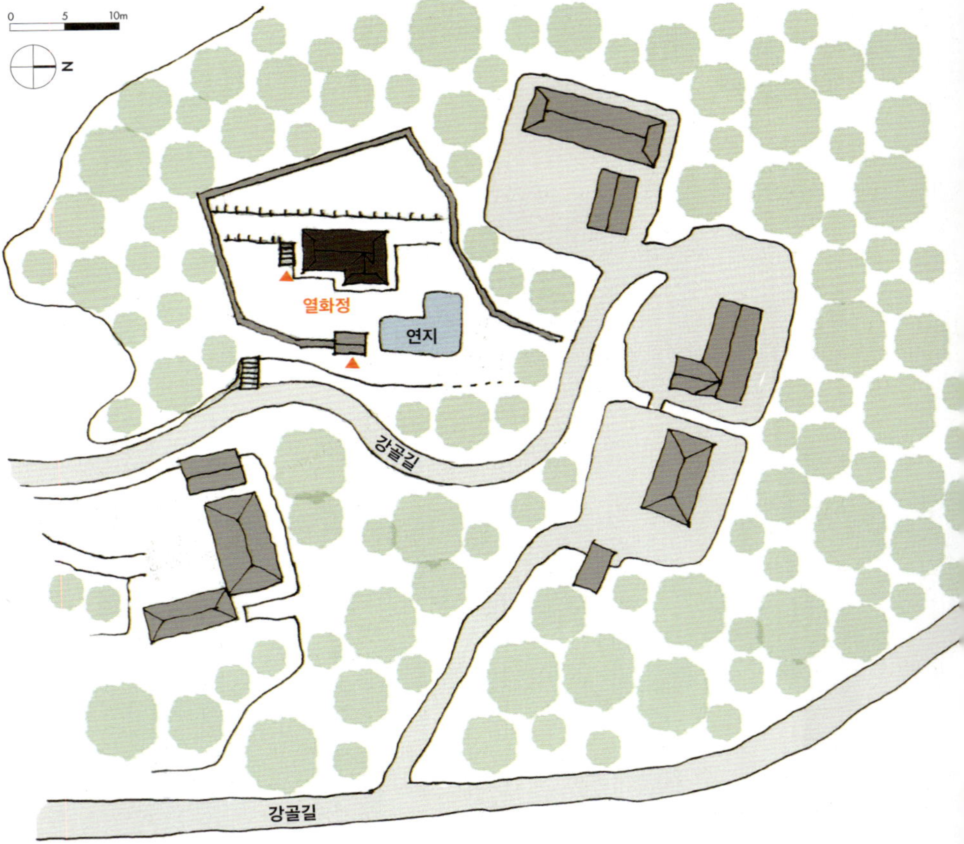

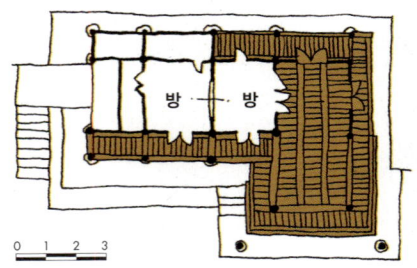

寶城 悅話亭

광주이씨 집성촌인 보성 강골마을 동쪽에 자리한 열화정은 1845년(헌종 11)에 이진만(李鎭晩)이 후진 양성을 위해 지은 정자로 광주이씨의 교육 장소로 사용되었다고 한다.

도리칸 4칸, 보칸 3칸 규모의 ㄱ자형 평면으로 남쪽부터 1칸 방 2개, 마루로 구성되어 있다. 전면으로 1칸을 돌출해 누마루를 둔 직절익공집이다. 누마루 하부에 팔각기둥을 사용하고 마루에 계자난간을 둘렀다. 오른쪽과 배면에는 판문을 달았다. 정자임에도 남쪽에 2개의 부뚜막이 있는 부엌이 마련되어 있는 것으로 보아 살림집 역할도 한 것으로 볼 수 있다.

도리칸 전퇴의 도리와 장혀가 보칸 누마루 오른쪽의 인방에 연결되어 있으며 보칸은 창방 위에 소로를 올리고 그 위에 장혀와 도리를 놓았다. 아래에도 소로를 두고 인방을 설치해 마치 이중창방을 설치한 것처럼 보이게 했다. 마루 중앙 기둥열에 보를 걸고 판대공을 설치한 다음 종도리를 놓았는데 이 종도리는 합각벽이 구성되는 곳까지 연장된다. 합각벽은 암키와로 파도 문양을 만들어 리듬감을 준다.

연지

寶城 悅話亭

寶城 悅話亭

1 도리칸 4칸, 보칸 3칸 규모의 ㄱ자형 평면으로 전면으로 1칸을 돌출해 누마루를 구성했다.
2 마루 중앙 기둥열에 보를 걸고 판대공을 설치한 다음 종도리를 놓았다.
3 충량이 누마루 상부의 종도리를 받는다.
4 도리칸 전퇴의 도리와 장혀가 보칸 누마루 왼쪽의 인방에 연결되며 보칸은 창방 위에 소로를 올리고 그 위에 장혀와 도리를 놓았다.
5 정자임에도 남쪽에 2개의 부뚜막이 있는 부엌이 마련되어 있다.
6 방은 우물천장으로 마감했으며 아랫방에 벽장을 두었다.
7 기와로 장식한 파도 문양 합각벽
8 자연석 계단을 올라가면 담장 끝에 일각대문인 일섭문(日涉門)이 있고 문을 지나면 2단의 높은 축대 위에 ㄱ자형으로 자리한 열화정이 보인다.
9 누마루는 서까래를 길게 내밀고 부연까지 설치해 날개를 펼친 형상이다. 가늘고 높이가 높은 활주초석을 두고 활주를 올렸다.

보성 취송정

【위치】 전남 보성군 벌교읍 고읍리 724　**【건축 시기】** 1787년
【지정사항】 전라남도 문화유산자료　**【구조 형식】** 5량가 팔작기와지붕

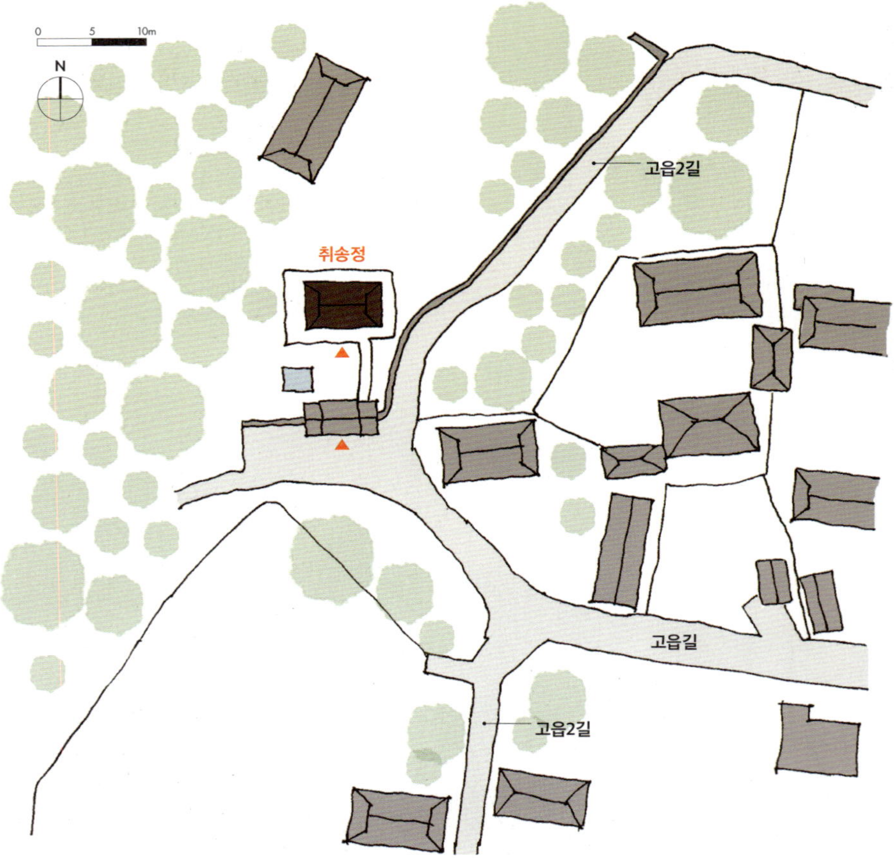

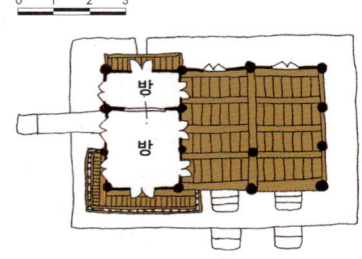

寶城 翠松亭

순천박씨 집성촌인 고읍리마을 중앙에 자리한다. 앞으로는 넓은 경작지가 펼쳐져 있고 벌교천이 흐른다. 정자 앞에는 작은 연지가 있다. 1988년 기와 보수 공사 때 발견한 상량문에 의하면 마을의 입향조인 박성민(朴聖民)의 5대손인 박기진(朴琦鎭)이 1787년(정조 11)에 창건했다.

취송정은 도리칸 3칸, 보칸 3칸 규모로 3칸 온돌방과 6칸 마루로 구성했다. 방 앞에는 동자주로 받치고 있는 툇마루를 두고 계자난간을 설치했다. 비교적 높은 마루로 구성해 칸마다 3단 정도의 계단을 두어 오르내리게 했으며 팔각형 기둥을 사용했다. 각 칸마다 창방 위에 소로를 3개씩 놓고 장혀를 받았으며 장혀 위의 도리도 기둥처럼 팔각형으로 했다. 마루 후면에는 겹머름을 설치하고 판장문을 달았다. 마루가 비교적 크기 때문에 방과 면하는 지점에도 기둥을 세우고 마루를 향해 도리를 놓았다. 도리의 전면은 내진주에 걸리지만 후면은 그대로 보에 꽂혔다. 도리와 뜬창방 사이에 소로가 있는 원형화반 2개를 놓아 화려하게 장식했다.

팔각형 기둥과 도리, 큰 공간을 구성하면서 감주하여 상부구조를 독특하게 구성했다. 특히 도리와 뜬창방 사이의 원화반, 기둥과 보 상부에서 보이는 보아지 형태를 보면 굉장히 사치스럽게 장식했지만 전체적으로 탄탄한 구조이다.

방 앞의 툇마루는 짧은 동자주로 받쳤다.

寶城 翠松亭

1 도리칸, 보칸 모두 3칸 규모로 온돌방 앞에 계자난간을 설치한 툇마루를 두었다.
2 도리와 뜬창방 사이에 소로가 있는 원형화반 2개를 놓았다.
3 방과 면해 내부에 있는 기둥은 상부에 사절된 보아지를 놓고 그 위로 주두가 놓여 보를 받음과 동시에 도리를 받치고 있다. 대들보와 중보 사이에서 다락문이 보인다.
4 충량은 대들보 위에 놓이고 뜬창방머리와 연결된다.
5 방 앞 마루에는 계자난간을 설치했다.
6 정자 앞에 있는 작은 연지
7 기둥과 도리를 팔각형으로 다듬어 사용하고 큰 공간을 구성하면서 기둥을 감주하여 독특한 상부구조를 만들었다.
8 마루 후면에 겹머름을 설치하고 판장문을 달았다.

寶城 翠松亭

순천 초연정

順天 超然亭

【위치】 전남 순천시 송광면 삼청리 766번지 등　【건축 시기】 1836년 초창(초가지붕), 1864년 중건(기와지붕)
【지정사항】 명승　【구조 형식】 7량가 팔작기와지붕

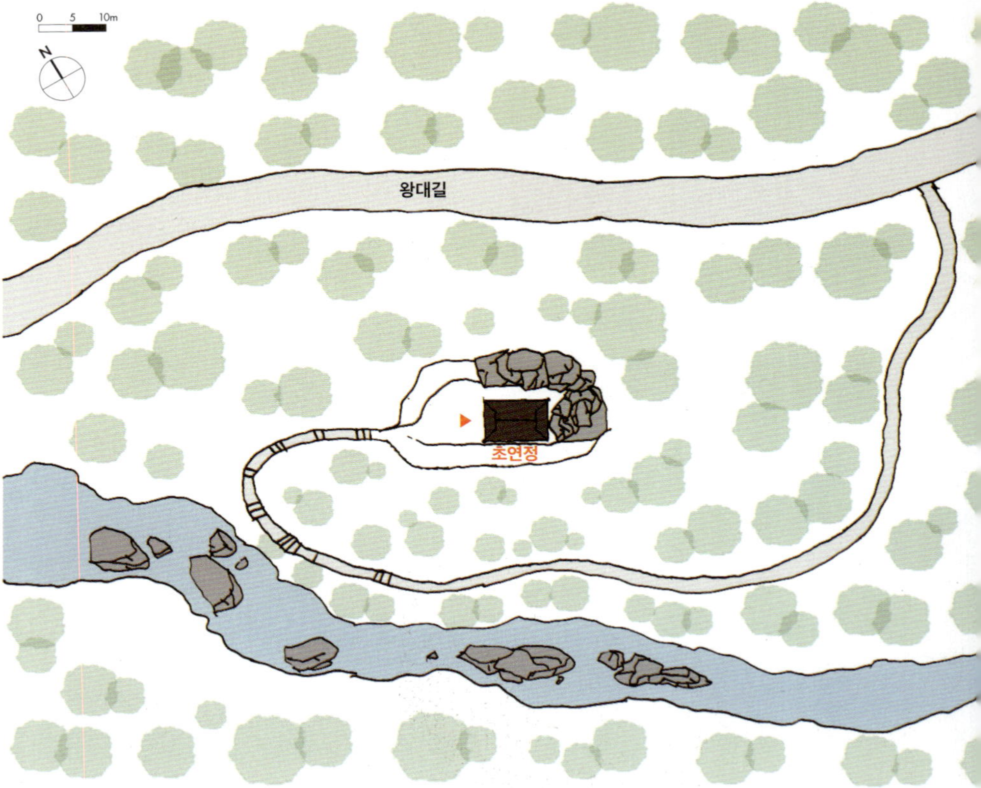

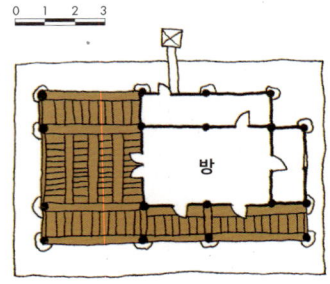

順天 超然亭

　초연정은 1836년(헌종 2) 청류헌 조진충(聽流軒 趙鎭忠, 1777~1837)이 초가로 지어 옥천조씨의 제각(祭閣)으로 사용하던 것을 아들인 만회 조재호(晩悔 趙在浩, 1808~1882)가 1864년(고종 원년)에 기와지붕으로 중건한 정자이다. 대개 정자는 주변 경관을 즐길 수 있게 트인 공간에 자리하는데 초연정은 바로 앞에 있는 계곡을 바라보면서 남향하고 북쪽은 큰 바위들이 마치 병풍처럼 둘러싸고 있어 외부에서는 잘 보이지 않고 초연정에서는 계곡의 물소리만 들린다.

　도리칸 3칸, 보칸 3칸 규모로 어칸이 협칸에 비해 좁은 편이다. 동쪽에 기둥 1열을 하나 더 설치해 방을 구성해 도리칸이 4칸인 것처럼 보인다. 전면과 마루 후면에 툇마루를 두었다. 덤벙주초 위에 원형기둥을 세우고 상부에는 보를 받치는 보아지를 사용했다.

　규모는 작지만 7개의 도리를 사용한 7량가로 보칸은 어칸이 넓다. 마루쪽 상부는 하중도리를 연장해 외기를 구성했다. 눈썹천장 자리에 상중도리를 밖으로 연장해 또 다른 외기를 구성한 모습이다. 이 작은 외기는 빗천장과 장마루 형식의 천장으로 막았다. 방 후면의 퇴는 방과 연결된 창고처럼 사용할 수 있는 공간이고, 측면의 퇴 상부에는 벽장을, 하부에는 아궁이를 들였다.

　초연정은 주변 숲과 함께 초연정원림이라는 명칭으로 명승으로 지정되어 있다.

1. 초연정으로 내려가는 계단
2. 덤벙주초 위 원형 기둥을 사용했다. 서쪽에 1칸 마루를 두고 전면, 후면 모두 툇마루를 두었다.

順天 超然亭

1

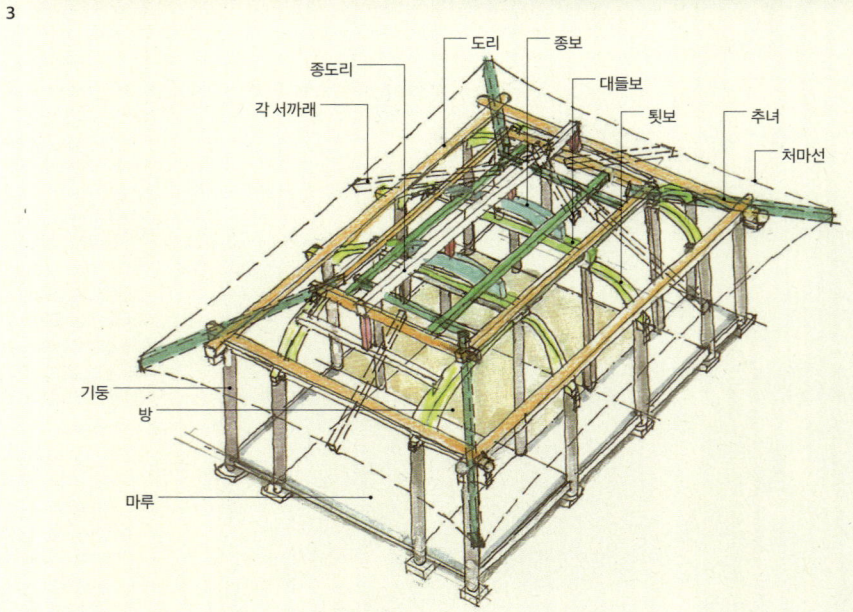

3

순천 초연정

462

1 초연정은 막돌로 10단 정도 쌓은 높은 축대 위에 자리한다.
2 방 후면 툇간을 창고처럼 사용할 수 있는 공간으로 구성했다.
3 가구 구조도
4 보칸의 어칸이 넓어 이중외기처럼 구성했다.

順天 超然亭

順天 超然亭

1 방 아래는 난방을 위한 아궁이를 설치했다.
2 굴뚝에 기와지붕을 올렸다.
3 초연정 북쪽은 큰 바위들이 마치 병풍처럼 둘러싸고 있다.
4 내진 기둥과 외진 기둥의 높이차를 보완하기 위해 휜 툇보를 사용하였다.
5 방 천장에서 마루 상부에서 보이는 작은 외기가 보인다.

順天 超然亭

순천 상호정

[위치] 전남 순천시 주암면 죽림원길 33-3　　**[건축 시기]** 15세기 후반 창건
[지정사항] 전라남도 기념물　　**[구조 형식]** 5량가 팔작기와지붕

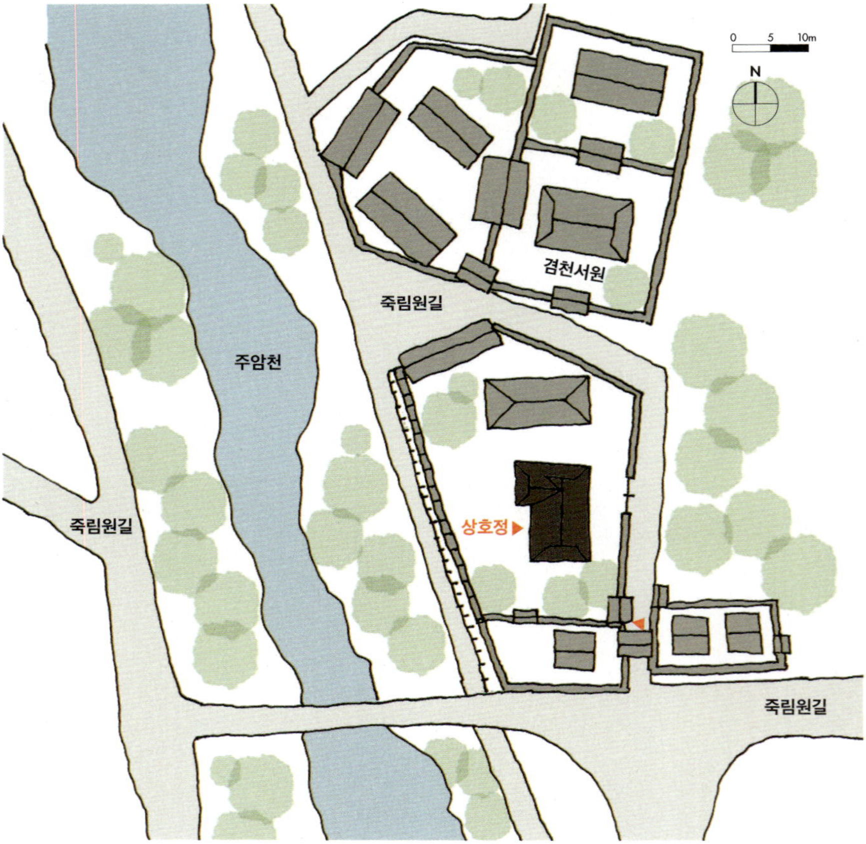

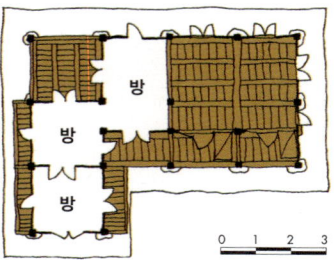

정확한 창건 연대는 알려지지 않았으나 조사문(趙斯文, 1398~1483)의 아들인 지산(智山), 지곤(智崑), 지륜(智崙), 지강(智崗)이 지내던 곳이라는 기록으로 보아 15세기 후반으로 추정할 수 있다. 상호정은 옥천조씨의 순천 입향조인 조유(趙瑜, 1346~1428)를 비롯해 박중림(朴仲林, ?~1456), 김종서(金宗瑞, 1390~1453), 박팽년(朴彭年, 1417~1456), 조사문 등을 모신 겸천서원(謙川書院) 입구에 자리한다.

상호정은 막돌허튼층쌓기한 기단 위에 서향으로 자리한다. 도리칸 4칸, 보칸 2칸으로 1칸 마루, 1.5칸 방, 3칸 마루로 구성되어 있다. 서쪽 1칸 마루 앞에 돌출해 1칸 방 2개를 덧붙여 전체적으로 ㄱ자형 평면을 이룬다. 서쪽 마루 상부에는 추녀를 걸기 위해 외기처럼 구성했는데 돌출된 부분의 종도리가 마루 중앙까지 돌출되고 이를 받치기 위해 도리 상부에 보를 걸었다. 돌출된 부분의 종도리를 지지하기 위해 본체 중도리를 연장해 결구했다. 지붕 모서리마다 활주를 놓았는데 특히 남쪽 활주초석은 높이가 높고 활주 하부는 철물로 보호했다.

順天 相好亭

주암천을 바라보면서 서향하고 있다.

順天 相好亭

順天 相好亭

1. 도리칸 4칸, 보칸 2칸이고 서쪽에 1칸 방 2개가 덧붙어 전체적으로 ㄱ자형 평면을 이룬다.
2. 방 돌출부 북쪽 초석과 활주초석의 모양이 서로 다르다.
3. 마루에는 3분합들문을 달아 필요에 따라 전체를 들어올려 사용할 수 있게 했다.
4. 직절익공집이다.
5. 본체와 돌출부분이 만나는 부분의 골추녀.
6. 기둥 없이 도리에 추녀를 걸었다.
7. 마루 중앙에 보를 걸어서 외기처럼 구성하고 추녀를 받았다.
8. 남쪽 활주초석은 높이가 높고 활주 하부를 철물로 보호했다.

영암 영보정

靈巖 永保亭

【위치】 전남 영암군 영보정길 10-8 (덕진면)　**【건축 시기】** 1630년대 추정
【지정사항】 보물　**【구조 형식】** 5량가 팔작기와지붕

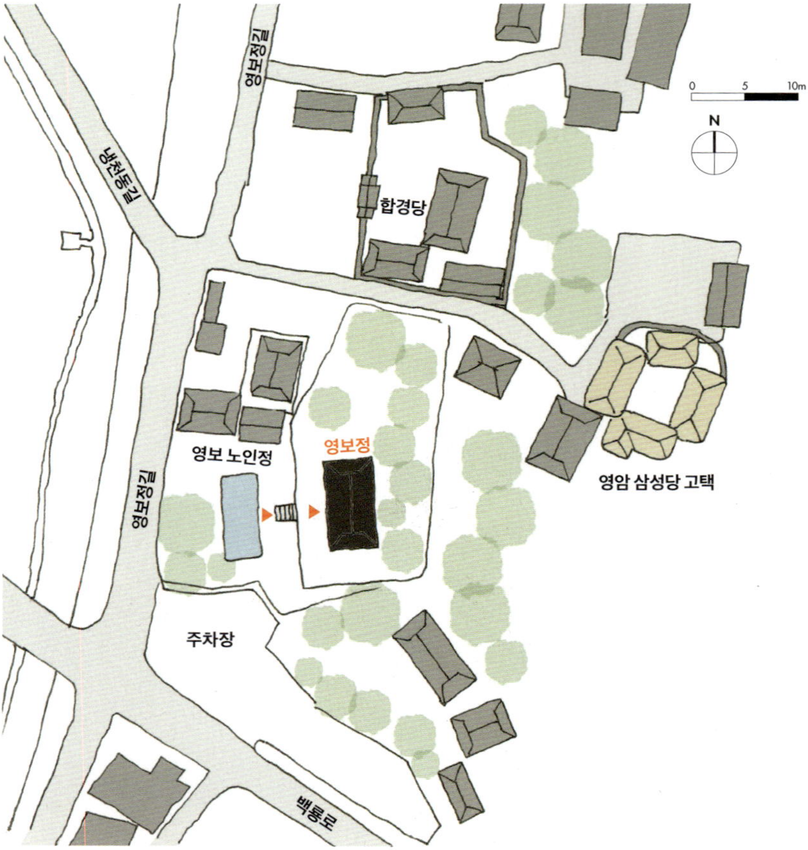

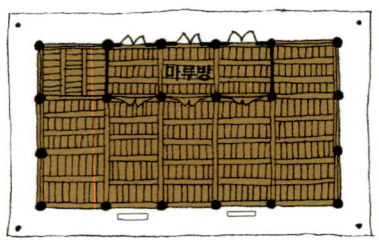

靈巖 永保亭

　백용산 줄기를 등지고 전면의 넓은 들과 월출산을 바라보며 서향으로 자리한 영보정은 예문관 직제학을 지낸 연촌 최덕지(烟村 崔德之, 1384~1455)가 영보촌에 낙향해 사위 신후경과 함께 지은 정자이다. 초창 건물의 창건 연대와 규모는 정확히 알 수 없으나 선조 연간에 황폐화된 것을 최정(崔珽, 1568~1639)과 신천익(愼天翊, 1592~1661)이 1630년경 지금 자리에 현재의 규모로 옮겨 지었으며, 부분적으로 보수하며 현재에 이르고 있다. 일제강점기에는 영보학원이 설립되어 신교육과 항일 구국정신을 가르치는 요람 역할을 하였고, 1931년에 일어난 형제봉 만세운동 또한 이 영보학원을 중심으로 이루어진 항일투쟁이라는 점에서 역사적 의의가 큰 장소이다.

　건물은 도리칸 5칸, 보칸 3칸으로 큰 규모이며, 공포 양식 또한 삼익공으로 다른 정자에 비해 격이 높게 건립되었다. 평면은 배면 가운데 3칸 마루방을 만들고 나머지는 전부 우물마루를 깔았는데, 방 전면에는 사분합들문을 달아 필요시에는 전체를 개방하여 많은 사람이 모일 수 있도록 하였다. 건물 기단 전면에는 방형의 못과 함께 400여 년이 된 보호수와 고목이 있어 건물의 위용을 높여주고 있다.

　해마다 5월 5일에는 마을의 풍년과 지역민의 안녕 그리고 화합을 도모하는 풍항제가 이곳에서 열린다. 현판은 석봉 한호(石峯 韓濩, 1543~1605)의 글씨이다.

1, 2　다양한 문양의 화반

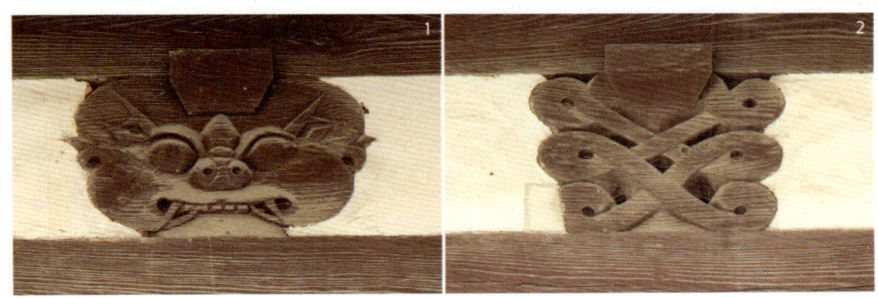

靈巖 永保亭

영암 영보정

1 도리칸 5칸, 보칸 3칸의 큰 규모로 많은 사람이 모일 수 있는 정자이다.
2 방 전면에는 사분합들문을 달아 필요에 따라 전체를 개방해 사용할 수 있게 했다. 방 상부에는 다락을 두고 창을 설치했다. 다락은 사다리를 이용해 오르내린다.
3 측면 칸은 충량과 툇보를 결구해 외기도리를 지지하는데 곡재를 사용해 비슷한 모양을 연출했다.
4 보칸은 방을 구성하는 고주에 맞보 형태로 대들보와 툇보가 결구되는데 후면 툇보는 곡재를 사용했다.
5 공포는 삼익공으로 화려하게 구성했다.
6 연속되는 네 개의 큰 대들보와 높은 층고는 건물의 웅장함을 보여주기에 충분하다.
7 전면에 있는 방형의 못과 400여 년이 된 보호수와 고목은 건물의 위용을 높여준다.

靈巖 永保亭

영암 영팔정

靈巖 詠八亭

[위치] 전남 영암군 신북면 모산리 403번지 [건축 시기] 1406년 초창
[지정사항] 전라남도 기념물 [구조 형식] 5량가 팔작기와지붕

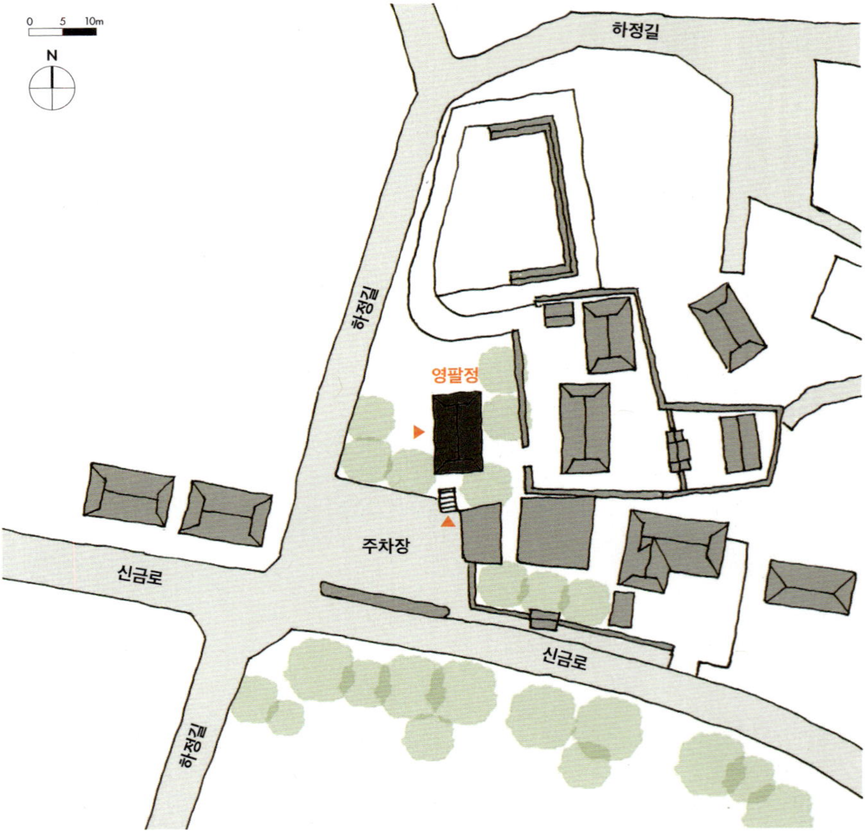

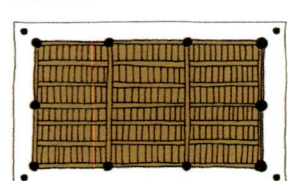

靈巖 詠八亭

산리마을 초입에 서향으로 자리 잡은 영팔정은 조선 초 전라도 관찰사로 재임했고 청백리로 유명한 하정 유관(夏亭 柳寬, 1346~1433)이 이곳의 지세와 경치에 감탄하여 1406년(태종 6) 아들 맹문(孟聞)에게 정자를 짓게 했다고 한다. 처음에는 작은 정자였다고 하나 그 규모는 확실히 알 수 없다. 이후 여러 번의 중수와 개수를 거쳤으며, 1689년(숙종 15) 영의정을 지낸 약재 유상운(約齋 柳尙運, 1636~1707)이 중수하면서 현재의 규모로 자리 잡은 것으로 추정되나 정확한 연혁은 알려져 있지 않다.

정자의 명칭은 당초 모산의 '모(茅)'자와 유관의 호인 하정의 '정(亭)'자를 따서 '모정'이라 칭하였으나, 훗날 율곡이 주변 경관을 보고 팔경시(八景詩)를 짓고, 고경명, 남이공, 유상운 등과 같은 학자가 팔영시(八詠詩)를 읊은 것에서 유래해 '영팔정'으로 바뀌었다.

정자 규모는 도리칸 3칸, 보칸 2칸으로 방 없이 전체에 우물마루를 깔았다. 일반적으로 이런 건물은 입구를 제외한 부분에 난간을 설치하거나 난간이 아예 없기 마련인데, 이 건물은 남쪽에만 장초석을 사용하면서 간단한 평난간을 설치한 점이 특이하다. 주변 지형과 향을 고려할 때, 이쪽에 비가 많이 들이쳐서 장주초를 사용하고, 따뜻한 남쪽에 사람이 많이 모여 난간을 설치한 것으로 생각된다.

영팔정은 건물의 평면 구성을 볼 때, 배움의 장소뿐만 아니라 향약의 집회 장소 기능이 큰 건물이다.

전면에 넓은 들과 낮은 산이 있어 아늑한 느낌이다.

靈巖 詠八亭

靈巖 詠八亭

1 남쪽에만 장초석을 사용하고 간단한 평난간을 둘렀다. 이쪽으로 비가 많이 들이치고 사람이 많이 모이는 쪽이기 때문으로 추정된다.
2 추녀를 길게 빼고 처짐 방지를 위해 활주로 받쳤다.
3 투박하게 가공한 장초석이 정자의 분위기와 어울린다.
4 견실한 대들보와 중보를 동자주로 간단히 결구한 반면 대공은 파련대공으로 화려하게 장식했다.
5 충량을 걸고 외기도리를 올렸다. 외기도리 왕지에는 달동자를 달아 마무리했다.
6 자연석기단 위에 도리칸 3칸, 보칸 2칸 규모로 자리한다. 뒤에는 분비재와 죽봉사 사당이 있다.
7 자연석초석 위에 원기둥을 세우고 전체를 마루로 구성했다.

영암 부춘정

靈巖 富春亭

【위치】전남 영암군 영암읍 망호리 206 【건축 시기】1618년 초창
【지정사항】전라남도 유형문화유산 【구조 형식】5량가 팔작기와지붕

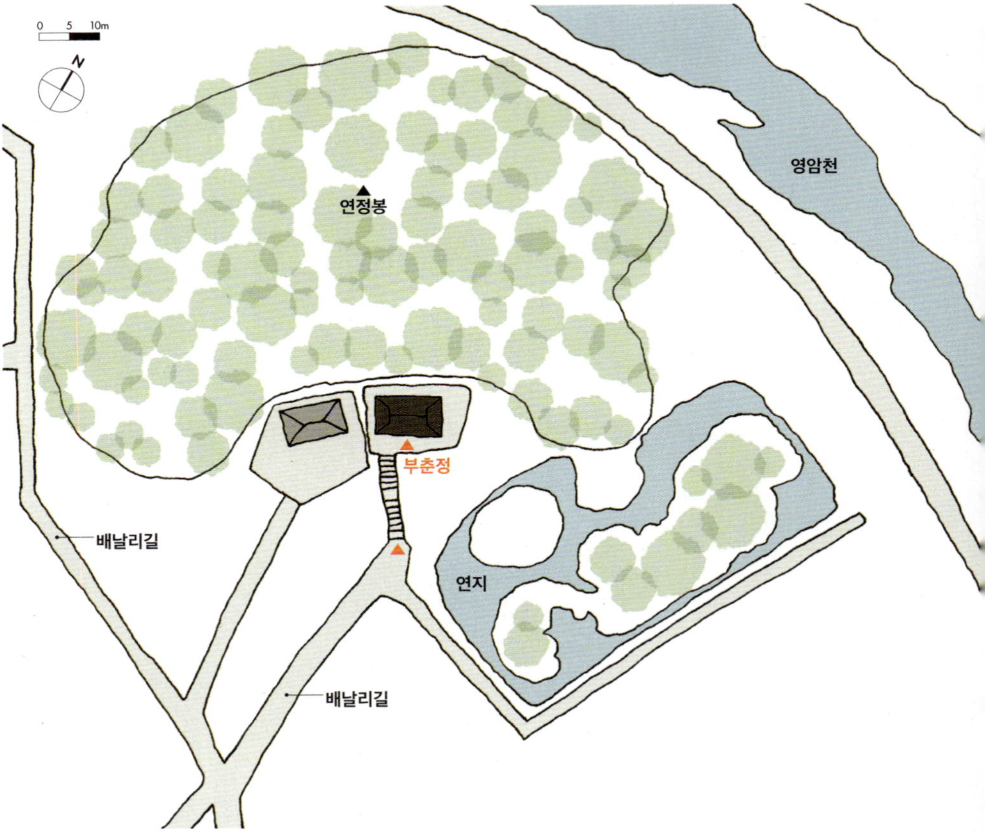

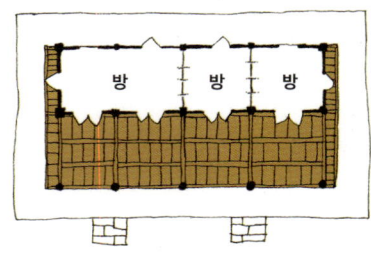

靈巖 富春亭

영암 진주강씨 집성촌인 망호리 후정마을 북쪽의 부춘봉 기슭에 영암천을 등지고 월출산을 바라보며 남동향으로 자리한 부춘정은 평양 판관 겸 병마절제사를 지낸 강한종(姜漢宗, 1549~1622)이 광해군 때 낙향하여 지은 정자이다. "부춘정중수기"에 따르면 1618년 초창되었고, 1672년 중수하였다. 2010년에는 "중수상량문"이 발견되었는데, 1866년에도 중수가 있었음을 확인할 수 있다.

평면은 도리칸 4칸, 보칸 2칸으로 전면 4칸은 모두 마루로 구성하고 배면 4칸은 온돌방으로 구성한 대칭구조이다. 과거에는 방의 일부가 부엌이었으나 1960년경에 방으로 고쳤다고 한다. 월출산을 바라보는 수려한 경관과 다수의 시문 그리고 부춘정의 기록으로 볼 때 정자로 건립된 것은 확실하나, 일반적 정자 평면에 비해 전퇴가 넓고 후실이 많은 점을 볼 때 후대의 어느 시점에 학숙을 하는 강학 기능이 첨부되어 현재의 형태와 같이 변모한 것으로 생각된다.

가구를 보면 중도리 안쪽에는 반자를 하는 것이 일반적인데, 이 건물은 중도리에서 건물의 중심 방향으로 연목을 걸어 전체 가구와 상관없이 대청 부분을 3량가로 보이게 처리한 특이한 구조를 가지고 있다. 이러한 특징은 정자의 기능과 학숙 기능이 공존하면서 마루와 방을 독립적 기능으로 해석한 결과로 생각된다.

전면 4칸은 모두 마루로 하고, 그 뒤에 온돌방을 두었다.

靈巖 富春亭

1 자연석기단 위에 도리칸 4칸, 보칸 2칸 규모로 자리한다.
2 중도리에 장연을 걸고 안쪽으로는 단연처럼 연목을 걸어 천장 반자를 대신한 특이한 구조이다.
3 외기도리에 반자를 사용하지 않고 연등천장을 노출했다.
4 소나무로 조성한 진입로. 왼쪽이 관리사이고 오른쪽이 부춘정이다.
5 대개 방에는 분합들문을 다는데, 부춘정은 방 4칸 모두 쌍여닫이문을 달았다.

靈巖 富春亭

영암 장암정

[위치] 전남 영암군 영암읍 무덕정길 63 (장암리)　**[건축 시기]** 1668년
[지정사항] 전라남도 기념물　**[구조 형식]** 1고주 5량가 팔작기와지붕

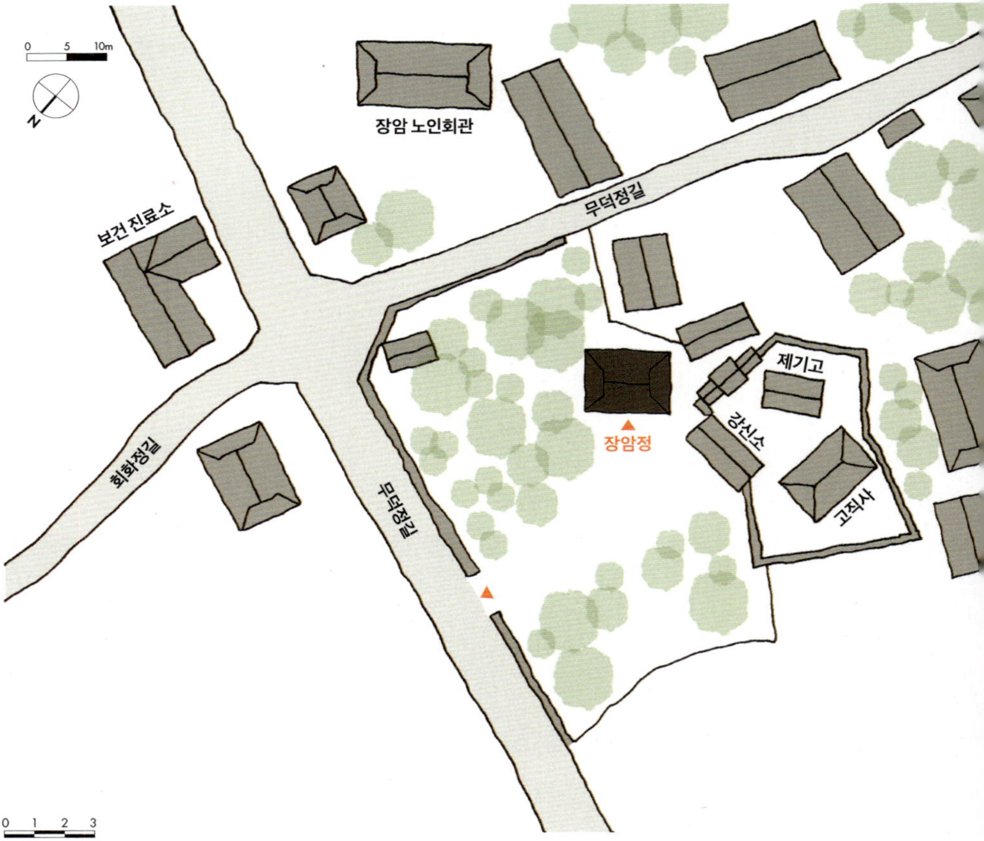

靈巖 場岩亭

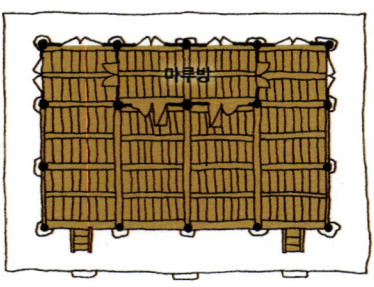

1667년(현종 8) 창설된 장암 대동계(大同契)의 집회 장소로 1668년(현종 9)에 지은 정자이다. 장암정은 장암리마을 한가운데에 북서향으로 자리한다. "장암정기"와 "장암정중수기"에 초창 이후 1760년(영조 36)에 규모를 키웠고, 1788년(정조 12), 1819년(순조 19)에 중수, 1880년(고종 17)에 전체적으로 중수하여 현재의 규모와 형태를 갖추었다.

건물은 도리칸 4칸, 보칸 3칸 규모로 뒤쪽 중앙에 마루방 2칸을 두고 나머지는 우물마루를 깐 마루로 구성했다. 방 전면에는 사분합들문을 달아 필요에 따라 문을 들어올리고 내부 전체를 통으로 사용할 수 있도록 하였다.

장암정은 동약의 집회소로 지은 건물로 현재까지 남아 있는 드문 사례이다. 또한 향약에 사용된 건물은 대개 방이나 벽체 없이 트여 있는데 장암정은 방을 두고 배면을 벽으로 막았다는 특징이 있다. 평상시에는 마을 사람들이 모여 향음주례, 백일장, 회갑연 등을 벌이고 나라의 행사가 있을 때 쓰이기도 하여 마을의 구심점 역할을 하는 건물이다.

동약은 조선시대 촌락 단위의 마을 사람들끼리 만들어 놓은 규칙으로 좋은 일은 서로 권유하는 덕업상권(德業相勸), 서로 사귐에 있어 예의를 지키는 예속상교(禮俗相交), 잘못은 서로 바로 잡아주는 과실상규(過失相規), 어려운 일은 서로 도와주는 환난상휼(患難相恤)을 목적으로 한다.

靈巖 場岩亭

덤벙주초 위 원기둥을 사용한 이익공집이다.

靈巖 場岩亭

영암 장암정

484

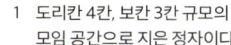

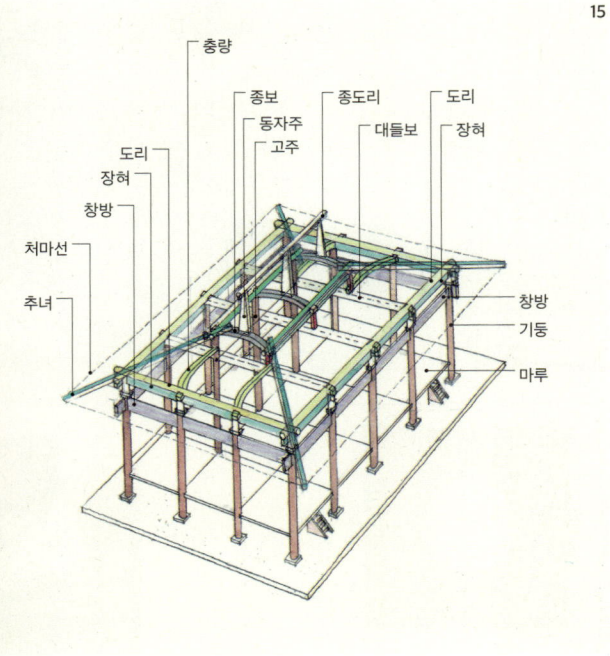

1. 도리칸 4칸, 보칸 3칸 규모의 모임 공간으로 지은 정자이다.
2. 방을 구성하는 고주에 전면 2칸의 대들보를 걸고, 배면 1칸은 대들보 없이 수장폭의 부재를 걸었다. 대들보 위로 측면 충량을 걸어 외기도리를 받고 있다.
3. 이익공
4. 마루방에는 사분합들문을 달아 문을 들어올리고 내부 전체를 통으로 사용할 수 있게 했다.
5~13. 다양한 문양의 화반
14. 마루방 상부는 고미반자로 처리하고 다락으로 사용한다.
15. 가구 구조도

靈巖 場岩亭

보길도 세연정

甫吉島 洗然亭

[위치] 전남 완도군 보길면 부황길 57, 등 (부황리) **[건축 시기]** 1637년 초창
[지정사항] 명승 **[구조 형식]** 7량가 팔작기와지붕

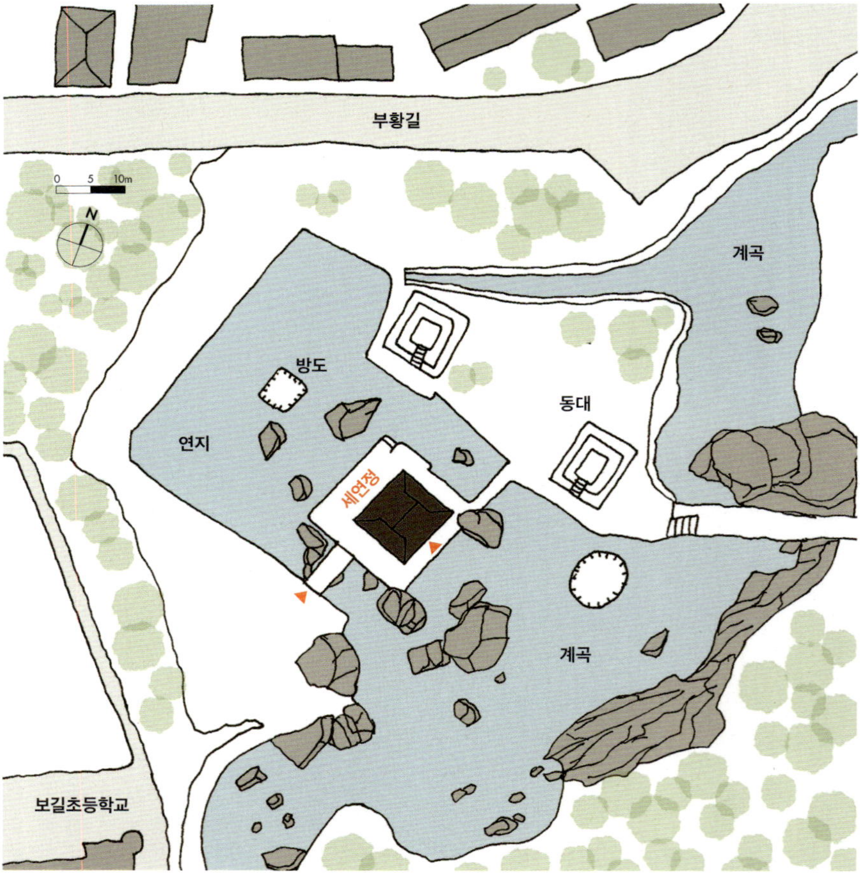

고산 윤선도(孤山 尹善道, 1587~1671)가 병자호란 이후인 1637년(인조 15) 보길도에 정착하면서부터 조성한 것이다. 윤선도는 여기서 "어부사시사"와 같은 시가문학을 만들고 정자, 서실 등을 경영하였다.

보길도는 격자봉을 중심으로 한 넓은 구릉지대이다. 격자봉을 기준으로 동북쪽으로 부황천이라 일컫는 지류가 뻗어나가는데, 윤선도는 이 지류를 기준으로 여러 정자와 정원을 조성하였다. 세연정(洗然亭)은 서남쪽에서 동북쪽으로 계류가 흐르는 자연지세에서 자연스럽게 서북쪽을 바라보며 자리하고 있다. 배산의 형식으로 앞의 계류를 자연스럽게 바라볼 수 있게 앉힌 것으로 절대방위보다는 상대적인 지형과 물의 흐름 등에 적응한 배치이다. 세연지(洗然池)라는 못을 파면서 세연정을 세운 것 이외에도 바라보는 방향으로 네모난 형태로 못을 파고 그 가운데에 방도(方島)를 두었다. 세연정에서 하류 쪽인 북쪽에는 동대(東臺)를 두는 등 시가문학을 즐겼던 장소로 활용되었다.

세연정은 도리칸 3칸, 보칸 3칸으로 가운데에 1칸 규모의 방을 두고 사면으로 문을 열 수 있게 한 개방형 평면이다. 특이한 점은 온돌방뿐만 아니라 정자의 외곽에도 각칸마다 들어열개가 가능한 사분합문을 달았다는 점이다. 따라서 추울 때는 온돌방을 이중으로 보호할 수 있으면서도 평소에는 처마 밑과 온돌방의 창을 들어올려 개방할 수 있게 했다. 또한 온돌방의 북쪽면(하류 쪽)의 마루칸은 한단을 높게 하여 위계를 두었다.

기단은 어느 정도 정형의 얇고 기다란 자연석으로 격식있게 구성하고 자연석 덤벙주초 위에 기둥을 올렸다. 외진주의 12개 기둥은 원주로 하고, 방을 구성하는 내진주의 4개 기둥은 각주로 하였다. 중도리와 별개로 중하도리를 둔 7량가이며, 대들보에서 양 측면으로는 충량을 달았다.

세연정뿐만 아니라 서실로 낙서재(樂書齋), 동천석실(同天石室), 곡수당(曲水堂)과 무민당(無憫堂)의 건물을 세우는 등 자연을 벗 삼아 생활한 윤선도의 삶을 엿볼 수 있다. 은둔하면서도 강학에 힘쓰고 시가문학을 만들면서 자연을 벗 삼아 지낸 선비의 모습이다.

甫吉島 洗然亭

甫吉島 洗然亭

1. 세연정은 뒤에 산을 두고 앞의 계류를 바라볼 수 있게 서북쪽으로 배치했다.
2. 얇고 기다란 자연석을 격식있게 쌓아올린 기단 위에 덤벙주초를 두고 외진주로 원형기둥을 사용했다.
3. 세연정 배면에 조성한 동대
4. 가운데 온돌방을 둔 평면에서 한쪽 마루칸을 높여 구성했다.
5. 세연정에서 바라본 세연지
6. 세연지라는 네모난 형태의 못 안에 자리한 세연정의 정면에는 원형 섬이 있다.
7. 세연정 배면으로 연지와 더불어 수려한 경관을 구성한다.

장성 기영정

[위치] 전남 장성군 삼계면 우봉길 30-17　**[건축 시기]** 1543년 초창, 1856년 중건
[지정사항] 전라남도 문화유산자료　**[구조 형식]** 5량가 팔작기와지붕

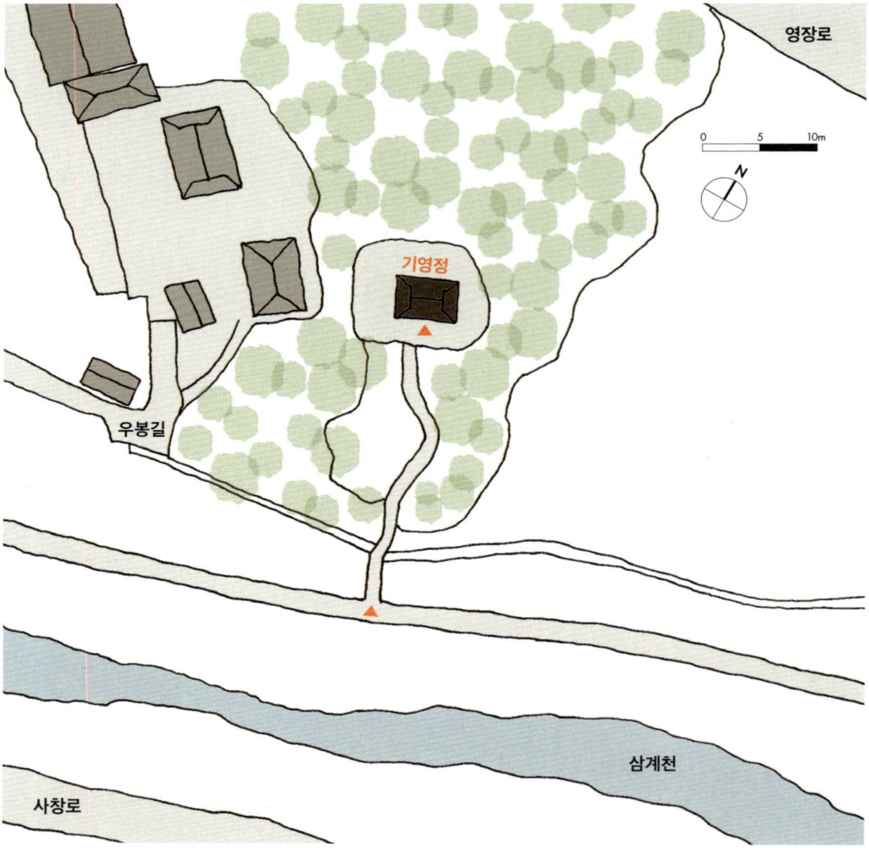

長城 耆英亭

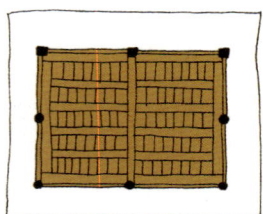

長城 耆英亭

　기영정은 '나이 많고 덕이 높은 사람을 기리는 정자'라는 의미이다. 여기서 기리는 이는 효심 깊고 청렴함으로 이름 높았던 지지당 송흠(知止堂 宋欽, 1459~1547)으로, 1543년(중종 38)에 당시 전라도 관찰사였던 규암 송인수(圭庵 宋麟壽, 1499~1547)가 왕명을 받들어 지었다. 송흠은 관직에서 물러나 관수정(觀水亭)을 짓고 후진 양성에 힘썼는데, 기영정은 관수정 근처 용암천(龍巖川) 위 지대가 높은 곳에 자리한다.

　건물은 화재로 소실되었는데 1856년(철종 7)에 송인수의 10대손인 송겸수(宋謙洙)가 영광군수로 부임하여 중건했다. 건물은 도리칸과 보칸 모두 2칸 규모이며 내부 전체에 마루를 깔았다. 내진주 없이 외진주 8개로 구성하고 전면기둥 3개에 주두를 둔 물익공집이다.

1　도리칸, 보칸 모두 2칸 규모로 전체에 마루를 깔았다.
2　내진주 없이 외진주 8개로 구성되어 있다.
3　기영정에서 바라본 경관

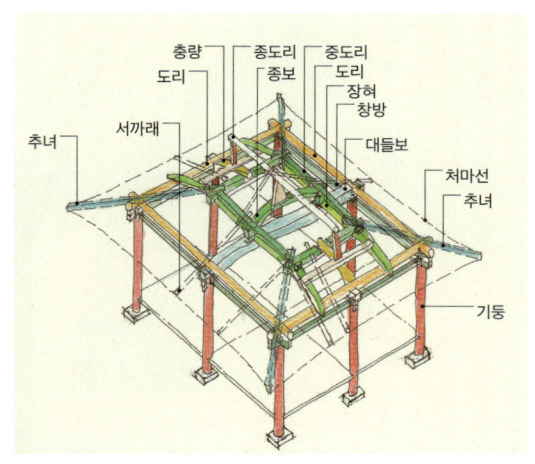

장성 관수정

[위치] 전남 장성군 삼계면 천방길 5 (내계리)　**[건축 시기]** 1539년
[지정사항] 전라남도 문화유산자료　**[구조 형식]** 1고주 5량가 팔작기와지붕

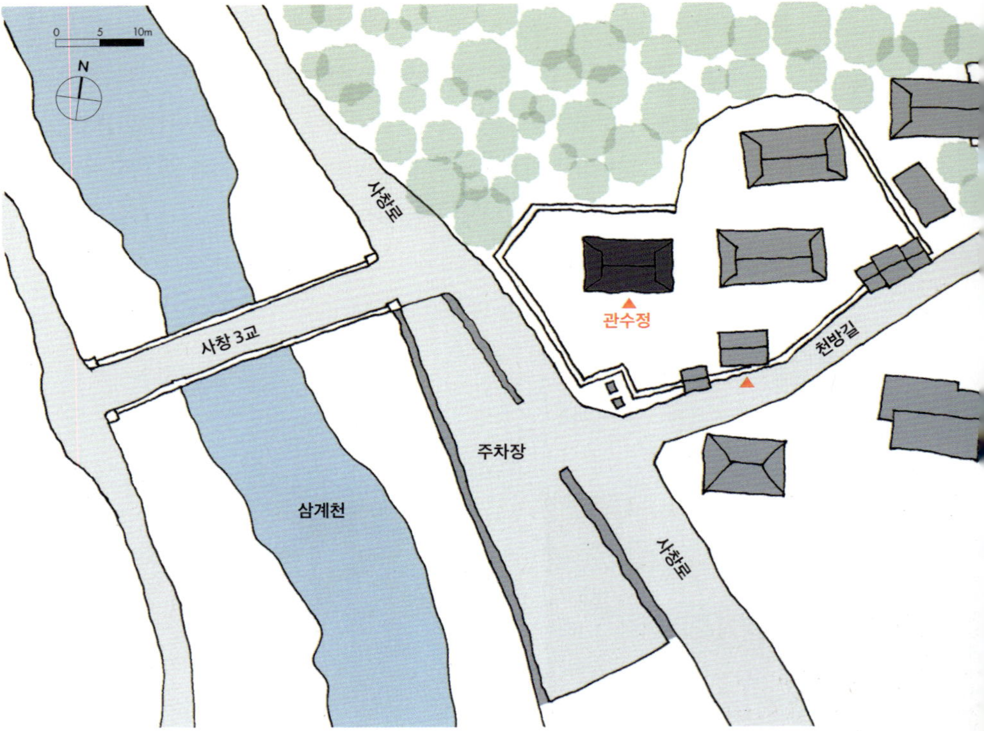

長城 觀水亭

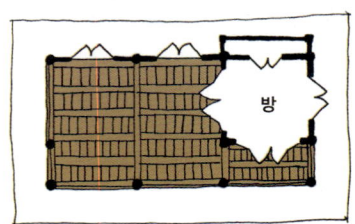

지지당 송흠(知止堂 宋欽, 1459~1547)이 관직에서 물러나 후학양성을 위해 지은 정자이다. 관수(觀水)는 물의 맑음을 보고 나쁜 마음을 씻는다는 의미이고 관수정은 송흠의 호이다. 송흠의 효심과 덕을 기리기 위해 지은 기영정이 건너편에 있다.

건물은 도리칸 3칸, 보칸 2칸으로 구성되어 있다. 내부 고주와 측면 평주열의 높이가 같은 1고주 5량가의 전형적 구성을 보인다. 내부 고주만 각주로 하고, 나머지 기둥은 원주를 써서 균형감을 이루고 있다. 동쪽에 1칸 온돌방을 두었다. 온돌방은 3면에 모두 창호를 달고 뒤쪽에 반침을 두어 수납공간으로 활용하고 있다. 온돌방 뒤쪽 반침 밑에 아궁이를 두고 불을 땠으며 굴뚝은 방 오른쪽에 있다.

정자에는 당시 여기서 시를 읊었던 여러 문필가의 시가 걸려 있다.

長城 觀水亭

1 내부 고주와 측면 평주열의 높이가 같은 1고주 5량가이다.
2 온돌방을 구성하는 내부 고주만 각주로 했다.
3 대청 배면에는 판문을 달았으며 온돌방 배면에는 반침을 달았다.
4 도리칸 3칸, 보칸 2칸으로 동쪽에 1칸 온돌방이 있고 그 옆에 굴뚝이 있다.

장성 청계정

【위치】 전남 장성군 산동길 86 (진원면) **【건축 시기】** 1546년 초창
【지정사항】 전라남도 문화유산자료 **【구조 형식】** 5량가 팔작기와지붕

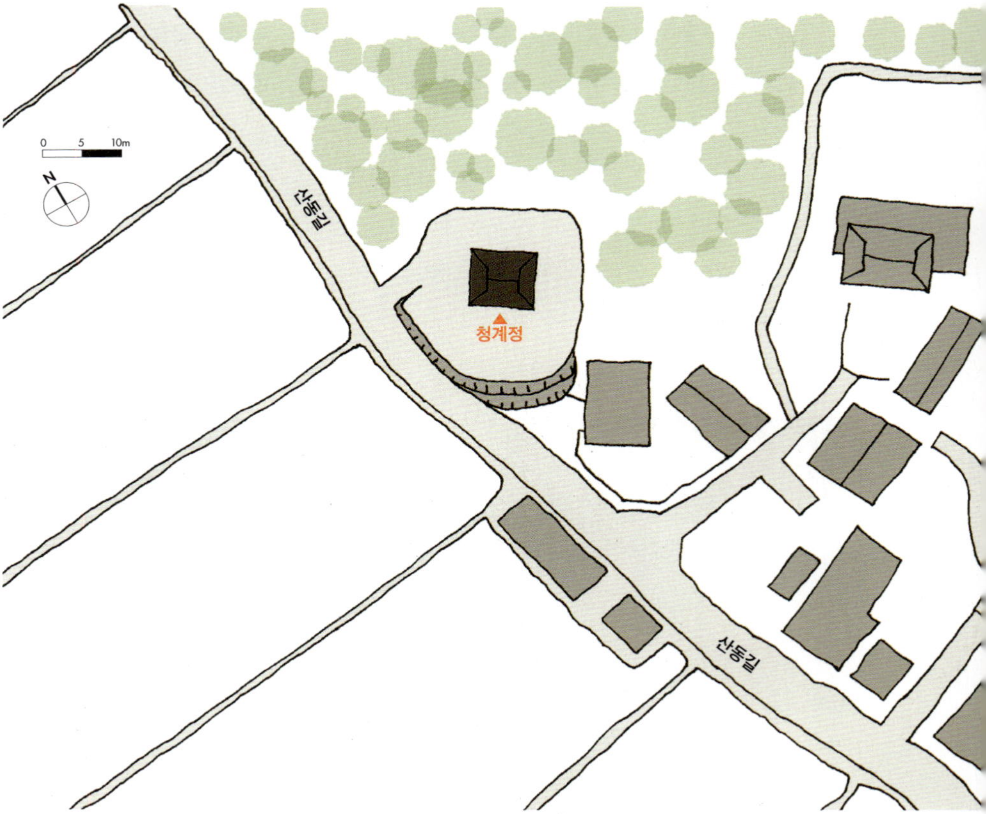

長城 清溪亭

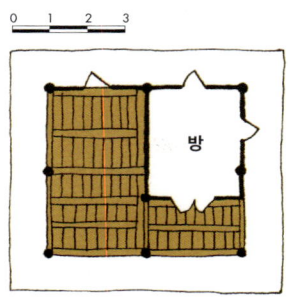

청계 박원순(淸溪 朴元恂, 1510~1560)이 1546년(명종 1)에 지은 정자로 이름도 자신의 호를 그대로 붙였다. 청계는 진사시에 합격한 후 과거를 보지 않고 귀향해 정자를 짓고 후학 양성에 힘썼다고 한다. 13대손인 박정현이 고쳐 지었다는 기록이 전한다. 정자와 함께 전면에 위치한 은행나무(보호수)는 수령이 400년에 가까운 것으로 정자의 역사를 단면적으로 보여준다. 은행나무는 정자 안의 기문에도 기록이 나타난다. 정언 김성갑(正言 金星甲)이 1789년(정조 13)에 남긴 "청계정기(淸溪亭記)"에 '단 옆에는 은행나무가 있는데 녹음이 천장이나 된다(壇有杏而綠陰千丈)'라고 기록되어 있다.

건물은 도리칸 2칸, 보칸 2칸 규모로 동쪽 배면에 온돌방을 두었는데 방을 크게 쓰기 위하여 기둥열에 맞추지 않고 앞으로 방을 더 내었다. 그렇게 되면서 내부 기둥이 외진에 위치한 기둥열과 맞지 않게 되었다. 구조적 불규칙함을 감수한 것이다. 도리칸, 보칸 모두 2칸이라고 하지만 도리칸이 보칸보다 1자 정도 크다. 정면 칸은 9자(약2,750mm), 측면 칸은 8자(약2,420mm)이다. 정면에서 봤을 때 비례감을 고려한 것으로 추정된다. 또한 구조적으로도 모임지붕이 아닌 팔작지붕을 구성하게 되면서 중심성을 갖는 결과로도 이어진다.

마루 난간의 장식이 특이하다. 계자난간이 아닌 검소한 형태의 평난간이면서도 호리병 모양의 난간동자가 의장적으로 아름답다.

도리칸, 보칸 모두 2칸 규모이며 동쪽 배면에 1칸 온돌방이 있다.

長城 清溪亭

1

5

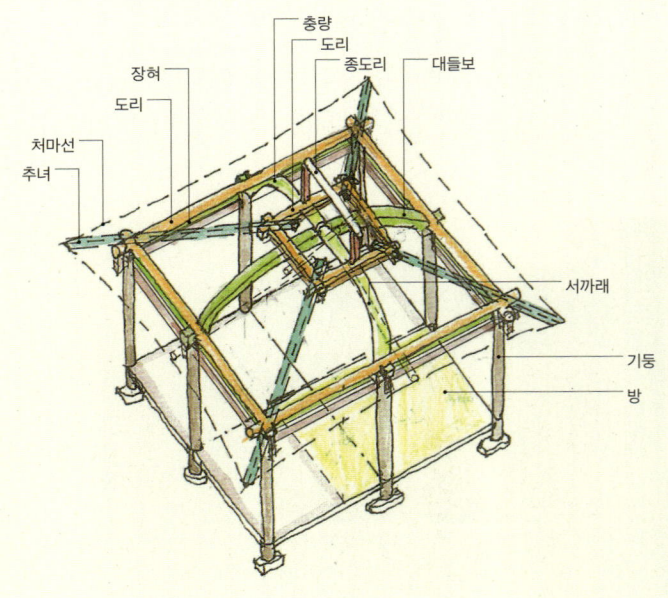

장성 청계정

1 정자 앞에는 400년 가까이 된 은행나무가 있다.
2 대들보에 건 충량이 평주로 힘을 전달한다.
3 마루에는 검소한 형태의 평난간을 둘렀는데 난간동자가 호리병 모양이다.
4 청계정에서 바라본 경관
5 가구 구조도
6 덤벙주초 위 원기둥을 사용한 팔작지붕집이다.

長城 清溪亭

장성 요월정

[위치] 전남 장성군 황룡면 요월정로 58-53 (황룡리) **[건축 시기]** 1550년대 초창
[지정사항] 전라남도 기념물 **[구조 형식]** 5량가 팔작기와지붕

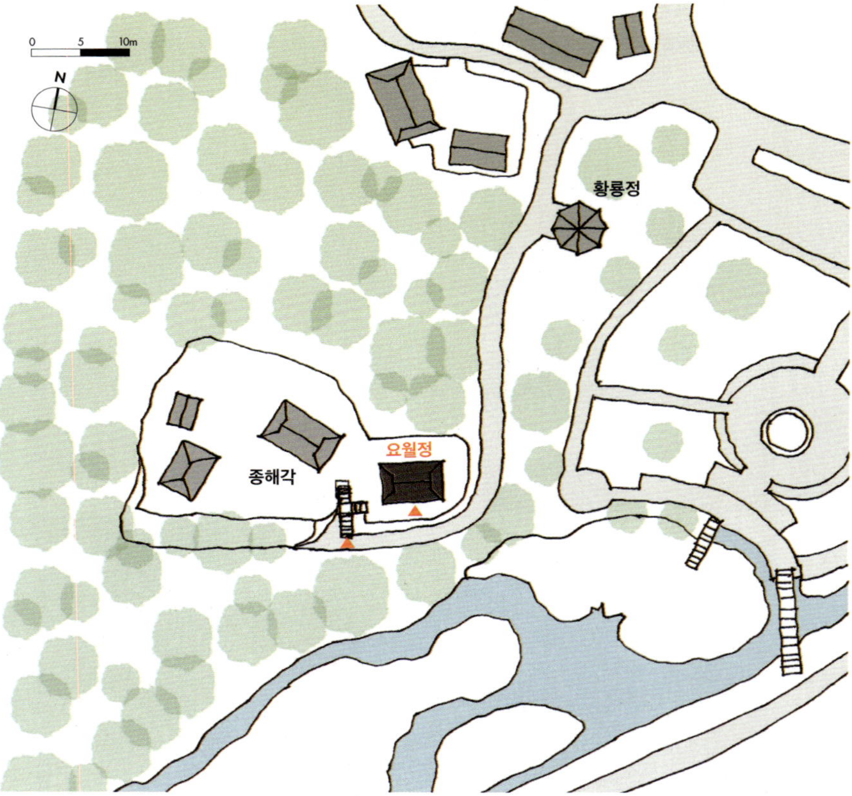

長城 邀月亭

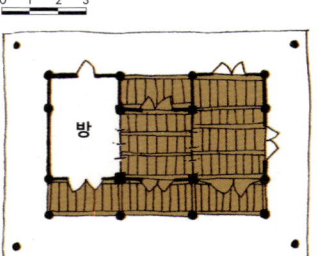

長城 邀月亭

　　요월정은 조선 명종 때 공조좌랑을 지낸 김경우(金景愚, 1517~1559)가 1550년대에 산수와 벗하며 풍류를 즐기기 위하여 지은 정자로 요월정과 일대 숲을 일컬어 요월정원림이라고 한다. 요월(邀月)은 달을 맞이한다는 의미로 요월정은 달을 맞이하는 정자가 된다. 요월정 일대는 요월강을 건너 넓은 들판이 있고 그 너머에는 황룡강이 흐르고 옥녀봉을 비롯한 산이 어우러져 수려한 경관을 자아낸다. 요월정 주변 숲에는 우거진 송림과 함께 배롱나무도 다수 군식하고 있다.

　　건물은 도리칸 3칸, 보칸 3칸 규모로 전면 1칸은 마루이고 뒤 2칸에 방을 두었는데 서쪽은 온돌방으로 꾸미고 동쪽 2칸은 각각 마루방으로 구성했다. 방에는 들문을 달아 문을 들어올리고 경관을 감상할 수 있게 했다. 온돌방 서쪽에 아궁이가 있는데 아궁이 있는 오른쪽 처마에서 사선부재가 덧대어 있는 것을 볼 수 있다. 반대편 처마에는 없는 것으로 아마도 아궁이의 위치, 기능과 관련 있어 보인다.

배면

長城 邀月亭

1 도리칸 3칸, 보칸 3칸 규모로 서쪽부터 1칸 온돌방, 1칸 마루방, 1칸 마루방이 있다.
2 툇보를 평주와 고주 사이에 걸었다.
3 아궁이 보호를 위한 것으로 추정되는 사선부재가 보인다.
4 요월정에서 바라본 일대 경관
5 경관이 수려한 언덕 높은 곳에 자리한 요월정은 산수와 풍류를 즐기기 위해 지은 정자이다.

長城 邀月亭

장흥 부춘정

長興 富春亭

[위치] 전남 장흥군 부산면 부춘길 79 (부춘리) [건축 시기] 1838년
[지정사항] 전라남도 기념물 [구조 형식] 5량가 팔작기와지붕

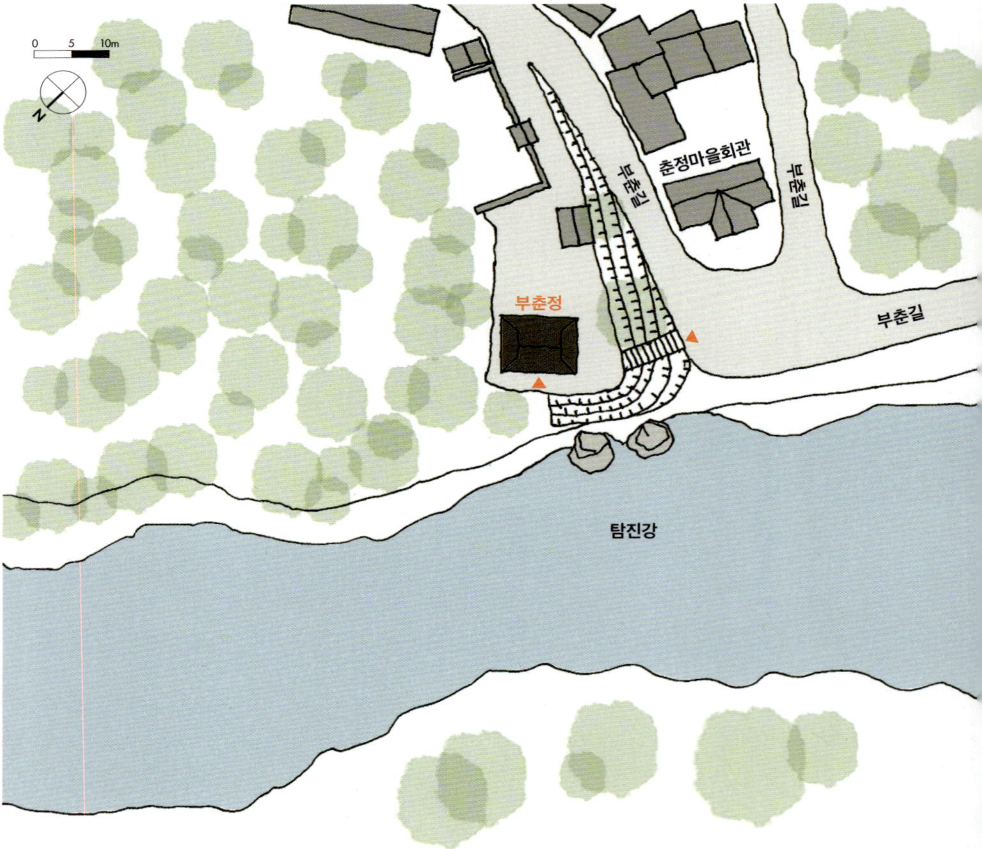

탐진강

부춘정

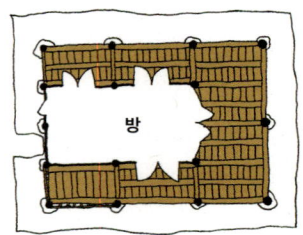

방

長興 富春亭

임진왜란 때 의병을 일으킨 문희개(文希凱, 1550~1610)가 전쟁이 끝나고 고향으로 돌아와 지은 정자로 당시 이름은 문희개의 호를 딴 청영정(淸穎亭)이었다. 1838년(헌종 4)에 청풍김씨 김기성(金基成, 1801~1869)이 청영정을 매입해 고쳐 짓고 청풍김씨 집성촌인 부춘에서 따온 부춘정으로 이름을 바꾸었다. 오른쪽 방 위에 '백세청풍(百世淸風)' 현판이 붙어 있는데, 청풍김씨 문중의 안녕을 비는 것으로 보인다. 정면에는 '제일강산(第一江山)'이라는 현판이 있다.

건물은 도리칸 3칸, 보칸 2칸 규모로 오른쪽에 2칸 온돌방을 두고 앞뒤에 툇마루를 두었다. 방 오른쪽 툇마루 일부는 누마루처럼 높이를 올린 마루를 두어 경관을 감상할 수 있게 했다. 온돌방 왼쪽에 대청이 있다. 5량가 팔작지붕집으로 툇보의 보머리와 보받침에는 화려하게 익공식 장식을 하였다.

정자의 서쪽으로 탐진강이 흐르고 정자에 면한 언덕에는 적송, 단풍나무 등이 아름다운 숲을 이루고 있어 일대를 부춘정원림으로 부른다.

탐진강의 바위에는 용호(龍湖)라는 글자가 새겨져 있다. 그 옆에는 작은 글씨로 동강(桐江)이 새겨 있는데 탐진강의 다른 이름이기도 하고, 김기성의 호이기도 하다. 경관이 수려한 탐진강을 따라 용호정을 포함한 여러 정자가 있다.

온돌방 오른쪽 마루 일부는 높이를 올려 누마루처럼 꾸몄다.

長興 富春亭

長興 富春亭

1. 온돌방을 중심으로 삼면에 마루를 두었다.
2. 툇보의 보머리와 보받침에 익공식 장식을 하였다.
3. 온돌방의 마루 쪽에는 사분합들문을 달았다.
4, 5. 백세청풍 현판과 제일강산 현판
6. 탐진강 바위에 새겨 있는 용호(龍湖)와 동강(桐江)
7. 부춘정 서쪽으로 탐진강이 흐르고 정자에 면한 언덕에는 적송, 단풍나무 등이 어우러져 수려한 풍경을 이루고 있다.

장흥 용호정

[위치] 전남 장흥군 부산면 용반1길 213-34 **[건축 시기]** 1828년경
[지정사항] 전라남도 기념물 **[구조 형식]** 5량가 모임기와지붕

0 1 2 3

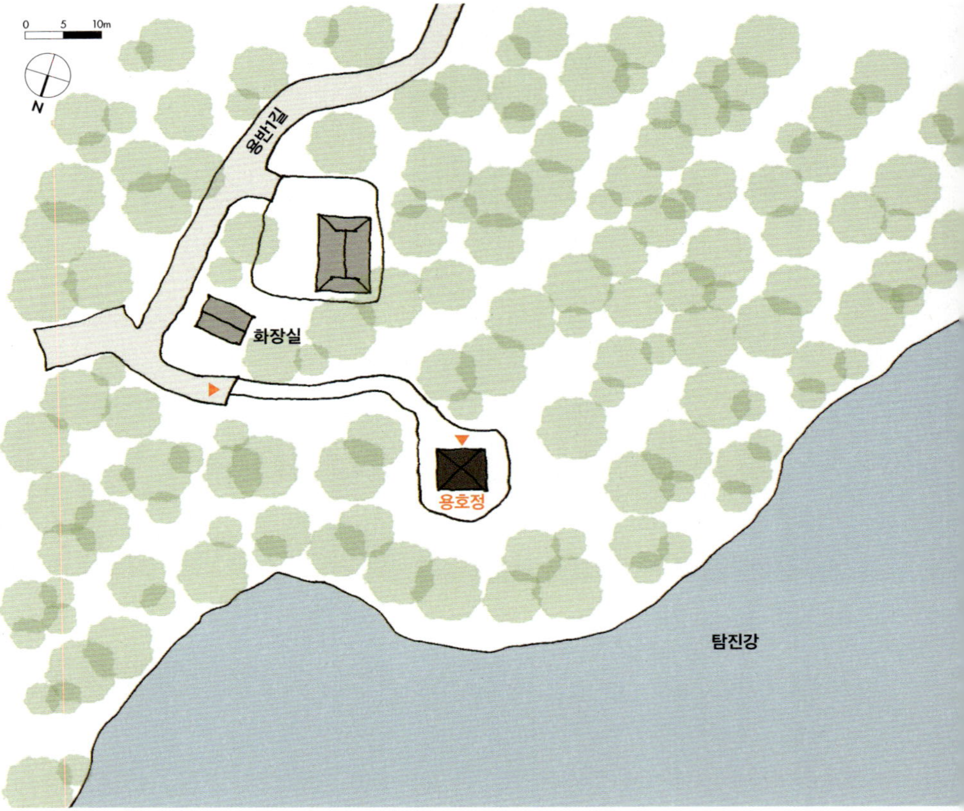

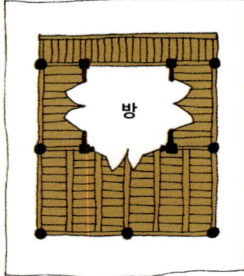

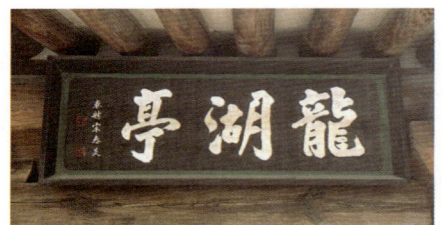

탐진강 상류 용이 살았다는 전설이 깃든 용소(龍沼)에 세워진 정자이다. 용호(龍湖)라는 명칭은 같은 탐진강변에 자리한 부춘정 주변 바위에도 새겨져 있다. 용호정은 최규문(崔奎文, 1784~1854)이 1828년경(순조 28)에 부친을 위해 지었다. 방에 무극낭주최씨(無極朗州崔氏) 현판을 걸어 최씨 집안의 안녕을 빈 것도 이 같은 연유이다.

건물은 도리칸 2칸, 보칸 2칸이다. 정자는 후면(동쪽)에서 진입하는데 탐진강을 바라다보는 면을 정면으로 봐야 할 것이다. 전면 1칸은 사방이 열린 마루로 구성하여 강변을 내다보고 있다. 후면 1칸은 가운데에 1칸 방을 두고 삼면으로 문을 열 수 있게 하였다. 배면에 툇마루를 두었으며, 이 툇마루 밑에 아궁이를 설치하였다. 굴뚝은 방의 왼쪽 기단에 수막새 2개를 연결하여 소박하게 구성하였다.

현재의 정자는 1947년에 고쳐 지은 것으로 2칸이 더 넓어진 것이다. 전면 2칸이 넓어진 것으로 보이는데, 구조방식이 상당히 특이하다. 방에서 사면으로 충량과 같은 부재가 뻗어나가서 외진주의 상부에 결구하는 형식이다. 외진주의 상부에 일정한 높이에서 외기도리가 위치하면서 자연스럽게 모임지붕을 형성하였다.

정자 내의 한 기문은 '우뚝 솟은 아름다운 누각이 수궁을 누르니, 가없는 풍광이 그림 속으로 들어온다(翼然華閣壓幽宮 無限風光入畵中)'로 시작한다. 용호정원림은 배면에 250m 높이의 기역산(騎驛山)으로 이어지는 수려한 숲과 전면의 아름다운 강변 풍경이 조화로운 곳이다.

250m 높이의 기역산으로 이어지는 수려한 숲과 전면의 아름다운 탐진강 풍경이 어우러진 경관이 수려해 용호정 일대는 용호정원림으로 불린다.

長興 龍湖亭

長興 龍湖亭

1 정자는 탐진강 풍경을 바라보며 후면에서 진입한다.
2 전면 2칸을 넓히면서 방에서 사면으로 충량과 같은 부재를 덧대어 외진주 상부에 결구했다.
3 방의 왼쪽 기단에 수막새 2개를 연결해 굴뚝을 구성했다.
4 부친을 위해 정자를 짓고 방에는 최씨 집안의 안녕을 비는 '무극낭주최씨' 현판을 걸었다.
5 도리칸, 보칸 모두 2칸 규모로 후면에 1칸 온돌방을 두고 삼면으로 문을 열 수 있게 했다.

장흥 동백정

長興 冬柏亭

[위치] 전남 장흥군 장동면 흥성로 815-86 **[건축 시기]** 1584년 초창, 1872년 중수
[지정사항] 전라남도 문화유산자료 **[구조 형식]** 5량가 팔작기와지붕

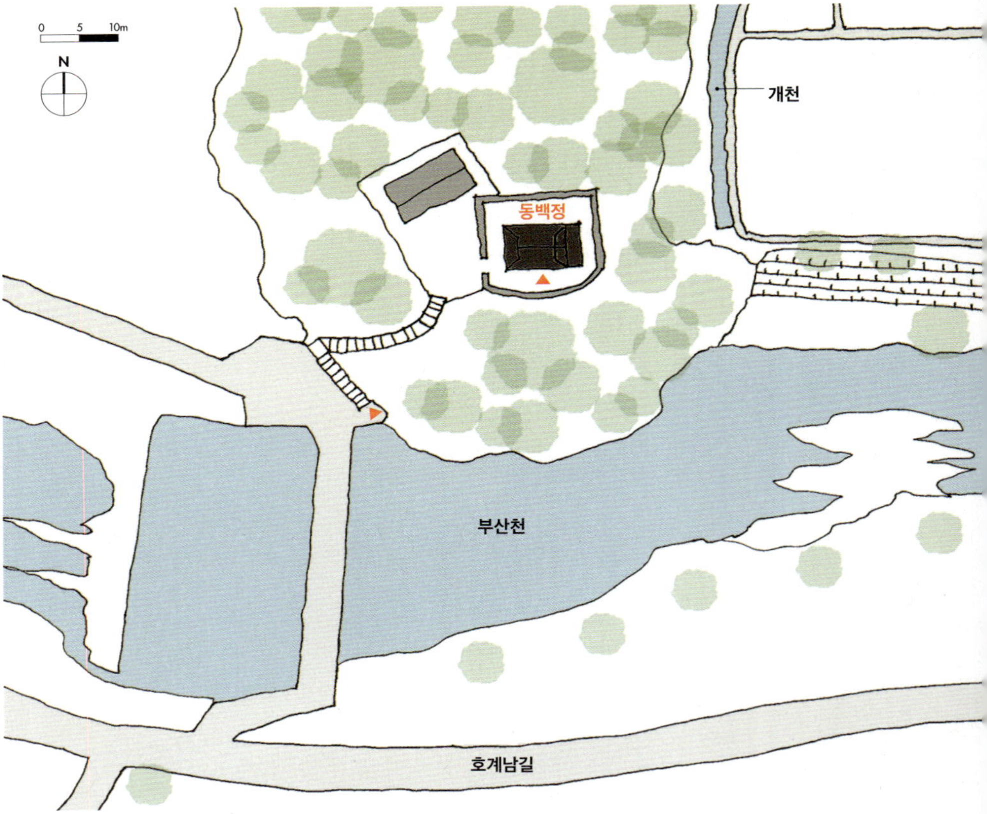

개천

동백정

부산천

호계남길

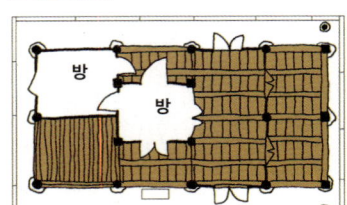

長興 冬栢亭

탐진강으로 이어지는 부산천이 흐르는 강가의 동산에 자리한 정자이다. 동촌 김린(桐村 金麟, 1392~1474)이 1458년(세조 4)에 관직에서 은퇴한 뒤 지은 가정사(假亭舍)를 후손인 운암 김성장(雲岩 金成章, 1559~1593)이 1584년(선조 17)에 고쳐 지은 정자이다. 정자를 짓고 김린이 심은 동백이 울창해서 정자 이름을 동백정(冬栢亭)으로 고쳤다고 한다. 1872년(고종 9) 중수한 것이 현재에 이른다.

건물은 도리칸 4칸, 보칸 2칸이다. 원래는 도리칸이 3칸이었는데 후대에 동쪽에 1칸을 덧달았다. 지붕 역시 덧대어서 3칸까지가 팔작지붕이고, 동쪽 1칸은 가첨지붕 형태이다. 덧댄 부분의 전후면에 짧은 원기둥을 놓아 도리뺄목의 하중을 지지하도록 했다.

원래의 모습인 3칸 정자라고 생각하면, 누마루 1칸, 방 1칸, 대청 1칸의 검소하고 내실 있는 평면구성이다. 서쪽 누마루는 바닥높이를 높게 하여 전면의 자연과 소통하게 하고 하부에는 아궁이를 두어 방에 난방을 하였다. 누마루에 오르는 계단참이나 평난간의 장식이 간략하면서도 담백하다. 방 앞뒤로 마루를 두었으며 방 안쪽으로 1칸 규모의 창고도 두었다.

한 기문의 글을 빌리자면, '그림같은 누각에서 맑은 바람 맞으며 신선이 되어 앉아있다(畵閣淸風坐神仙)'. 높다란 누마루에서 자연과 일체 되는 정자의 모습이다.

1 현재 정자는 도리칸 4칸, 보칸 2칸 규모로 되어 있는데 원래는 도리칸이 3칸이었다.
2 동백정이라는 이름에 걸맞게 동백이 많이 있다.

長興 冬柏亭

1 동백정은 탐진강으로 이어지는 부산천 강가 동산에 자리한다.
2 누마루는 바닥 높이를 높게 해 전면의 자연을 만끽할 수 있게 했다.
3 누마루로 오르는 계단
4 누마루의 평난간 장식
5 동쪽 끝에 1칸을 덧붙이고 지붕도 가첨지붕 형태로 구성했다.
6 1칸 덧댄 부분의 전후면에 짧은 원기둥을 놓아 도리뺄목의 하중을 지지했다.

長興 冬柏亭

장흥 사인정

[위치] 전남 장흥군 장흥읍 진흥로 891　**[건축 시기]** 15세기
[지정사항] 전라남도 유형문화유산　**[구조 형식]** 5량가 팔작기와지붕

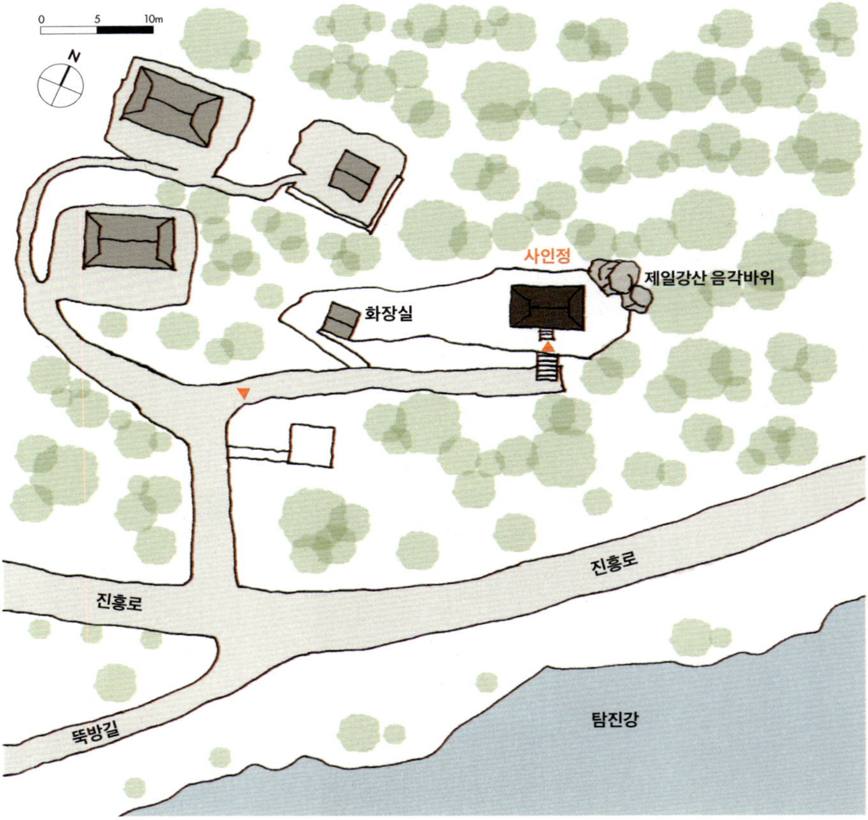

長興 舍人亭

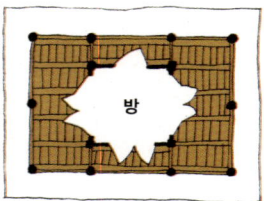

長興 舍人亭

탐진강의 북쪽에서 설암(雪岩)이라는 산을 배산에 둔 정자이다. 이조참판을 지낸 설암 김필(雪岩 金璿, 1426~1470)이 지은 정자이다. 의정부 사인(舍人)이었던 자신의 벼슬 이름을 따서 사인정이라고 했다. 사인은 정4품 관직으로 의정부당상의 뜻을 왕에게 전달하거나 왕명의 뜻을 전달하는 역할을 하는 벼슬이다. 단종이 수양대군에게 왕위를 찬탈당하자 사인으로 있던 김필은 관직을 버리고 낙향하여 정자를 짓고 은둔했다.

건물은 도리칸 3칸, 보칸 2칸 규모로 가운데에 1칸 방을 두고 사면으로 문을 열 수 있게 한 개방형 평면이다. 잡석으로 자연석기단을 구성하고 덤벙주초 위에 기둥을 올렸다. 외진주의 10개 기둥은 원주로 하고, 방을 구성하는 내진주의 4개 기둥은 각주로 하였다. 원주의 위에는 주두를 올리고 간단한 봉두와 쇠서로 장식한 초익공계 공포이다. 5량가로 대들보에서 양 측면으로는 충량을 달았다. 외기도리에서 추녀가 나가서 안정적인 팔작지붕에 홑처마의 형식을 띄고 있다.

정자의 왼쪽에는 '제일강산(第一江山)'이라고 새긴 바위가 있는데 백범 김구의 글씨라고 한다.

사인정 오르는 계단과 축대

長興 舍人亭

1. 도리칸 3칸, 보칸 2칸 규모로 가운데 1칸 방을 두었다.
2. 대들보 양 측면에 충량을 달아 외기도리를 받았다.
3. 원주 위에 주두를 올리고 간단한 봉두와 쇠서로 장식한 초익공계 공포 형식이다.
4. 방은 사면으로 문을 열 수 있게 했다.
5. 정자 왼쪽에는 백범 김구의 글씨라고 전하는 '제일강산'이 암각된 바위가 있다.
6. 사인정에서 내다 본 모습

長興 舍人亭

진도 운림산방

珍島 雲林山房

[위치] 전남 진도군 의신면 운림산방로 315, 등 (사천리) **[건축 시기]** 1856년 초창, 1982년 복원
[지정사항] 명승   **[구조 형식]** 2고주 5량가 팔작기와지붕

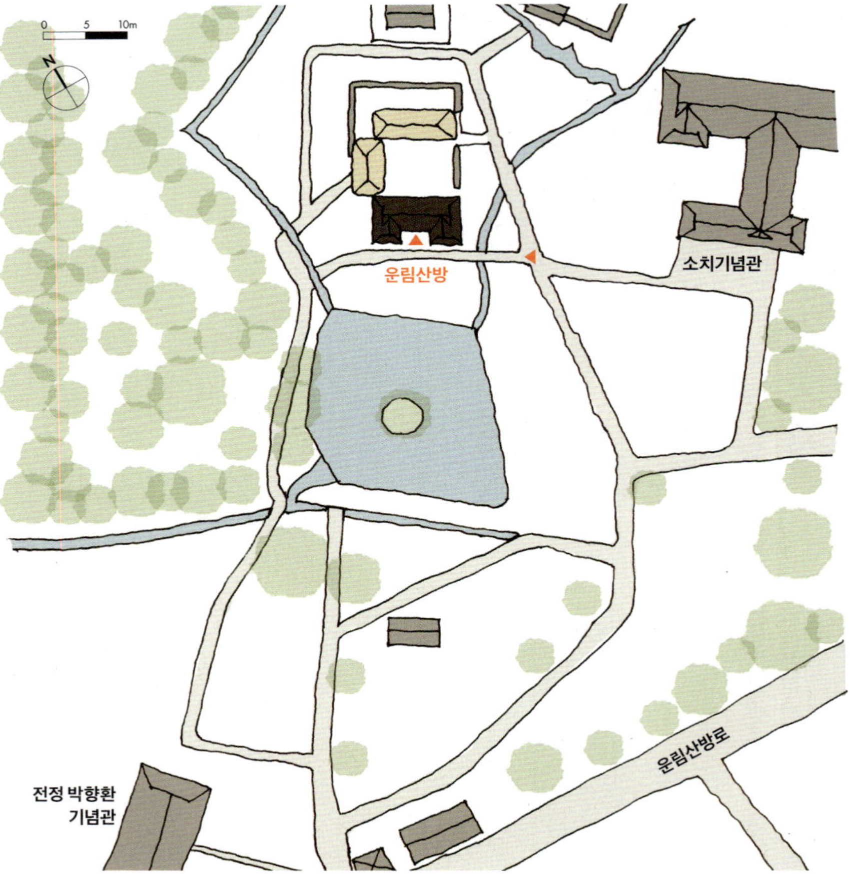

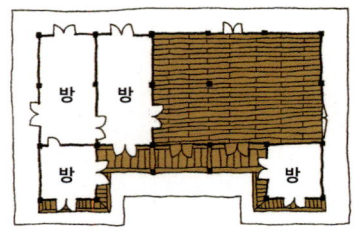

珍島 雲林山房

진도 첨찰산을 배경으로 덕신산 자락이 감싸고 있는 포근한 형국의 땅에 남서향으로 자리한 운림산방은 조선 후기 남종화의 대가인 소치 허련(小癡 許鍊, 1808~1893)이 만년을 보내면서 그림을 그리고 저술 활동을 하던 곳이다. 허련은 1856년(철종 7) 스승인 추사 김정희(秋史 金正喜, 1786~1856)가 죽자 진도로 내려와 초가를 짓고 앞마당에 못을 파고 주변에는 꽃과 나무를 심어 정원을 조성하고 집 이름을 운림각(雲林閣)이라 하였다. 이것이 운림산방의 시초이다. 1893년(고종 30) 허련이 죽자 운림각은 타인에게 넘어가 폐허가 되었는데 손자인 허윤대(許允大)가 다시 사들이고 남농 허건(南農 許楗, 1907~1987)이 1982년부터 옛 모습을 복원했다.

운림산방은 경사지를 따라 가장 윗단에 소치의 영정을 모신 운림사가 있고, 그 아래 초가인 안채 2동이 'ㄱ'자를 이루고 있으며, 그 아랫단에 허련이 거처하던 'ㄷ'자형의 사랑채인 운림산방이 있다. 운림산방은 도리칸 5칸, 보칸 3칸 규모이다. 운림산방 앞에는 방형의 못을 파고 그 가운데 원형의 섬을 조성하였다. 이 원형 섬에는 소치가 심었다는 배롱나무가 자라고 있다.

운림산방은 아름다운 정원과 함께 첨찰산과 덕신산의 넓고 울창한 상록수림이 어우러져 절경을 이룬다.

운림산방 앞 방형 못과 배경을 이루고 있는 첨찰산과 덕신산의 수림이 어우러져 절경을 이룬다.

珍島 雲林山房

진도 운림산방

1 허련이 거처하던 사랑채인 운림산방은 ㄷ자형으로 튀어나온 양 끝에 방이 있고 왼쪽으로 3칸 마루가 있다.

2 건물 내부 고주 위치 조정에 따라 충량을 설치해 외기도리를 지지했지만 추녀 결구를 위해서 덕량을 추가로 사용했다.

3 장혀 받침 상세. 도리의 흔들림을 방지하기 위해 고주 위에 짧은 부재를 승두 형식으로 설치했다.

4, 5 2고주 5량가의 가구로 전퇴와 후퇴의 주칸이 달라 종도리는 건물의 중앙에 위치하지만 후면 쪽 단연과 장연의 길이가 전면 쪽과 다르게 설치되었다.

珍島 雲林山房

珍島 雲林山房

1 초가인 안채 2동이 ㄱ자를 이룬다.
2 안채 방
3 안채 대청
4 안채 부엌
5 방형 못 안 원형 섬에는 소치가 심었다는 배롱나무가 있다.

珍島 雲林山房

함평 영파정

咸平 潁波亭

【위치】 전남 함평군 함평읍 기각리 906-2번지 **【건축 시기】** 1821년 중건
【지정사항】 전라남도 문화유산자료 **【구조 형식】** 2평주 5량가 팔작기와지붕

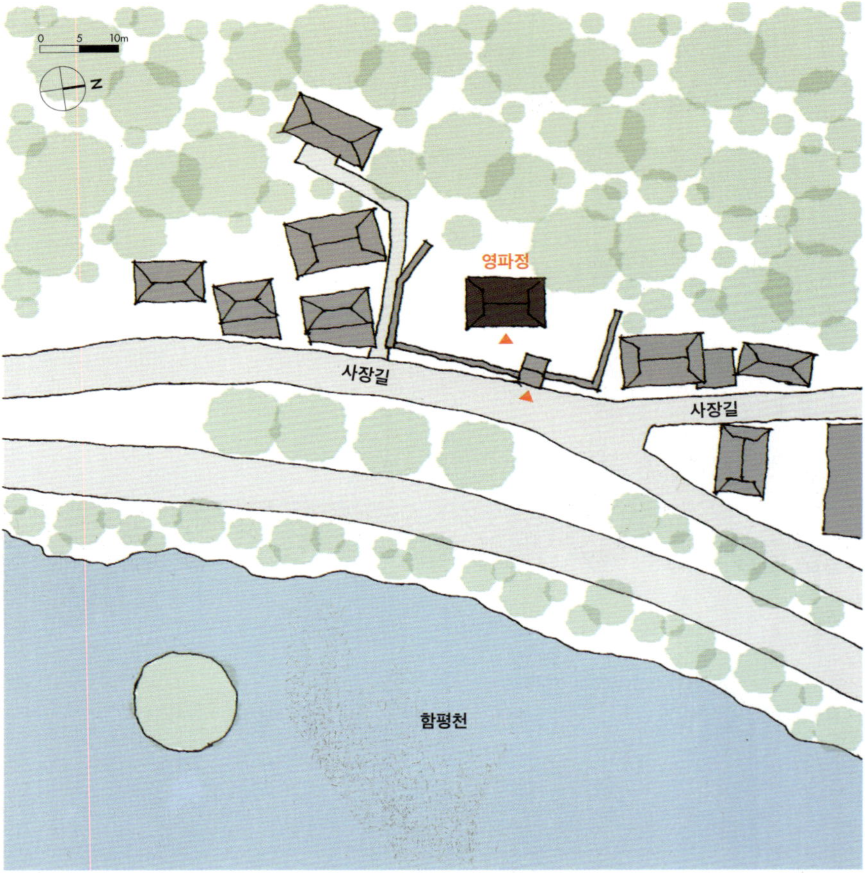

咸平 潁波亭

함평군청에서 서북쪽으로 350m 지점의 함평천(영수천) 근처에 자리한다. 함평 출신인 이안(李岸, 1414~?)이 단종폐위 사건을 계기로 낙향하여 세운 정자로 정자의 이름은 이안의 호에서 따왔다. 1597년(선조 30) 정유재란으로 소실된 것을 1821년(순조 21) 함평현감 권복(權馥, 1769~?)과 김상직(金相稷)이 현재의 위치에 중건하였다. 영수정(潁水亭) 또는 관덕정(觀德亭)이라고도 불렀다. 정자의 상량대에는 도광(道光) 25년(1845)에 상량했다는 묵서 기록이 남아 있어서 현재 건물은 1845년(헌종 11)에 중건한 것으로 볼 수 있다.

건물에 걸려 있는 영파정 편액은 서예가 강암 송성용(剛庵 宋成鏞, 1913~1993)이 쓴 것이며 정자 안에는 영수정과 관덕정 중수기가 여럿 걸려 있다. 가장 빠른 영수정 중수기는 1881년(고종 18)에 권재우가 쓴 편액이며 두 개의 관덕정 중수기는 1933년과 1966년에 쓴 것이다.

정자는 이안의 "정자가 높으니 날아가는 기러기의 등이 보인다"고 한 것처럼 경사지를 이용해 높은 기단 위에 세웠다. 규모는 도리칸 3칸, 보칸 2칸 규모로 동쪽 배면 1칸에 온돌방을 들이고 나머지는 모두 우물마루를 깔았다. 전면은 창호와 벽 없이 트였고 나머지 세 면은 벽과 창으로 막았다. 전면으로 내다보이는 영수천의 차경을 고려한 것이라고 판단된다.

2평주 5량가로 동자주 간격이 매우 좁은 특징을 갖고 있다. 공포는 익공 형식으로 주두와 소로를 사용해 장식하였고 홑처마 팔작지붕으로 소박하다. 보는 자연목을 그대로 껍질만 벗겨 사용했으며 동적이다. 기둥은 원기둥으로 보에 비해 굵은 느낌이 있다. 다른 부재에 비해 기둥이 굵어 안정감을 주며 가구법과 공포는 고식의 느낌을 준다.

1 측면에서는 충량을 걸고 외기를 설치하였으나 별도로 눈썹천장을 만들지는 않았다.
2 배면과 측면에 단 판문은 투박하고 거칠어 마치 광의 판문같은 느낌이다. 원래 것인지는 의심스럽다.

咸平 潁波亭

咸平 潁波亭

1. 도리칸 3칸, 보칸 2칸의 가장 보편적인 정자의 규모이며 6칸 중에 한 칸에는 온돌방을 들여 간절기에 사용할 수 있도록 한 것도 여느 정자와 크게 다르지 않다.

2. 공포는 익공 형식으로 창방과 장혀 사이에 소로를 끼운 것과 기둥머리에 주두를 둔 것 등은 격식을 위한 장식이다. 익공의 모습이 연화를 구체적으로 묘사한 것이나 보머리에 봉황의 머리를 새겨 붙인 것 등은 조선 최말기의 장식적 경향을 나타낸 것이다.

3. 6칸 중에 한 칸은 온돌로 구성하고 여닫이문을 달았다.

4. 가구는 2평주 5량가로 일반적이지만 동자주의 간격이 이처럼 가까운 것은 매우 드물다. 보의 자연스러운 곡선미가 돋보이며 기둥의 견실함은 안정감을 준다.

5. 이안은 시에서 정자의 기단이 높다고 했는데 지금도 그 느낌이 그대로 남아 있다.

해남 방춘정

海南 芳春亭

[위치] 전남 해남군 계곡면 방춘길 148 (방춘리)　**[건축 시기]** 1871년
[지정사항] 전라남도 유형문화유산　**[구조 형식]** 5량가 팔작기와지붕+부섭지붕

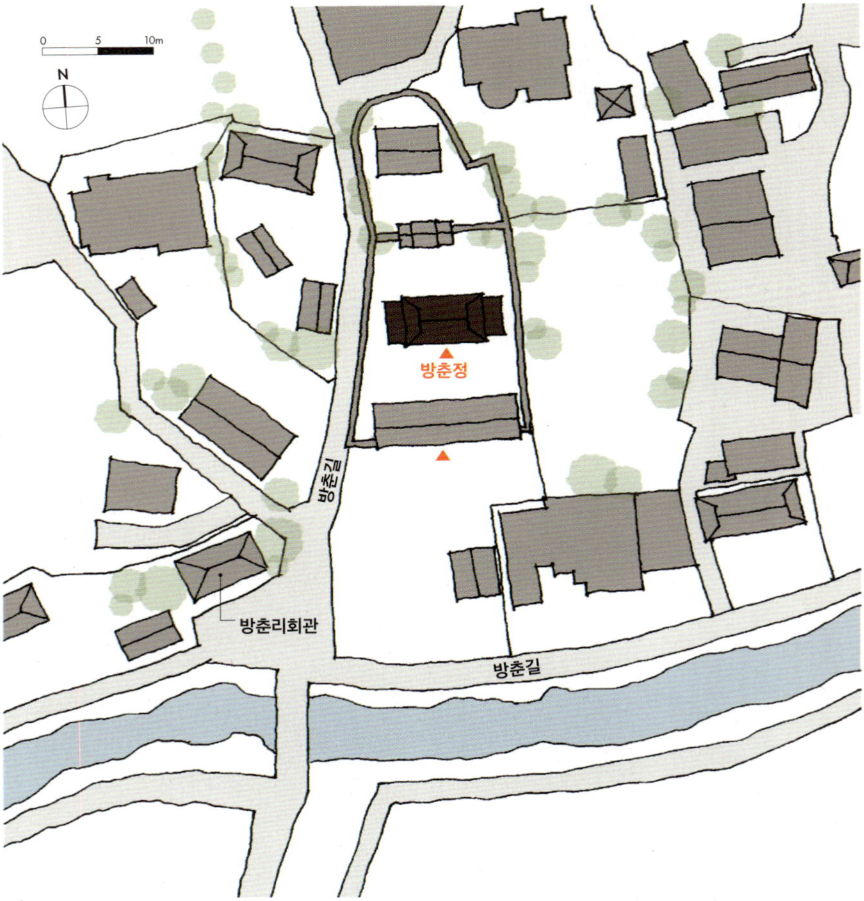

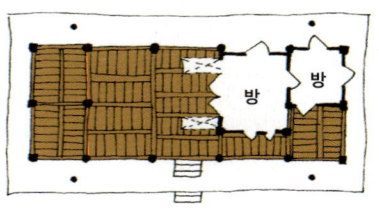

방춘정은 해남 흑석산을 배산으로 사시사철 아름다움이 꽃망울을 터뜨린다해서 이름 붙인 방춘마을 초입에 자리한다. 순천김씨가 학문을 가르치던 강학소 겸 정자로 전면의 넓은 들을 바라보며 남향으로 자리한다.

건물 내부에서 발견된 기록에 따르면 1871년(고종 8) 귤암 김정순(金鼎淳, 1822~1876)과 김문익(金文翼, 1823~1895)이 순천김씨 선대를 배향하던 사당의 강당 자리에 중건한 것이라 한다. 순천김씨를 배향하던 사당인 삼상사는 흥선대원군의 서원철폐령 때 훼철되었다. 건물 지붕에서 강희육년(康熙六年, 1667) 명 망와가 3개 확인되고, 건물에 방춘서원, 삼상사, 강당으로 적힌 현판이 걸려 있으며, 시기 차이는 좀 있으나 방춘서원의 전신인 삼상사가 1698년(숙종 24)에 창건되어 1919년 방춘서원으로 개칭한 것을 미루어 본다면 현 방춘정은 방춘서원의 강당 건물을 고쳐 지었을 가능성도 배제하기 어렵다. 이후 1941년 보수하면서 양측면의 부섭지붕을 증설하였다. 방춘정의 전면에는 문간채가 있고 배면에는 삼문과 담장을 두른 사당이 있다.

방춘정은 도리칸 3칸, 보칸 2칸의 몸채 양옆에 1칸씩 지붕을 덧댄 도리칸 5칸 규모이다. 서쪽은 전체가 마루이고, 몸채에 마련된 방은 앞쪽에 툇마루를 두고 대청 쪽으로 사분합들문을 설치하여 필요시 대청과 함께 큰 공간으로 사용할 수 있도록 하였다. 동쪽 끝은 마루와 방을 각 1칸씩 만들어 별도의 공간으로 구성하였다. 몸채의 귓기둥에 장주초를 사용했는데, 이것은 양 측면 칸이 몸채가 건립된 이후에 증설된 것임을 알 수 있게 해준다.

海南 芳春亭

몸채 양옆에 1칸씩 지붕을 덧대 도리칸은 5칸이 되었다.

海南 芳春亭

1. 동쪽에 전툇마루가 있는 방을 두었으며 그 옆으로 마루와 방을 1칸씩 만들어 별도의 공간으로 구성했다.
2. 문간채
3. 귓기둥과 활주에는 장초석을 사용하였다.
4. 방은 대청 쪽에 사분합들문을 달아 필요에 따라 대청과 함께 큰 공간으로 사용할 수 있도록 했다.
5. 가운데 3칸은 팔작지붕을 구성하기 위해 충량을 걸고 외기도리를 받았다. 외기부분은 눈썹반자로 했다.
6. 초익공 상세
7. 몸채 양옆에 1칸씩 덧대고 부섭지붕을 달았다.
8. 서쪽 3칸은 전체를 마루로 구성했다.

海南 芳春亭

화순 임대정

和順 臨對亭

[위치] 전남 화순군 남면 상사1길 48　**[건축 시기]** 19세기 후반
[지정사항] 명승　**[구조 형식]** 5량가 팔작기와지붕

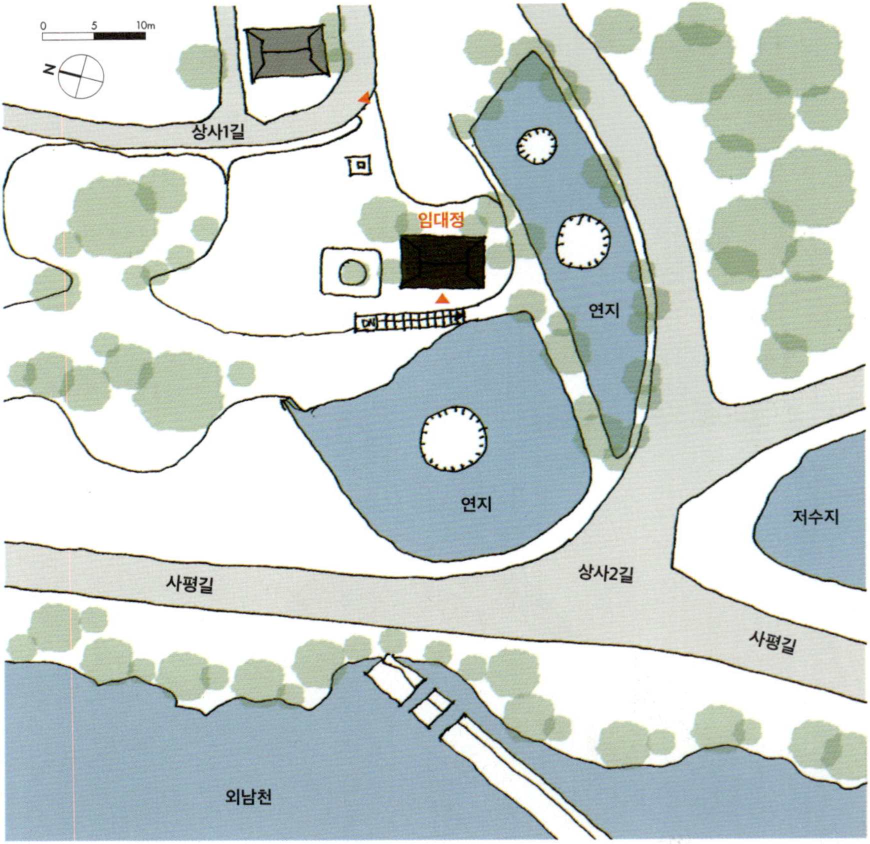

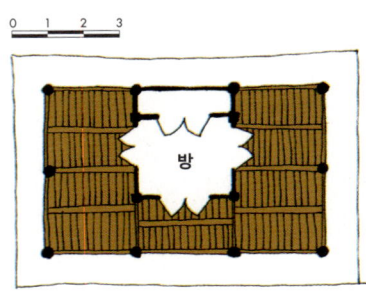

和順 臨對亭

천운산을 바라보고 봉정사 서쪽 산자락에 자리한 임대정은 민주현(閔胄顯, 1808~1883)이 지은 정자이다. 임대정이라는 이름은 주돈이의 "종조임수대려산(終朝臨水對廬山)"이라는 시구에서 가져왔다. '아침 내내 물가에서 여산을 대한다'는 의미로 벼슬길에서 물러난 민주현은 낙향하여 사방 전망이 좋고 언덕 아래로 물이 흐르는 이곳의 풍경에 감탄해 연지를 만들고 수목을 심어 원림을 꾸몄다. 민주현은 이 땅을 선택한 이유, 원림을 어떻게 조성했는지 등을 "임대정기"에 남겼다.

임대정이 있는 상원과 연못이 있는 하원을 통합해 임대정원림이라고 하는데 임대정이 높은 언덕에 있어서 하원을 내려볼 수 있다. 임대정 서쪽에 원도(圓島)가 있는 작은 방지가 있다. 임대정 건물은 도리칸 3칸, 보칸 2칸으로 가운데 방이 있고 방을 둘러싸고 마루가 있다. 공포형식은 보아지만 사용한 직절익공식이다. 방을 구성하기 위해 고주를 사용했는데 대개 고주가 올라가면 대들보는 고주에서 나누어 구성하는데 이 집에서는 대들보에 구멍을 내 고주를 관통시켰다. 방 후면에 다락을 설치하면서 대들보 위에 동자주를 세워 중보를 받았다. 경관 감상을 위한 정자로 마루를 중심에 두고 방은 최소한으로 마련했다.

임대정은 하원의 연못을 감상할 수 있게 높은 언덕에 자리한다.

和順 臨對亭

1 가운데 1칸 방을 두고 삼면을 마루로 꾸며 탁트인 곳에서 사방 경관을 조망할 수 있게 했다.
2 충량 위에서 첨차와 소로 형식의 받침재가 외기장혀를 받고 있다.
3 방에서 5량 구조가 잘 드러난다.
4 임대정 북쪽에는 원도가 있는 작은 방지가 있다.
5 대개 대들보는 고주에서 나누어지는데 이 집은 대들보에 구멍을 내 고주를 관통시켰다.
6 정자에서 내려다 본 하원

和順 臨對亭

화순 영벽정

[위치] 전남 화순군 능주면 학포로 1922-53 **[건축 시기]** 1873년 중건
[지정사항] 전라남도 문화유산자료 **[구조 형식]** 5량가 팔작기와지붕

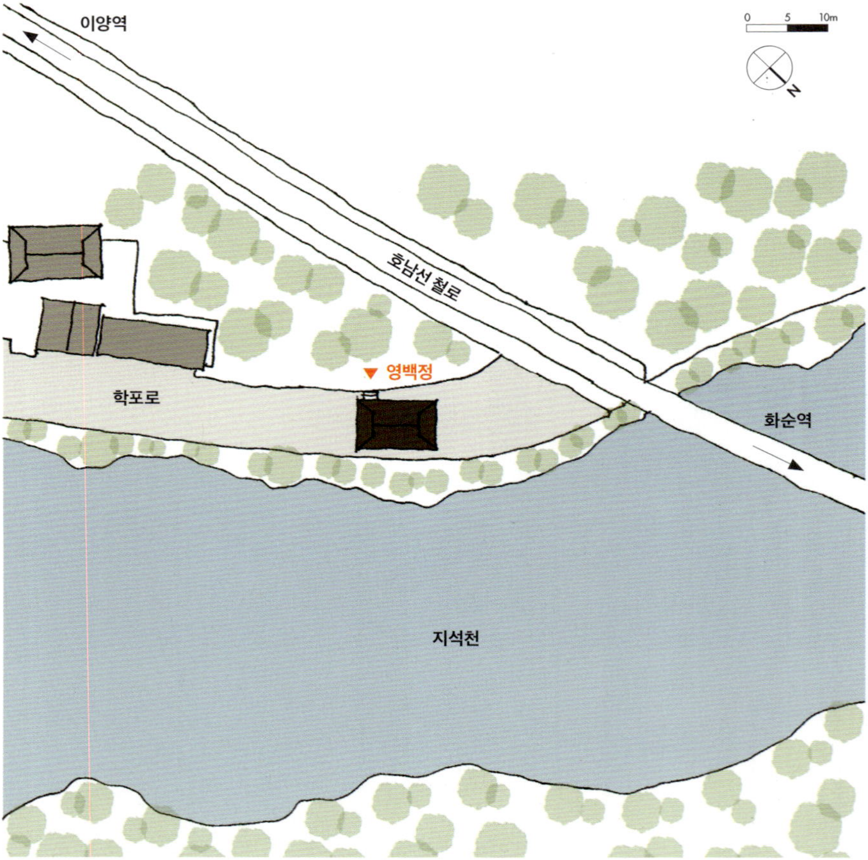

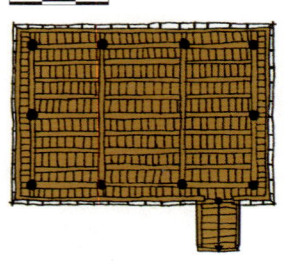

능주면 연주산과 비봉산 사이 지석천을 바라보는 방향으로 자리한 영벽정은 《신증동국여지승람》, 양팽손(梁彭孫, 1488~1545) 등이 쓴 제영, 김종직(金宗直, 1431~1492)의 시에 나타나는 것으로 지어진 시기를 정확히 특정하기는 어렵지만 능주목 관아에서 지은 것으로 추정된다. 1632년(인조 10) 능주목사 정윤이 아전들의 휴식처로 개수했다는 기록이 있으며, 1872년(고종 9)에 화재로 소실된 것을 이듬해 중건하고, 1920년에 주민들이 추렴하여 고쳐지었다고 한다.

건물은 도리칸 3칸, 보칸 2칸 규모의 중층누각으로 방 없이 전체가 마루로 되어 있다. 하층 기둥, 상층 기둥, 지붕까지 높이가 대체로 1:1:1로 되어 있고 지붕을 비교적 넓게 만들어 안정감 있어 보인다. 일출목 이익공 형식으로 익공 하부에 달동자 설치, 외기에 달동자와 눈썹천장 설치, 어칸 중앙 상부에 우물반자 설치 등 내외부를 화려하게 장식했다.

지석천변 평탄한 땅에 자리한 정자에서 지석천의 수려한 경관을 감상할 수 있다. 들어가는 입구에는 정자 중수 관련 기록을 담은 중수기념비가 세워져 있다.

和順 映碧亭

영벽정은 지석천변 평탄한 땅에 자리한다.

화순 영벽정

和順 映碧亭

화순 영벽정

1. 하층 기둥 높이, 상층 기둥 높이, 지붕까지 높이가 대체로 1:1:1로 비교적 안정감 있어 보인다.
2. 충량은 측면 기둥머리에서 보 사이에 놓이며 합각을 만들기 위한 외기는 달동자와 눈썹천장을 만들어 화려하게 장식했다.
3. 일출목 연결부에 수서를 놓고 하부에 달동자를 매달아 화려하게 장식했다.
4. 익공과 익공 사이에 삼소로화반을 설치했다.
5. 전체 우물마루를 깔았으며 넓은 보칸에 보 길이를 삼등분해 낮은 동자주를 올려 다소 불안해 보이지만 휜 보를 사용해 시각적으로 시원해 보인다.
6. 익공은 섬약하지만 앙서와 수서 사이에 연꽃 봉오리를 장식하고 보머리는 닭머리형으로 장식했다.

和順 映碧亭

화순 학포당

[위치] 전남 화순군 이양면 쌍봉길 74-3 (쌍봉리) **[건축 시기]** 1521년 초창, 1919년 중건
[지정사항] 전라남도 기념물 **[구조 형식]** 5량가 팔작기와지붕

和順 學圃堂

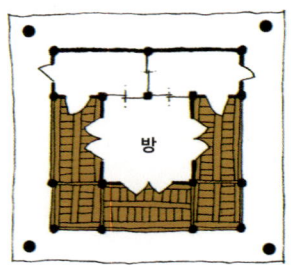

쌍봉리마을 가장 북쪽에 자리한 학포당은 조선 중기 문신 양팽손(梁彭孫, 1488~1545)이 기묘사화로 파직되고 고향으로 돌아와 1521년(중종 16)에 서재로 지은 정자이다. 현재의 건물은 1919년 후손들이 중건한 것으로 종도리장혀에 상량문(崇禎后五己未閏七月十八日丁卯未時竪柱二十三日壬申酉時上樑)이 남아 있다.

정면에서 보면 도리칸 3칸, 보칸 3칸 규모이지만 후면에서 보면 도리칸이 2칸이다. 어칸을 양 협칸보다 2배 정도 넓게 하고 ㄱ자형 방을 구성하면서 앞과 뒤의 기둥 배열을 다르게 했다. 이런 구성 덕분에 양 측면에 반원형 툇보가 만들어졌다. 외진주와 내진주는 충량처럼 휘어 올라가는 툇보로 연결했다. 직절익공식으로 바로 보와 도리를 결구하는 단순한 구성인데 외부에 놓이는 도리는 팔각형으로 다듬어 격을 높였다. 내부에 놓이는 보아지는 사절하고 사절면에 도형 문양을 표시했다.

팔작지붕을 구성하려면 합각벽을 만들기 위한 외기가 필요한데 이 집은 외기를 별도로 구성하지 않고 양측면 도리를 외기처럼 사용해 합각벽을 구성했다. 그래서 비슷한 규모의 합각벽보다 규모가 커졌고 추녀도 더 멀리 내밀어 지붕을 크게 만들었으며 추녀를 받는 활주를 사용했다.

1 정면에서 보면 도리칸 3칸, 보칸 3칸 규모인데 가운데 칸이 양 협칸에 비해 넓다.
2 ㄱ자형 방을 구성하면서 정면과 후면의 기둥 배열을 다르게 해서 후면은 도리칸이 2칸이 되었다.

和順 學圃堂

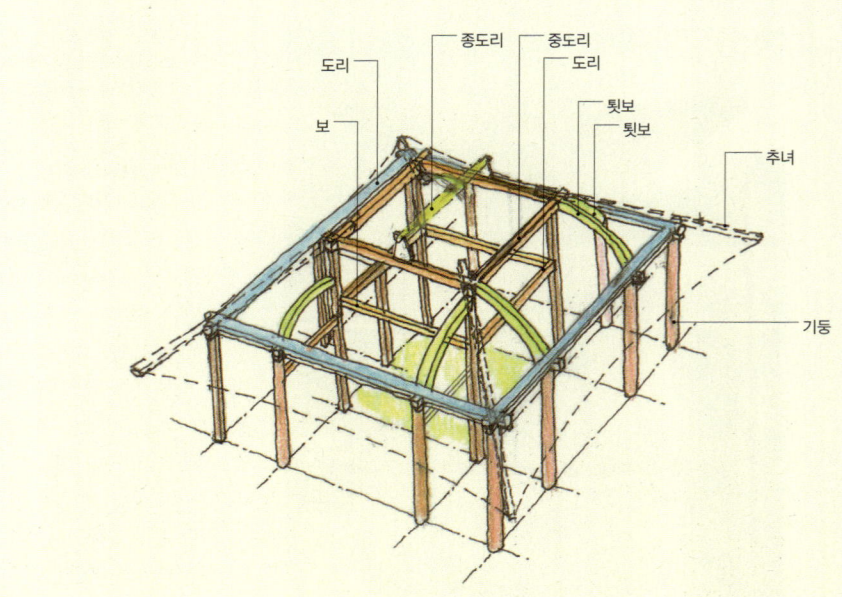

화순학포당

1 도리를 외기처럼 사용해 합각벽을 구성해 합각벽의 규모가 크고 추녀도 더 멀리 내밀어 추녀를 받치는 활주를 사용했다.
2 방 종도리장혀에 상량문이 남아 있다.
3 방과 다락
4 가구 구조도
5 'ㄴ'자형으로 방을 구성하면서 양 측면에 반원형 툇보가 만들어졌다.

和順 學圃堂

광주 호가정

[위치] 광주 광산구 동곡분토길 195 (본덕동)　**[건축 시기]** 1558년 초창, 1871년 중건
[지정사항] 광주광역시 문화유산자료　**[구조 형식]** 5량가 팔작기와지붕

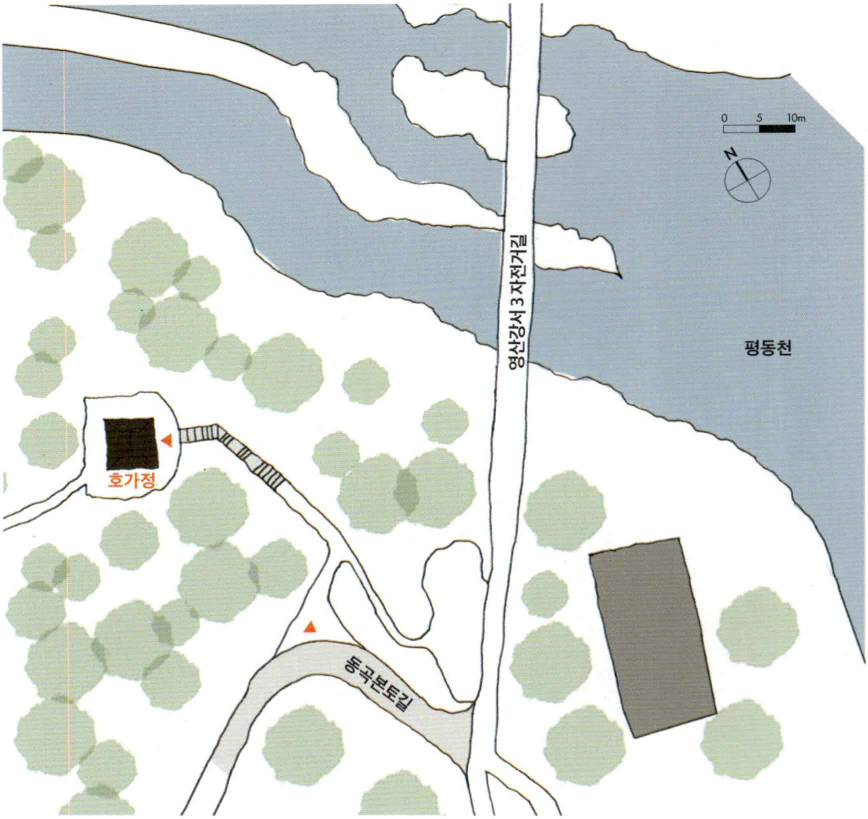

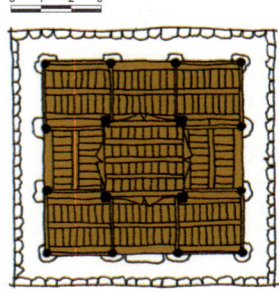

光州 浩歌亭

평동천이 영산강과 만나는 합수머리에 있는 노평산 끝자락에 남동향으로 자리 잡은 호가정은 설강 유사(雪江 柳泗, 1502~1571)가 1558년(명종 13)에 건립하였으나 왜란으로 소실되어 1871년(고종 8)에 중건, 1932년과 1956년에 수리하였다. '호가'는 중국 송나라 소옹(邵雍, 1011~1077)이 말한 '호가지의(浩歌之意)'에서 따온 이름이다. 정자 주변 경관이 수려하여 영산강 6경에 손꼽히는 정자이다.

설강은 무장현감, 종성부사 등 여러 관직을 역임하였으나, 모함을 받아 벼슬에서 물러나 낙향하였다. 그는 당시 덕망 높고 인품이 좋아 많은 학자와 교우하였으며, 후대 사람들이 그의 시를 많이 읊었다고 한다. 건물에는 "호가정중건기"와 "누정제영(樓亭題詠)" 등의 편액이 걸려 있다.

도리칸 3칸, 보칸 3칸의 규모로 이 지역에서 많이 볼 수 있는 가운데 방을 두고 사면에 마루를 설치한 형태인데, 방 사면에 들문을 설치하여 필요시에는 전체를 통으로 사용할 수 있게 하였다. 현재 가운뎃방은 이 지역 타 정자와 다르게 온돌이 아니라 마루인데, 창건 시에는 온돌이었으나 중수할 때 마루방으로 고친 것이다.

영산강 6경으로 꼽히는 호가정은 도라칸 3칸, 보칸 3칸 규모로 노평산 끝자락에 남동향하고 있다.

光州 浩歌亭

1 방을 구성하는 내진고주열과 외진주열을 맞추지 않은 평면이라서 외진주의 툇보는 방 상부 다락 머름 상부에 결구하였다.
2 툇보와 외진주의 연결 모습
3 중앙의 방 사면에는 들문을 설치해 필요에 따라 문을 들어올리고 전체를 통으로 사용할 수 있다.
4 원래는 중앙에 온돌방을 두고 사면에 마루를 설치한 형태였는데 중수하면서 마루방으로 바꾸었다.
5 이익공집으로 조선후기의 화려한 장식성을 보여준다.

光州 浩歌亭

광주 만취정

[위치] 광주 광산구 본량본촌길 29　**[건축 시기]** 1913년
[지정사항] 광주광역시 문화유산자료　**[구조 형식]** 5량가 팔작기와지붕

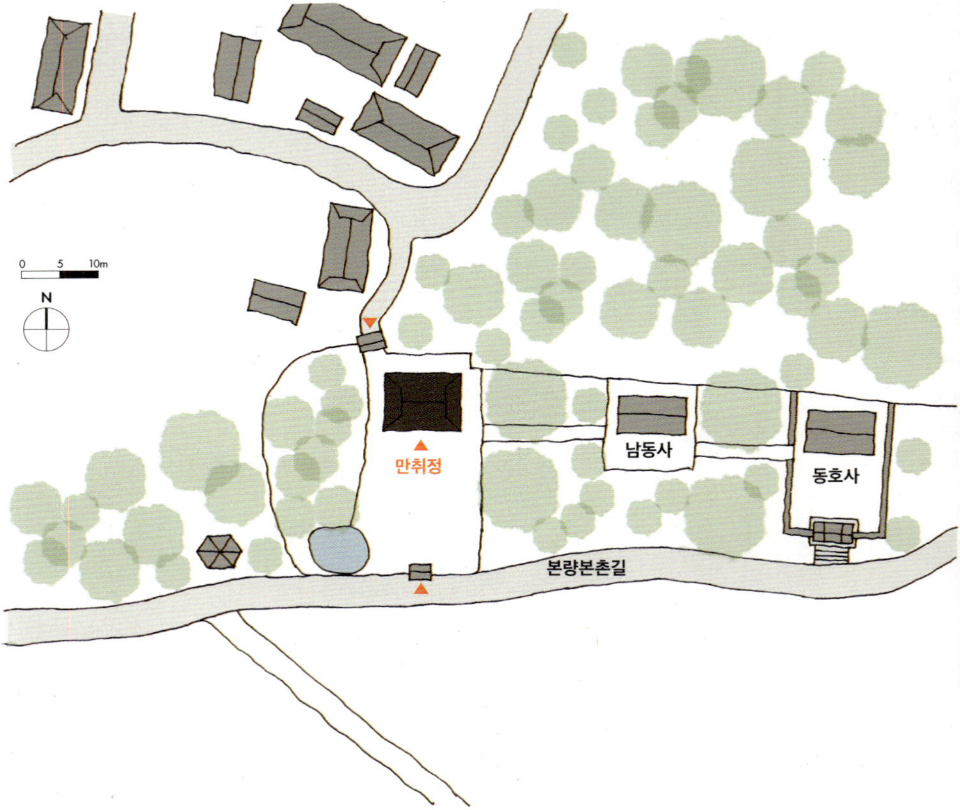

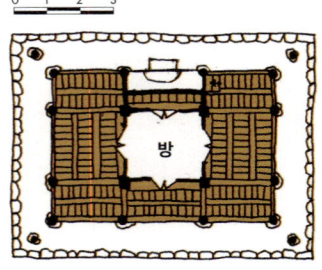

만취정은 심원표(沈遠杓, 1853~1939)가 1913년에 지은 정자이다. 만취(晩翠)는 '추운 겨울에도 푸른빛을 잃지 않는 소나무의 높은 절개를 이르는 말'로 심원표의 호이다.

정면 처마 끝에는 해강 김규진(金圭鎭, 1868~1933)이 쓴 만취정 현판이 있으며 안쪽의 온돌방 외벽에는 석촌 윤용구(尹用求, 1853~1939)가 쓴 현판이 있다. 당대 뛰어난 서화가의 현판만으로도 심원표의 학적을 미뤄 짐작할 수 있다.

도리칸 3칸, 보칸 3칸 규모로 외부 기둥열에 맞추어 내부에도 기둥이 있다. 내진주에는 각주, 외진주에는 원주를 써서 위계를 두고 구조적으로도 합리적으로 해결한 형태이다. 중앙칸 내부에는 1x1칸 규모의 온돌방이 놓여 있다. 온돌방은 배면을 제외한 삼면에 창호를 달았다. 배면에는 반침을 설치했는데 반침 하부에는 수납공간을 두고 상부에는 마루를 깔았다. 상부 마루는 정자의 동쪽 칸에서 올라가게 되어 있다. 온돌방은 후면 반자 밑에 아궁이를 두었으며, 건물 동쪽으로 굴뚝을 두었다.

온돌방의 동쪽 벽면 상부에는 독지헌(篤志軒)이라는 별도의 현판을 둔 것이 특징적이다. 정자의 현판과 별도로 방에 의미를 부여한 것이다.

光州 晚翠亭

1 해강 김규진이 쓴 현판
2 석촌 윤용구가 쓴 현판
3 온돌방 동쪽 벽면 상부에 있는 '독지헌(篤志軒)' 현판

光州 晩翠亭

光州 晩翠亭

1. 도리칸 3칸, 보칸 3칸 규모로 중앙에 1칸 규모의 온돌방이 있다.
2. 고주에 충량을 걸어 외기도리를 받았다. 외기도리 안쪽은 우물반자로 꾸몄다.
3. 방 기둥은 각주로, 외곽 기둥은 원주로 했다.
4. 온돌방 배면에 있는 반침 하부는 수납공간으로 이용하고 상부에는 마루를 깔고 오른쪽에서 올라갈 수 있게 했다.
5. 온돌방 정면에는 만취정, 동쪽에는 독지헌의 현판이 걸려 있다.

광주 풍영정

[위치] 광주 광산구 풍영정길 21 (신창동)　**[건축 시기]** 조선 중기 추정
[지정사항] 광주광역시 문화유산자료　**[구조 형식]** 5량가 팔작기와지붕

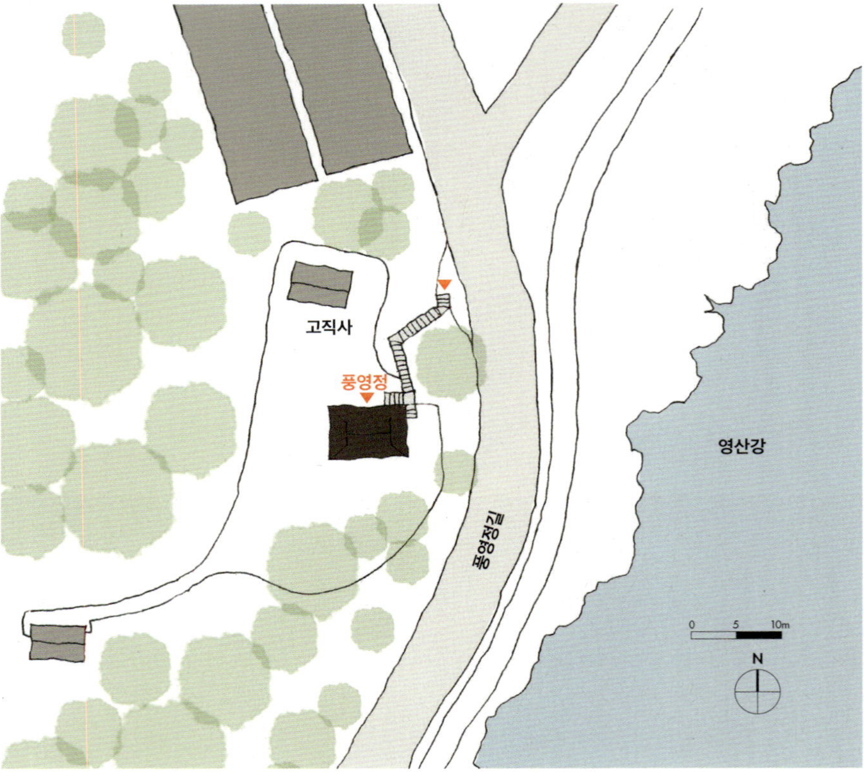

光州 風詠亭

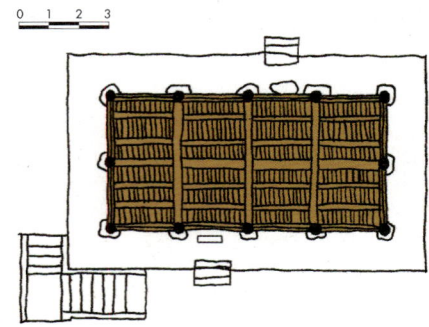

光州 風詠亭

선창산 자락의 낮은 언덕 위에 영산강을 바라보며 남향으로 자리 잡은 풍영정은 조선시대 연안부사, 승문원 판교 등 여러 관직을 거친 풍영 김언거(豊咏 金彦琚, 1503~1584)가 벼슬에서 물러난 뒤 낙향하여 지은 정자이다. 1948년에 후손들이 일부를 수리하였다. '풍영(風詠)'은 자연을 즐기며 시를 읊는다는 의미가 있으며, 주변 경관이 수려하여 영산강 7경으로 꼽히는 정자이다. 김언거는 덕망 높고 인품이 좋아 풍영정에서 김인후(金麟厚, 1510~1560), 이황(李滉, 1501~1570), 기대승(奇大升, 1527~1572) 등 명망 있는 유학자들과 교우했다. 이들이 쓴 시문과 편액들이 정자 내부에 걸려 있는데, 정자의 건립 연대는 정확하지 않지만 이 편액들로 미루어 정자의 연혁을 짐작할 수 있다. 정자 내부에는 각종 시문과 함께 석봉 한호(石峯 韓濩, 1543~1605)가 쓴 '제일호산(第一湖山)', 조계원(趙啓遠, 1592~1670)이 쓴 '풍영정' 현판이 걸려 있다.

건물은 도리칸 4칸, 보칸 2칸으로 양식은 간소하고 내부 전체에 마루를 깔았다. 이 지역 유학자의 정자는 대개 도리칸 2칸 내지 3칸에 방과 마루가 있는데, 이 건물은 전체를 마루로 구성한 점이 다르다.

1 석봉 한호가 쓴 제일호산 현판
2 도리칸 4칸, 보칸 2칸 규모이고 내부 전체에 마루를 깔았다.

光州 風詠亭

1. 보아지는 장식 없이 직절해 사용했다.
2, 3. 충량을 걸어 외기도리를 받았다. 외기도리 안쪽에는 우물반자를 설치했는데 우물반자는 사각형 모양의 살대를 중첩해 별 모양으로 꾸몄다.
4. 동자주를 포동자주 형태를 사용해 격을 높였다.
5. 반대편 외기도리 안에는 꽃 모양의 소란을 이용한 우물반자를 설치했다.

光州 風詠亭

광주 풍영정

광주 양과동정

光州 良苽洞亭

【위치】광주 남구 양과동 166-1번지 【건축 시기】조선 중기
【지정사항】광주광역시 문화유산자료 【구조 형식】5량가 맞배기와지붕

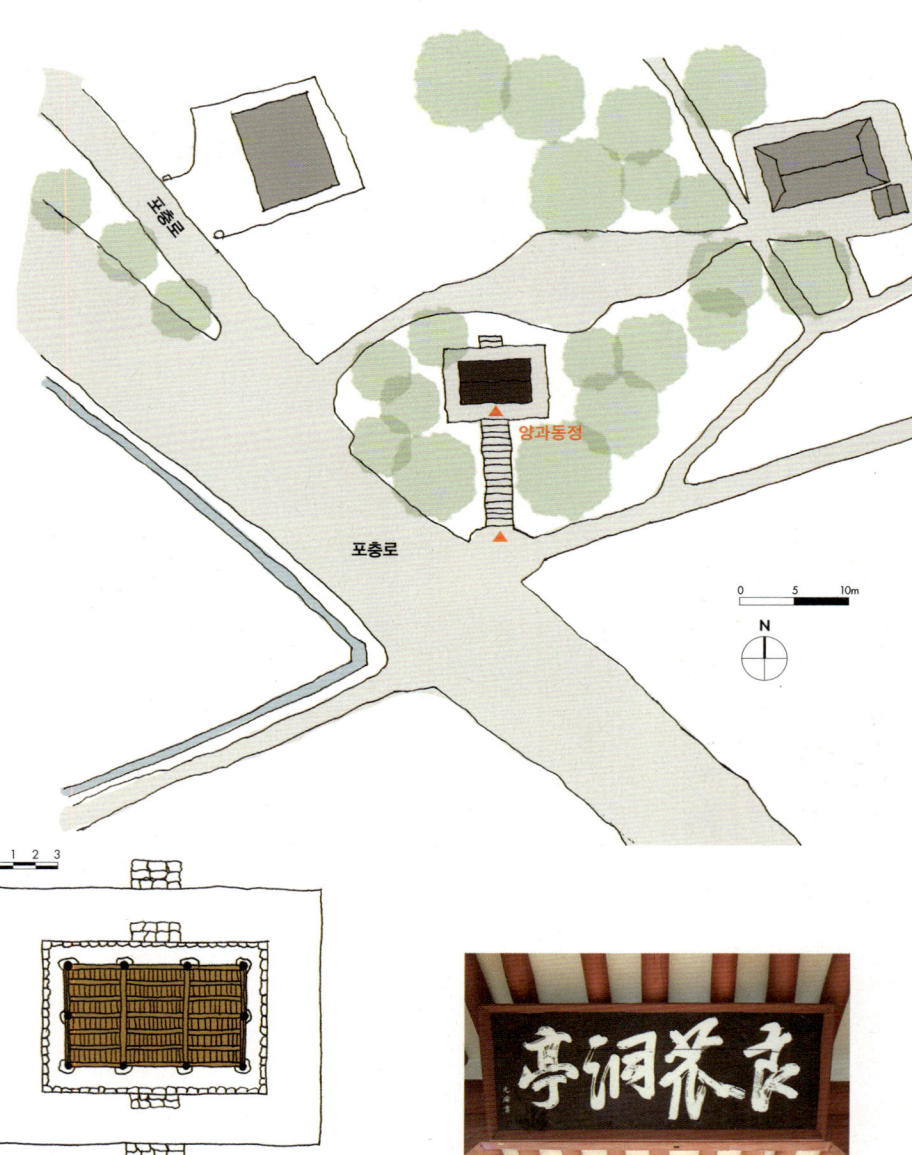

光州 良苽洞亭

광주 남구 양과동 마을 어귀의 나지막한 언덕 위에 전면의 넓은 들을 바라보며 남동향하고 있다. 초창 시기는 알 수 없지만 양과동정(良瓜洞亭)이라는 현판을 우암 송시열(宋時烈, 1607~1689)이 쓴 것으로 미루어 조선 중기에는 창건되었을 것으로 추정된다. 그러나 현재의 건물은 창건 이후 여러 번의 보수가 있었던 것으로 보인다. 이 정자에는 '간원대(諫院臺)'라는 별칭이 있는데, 이 지역에서 사간원·사헌부 출신의 관원이 많이 배출되었고, 이들이 이곳에서 정사를 의논하였다고 해서 지어진 이름이다.

양과동정은 동약이나 향약의 시행처로 활용되었기 때문에 동정(洞亭)이라는 이름을 썼으며, 정자 내부에는 각종 시문과 동약, 향약에 관련된 글들이 편액으로 걸려 있다.

건물은 도리칸 3칸, 보칸 2칸으로 다른 향약 건물처럼 간략한 양식에 벽 없이 사방이 트인 누각형 건물이다. 특징적인 부분은 난간에 설치된 'X'자형 난간대와 측면의 삼각형 보강재가 다른 건물에서 보기 힘든 형태인데, 근래에 추가한 것으로 생각된다.

양과동 마을 어귀의 나지막한 언덕 위에 자리한 양과동정에서는 전면의 넓은 들이 보인다.

光州 良苽洞亭

1. 건실한 부재를 대들보로 사용한 5량가 구조이다.
2. 자연석 기단 위 자연석 초석을 두고 원주를 사용했다.
3. 기둥상부에는 창방 없이 도리방향으로 보아지를 결구했다. 굴도리를 사용했다.
4. 도리와 장혀 부재도 건물 규모에 비해 건실하다.
5. 장혀에 홍살이 결구된 장부 흔적. 다른 건물의 부재를 사용했거나 다른 용도로 사용하면서 생긴 흔적으로 생각된다.
6. 보아지는 내외부 모두 초각했다.
7. 중도리는 주칸 중간지점 2개소에서 엇걸이산지촉이음으로 이어서 사용했다.

光州 良苽洞亭

광주 양과동정

광주 부용정

光州 芙蓉亭

[위치] 광주 남구 칠석동 129번지   **[건축 시기]** 1418년
[지정사항] 광주광역시 문화유산자료   **[구조 형식]** 5량가 맞배기와지붕

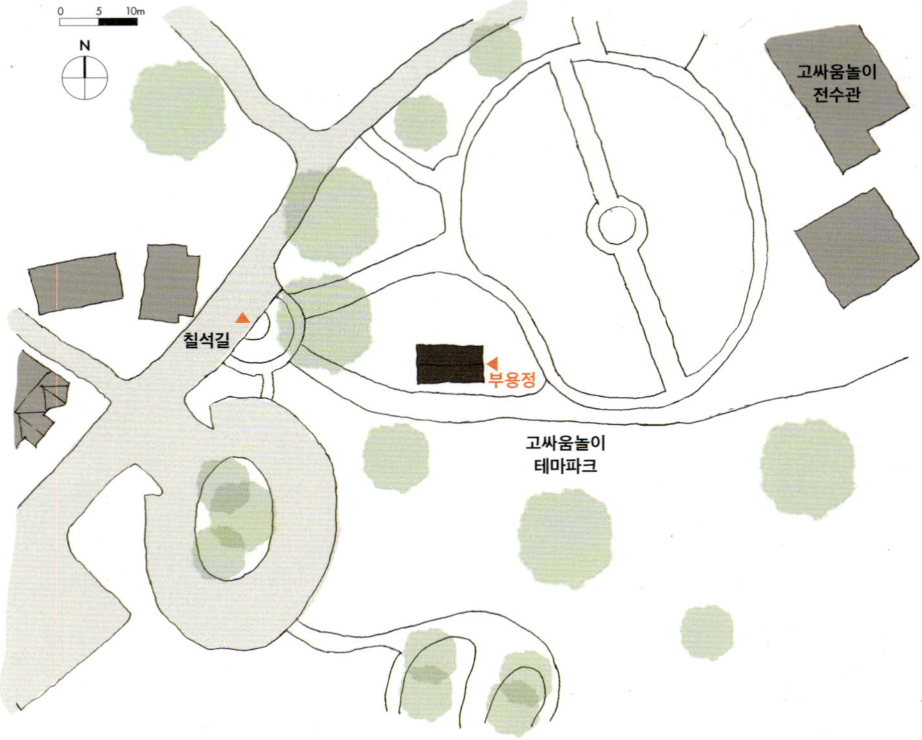

光州 芙蓉亭

칠석마을 남쪽에 너른 들을 바라보며 남향으로 자리한 부용정은 여말·선초 왜구 토벌에 공을 세웠고 형조참판을 지낸 부용 김문발(金文發, 1359~1418)이 세운 정자이다. 현 건물은 창건 이후 보수된 것으로 보이나 자세한 이력은 확인하기 어렵다.

김문발은 1418년(태종 18) 관직에서 물러나 이곳에 낙향하여 주자의 백록동규약(白鹿洞規約)과 여씨의 남전향약(南田鄕約)에 따라 풍속을 교화하는데 힘썼고, 이것이 광주 향약좌목(鄕約座牧)으로 발전하게 되었다.

건물은 도리칸, 보칸 모두 3칸인데, 측면의 가운데 두 기둥은 대들보 하부에서 받치고 있어 초창 이후에 보강된 것으로 생각된다. 내부는 마을 사람들이 모이기 위한 향약의 기능 수행에 충실하도록 이런저런 장식 없이 전체를 마루로 간단하게 구성하였다. 인근 양과동에 있는 양과동정과 유사한 사례이다. 정자 안에는 양응정(梁應鼎, 1519~1581), 고경명(高敬命, 1533~1592), 이안눌(李安訥, 1571~1637) 등의 시가 걸려 있다.

부용정은 칠석마을 남쪽에 너른 들을 바라보며 남향으로 자리잡고 있다. 측면의 가운데 두 기둥은 대들보 하부에서 받치고 있어 초창 이후에 보강된 것으로 생각된다.

光州 芙蓉亭

1. 보아지를 사용한 굴도리집이다.
2. 정자에는 부용정 편액과 함께 양응정, 고경명, 이안눌 등의 시가 걸려 있다.
3. 도리칸, 보칸 모두 3칸 규모이며 전체에 마루를 깔았다.
4. 대들보와 중보에 건실한 부재를 사용한 5량가 구조이다.

光州 芙蓉亭

광주 풍암정

[위치] 광주 북구 충효동 718번지 **[건축 시기]** 조선 중기 추정
[지정사항] 광주광역시 문화유산자료 **[구조 형식]** 5량가 팔작기와지붕

光州 楓岩亭

　무등산 원효계곡 초입에 계곡을 바라보며 북향하고 있는 풍암정은 조선 선조와 인조 때 활동하였던 풍암 김덕보(楓巖 金德普, 1571~1627)가 지은 정자로 이름은 그의 호를 따서 붙인 것이다. 풍암은 큰형 덕홍이 임진왜란 때 금산싸움에서 죽고, 작은형 덕령이 의병장으로 활약하다 무고에 의해 억울하게 죽자 고향으로 내려와 이곳에서 학문을 연구하며 평생을 보냈다. 풍암의 생몰 시기와 정자에 걸려 있는 고경명, 임억령, 안방준 등의 시를 볼 때, 임란 전에 건립되었을 가능성도 배제하기 어렵다. 다만, 현재의 정자는 초창 이후에 많은 보수가 있었던 것으로 보인다.

　건물은 도리칸, 보칸 모두 2칸 규모로 배면 왼쪽에 방을 두고 나머지는 마루를 설치한 이 지역 정자의 평면 특징을 가지고 있다. 정자 서쪽에 '풍암(楓岩)' 글씨가 있는 큰 바위와 전면의 소나무 그리고 계곡과 정자가 적절히 어우러진 모습이 일품이다. '풍암정사'라고 쓴 현판이 걸려 있다.

무등산 원효계곡 초입에
계곡을 바라보며 자리한 2칸 규모 정자이다.

光州 楓岩亭

4

1 배면 왼쪽에 1칸 방이 있다.
2 충량을 걸어 외기도리를 받았다. 외기도리 안쪽은 널판지로 마감했다.
3 보아지를 둔 굴도리집이다. 대들보의 크기가 커서 사개맞춤이 보이지 않는다.
4 전면의 커다란 소나무와 계곡이 정자와 잘 어우러진다.
5 정자 서쪽에 '풍암' 글씨가 있는 큰 바위가 있다.

光州 楓岩亭

광주 취가정

[위치] 광주 북구 환벽당길 42-2 (충효동)　**[건축 시기]** 1890년 창건, 1955년 중건
[지정사항] 광주광역시 문화유산자료　**[구조 형식]** 5량가 팔작기와지붕

光州 醉歌亭

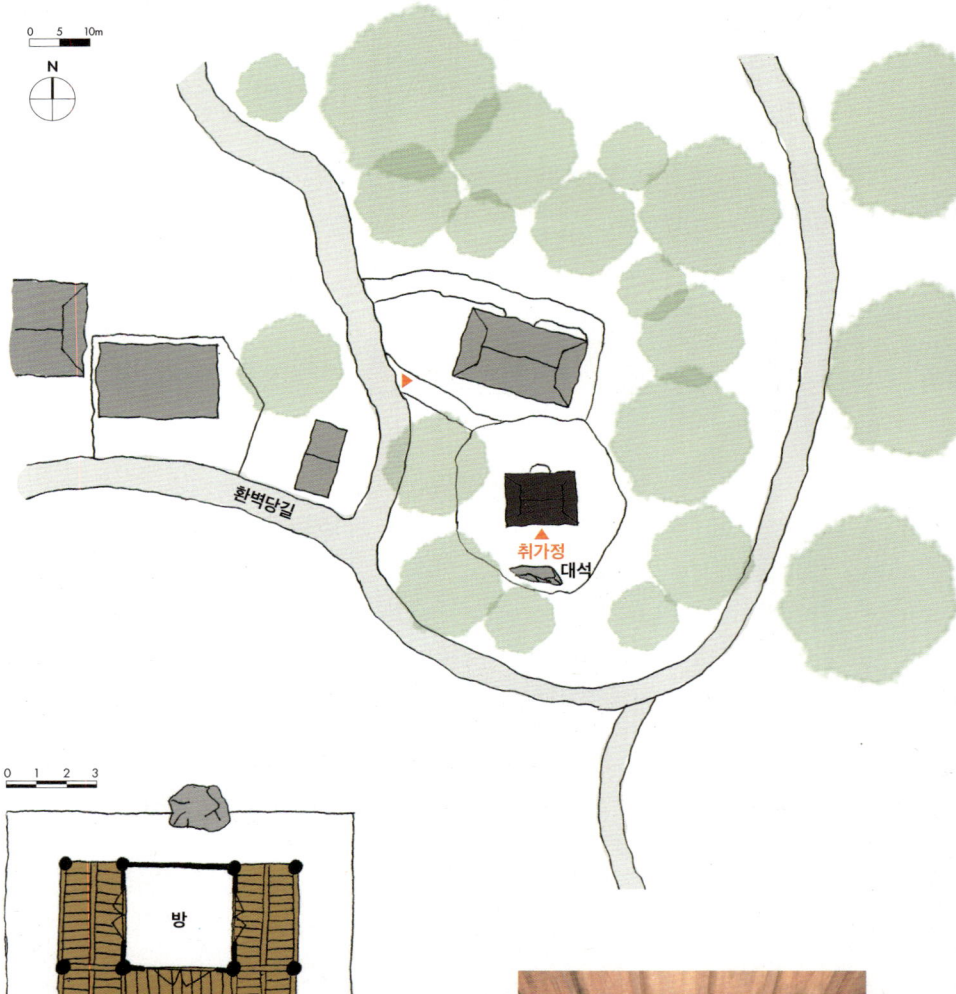

光州 醉歌亭

충효마을 동쪽 낮은 언덕 위에 평모들을 바라보며 남동향하고 있는 취가정은 환벽당과 약 200m 떨어져 있으며 식영정, 소쇄원과 함께 시가 문화권을 형성하고 있는 정자이다.

취가정은 임진왜란 때 의병장인 충장공 김덕령(金德齡)의 덕을 기리기 위해서 그의 후손인 김만식과 여러 문중의 협력에 의해 1890년(고종 27) 창건된 건물이다. 이후 1950년 한국전쟁으로 불에 타 없어졌으나 후손 김희준(金熙駿)이 문중과 함께 1955년 중건하였다.

'취가정'이라는 명칭은 김덕령과 같은 시대에 살았던 권필의 시에서 비롯되었다. 권필의 꿈에 김덕령이 술에 취한 모습으로 나타나 그의 한 맺힌 죽음을 호소하는 "취시가(醉詩歌)"를 읊었고, 권필이 이에 화답하는 시를 지어 그의 원혼을 위로하였다. 이 시를 따서 '취가정'이라 명명하였다.

내부에는 설주 송운회(宋雲會)가 쓴 제액이 걸려 있는 것을 비롯하여 상량문, 중건기, 권필의 취시가와 화답시 등의 6편의 시가 걸려 있으며, 10여 개의 늙은 괴송(槐松)과 각종 화초가 주변에 가득하다.

정자는 도리칸 3칸, 보칸 2칸 규모로 가운데 배면에 1칸 온돌방을 두고 나머지는 마루를 깔았다.

가운데 칸 뒤로 1칸 방을 두고 나머지는 모두 마루를 깔았다.

光州 醉歌亭

1 자연석 기단 위에 도리칸 3칸, 보칸 2칸 규모로 자리한다.

2 추녀부는 말굽서까래로 하고 하부에서 선자서까래처럼 판재를 덧붙였다. 도리는 모두 팔각형 단면 부재를 사용하고 측면 툇간에서는 중도리 위치에 덕량을 사용했다.

3 가운데 평주에 맞보를 걸고 외기도리를 받았으며, 외기도리 안쪽에는 우물반자를 설치했다. 좌측면 중앙기둥에서 우측면 중앙기둥까지 툇보 대신 팔각 단면의 도리와 장혀를 설치했다.

4 가운데 평주에서 네 방향의 보를 모두 받고 있다.

5 방에서 내다본 모습

光州 醉歌亭

광주 만귀정

[위치] 광주 서구 동하길 10　**[건축 시기]** 1934년 초창, 1945년 재건
[지정사항] 광주광역시 문화유산자료　**[구조 형식]** 5량가 팔작기와지붕

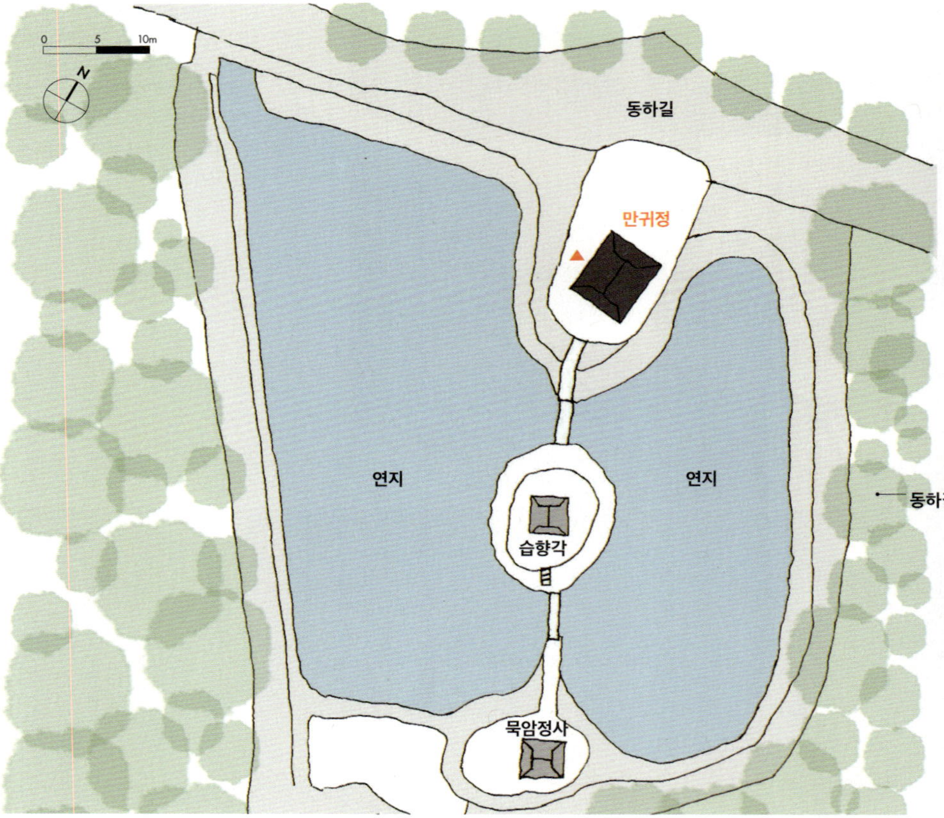

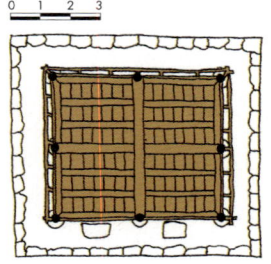

光州 晩歸亭

　　백마산 아래 동하마을 어귀에 남서향으로 자리하고 있는 만귀정은 흥성장씨의 선조인 장창우(張昌羽)가 학문을 가르치던 터에 후손들이 그의 덕을 기리고자 1934년에 세웠고, 1945년에 다시 지은 정자이다. 만귀정은 연못의 북쪽 변에 있고, 좁은 나무다리로 연결된 섬에는 습향각이 있으며, 여기서 또 나무다리로 연결하여 남쪽의 묵암정사에 갈 수 있다. 이렇게 연결된 3동의 건물과 연못의 연꽃이 어우러져 장관을 이룬다. 연못은 방형에 가까운 형태로 가운데 섬이 하나 있다.

　　만귀정은 도리칸, 보칸 모두 2칸 규모로 하부는 초반석 위에 원형의 장초석을 올려 건물을 받치고 있으며, 그 상부에는 기본 형태에서 약간 벗어난 계자각 난간을 두르고 내부는 전체를 마루로 구성하였다. 습향각, 묵암정사는 단칸 건물로 언제 지었는지는 확인할 수 없으나 형태상 근래에 건립된 것으로 추정된다.

　　만귀정에서 습향각으로 가는 나무다리 앞에는 잘 다듬은 장대석이 있는데, 들어가면서 보이는 방향에는 취석(醉石)이, 나오는 방향에는 성석(醒石)이 새겨져 있다. 들어가면 취하더라도 나올 때는 깨라는 뜻이다. 습향각(襲香閣)은 주변에 연꽃이 피면 그 향기에 취한다는 의미이다.

1　만귀정에서 본 습향각
2　만귀정이 있는 연못에서 좁은 나무다리로 연결된 섬에는 습향각이 있다.
3　장초석에 원형 기둥을 사용했다. 마루에는 계자각 난간을 둘렀는데 난간은 기본 형태에서 살짝 벗어난 모양이다.

光州 晩歸亭

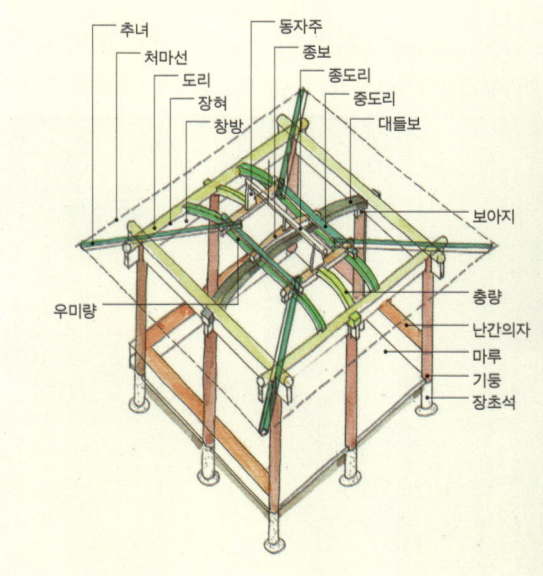

추녀
처마선
도리
장혀
창방
동자주
종보
종도리
중도리
대들보
보아지
충량
난간의자
마루
기둥
장초석
우미량

1. 도리칸, 보칸 모두 2칸 규모로 하부는 초반석 위에 원형 장초석을 올려 건물을 받치고 있다.
2. 충량은 외기도리에 결구하고 좌우측면에 덕량을 2개씩 설치해 전후면 중도리를 지지하고 있다.
3. 외기도리 왕지 하부의 철물 장식
4. 만귀정에서 본 풍경
5. 가구 구조도
6. 만귀정 남쪽에는 또 다른 한 칸 규모 정자인 묵암정사가 있다.
7. 습향각은 연못에 연꽃이 피면 그 향기에 취한다는 의미이다.
8. 만귀정에서 습향각으로 가는 방향에는 취석(醉石)이라고 새긴 장대석이 있는데, 오는 방향에서 보면 성석(醒石)이라고 새겨져 있다. 들어가면 취하더라도 나올 때는 깨라는 뜻이다.

光州 晩歸亭

고창 취석정

【위치】 전북특별자치도 고창군 노동로 191-9 (고창읍, 취석정) **【건축 시기】** 1546년 초창
【지정사항】 전북특별자치도 유형문화유산 **【구조 형식】** 2고주 5량가 팔작기와지붕

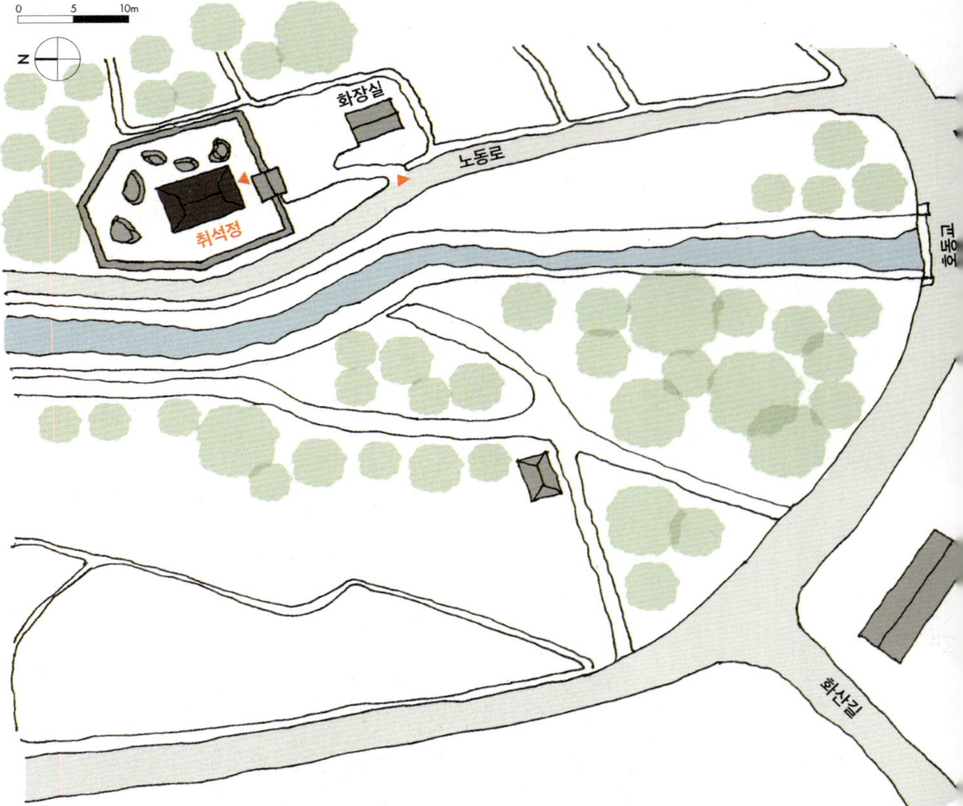

고창읍 화산리 들 가운데 작은 실개천을 끼고 서향으로 자리한 취석정은 노계 김경희(蘆溪 金景熹, 1515~1575)가 1546년(명종 1)에 지었다고 하지만 현재의 건물이 초창기의 모습이라고 보기는 어려운데 중수 시기는 확인할 수 없다. 다만 정자 주변에 있는 수령이 오래된 소나무와 버드나무가 오래전부터 이 자리를 지키고 있었음을 말해주고 있다. 정자의 이름인 '취석'은 중국의 연명 도잠(淵明 陶潛, 365~427)이 술에 취해 눕곤 했다는 '연명취석(淵明醉石)'에서 따온 이름이다. 담장 안에는 크고 작은 지석묘 7기가 있고 밖에는 3기가 있어 정자와 잘 어우러지고 있다.

건물은 도리칸과 보칸 모두 3칸으로 도리칸을 보칸보다 약간 넓게 하여 장방형으로 구성하였다. 건물 중앙에 온돌방 한 칸을 두고 사방에 계자각 난간을 두른 마루를 놓았다. 특이한 점은 합각부가 보이는 측면에 난간을 끊고 디딤돌을 놓아 출입하도록 한 점이다. 정면에 출입구를 설정하는 다른 정자와 차이점이다. 방의 사면에는 좌우 대칭으로 문을 내었는데, 정면과 배면에는 머름이 있는 창문을 두고, 양측면에는 삼분합들문을 두어 출입하도록 하였다. 정면 어칸 마루 밑에는 아궁이가 있고 배면 고맥이에 굴뚝이 있는데, 마루의 높이가 낮아 불을 때기가 어렵게 되어 있다. 후대의 어느 시기에 기단이 높아진 것으로 추정된다.

도리칸, 보칸 모두 3칸 규모로 정중앙에 1칸 방이 있다.

高敞 醉石亭

1 정자 주변에 있는 수령이 오래된 소나무와 버드나무가 오래전부터 정자가 이 자리를 지키고 있었음을 말해주고 있다.
2 물익공집이다.
3 외기도리에는 판재로 반자를 설치했다.
4 정자 이름 '취석정'이 새겨져 있는 바위
5 고주에 툇보와 충량을 걸고 길이가 긴 충량 쪽에 외기도리를 설치해 추녀를 결구했다.
6 양측면 중앙에 출입할 수 있게 난간을 끊고 디딤돌을 놓았다.

高敞 醉石亭

남원 무진정

[위치] 전북특별자치도 남원시 대강면 방산길 65-13 (방산리) **[건축 시기]** 1751년
[지정사항] 전북특별자치도 문화유산자료 **[구조 형식]** 5량가 팔작기와지붕

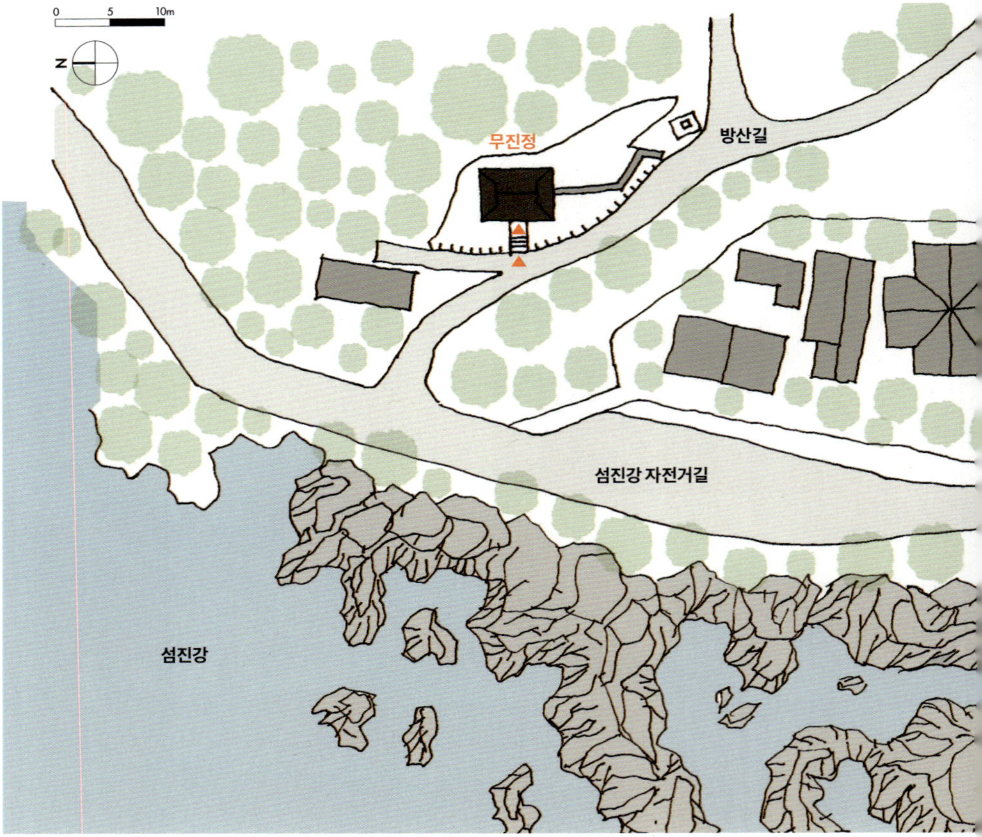

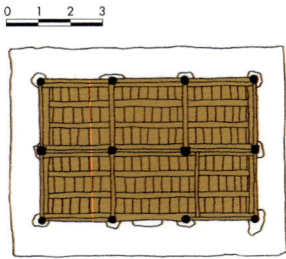

南原 無盡亭

　1751년(영조 27) 남원윤씨 윤정근(尹廷根)이 섬진강 방산나루를 건너는 사람들이 배를 기다리며 쉴 수 있게 선산아래 강변에 지은 정자이다. 정자 주변에는 배롱나무와 대나무 등이 식재되어 있다.
　정자는 도리칸 3칸, 보칸 2칸 규모로 전체에 우물마루를 깔았다. 배면 쪽의 마루를 전면보다 한 단 정도 높게 구성했는데 나루터 쪽 배의 이동상황을 더 잘 보이게 하려는 의도로 추정된다. 마루는 가운데 출입부를 제외하고 사방에 머름이 있는 평난간을 둘렀다.
　자연석초석 위에 12개의 기둥을 세웠는데 외부 10개 기둥은 원기둥이고 내부 2개의 고주는 방형기둥이다. 기둥 상부 양쪽에 45도 사절한 큰 보아지형 판재를 버팀재로 사용했는데 다른 정자에서는 잘 사용하지 않는 수법이다. 공포는 민도리식이며 장혀형 창방 위에 소로를 둔 소로수장집이다. 대들보에서 충량을 받고 충량 위 우물반자를 설치해 상부 천장부를 막음했다. 서까래의 소매걷이가 강하고 처마곡선의 곡률 처리가 고식 느낌이다.

1. 섬진강에 면하여 배산의 높은 송림지대에 붙어 자리한 정자는 도리칸 3칸, 보칸 2칸 규모이다.
2. 내부 고주 2개만 사각형 기둥을 사용했다.

南原 無盡亭

1 외부에는 원형 기둥을 사용하고 출입용으로 사용하는 가운데 칸을 제외한 모든 면에는 머름이 있는 난간을 둘렀다.
2 대들보로 충량을 받고 충량 위에 우물반자를 설치해 상부 천장부를 막음했다.
3 가운데 칸은 출입할 수 있게 난간을 두르지 않고 커다란 자연석을 디딤돌로 놓았다.
4 마루를 높인 배면 쪽은 머름난간도 2단으로 설치했다.
5 뒤쪽 마루는 한 단 정도 높게 했는데 나루터 쪽 배의 이동상황을 더 잘 볼 수 있게 하려는 의도로 추정된다.
6 기둥 상부 양쪽에 45도 사절한 큰 보아지형 판재를 버팀재로 사용했다.

南原 無盡亭

남원 오리정

[위치] 전북특별자치도 남원시 사매면 월평리 27번지 **[건축 시기]** 1959년 재건
[지정사항] 전북특별자치도 문화유산자료 **[구조 형식]** 5량가 팔작기와지붕

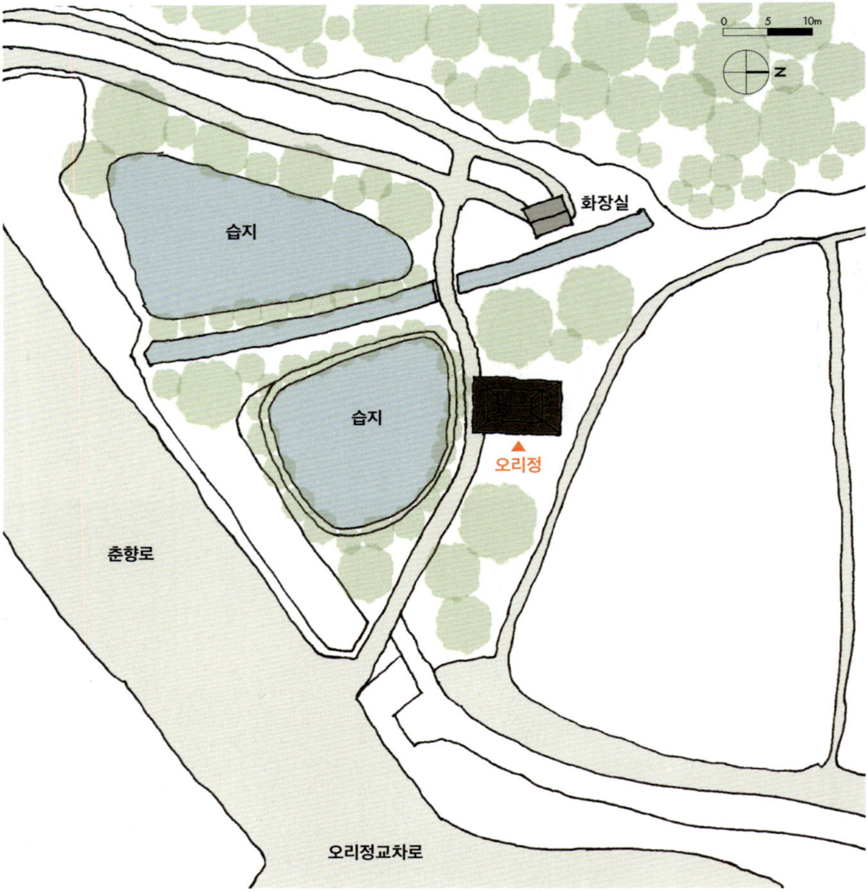

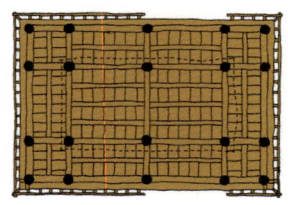

오리(五里) 밖에 세워 둔 정자라는 의미이다. 조선시대에는 관아에서 5리밖에 정자를 세워 손님을 맞이하거나 배웅하기 위한 역할을 하였다고 한다. 남원의 오리정에는 또 다른 얘기가 전해지는데 바로 《춘향전》의 성춘향과 이몽룡이 이별의 정을 나눈 곳이다. 이몽룡이 부친을 따라 한양으로 가게 되었을 때, 따라온 성춘향과의 에피소드가 전해지는 장소이다.

안내판에는 1953년으로 되어 있으나 《동아일보》 1959년 10월 13일자 기사에는 10월 10일에 오리정을 옛 모습 그대로 재건하여 낙성식을 거행했다는 기사가 나온다.

건물은 도리칸 4칸, 보칸 3칸 규모의 2층 누각으로 상층부는 도리칸 2칸, 보칸 1칸으로 되어 있다. 하층부의 내진주가 그대로 상층부의 외진주가 되는 형식이다. 상층부는 정면과 측면을 8자(2,430mm) 정도로 하여 추녀가 안정적으로 걸릴 수 있게 했다. 하층부의 툇간은 네 방향 모두 6자(1,215mm) 정도이다. 비교적 최근에 조성한 2층 누각이지만, 안정적인 외관을 띄고 있다.

南原 五里亭

이몽룡이 한양으로 가게 되었을 때 춘향과 이별의 정을 나눈 곳으로 잘 알려져 있는 2층 누각이다.

南原 五里亭

1. 하층부는 도리칸 4칸, 보칸 3칸이고 상층부는 도리칸 2칸, 보칸 1칸 규모이다.
2. 상층부 추녀 주위로 선자연이 가지런히 놓여 있다.
3. 하층부에는 우물마루를 깔고 사면에 계자각 난간을 둘렀다.
4. 2층으로 올라가는 계단이 있었을 것으로 추정된다.
5. 하층부의 내부 기둥이 그대로 상층부의 외부기둥이 되도록 했다.

南原 五里亭

남원 오리정

남원 퇴수정

[위치] 전북특별자치도 남원시 산내면 천왕봉로 626-8　**[건축 시기]** 1870년
[지정사항] 전북특별자치도 문화유산자료　**[구조 형식]** 5량가 팔작기와지붕

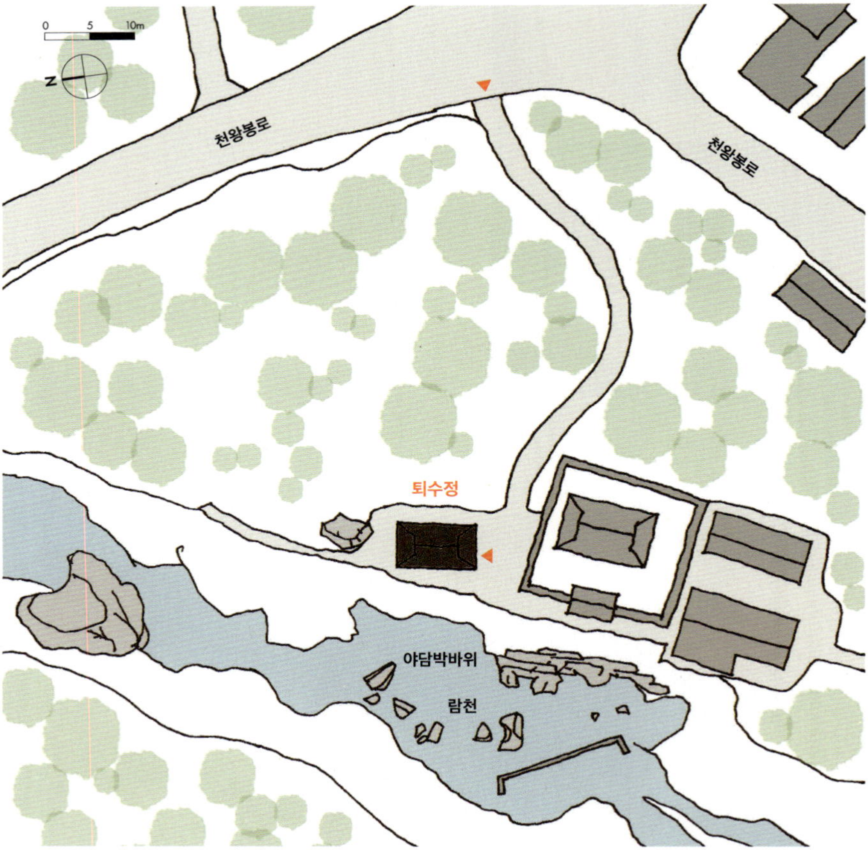

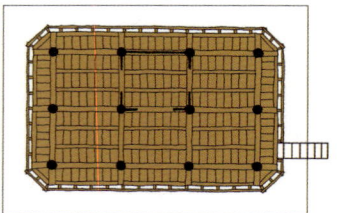

南原 退修亭

　매천 박치기(梅川 朴致箕, 1825~1907)가 1870년(고종 7)에 세운 정자이다. 퇴수(退修)는 벼슬에서 물러나 심신을 단련하겠다는 의지가 담긴 의미이다. 정자 왼쪽에 있는 사당 관선재(觀仙齋)는 후손들이 세운 것이다.

　건물은 도리칸 3칸, 보칸 2칸의 누각형 정자이다. 도리칸은 7자(2,130mm가량), 보칸은 6자(1,830mm가량) 정도로 하여 비례를 적절히 조절하였다. 가운데 칸 뒤편에는 1칸 규모의 마루방을 두었다. 사각형 초석 위에 원형 기둥을 세웠다. 누상주와 누하주 모두 원형기둥을 사용했다.

　정자 앞으로는 시냇물이 흐르고 뒤에는 암석이 높게 솟아 있다. 시냇물의 중앙에는 섬처럼 돌이 솟아 있는데 배에서 밤을 보내는 곳이라는 의미의 '야박담(夜泊潭)'이 새겨 있다. 정자 주변 경관이 수려하다.

다소 가파른 길을 지나면 천변에 한가로이 놓여 있는 퇴수정이 보인다.

南原 退修亭

1 사각형으로 다듬은 초석 위에 원형 기둥을 세우고 마루에는 계자각 난간을 둘렀다.
2 퇴수정 앞 람천에는 섬처럼 돌이 솟아 있는데 돌에는 배에서 밤을 보내는 못이라는 의미의 '야박담(夜迫潭)'이 새겨 있다.
3 마루에서 내다 본 모습. 일대 경관이 수려하다.
4 마루의 네 모서리에 각을 주어 팔각형 모양으로 만들었다.
5 도리칸 3칸, 보칸 2칸 규모의 누각형 정자로 왼쪽 면에 정자에 오르는 돌계단이 있다.

南原 退修亭

남원 최락당

【위치】 전북특별자치도 남원시 송동면 잿말길 25 (영동리) **【건축 시기】** 1600년 초창, 18세기 말 중수
【지정사항】 전북특별자치도 문화유산자료 **【구조 형식】** 3량가 맞배기와지붕

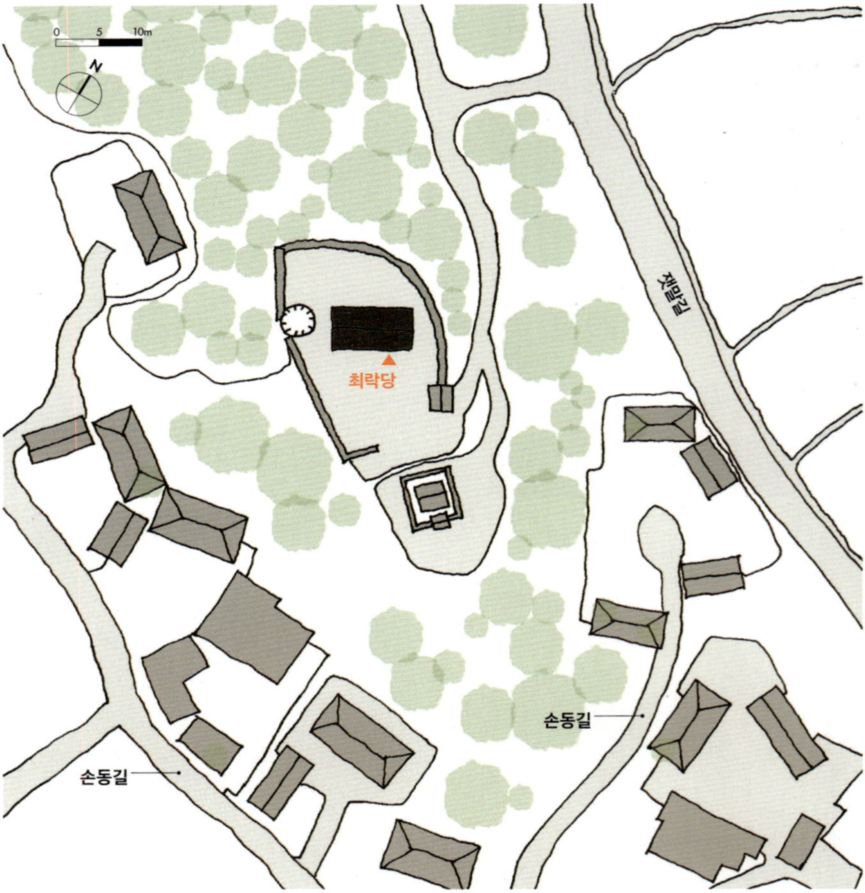

南原 㝡樂堂

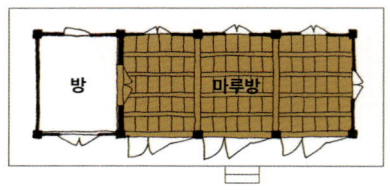

최락당(寂樂堂)은 즐거움이 쌓이는 집이란 뜻으로 증조부인 김익기가 1600년(선조 33)에 지은 집을 개수한 김선의 호이기도 하다. 별제 벼슬을 지낸 김익기는 후학 양성을 위해 집을 짓고 강의했다. 후에 아들 김유가 중수하고 이곳에서 지내면서 야은당(野隱堂) 혹은 쌍백당(雙栢堂)이라고 이름 지었다.

건물은 도리칸 4칸, 보칸 1칸 규모로 오른쪽에 1칸 온돌방이 있고 나머지는 마루방이다. 보통의 정자와 달리 외벽에 창호를 모두 달았지만, 마루방 전면에는 세짝분합문을 달아 들어 열 수 있게 하였다. 마루방의 정면에는 백졸헌(百拙軒)이라는 현판이 있는데 백졸(百拙)은 김선의 또 다른 호이다. 이 현판이 가운데에서 균형을 잡아주는 듯하다. 맞배지붕으로 구성하였는데, 측면 뺄목 하단에 사선의 보강 부재를 덧대었다.

최락당의 백미는 마루방 반자에 걸어놓은 최락당 현판이다. 김선의 손자 김습이 16살 때 쓴 것인데, 글자 하나가 1칸을 차지하도록 하여 상당히 웅장하고 수려하다.

南原 寂樂堂

김선의 또 다른 호인 '백졸'에서 따온 '백졸헌' 현판은 전면 중앙에 걸었다.

南原 寂樂堂

1 2단 정도 높이의 기단을 쌓고 자연석 초석을 올린 맞배지붕집이다.
2 지붕 측면 풍판 뒤 뺄목 하단에 사선의 보강 부재를 덧대었다.
3 한 글자를 거의 1칸 정도 크기로 쓴 집 이름 현판을 마루방 천장에 붙여 놓았다.
4 도리칸 4칸으로 1칸 온돌방이 있고, 나머지 3칸은 마루방이다. 보통의 정자와 달리 마루 부분에도 문을 달았지만 세짝분합문을 달아 들어올릴 수 있게 했다.
5 마루의 배면에는 판문을 달았다.

南原 寂樂堂

남원 광한루

[위치] 전북특별자치도 남원시 요천로 1447, 등 (천거동)　**[건축 시기]** 1414년 초창, 1638년 재건
[지정사항] 보물　**[구조 형식]** 7량가 팔작기와지붕

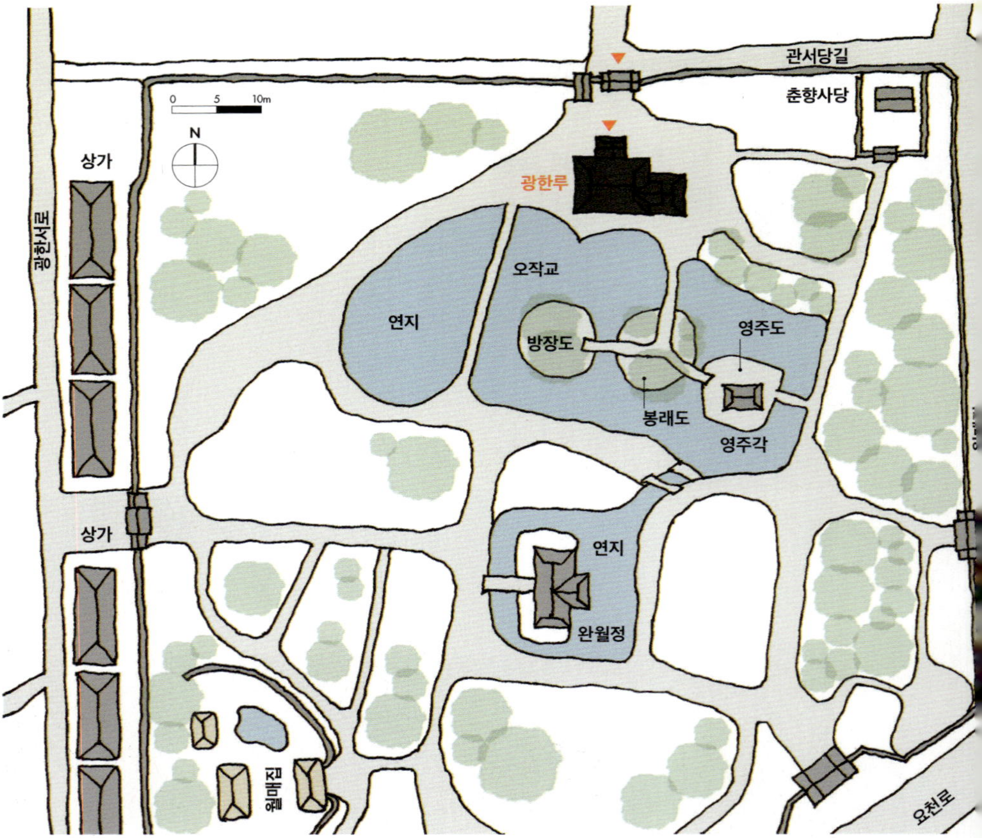

南原 廣寒樓

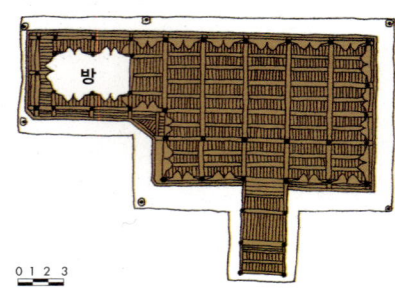

광한루는 달 속의 선녀가 산다는 월궁인 광한전(廣寒殿)의 '광한청허루(廣寒淸虛樓)'에서 따온 이름이다.

1414년(태종 14)에 황희(黃喜, 1363~1452)가 지은 광통루(廣通樓)를 1444년(세종 26) 정인지가 광한루라고 고쳐 불렀다. 1582년(선조 15) 남원부사 장의국(張義國, 1537~?)이 광한루 앞 요천강 물을 끌어들여 커다란 연못을 만들고 4개의 홍예가 있는 반달형 다리인 오작교를 놓아 월궁의 모습을 갖추게 되었다. 1584년(선조 17) 전라관찰사로 부임한 송강 정철(松江 鄭澈, 1536~1593)이 중수하면서 연못에 봉래, 방장, 영주 세 개의 섬을 두어 삼신산을 표현했는데 방장도에는 대나무를, 봉래도에는 백일홍을 심고 영주도에는 연정(蓮亭)인 영주각을 지었다. 삼신산은 오작교와 함께 월궁의 선경을 상징한다. 임진왜란 때 소실되었으나 남원부사로 내려온 신감(申鑑)이 1638년(인조 16)에 재건했다.

광한루는 본채와 날개채, 진입로 역할을 하는 월랑(月廊)으로 구성된다. 본루는 도리칸 5칸, 보칸 4칸으로 모두 마루를 깔았다. 본루 오른쪽에 붙어 있는 날개채는 도리칸 3.5칸, 보칸 2칸으로 2칸 방이 있다. 본채와 날개채를 합하면 전체 8.5칸의 큰 규모이다.

4개의 홍예가 있는 반달형 다리인 오작교는 견우와 직녀 설화의 무대이자 춘향전의 주요 배경이다.

南原 廣寒樓

南原 廣寒樓

1. 광한루원은 16세기에 지은 대표적인 관아정원으로 달 속 선녀가 산다는 월궁을 묘사한 것으로 커다란 연못과 반달형 다리인 오작교, 삼신산으로 구성되어 있다.
2. 이익공집이다.
3. 코끼리 모양으로 조각한 화반
4. 월랑에서 바라본 광한루의 상층누각
5. 중층 누각으로 하층부의 외곽은 마름모형 석주를 사용했다.
6. 월랑에서 진입하여 광한루의 상층누각에 다다른다.

남원 사계정사

【위치】 전북특별자치도 남원시 주생면 영천길 43-32 (영천리)　**【건축 시기】** 16세기
【지정사항】 전북특별자치도 문화유산자료　**【구조 형식】** 5량가 팔작기와지붕

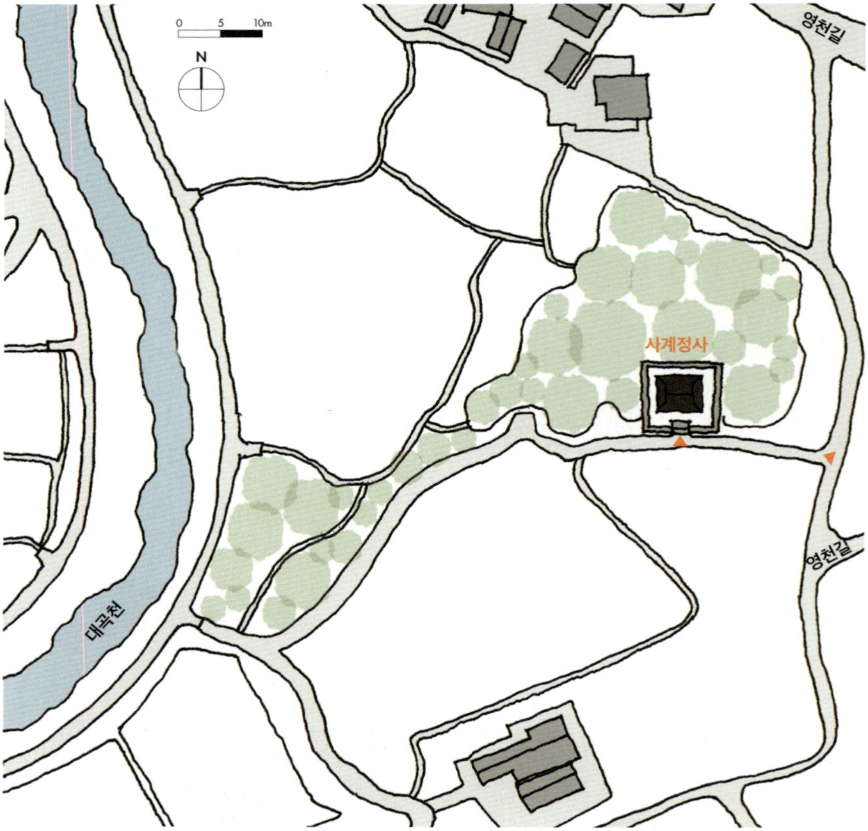

南原 沙溪精舍

사계정사는 정자 옆으로 모래내, 즉 사계(沙溪)라는 냇물이 흘러 붙인 이름인데, 남양방씨의 선조 방응현(房應賢, 1524~1589)의 호이기도 하다. 방응현은 벼슬길에 나아가지 않고 이곳에 은둔했다. 초창한 정자는 임진왜란 때 화재로 소실되었는데 같은 자리에 후손들이 여러 번 고쳐 지은 것이 전하고 있다.

건물은 도리칸 3칸, 보칸 2칸이다. 가운데에 1×1칸 규모의 온돌방을 두고 사면으로 마루를 두른 형식이다. 방의 내진주 위치는 외진주와 축열이 맞지 않기 때문에 충량을 두어 상부의 하중을 전달하는데, 자연곡재로 쓴 충량이 아름답다. 정면에는 난간을 두어 측면으로 돌아들어가게 했으며, 난간은 평난간으로 검소한 형식으로 하되 풍혈을 두었다. 방의 사면 모두 쌍여닫이띠살문을 달았다.

南原 沙溪精舍

1 녹음이 어우러진 주변경관

2 도리칸 3칸, 보칸 2칸 규모로 중앙에 1칸 온돌방을 두었다.

南原 沙溪精舍

1 화강암을 원통형으로 다듬은 조금 높은 초석을 두고 원기둥을 사용했다.
2 자연스럽게 휘어진 곡재를 충량으로 사용하였다.
3 평난간으로 검소한 형식으로 하되 풍혈을 두었다.
4 1칸 방의 사면 모두 쌍여닫이띠살문을 달았다.
5 가운데에 방을 두고 사면으로 마루를 두고 출입 부분을 제외한 마루에는 평난간을 설치했다.
6 내진주와 측면 기둥열이 맞지 않아 충량으로 하중을 전달하도록 했다.

南原 沙溪精舍

무주 서벽정

[위치] 전북특별자치도 무주군 설천면 구천동로 1868-30 (두길리) **[건축 시기]** 1886년
[지정사항] 전북특별자치도 기념물 **[구조 형식]** 2평주 5량가 팔작기와지붕

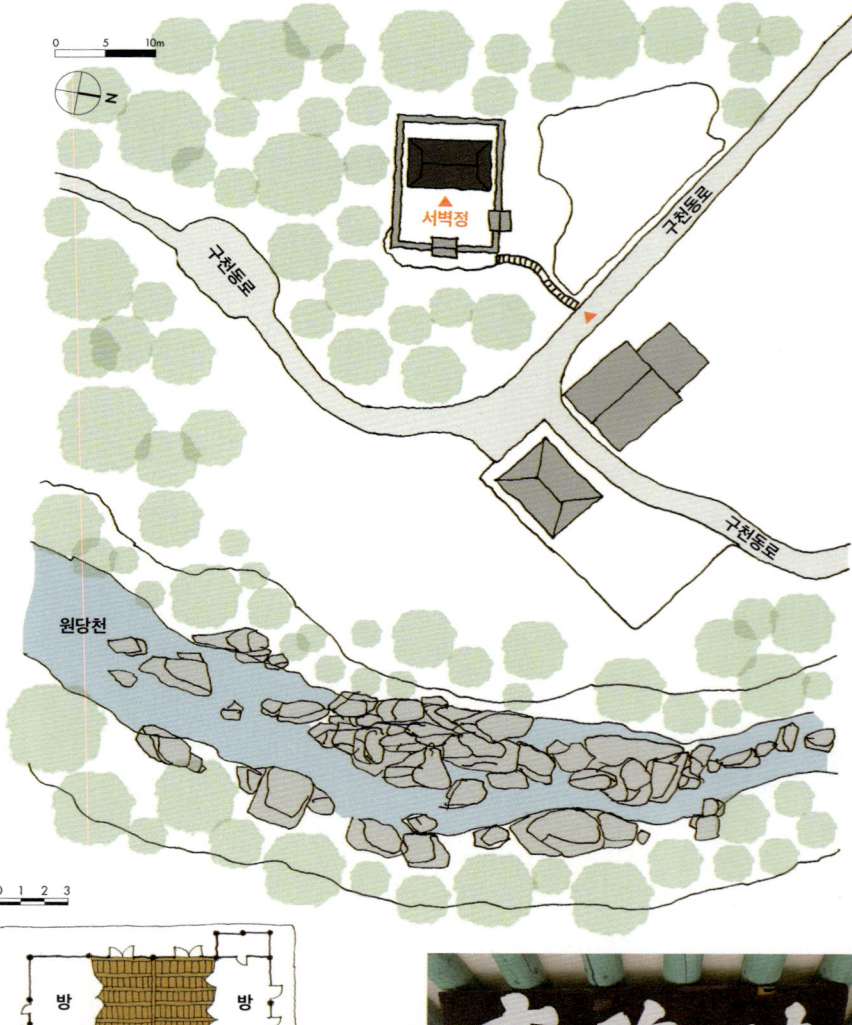

무주구천동 3대 경승지로 꼽히는 수성대 끝자락 계곡 가까이 자리한 서벽정은 1886년(고종 23) 송병선(宋秉璿, 1836~1905)이 짓고 시국을 논하며 후진을 양성하던 곳이다. 송병선은 조선 말기 유학자로 을사늑약 후 고종에게 상소를 올리고 고향으로 내려가 독약을 먹고 자결했다.

건물은 도리칸 4칸, 보칸 3칸 규모로 가운데 6칸 대청을 두고 양옆에 방을 두었다. 다락과 아궁이를 두고 전면에는 세살창호를, 배면에는 우리판문을 달아 개방적인 정자가 아닌 폐쇄적인 살림집 느낌이 강하다. 오른쪽 방 앞 마루는 높게 설치해 마치 누마루처럼 꾸몄다. 양옆에 방을 들이기 위해 대들보 아래 간주를 둔 2평주 5량가 구조로 판대공을 사용하고 종도리 아래에는 뜬창방을 두고 그 사이는 화반으로 받쳤다. 자연석기단 위에 자연석초석을 올리고 장혀와 두공을 사용했다.

방 뒤에는 벽장을 달았는데 기둥에 통장부맞춤으로 멍에목을 끼워 넣고 멍에목의 끝은 받을장으로 해 엎힐장으로 따낸 인방을 건너지르는 방식으로 벽틀을 만들었다. 처짐을 방지하기 위해 멍에목 아래 유선형 낙양을 제혀쪽매맞춤으로 고정했다.

전면에 사용한 망와에는 계유오월(癸酉五月)이라고 써 있는데 1933년 5월로 추정된다.

茂朱 棲碧亭

방 뒤에는 벽장을 달았다. 멍에목이 처지는 것을 방지하기 위해 유선형 낙양을 덧붙였다.

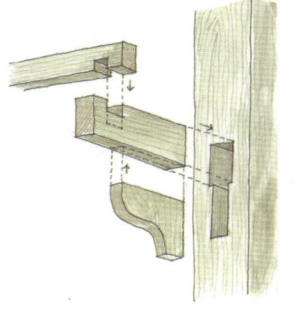

茂朱 棲碧亭

1

- 거칠봉
- 충분한 일조
- 다양한 시선높이
- 서벽
- 남동풍 (여름)
- 고상마루
- 수성대
- 북서풍 (겨울)
- 대청
- 온도차에 의한 운무
- 구천동 계곡

무주 서벽정

1 조망 스케치
2 고상마루에서 내다 본 거칠봉. 일각문 밖 수목은 후에 심은 것으로 구천동계곡이 내려다보이는 차경을 차단하는 장애 요인이 되었다. 담장과 일각문도 후에 가설하였을 것으로 추정된다.
3 대청마루. 오른쪽 방 앞의 마루는 높이를 높인 고상마루로 구성했다. 배면에는 우리판문을 달았다.
4 2평주 5량가를 기본으로 하였으며 양옆에 방을 들이기 위해 전퇴 부분에 샛기둥을 세웠다.
5 종도리 아래 뜬창방을 사용하고 긋기단청했다.
6 도리칸 4칸, 보칸 3칸 규모로 가운데 2칸 대청을 두고 양옆에 방을 두었다.
7 단면 스케치

茂朱 棲碧亭

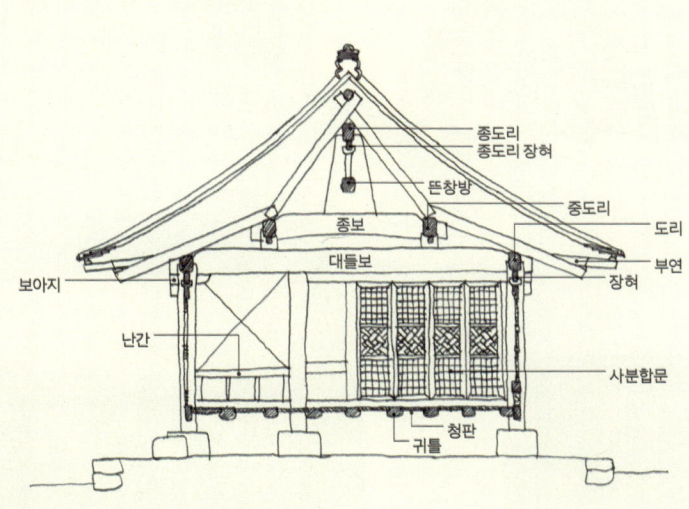

무주 한풍루

【위치】 전북특별자치도 무주군 무주읍 한풍루로 326-5 (당산리)   **【건축 시기】** 1783년 중수
【지정사항】 보물   **【구조 형식】** 5량가 팔작기와지붕

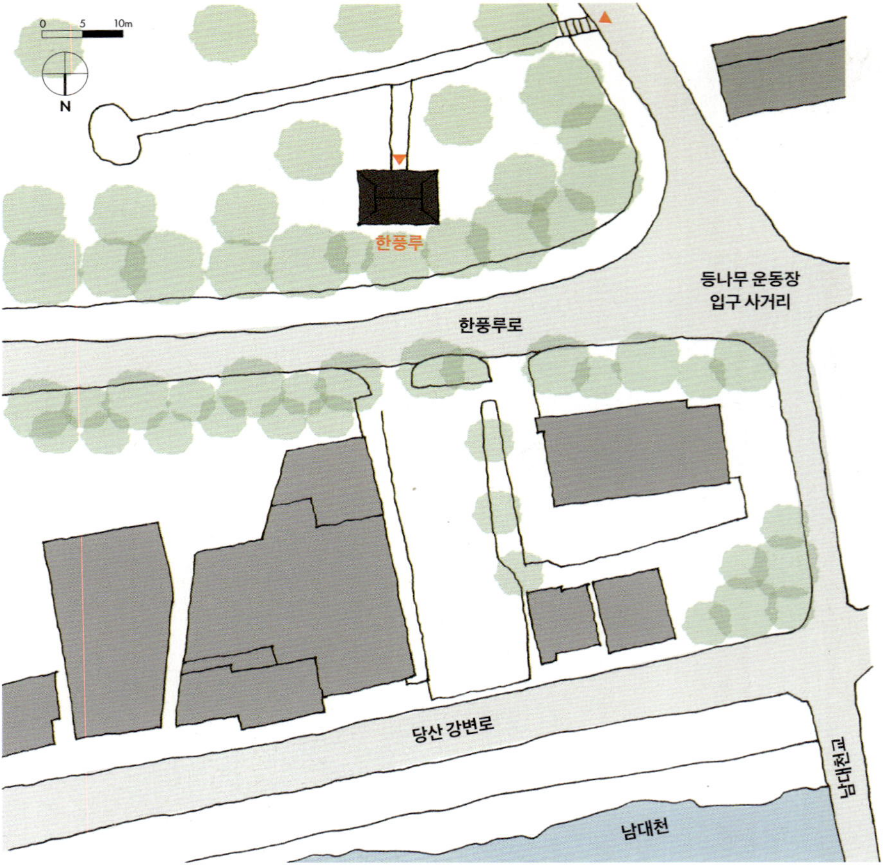

茂朱 寒風樓

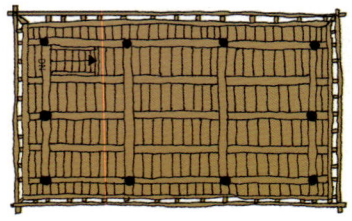

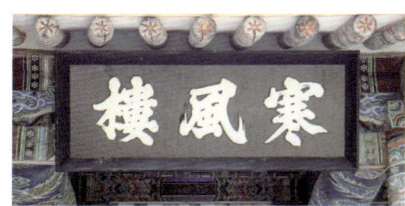

茂朱 寒風樓

무주 한풍루는 전주 한벽당, 남원 광한루와 함께 호남의 3대 누각으로 꼽히는데 셋 중에 가장 아름답다는 평가를 받는다. 1599년(선조 32)에 왜군의 방화로 소실된 것을 현감 임환(林懽, 1561~1608)이 중건, 1783년(정조 7)에 현감 임중원이 중수했다. 한때 충북 영동군 금강변으로 옮겨져 금호루(今湖樓)로 불리다가 1971년 무주 사람들에 의해 현재 자리로 옮겨졌다.

중층 누각으로 상하층의 칸수와 기둥 수가 다르다. 상층은 도리칸 3칸, 보칸 2칸으로 내진주 없이 통칸으로 바닥에는 마루를 깔았고 하층은 도리칸 3칸, 보칸 4칸으로 내진주가 있다. 건물의 규모가 큰 편이어서 구조적 안정성을 확보하기 위한 방편이다. 보칸의 길이가 길어 하층에서 보칸 열에 기둥을 더 두지 않으면 마루가 처지기 때문에 기둥을 더 두는 것이 합리적이다. 그래서 도리칸은 상하층의 기둥 수가 같지만 보칸은 기둥 수가 서로 다르게 된 것이다. 상하층 모두 창호 없이 개방되어 있다.

공포는 재주두 없는 이익공으로 포동자주를 사용했다. 상층 외목도리 부분 천장을 보면 연귀부분 안쪽에 목재가 천장 아래로 돌출되어 45도로 결구된 것이 보이는데 이것을 강다리라고 한다. 강다리는 추녀 끝부분에 구멍을 뚫어 목재를 관통시켜 중도리 장혀 끝부분까지 늘어뜨린 후 장혀에 걸치게 하여 추녀 들림을 방지하기 위한 가장 오랜 방식의 장치이다.

기둥 간격과 기둥 높이, 난간 내밀기와 처마 내밀기의 비례가 중요한데 무주 한풍루는 이 네 가지 요소가 잘 어우러져 있다. 특히 난간 내밀기가 적절하다. 난간 내밀기가 조금만 어긋나도 전체 비례를 깨뜨리는데 조화롭게 되어 있다.

재주두 없는 이익공집이다.

茂朱 寒風樓

茂朱 寒風樓

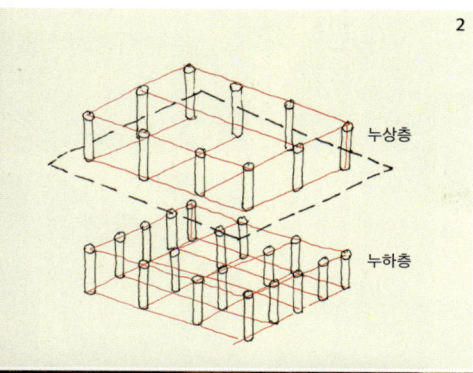

2

누상층
누하층

1, 2 중층 누각으로 상하층의 칸수와 기둥 수가 다르다. 상층은 내진주 없이 통칸이며 하층에는 내진주가 있다.

3 마루에는 계자난간을 둘렀는데 적절한 난간 내밀기로 건물 전체가 균형감 있어 보인다.

4 낮은 기단에 방형으로 다듬은 낮은 초석을 사용하고 원주를 사용했다.

5 익공집이나 다포집에는 수장폭보다 두꺼운 창방을 두는데 이 집은 수장폭과 같은 굵기의 창방을 사용했다.

茂朱 寒風樓

1, 2 추녀 끝부분에 구멍을 뚫어 목재를 관통해 중도리장혀 끝부분까지 늘어뜨린 후 장혀에 걸치게 해 추녀 들림을 방지하는 고식 장치인 강다리를 사용했다.

3 도리칸 3칸, 보칸 2칸 규모의 상층은 전체를 마루로 구성했다.

4 장식화반을 사용했다.

5 비교적 굵은 부재를 충량으로 사용했다.

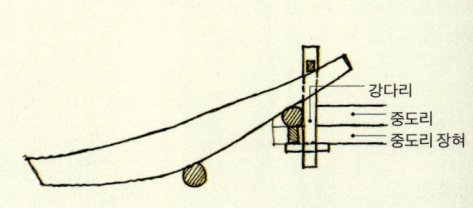

茂朱 寒風樓

순창 구암정

淳昌 龜岩亭

[위치] 전북특별자치도 순창군 동계면 구미리 1028번지　**[건축 시기]** 1901년 중건
[지정사항] 전북특별자치도 문화유산자료　**[구조 형식]** 4평주 5량가 팔작기와지붕

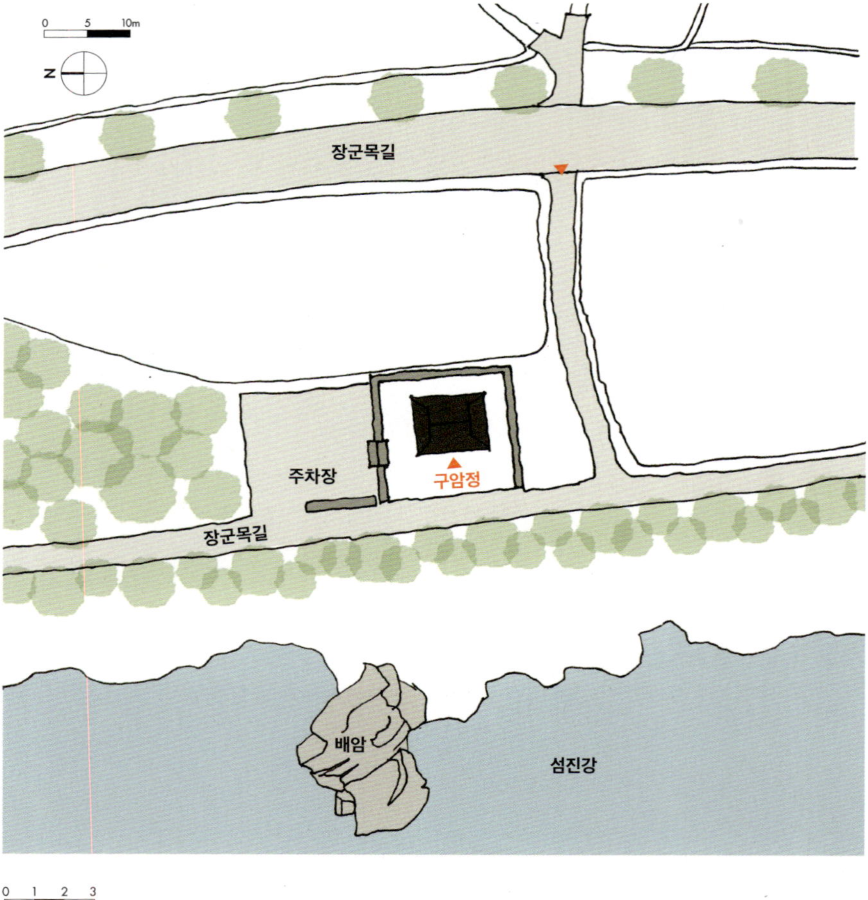

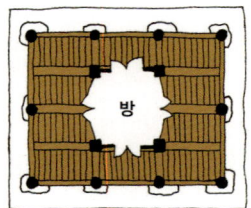

淳昌 龜岩亭

　　무오사화와 갑자사화로 무고한 사람이 죽는 것을 보고 구암 양배(龜岩 楊培)는 순창에 낙향해 은둔 생활을 했다. 구암의 뜻을 기리는 사림들이 지계서원(芝溪書院)을 지어 배향했으나 1868년(고종 5)의 서원철폐령으로 철폐되었다. 이를 안타까워한 후손들이 적성강 상류인 만수탄 절벽 위에 세운 정자이다. 절벽 아래로 양배와 그의 동생 양돈(楊墩)이 은둔 생활을 하며 낚시를 즐겼다는 배암이 내려다보인다.

　　건물은 도리칸 3칸, 보칸 2칸으로 가운데 1칸 온돌방을 두고 양옆은 마루로 꾸몄다. 온돌방 사방의 내부 기둥은 방형 기둥으로 했는데 집의 규모에 비해 굵은 부재를 사용해 안정감을 준다. 기둥머리에서 창방과 익공이 교차하는데 익공은 직절했다. 그 위에 주두를 올려 장혀 및 도리와 보가 직교한다. 장혀와 창방 사이에는 소로를 끼워 마감했다. 배면 툇마루는 고상식으로 되어 있는 게 하부에 아궁이가 있었을 것으로 추정된다.

1　단순하면서 곡선의 아름다움이 강직하고 선명한 아름다움을 주는 추녀이다.
2　기둥이 가늘지는 않지만 자연석 초석이 넉넉하여 안정감을 준다.
3　좁은 툇간에 홍예형 툇보를 사용해 우아하면서도 굵고 우직해 안정감을 준다.

淳昌 龜岩亭

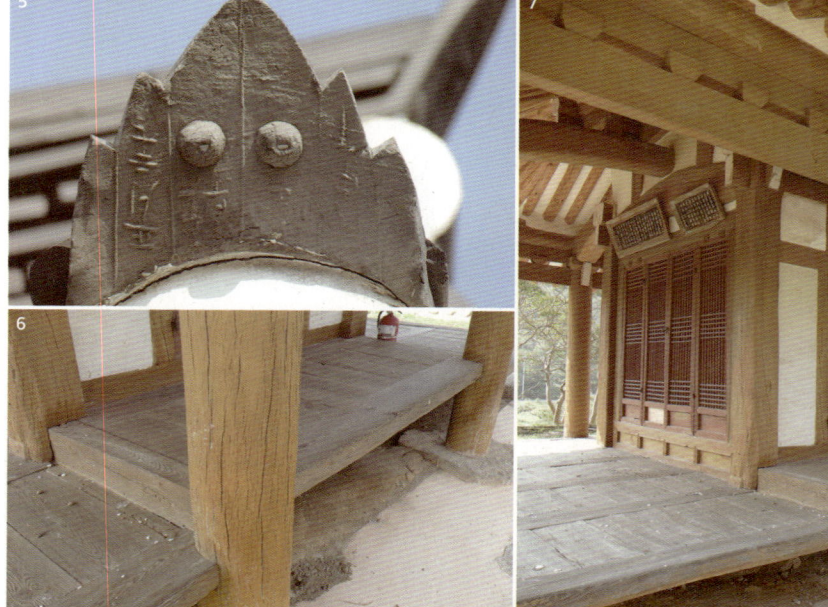

淳昌 龜岩亭

1 적성강 상류 만수탄의 언덕 위 양지 바른 곳에 자리한다.
2 내부의 방주를 위쪽까지 올리지 않고 보 높이에서 끊었다. 고주가 없는 4평주 5량가라는 특별한 가구법으로 볼 수 있으며 마치 헛기둥과도 같다. 정칸에 대들보를 걸고 전후툇간에 툇보를 걸었으며 동자주의 위치로 미루어 3분변작법을 사용했다.
3 내부 평주머리에서는 대들보와 툇보, 헛창방과 장혀가 십자로 결구되어 좌우 균형을 잡아주고 있으나 기둥머리가 상부까지 다다르지 않는 헛기둥 느낌이다.
4 직절익공과 창방이 결구되고 그 위에 주두를 올린 다음 도리 및 장혀와 보를 결구했다. 소박하지만 민도리집보다는 격을 높이려고 노력한 흔적이다.
5 망와는 명칭 그대로 먼 곳을 응시하는 기와이며 내림마루의 말구를 막고 장식하는 역할을 한다. 망와에는 제작 연대가 새겨져 있으며 두 눈과 눈동자를 장식하여 응시하는 모습은 해학적이다. 글씨가 거꾸로 인 것으로 미루어 막새를 망와로 사용한 것으로 볼 수 있다.
6 배면의 툇마루는 머름 높이까지 살짝 높여 그 아래에는 아궁이를 설치하고 불을 지피는데 편리하게 했다. 그러나 지금은 아궁이가 사라진 상태이다.
7 세월의 흐름을 고스란히 주름처럼 간직하고 있는 투박하면서도 강직한 기둥의 모습
8 정자에서 절벽에 놓인 계단을 내려가면 돈암, 배암으로 불리는 너럭바위가 있다. 양씨 형제가 고기를 낚으며 즐겨 앉았던 바위라고 한다.

순창 낙덕정

淳昌 樂德亭

[위치] 전북특별자치도 순창군 복흥면 상송리 산 49-1　**[건축 시기]** 1900년
[지정사항] 전북특별자치도 문화유산자료　**[구조 형식]** 팔모정

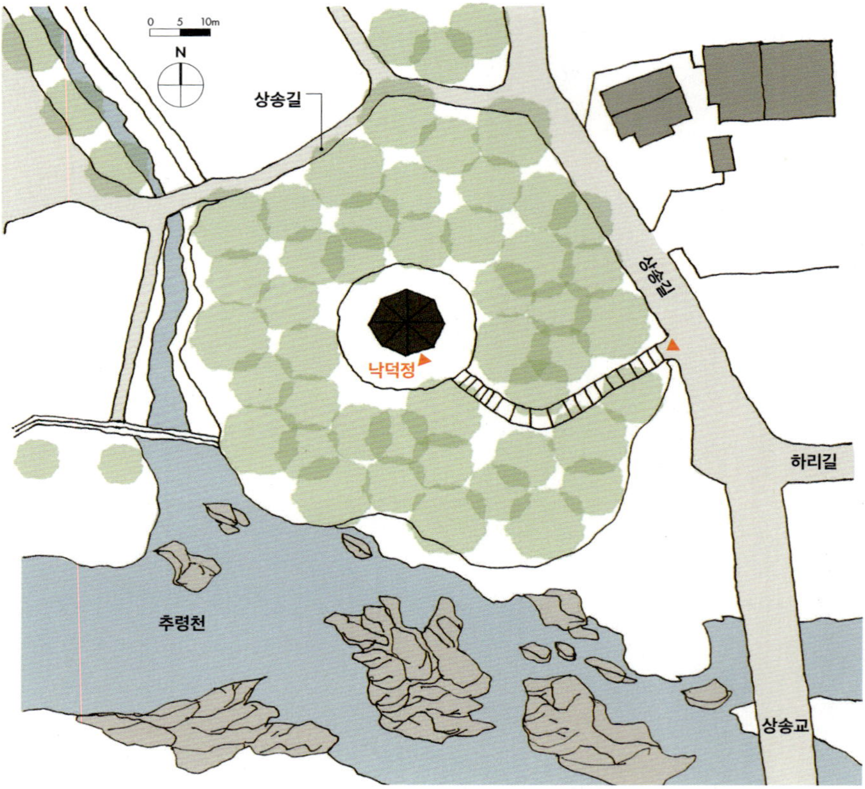

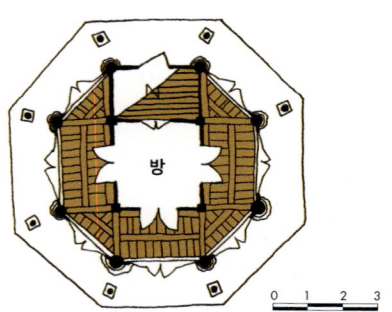

1545년 을사사화가 일어나자 하서 김인후(河西 金麟厚, 1510~1560)는 벼슬을 버리고 순천의 경관이 좋은 곳에 내려와 은둔하며 후학을 양성한다. 김인후는 "훗날 이곳에서 훌륭한 인재가 나올 것"이라는 예언을 하는데 이 예언에 따라 1900년(고종 37) 후손인 김노수(金魯洙, 1878~1956)가 낙덕암 위에 정자를 짓고 낙덕암에서 이름을 따와 낙덕정이라고 불렀다.

낙덕정은 매우 드문 팔모정이다. 중앙에 온돌을 두고 사방으로 퇴를 돌려 팔각으로 만들었다. 배면 툇간 하부에 아궁이를 두고 상부에는 다락을 두었다. 온돌방 사방에는 방주를 사용했으며 외부 평주는 원주를 사용했다. 공포는 직절익공식이다. 지붕은 겹처마인데 서까래와 부연의 말구 소매걷이가 현격하여 역동적이다. 추녀 말구에는 주역의 팔괘를 그렸는데 보기 드문 일이다.

초석은 고복형초석 위에 원형장주초석을 올려 두 단으로 구성했다. 외부의 판벽 및 판문, 인방과 장주초 등의 이음맞춤법이나 재료의 풍화도로 판단했을 때 외부 판벽과 장주초석 등은 후대에 덧단 것으로 판단된다. 즉 가운데 방형 온돌을 중심으로 사방에 팔각으로 개방된 퇴를 두었던 것이 원형으로 추정된다. 툇마루 천장도 널반자로 처리하였는데 이것도 전통 형식과는 거리가 있다.

1 이 지역의 직절익공식 공포의 특징이 잘 드러나 있는 집이다.
2 한국에서는 보기 드문 팔각정이다. 배면 다락 부분의 판벽을 제외하고는 모두 판문을 달아 마감했다. 판문은 이음맞춤법이나 재료의 풍화도를 보아 처음부터 있었던 것은 아닌 것으로 추정된다.
3 내부의 방형 기둥머리에서는 두 가닥의 툇보가 바깥으로 빠져 외부 평주에 연결된다.
4 방형 평면에서 팔각으로 빠져나가기 위해 내부 기둥에서는 툇보가 두 개 걸린다. 천장은 널반자로 전통식이 아닌 것으로 미루어 외부에 판문을 부가하면서 천장도 설치한 것으로 추정된다.

淳昌 樂德亭

1. 작은 구릉의 정상부에 자리해 추령천에서 보는 정자의 원경이 매우 아름답다.
2. 원래의 부연은 말구를 빗치고 배걷이를 많이해 동적이지만 교체된 것은 그렇지 못하다. 보수할 때는 원래의 기법을 그대로 사용해야 하는데 지켜지지 않고 있다.
3. 교체된 서까래가 아닌 원래 서까래는 소매걷이가 강해 매우 강직하고 동적인 느낌을 준다. 그러나 수리한 서까래에서는 이러한 느낌을 느낄 수 없다.
4. 추녀마다 각기 다른 8괘를 먹으로 그려 장식했다. 영광정에서도 나타나는데 말구에 팔괘를 그리는 것은 흔한 일은 아니다. 팔각정의 의미를 더욱 강조하는데 효과적이라고 판단된다.
5. 서까래와 사래가 무척 짧다. 추녀만 걸어도 될 일을 장식을 위해 겹처마를 선택한 느낌이다. 곡선부재를 사용해 배의 모습으로 만든 것이 특징적이다.
6. 모임지붕에서는 꼭짓점에 장식 겸 하중을 위해 무거운 절병통이 올라간다. 돌과 기와, 금속 등으로 재료는 다양한데 이 집은 풍화된 돌을 올렸다. 고풍스럽다.
7. 가운데 방형의 구들을 들이고 사방을 팔각형으로 퇴를 둘렀다. 현재는 퇴 밖으로 판문이 모두 달려 있으나 이 부분은 의심스럽다. 퇴는 개방형으로 노출되었던 것으로 추정된다.
8. 정자 배면의 상부는 다락이고 하부에는 아궁이가 있다. 중앙 방형의 온돌에 불을 지피기 위한 시설이다.
9. 초석은 독특하게 두 단인데 하부는 북을 엎어 놓은 것과 같은 고복형이고 상부는 원통형의 장주초석이다. 풍화의 정도를 보았을 때 같은 시기라고 보기 어렵다. 판문도 마찬가지여서 외곽의 판문을 설치할 때 장주초석도 함께 설치된 것으로 추정된다.

淳昌 樂德亭

淳昌歸來亭

순창 귀래정

【위치】전북특별자치도 순창군 순창읍 가남리 538-1 【건축 시기】1456년
【지정사항】전북특별자치도 문화유산자료 【구조 형식】2평주 5량가 팔작기와지붕

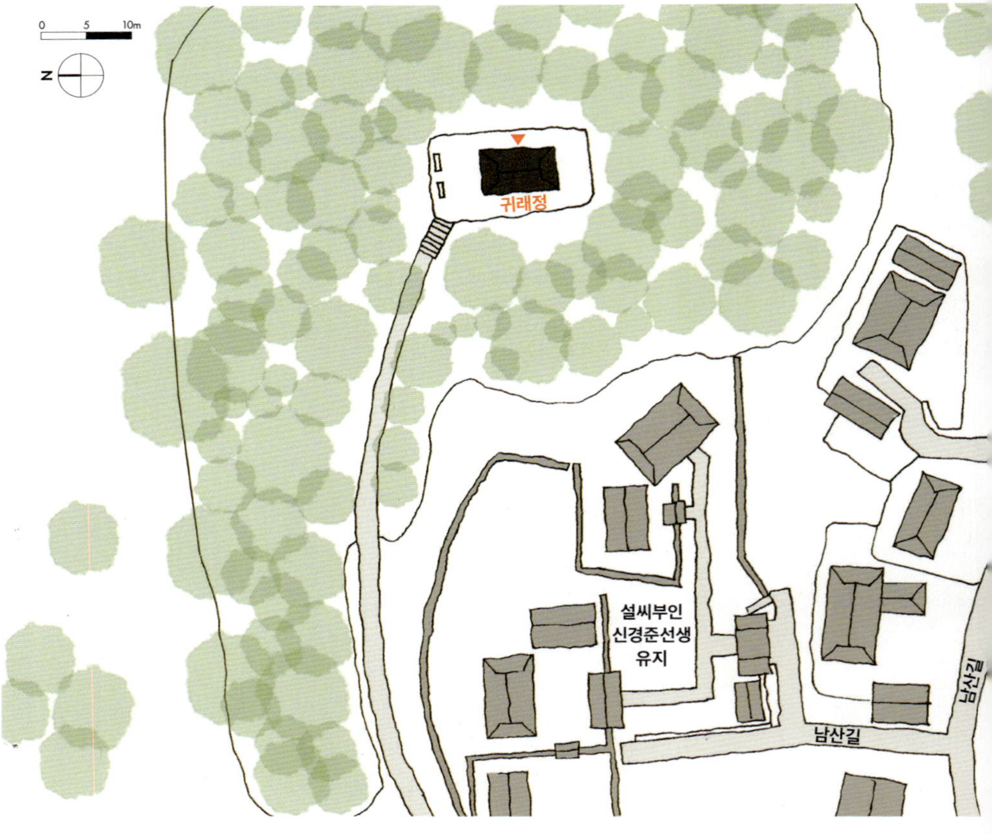

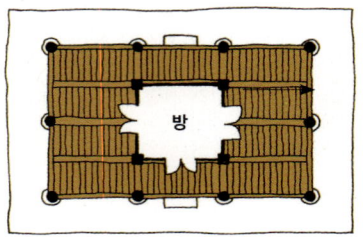

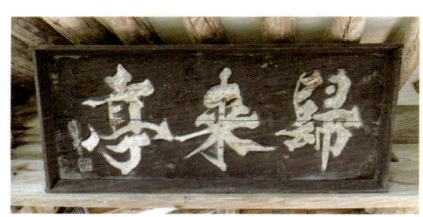

淳昌 歸來亭

귀래정 신말주(歸來亭 申末舟, 1439~)가 1456년 단종 폐위 사건을 계기로 순창에 내려가 지은 정자로 고산 윤선도(孤山 尹善道, 1587~1671)가 쓴 '귀래정' 현판이 걸려 있다. 현재 남아 있는 정자의 재료는 대부분 느티나무인데 1935년 조익구(趙益求)가 쓴 "귀래정중수기(歸來亭重建記)" 편액이 느티나무로 되어 있는 것으로 보아 이때 중수된 것이 남아 있는 것으로 추정된다. 1818년(순조 18) 조인영(趙寅永, 1782-1850)이 쓴 "귀래정중수기"도 남아 있다.

건물은 도리칸 3칸, 보칸 2칸 규모로 가운데 1칸 방을 두고 사방에 마루를 깔았다. 방을 중심으로 좌우의 가구 형식이 다르다. 방 왼쪽은 앞뒤 기둥을 바로 연결하는 대들보를 사용한 2평주 5량가이고, 오른쪽은 후면 퇴부분에 고주와 툇보를 사용한 1고주 5량가이다. 중수할 당시 앞뒤 평주를 연결할 만한 긴 부재를 구하지 못해 이렇게 구성한 것이 아닌가 한다. 방의 천장은 우물천장으로 했다. 초석은 두 단의 고복형초석을 사용하고 공포는 직절익공식으로 했다. 외기의 빠짐이 비교적 커서 눈썹반자의 크기도 큰 편이다. 처마 안허리곡이 거의 없고 선자연 부분에서 서까래 말구를 평고대와 평행하게 자르고 소매걷이가 현격하다.

1 자연목에 가까운 굵지 않은 서까래를 사용했으며 부연은 일반적인 부연에 비해 길이가 짧고 배걷이 부분이 길이가 짧아 마치 원형모를 접은 것 같은 느낌이다.

2 일반적으로 서까래 말구는 서까래와 직각 방향으로 자르는데 이 집에서는 평고대 방향으로 사선을 잘랐다. 이러한 기법은 종종 나타나지만 흔한 기법은 아니다.

淳昌 歸來亭

淳昌 歸來亭

1. 도리칸 3칸, 보칸 2칸 규모로 가운데 1칸 방을 두었다. 방에는 세살여닫이문을 달았다.
2. 익공을 뾰족하게 새기지 않고 직절했다. 창방과 장혀 사이에는 소로를 끼워 일반 살림집과는 달리 격을 높였다.
3. 소매걷이가 현격하고 굽은 추녀와 사래를 사용해 역동성이 느껴진다.
4. 가운데 방 1칸을 두고 좌우에 대청, 앞뒤로 퇴를 두는 것은 순창지역의 특징이다. 대개 후면 퇴는 아궁이 설치를 위해 조금 높인 고상식으로 하는데 이 집은 그렇게 하지 않았다.
5. 충량의 단면 크기, 곡, 길이 등의 비례가 뛰어나다.

淳昌 歸來亭

1 가운데 방을 중심으로 양쪽의 가구 형식이 다르다. 왼쪽은 툇보 없이 대들보 하나로 앞뒤 기둥을 연결한 2평주 5량가이다. 나뭇결이 무척 아름답고 강직한 느낌을 준다.

2 왼쪽과 달리 오른쪽에서는 대들보와 툇보를 고주로 구분해 사용했다. 왼쪽처럼 우람한 느티나무 대들보를 구할 수 없어서 달리할 수밖에 없었을 것으로 추정된다.

3 다른 곳에서는 찾아볼 수 없는 항아리형 초석으로 보기에 따라서는 표주박 같기도 하다.

4 외기의 빠짐이 비교적 넓고 정교하고 치밀하며 눈썹반자의 비례미가 뛰어나다. 청판도 느티나무를 사용해 나뭇결의 아름다움을 더했다.

5 귀래정은 낮은 구릉의 정상부에 자리해 순창 시내와 하천이 한눈에 내려다보인다.

淳昌 歸來亭

순창 영광정

淳昌 迎狂亭

[위치] 전북특별자치도 순창군 쌍치면 시산리 367　**[건축 시기]** 1910년 초창, 1976년 재건
[지정사항] 전북특별자치도 문화유산자료　**[구조 형식]** 3량가 팔작기와지붕

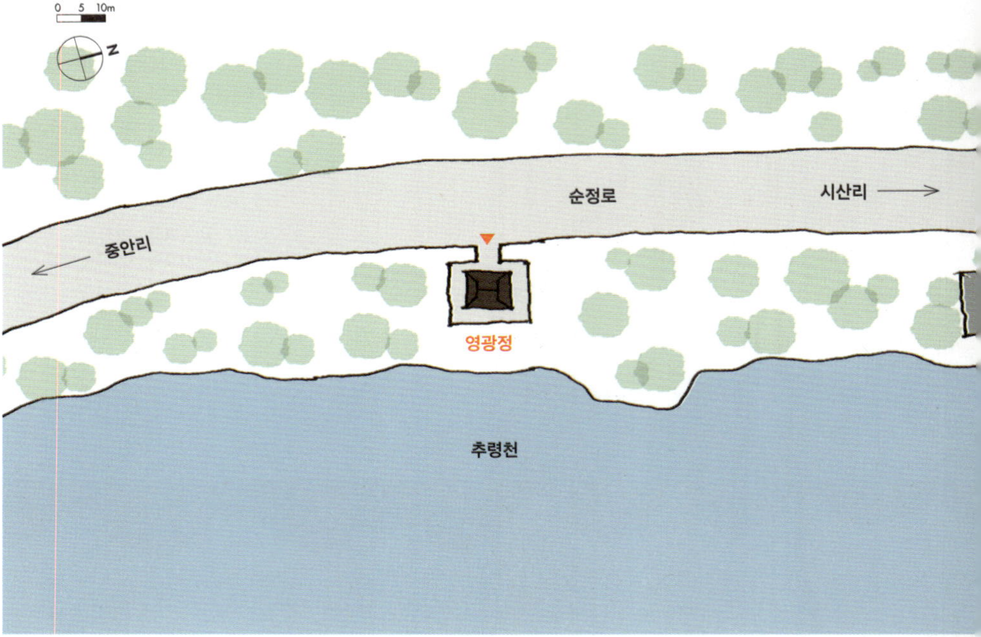

순정로 / 시산리 → / 중안리 / 영광정 / 추령천

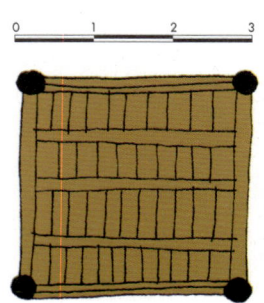

淳昌 迎狂亭

정자 이름에 쓰지 않는 '미칠 광(狂)'자를 쓴 일제강점기에 지은 정자이다. 1910년 한일 강제 병합이 이루어지자 순창에 살던 금옹 김원중(錦翁 金源中, 1860~1930)이 뜻을 함께한 동지들과 한일 강제 병합을 반대한다는 뜻을 널리 알리기 위해 정자를 짓고 지붕 처마 끝에 태극 팔괘를 새겨넣었다. 김원중을 비롯한 독립운동가들은 이 정자에서 모임을 가질 때 일본 순경의 눈을 피하기 위해 미친 사람처럼 행동했다고 한다. 정자 이름에서 시대적 아픔을 알 수 있다. 한국전쟁으로 불 타 소실된 것을 1976년 다시 지은 것이 남아있다.

추령천 천변의 기용암이라는 너럭바위 위에 자리한 영광정은 도리칸, 보칸 모두 1칸 규모인 단칸 정자이다. 초석을 사용하지 않고 바위에 바로 원기둥을 올리고 우물마루를 깔았다. 굴도리를 사용하고 익공을 직절했다. 창방과 뺄목에는 양청으로 괘를 그렸으며 굴도리 뺄목에는 태극을 그렸다. 석간주 가칠을 했는데 서까래 끝부분은 흰색으로 칠했다.

1. 일반적인 우물마루는 방형 청판을 칸마다 끼우는 것인데 여기서는 장널을 보내 모양만 우물반자와 같이 처리했다. 벽이 도리 없이 서까래와 직접 면해 있다.

2. 1칸 규모의 마루로만 구성한 소박한 정자이다. 한국의 정자는 온돌을 갖추는 것이 일반적인데 일제강점기의 어려운 사정을 반영한 듯하다.

3. 순창지역의 여느 정자처럼 기둥머리를 직절익공했다. 소로수장집으로 일반 민가보다는 격을 높였다.

4. 기용암에 올라앉아 내다보는 추령천의 모습은 일품이다. 아름다운 조국 산천을 일제에 빼앗긴 서러움이 정자에 앉아있으면 더욱 선명했을 것이다.

순창 어은정

[위치] 전북특별자치도 순창군 적성면 평남길 107-32 (평남리)　**[건축 시기]** 1580년 초창
[지정사항] 전북특별자치도 문화유산자료　**[구조형식]** 1고주 5량가 팔작기와지붕

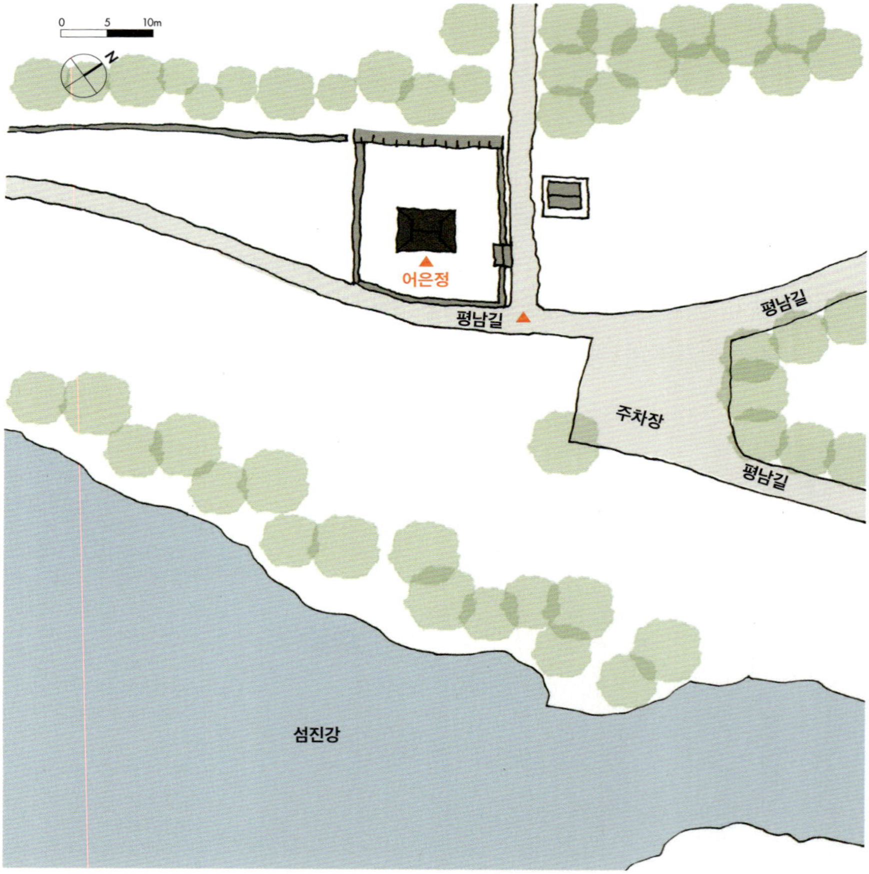

淳昌 漁隱亭

淳昌 漁隱亭

1580년(선조 13)에 영하정 양사형(暎霞亭 楊士衡, 1547~1599)이 정자를 짓고 자신의 호를 그대로 정자 이름으로 삼았다. 1919년에 중수하면서 양사형의 또 다른 호인 '어은'에서 따온 이름인 어은정으로 바뀌었다.

정자는 도리칸 3칸, 보칸 2칸 규모로 1칸 온돌을 두고 사방에 마루를 깔았다. 가운데 1칸 방을 두고 좌우에 대청, 툇마루를 둔 순창지역의 여느 정자와 같은 모습이다. 다만 배면에는 퇴를 두지 않고 기둥 밖으로 쪽마루를 달아냈다. 쪽마루는 고상식으로 조금 높게 설치하고 아래 아궁이를 들였다. 다른 부재들에 비해 툇보가 후덕한 편이며 충량은 가늘고 길다. 3분변작으로 외기가 작고 눈썹천장은 우물천장이 아닌 널천장으로 했다. 방 좌우에는 네짝세살분합문을 달아 들어걸 수 있게 하고 정면 출입문은 두짝세살로 했다. 모로단청으로 화려하게 채색하여 민간 정자처럼 보이지 않는다.

배면에 퇴를 두지 않고 쪽마루로 처리했다. 규모가 작아 툇마루를 두지 못하고 쪽마루로 그 기능을 대신한 것으로 추정된다.

淳昌 漁隱亭

순창 어은정

1 외부 기둥이 지역 다른 정자들과 비교해 얇아서 왜소해 보인다.
2 순창지역 여느 정자와 마찬가지로 공포는 직절익공 형식이다. 창방을 장혀 폭으로 한 것, 주두를 사용하고 장혀와 창방 사이에 소로를 끼운 것도 공통점이다.
3 추녀와 서까래의 부재가 가늘어 다른 정자에 비해 섬약한 느낌을 준다. 하지만 과중하지 않고 알뜰하게 부재를 사용해 날렵하고 가벼운 느낌이다.
4 후면에 퇴를 두지 않은 1고주 5량가이다.
5 충량도 다른 부재처럼 세장한 부재를 사용했다. 목재 조달이 어려웠던 시절이었음을 증명하고 있다.

淳昌 漁隱亭

완주 남계정

完州 南溪亭

[위치] 전북특별자치도 완주군 구이면 원두현길 12-12 (두현리) **[건축 시기]** 1580년 초창
[지정사항] 전북특별자치도 유형문화유산 **[구조 형식]** 5량가 팔작기와지붕

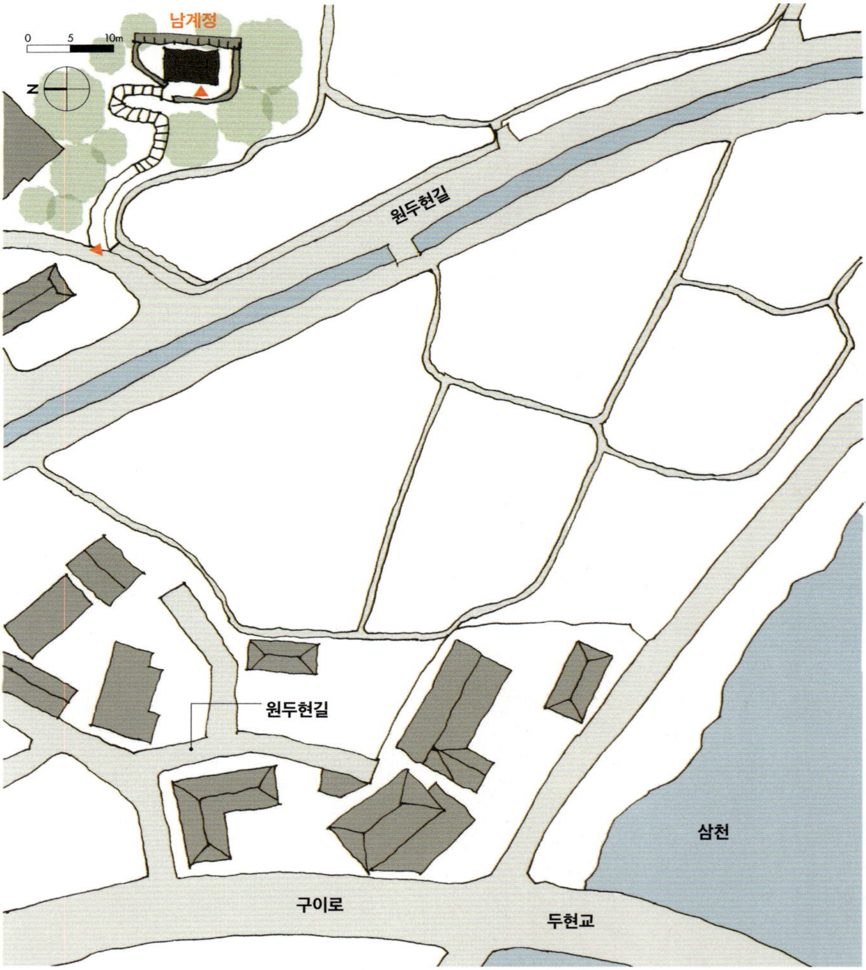

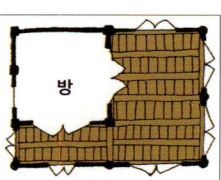

유학자인 남계 김진(南溪 金瑱, 1527~?)이 후진 양성을 목적으로 1580년(선조 13)에 지은 정자로 1673년(현종 14)과 1856년(철종 7)에 중수했다.

정자는 도리칸 2칸, 보칸 2칸 규모로 북쪽에 1칸 방이 있고 그 옆에 사방을 판벽으로 막은 마루방이 있다. 방이 있는 북쪽에 기둥이 하나 더 있어 보칸이 3칸처럼 보인다. 공포는 주두를 사용한 직절익공식 구성인데 조금 변칙적이다. 주두가 있으면 창방도 있는데 전면 왼쪽과 배면 왼쪽에는 창방이 없다. 다른 부분에도 창방이라기보다는 인방에 가까운 부재가 있다. 마루방 주변 벽 위에는 원형화반처럼 보이는 부재가 반복 설치되어 있는데 이익공 구조의 화반처럼 꾸며 건물의 격을 높이고자 한 의도로 보인다. 덕분에 건물은 화려해 보인다. 이 집은 홑처마임에도 추녀 위에 사래를 두었는데 추녀로 처마곡을 잡기 어려워서 사용한 것으로 추정된다.

1 도리칸 2칸, 보칸 2칸 규모로 오른쪽에 1칸은 온돌방이고, 나머지는 판벽으로 막은 마루방이다.
2 온돌방에는 들문을 설치해 들어올리고 방과 마루를 통으로 사용할 수 있게 했다.

完州 南溪亭

1 마루는 판벽으로 막았다.
2 온돌방
3 판벽 위에 화반처럼 보이는 원형 부재를 반복 사용했다. 그리고 홑처마임에도 추녀 위에 사래를 얹었다. 자세히 보면 추녀 단면이 평평하다.
4 측면에서 나온 충량이 대들보에 걸린다. 그 위에 외기도리가 걸려 있다.
5 왼쪽에 창방처럼 보이는 인방이 있고 오른쪽에는 인방 자체가 없다. 변칙적인 방법이다.

完州 南溪亭

익산 망모당

【위치】 전북특별자치도 익산시 왕궁면 장중길 105-8 **【건축 시기】** 1607년 초창, 1903년 중수
【지정사항】 전북특별자치도 유형문화유산 **【구조 형식】** 1고주 5량가 팔작기와지붕

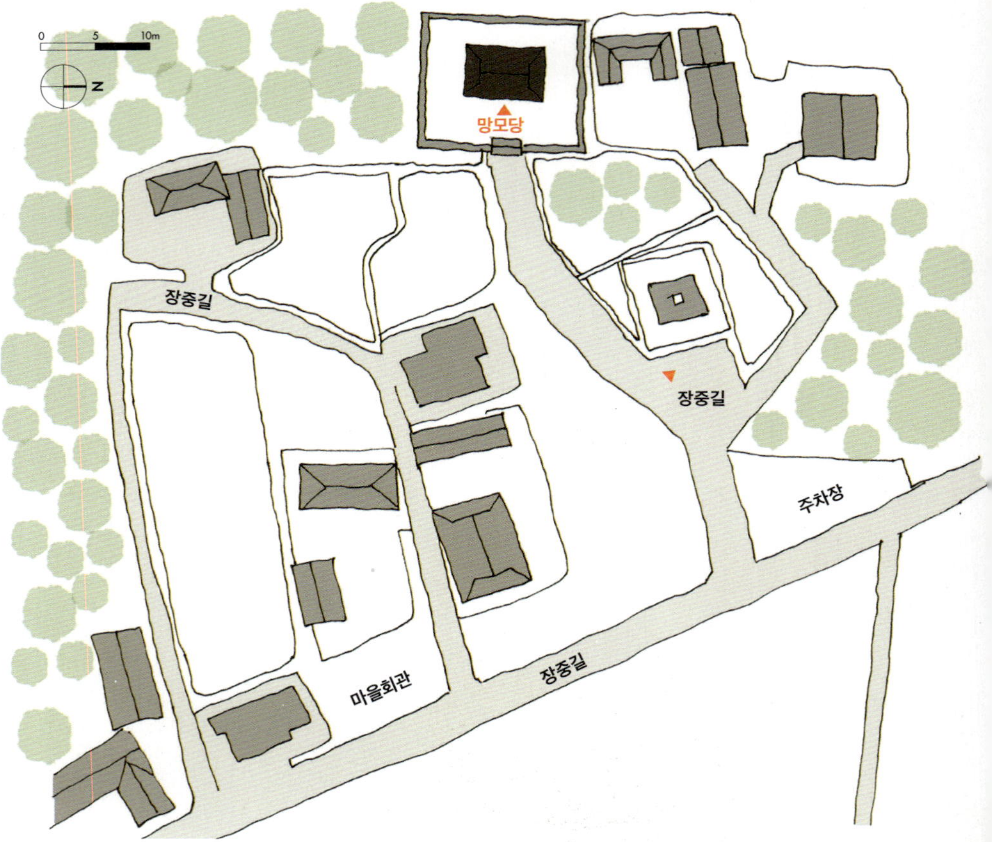

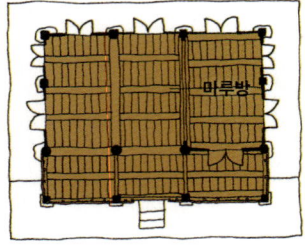

益山 望慕堂

　1607년(선조 40) 부친상을 당한 표옹 송영구(瓢翁 宋英耉, 1556~1620)는 집 뒤 언덕에 정자를 짓고 조상을 기렸다. 정자 이름 망모당은 선친을 그리워한다는 의미이다. 망모당 현판은 명나라의 명필 주지번(朱之蕃)의 글씨이다. 송영구가 중국에 사신으로 갔을 때 주지번과 인연을 맺었는데 후에 주지번이 조선에 사신으로 와서 일정을 마치고 낙향한 송영구를 찾아 내려갔지만 송영구는 만나지 못하고 편액을 남겼다고 한다.

　정자는 도리칸 3칸, 보칸 3칸 규모의 장방형 평면으로 북쪽에 2칸 마루방을 두었다. 마루방 앞에는 단을 조금 높인 툇마루가 있다. 전면만 개방하고 나머지 삼면은 벽과 판문으로 막았다. 전면에만 가공한 장초석을 사용하고 나머지 면에는 자연석초석을 사용했다. 대개 정자에는 내부 기둥이 없는데 이 집은 내부에 기둥을 두었는데 이 기둥은 원기둥이다. 나머지 기둥은 모두 방주이다. 공포는 초익공식이지만 창방을 두는 대신 연화 모양의 첨차를 두고 그 위에 소로를 얹어 장혀를 받았다.

　연화형 첨차로 치장한 이외에는 평난간 사용, 자연석초석 사용, 홑처마로 구성한 소박한 집이다.

1　북쪽 2칸은 방으로 꾸미고 대청과 연결되는 부분에 사분합들문을 달아 방과 대청을 통으로 사용할 수 있게 했다.
2　마루방 앞 툇마루는 한 단 높게 설치했다.

益山 望慕堂

1 전면에 이중기단을 두고 가공한 장초석을 두어 누마루처럼 보인다.
2 1고주 5량가로 원기둥으로 된 내진주가 있다.
3 방쪽 대공은 판대공이지만 대청에 있는 대공은 초각 없는 파련대공이다.
4 고주머리는 주두와 보아지, 연화형 첨차를 사용해 치장했다.
5 홀처마임에도 사래를 두어 곡을 주었다.
6 평난간의 동자는 아주 간략한 계자 모양으로 했다.
7 전면에서는 기단을 뒤로 물리고 누마루처럼 보이기 위해 장초석을 사용했다.
8 내부 내진주 머리에 주두를 놓고 보아지와 첨차로 짠 것이 다소 화려하다.

益山 望慕堂

익산 함벽정

益山 涵碧亭

[위치] 전북특별자치도 익산시 왕궁면 동용리 산572-4번지　**[건축 시기]** 1920년
[지정사항] 전북특별자치도 유형문화유산　**[구조 형식]** 2고주 7량가 팔작기와지붕

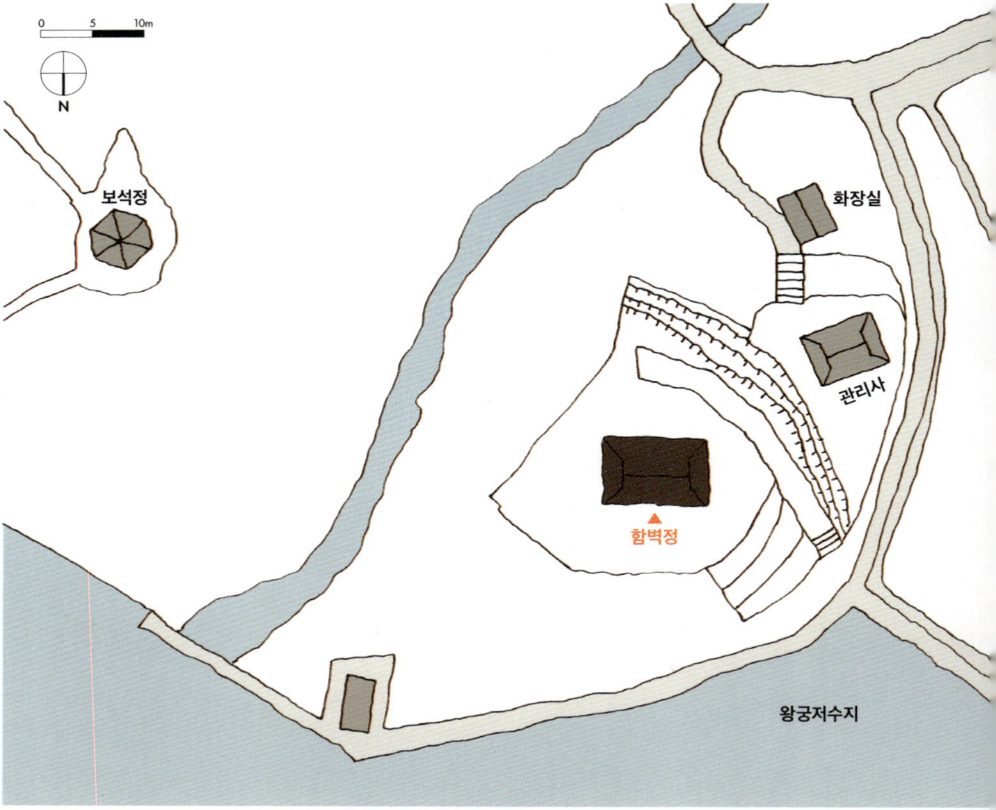

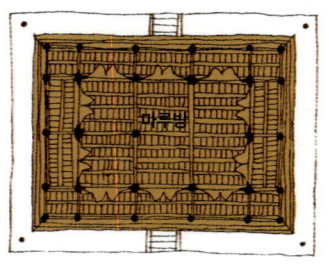

益山 涵碧亭

1920년 왕궁저수지가 완공되자 이를 기념하기 위해 지역 유지였던 표정 송병우(瓢庭 宋炳雨)가 지은 정자로 저수지의 물이 맑고 푸른 빛을 띤다고 해서 함벽정이라고 이름 붙였다고 한다.

왕궁저수지 남쪽의 저수지 둑과 수문 사이에 자리한 정자는 도리칸 5칸, 보칸 4칸 규모로 가운데에 마루방을 두고 사면을 툇마루로 꾸몄다. 바깥쪽에는 항아리 형태의 화강석 초석을 올리고 원형기둥을 사용하고 안쪽에는 사다리꼴 형태의 사각형주초석을 올리고 사각형기둥을 사용했다. 공포 형식은 재주두와 세 방향으로 돌출된 헛처마가 있는 이익공이며 창방 위에 첨차를 두고 첨차 위에 소로를 올려 장혀와 굴도리를 받았다.

함벽정에서는 중국건축의 공포에서나 볼 수 있는 특이한 포작 사례를 볼 수 있다. 평주의 상부 창방 높이에서 헛첨차인 쇠서가 정면과 좌우 45도의 세 방향으로 짜여 있는데 귓기둥이 아닌 평주 위에서 세 방향으로 짜인 포작은 우리나라에서는 흔하지 않은 사례이다.

도리와 창방, 대들보, 툇보의 가운데에 매화나 연화, 산수화 등을 그려 넣는 별화 단청을 하고 내부 선자연 부분에도 매화나 연화 등으로 화려하게 채색했다.

1 평주의 주두 하부에 세 방향으로 향하는 헛첨차를 두어 귀포에서나 볼 수 있는 세 방향 포작으로 구성한 것이 특이하다.
2 내진 고주와 내진 고주를 대들보로 결구하고 측면의 중앙 기둥 상부에 충량을 두고 그 충량을 대들보 상부에 걸쳐 두었다.

益山 涵碧亭

1 진한 갈색의 한식 유약 기와를 사용하고 수려한 단청으로 치장한 전통 건축의 구성을 갖추었지만 전면의 견치석 석축은 일본 방식이어서 어울리지 않다.
2 처마도리와 장혀는 산수화로 단청하고, 창방은 초화문으로 단청했다.
3 내부 선자연으로 구성된 천정에 초화문으로 단청했다.
4 외진주의 초석은 항아리 형태의 초석을 사용하고 내진주에는 사각형의 초석을 사용했다.
5 중앙 오른쪽의 한 칸은 천장을 가설하고 한지로 마감했다.
6 합각벽을 전벽돌과 적벽돌로 꾸미고 '囍(쌍희)'자 문양으로 치장했다.

益山 涵碧亭

임실 운서정

任實 雲棲亭

【위치】전북특별자치도 임실군 관진로 61-20 (관촌면, 운서정)　【건축 시기】1928년
【지정사항】전북특별자치도 유형문화유산　【구조 형식】2고주 7량가 팔작기와지붕

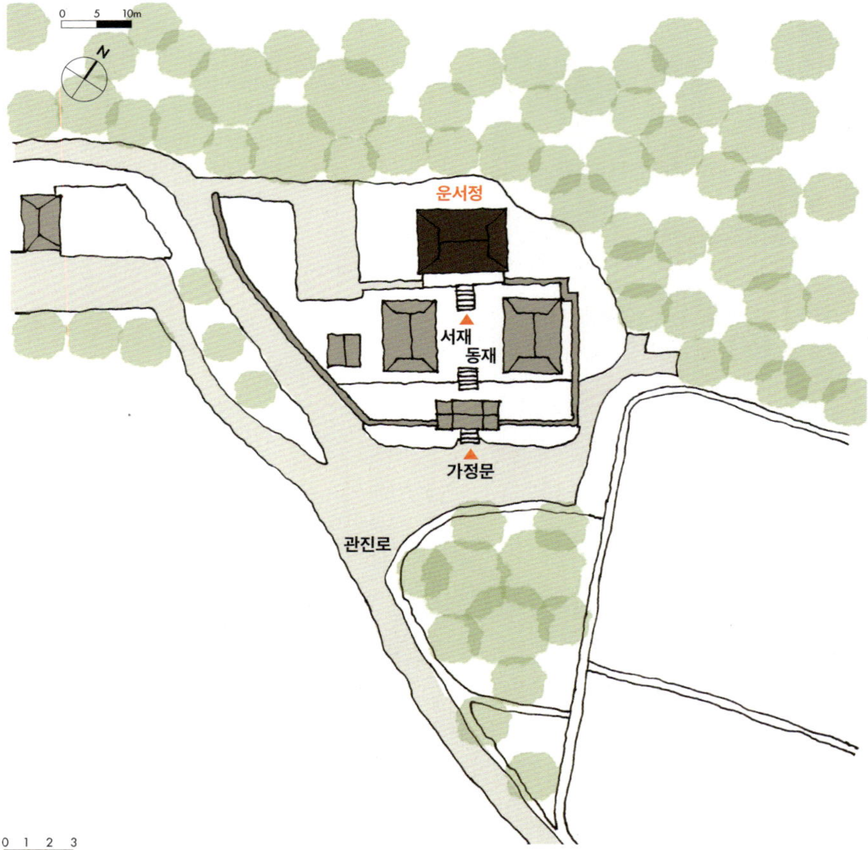

任實 雲棲亭

승지 김양근(金瀁根, 1858~1926)의 아들 김승희(金昇熙, 1892~1958)가 부친의 유덕을 추모하기 위하여 1928년 당시 쌀 300석을 들여 지은 누정으로 서원처럼 삼문, 동재와 서재, 누정으로 구성되어 있다. 우진각지붕의 삼문인 가정문을 들어서면 동재와 서재가 있고 단을 높게 쌓은 가장 높은 곳에 운서정이 있다.

운서정은 도리칸 5칸, 보칸 4칸으로 전체에 우물마루를 깔았다. 장대석 외벌대 기단 위에 매우 화려하고 특이한 모양의 초석을 올렸다. 방형 주좌 위에 원구 형태로 초석 하부를 만들고 그 위에 팔각형으로 상부를 가공했다. 활주 네 곳의 초석도 모두 다른 모양으로 하고 초석 하부와 상부도 다르게 초각했다. 활주 위 추녀를 받는 부분은 꽃잎 모양으로 초각한 추녀 받침재를 사용했다. 초석 모양을 비롯해 공포와 단청 등 모든 면에서 화려하고 장식적이다. 집 여기저기에서 재력을 과시하고자 하는 모습이 보인다.

외진주에 고주인 내진주로 툇보를 걸고 내진주 사이에 대들보를 걸고 상부를 구성했다. 양측면에 충량을 걸고 그 위로 외기도리를 구성했다. 건물 규모가 크고 보칸이 길어 2고주 7량가로 구성했으며 공포는 출목 이익공으로 했는데 구성이 특이하고 변칙적이다. 공포는 아주 드문 구성이다. 이익공인 경우 내출목이 없는 것이 일반적인데 이 집에서는 내출목도 사용하고 있다. 익공의 경우 벽면에서 직각 방향으로 주심에만 있는 것이 일반적인데 이 집은 좌우로 하나씩 더 있다. 얼핏 보면 다포처럼 보인다. 매우 변칙적인 구성이다.

활주초석이 화려하고 장식적이다.

任實 雲棲亭

1 운서정 대문인 가정문은 우진각과 팔작지붕으로 매우 현란하게 만든 삼문이다.
2 가정문 정칸의 상부는 누마루 형식으로 되어 있다.
3 추녀와 활주 사이를 연화문 모양의 받침대로 장식했다.
4 출목 이익공 구조인데 일반적으로는 주심익공만 있는데 이 건물에는 익공 좌우로 또 다른 익공이 걸려 있다. 변칙적인 구성이다.
5 외진주에서 내진 고주에 툇보가 걸린다.

任實 雲棲亭

任實 雲樓亭

1 운서정은 경사지 높은 단 위에 자리한다.
2 좌우에 걸려 있는 충량 머리를 사찰 전각에서 많이 보이는 용머리로 초각했다.
3 초석이 방형, 원형, 팔각형으로 모양이 변하고 있다.
4 우물마루를 깔고 계자난간을 둘렀다.
5 도리칸 5칸, 보칸 4칸 규모로 외진주, 내진주 모두 원주를 사용했다.

任實 雲棲亭

임실 만취정

任實 晚翠亭

【위치】전북특별자치도 임실군 산수1길 64 (삼계면)　【건축 시기】1572년 초창
【지정사항】전북특별자치도 유형문화유산　【구조 형식】4평주 5량가 팔작기와지붕

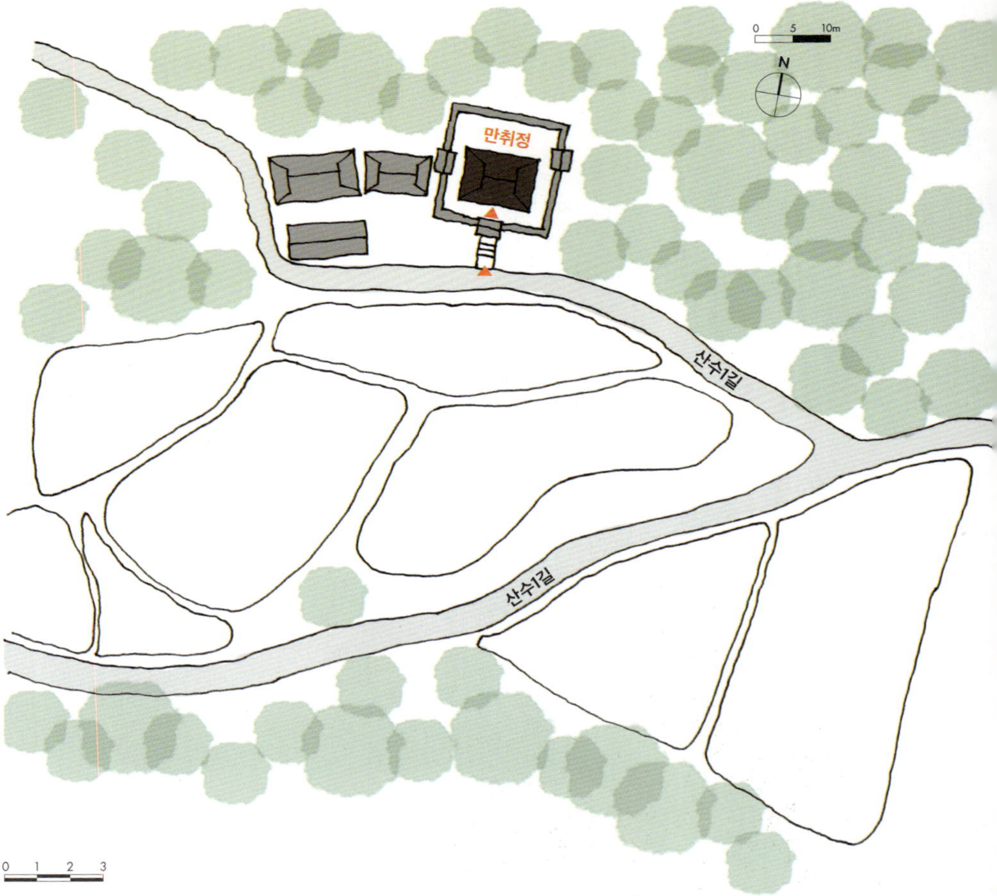

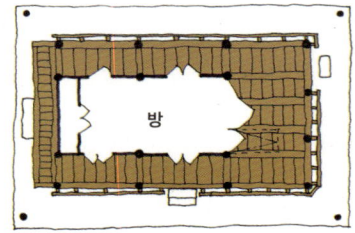

지방관으로 재직할 당시 선정을 베풀어 선정비가 남아 있는 김위(金偉, 1532-1595)가 1572년(선조 5) 지은 정자이다. 1837년(헌종 3) 중수했다. 김위는 1580년(선조 13)에 명나라의 서계신(徐繼申)이 사신으로 왔을 때 영위사(迎慰使)로서 사신을 맞이하는 임무를 맡았는데, 이때 서계신으로부터 만취정의 서액을 받아 현판을 걸었다. 만취(晩翠)는 겨울에도 변하지 않는 초목의 푸른빛을 뜻하는데 김위가 호로 삼기도 했다.

만취정은 도리칸 3칸, 보칸 3칸 규모로 가운데 2칸짜리 방을 두고 나머지 삼면은 툇마루로 구성했다. 보칸 3칸은 동서의 규모가 조금 다르다. 동쪽은 전체를 3등분한 3칸이지만 서쪽은 0.5칸 규모, 1칸 규모, 0.5칸 규모로 다르게 구성했다. 공포는 재주두 없는 이익공식으로 평주가 4개 있는 4평주 5량가이다. 화반은 정면에만 있는데 토끼 모양이다. 방 천장은 고미반자로 했다.

방이 있는 서쪽을 제외한 삼면에 계자난간을 둘렀는데 풍혈 없는 궁판을 사용해 검소한 느낌이다.

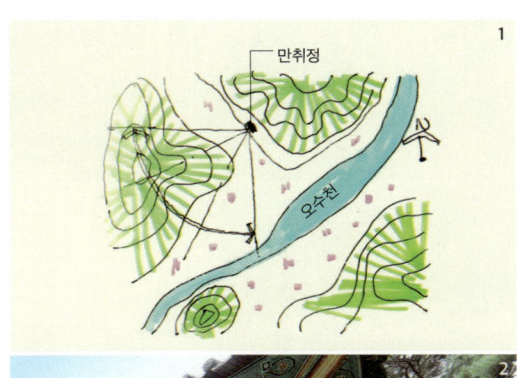

1. 남쪽으로 섬진강 지류인 오수천이 흐르고 있지만 동쪽과 북쪽이 야산으로 둘러싸인 계곡 낮은 등선에 야산 봉우리를 정면으로 보고 자리해 폐쇄적인 느낌이 있다.
2. 서쪽은 정면과 배면에 각각 0.5칸 규모의 툇간이 있는 반면 동쪽에는 보칸을 3등분하는 기둥이 있다.

任實 晩翠亭

임실 만취정

任實 晚翠亭

임실 만취정

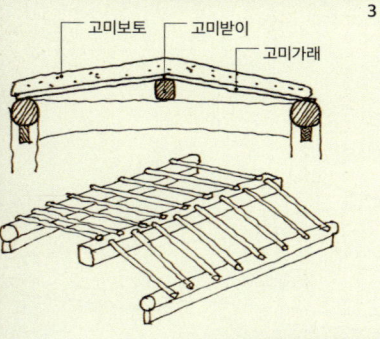

1 막돌 담장으로 둘러 있으며 동쪽과 서쪽에는 일각문이, 남쪽에는 사주문이 있다.
2, 3 방의 천장은 고미반자로 했다.
4 토끼 모양으로 조각한 화반을 사용했다.
5 공포는 재주두 없는 이익공 형식이다.
6 2개의 충량을 걸었다.
7 도리칸 3칸, 보칸 3칸으로 중앙에 2칸 방을 두고 나머지 삼면에 퇴를 두었다.
8 방이 있는 서쪽은 마루보다 높은 목재로 된 단이 있고 그 아래에는 아궁이가 있다.

任實 晚翠亭

임실 오괴정

[위치] 전북특별자치도 임실군 삼은2길 22-31 (삼계면, 오괴정) **[건축 시기]** 1545년 초창
[지정사항] 전북특별자치도 문화유산자료 **[구조 형식]** 5량가 팔작기와지붕

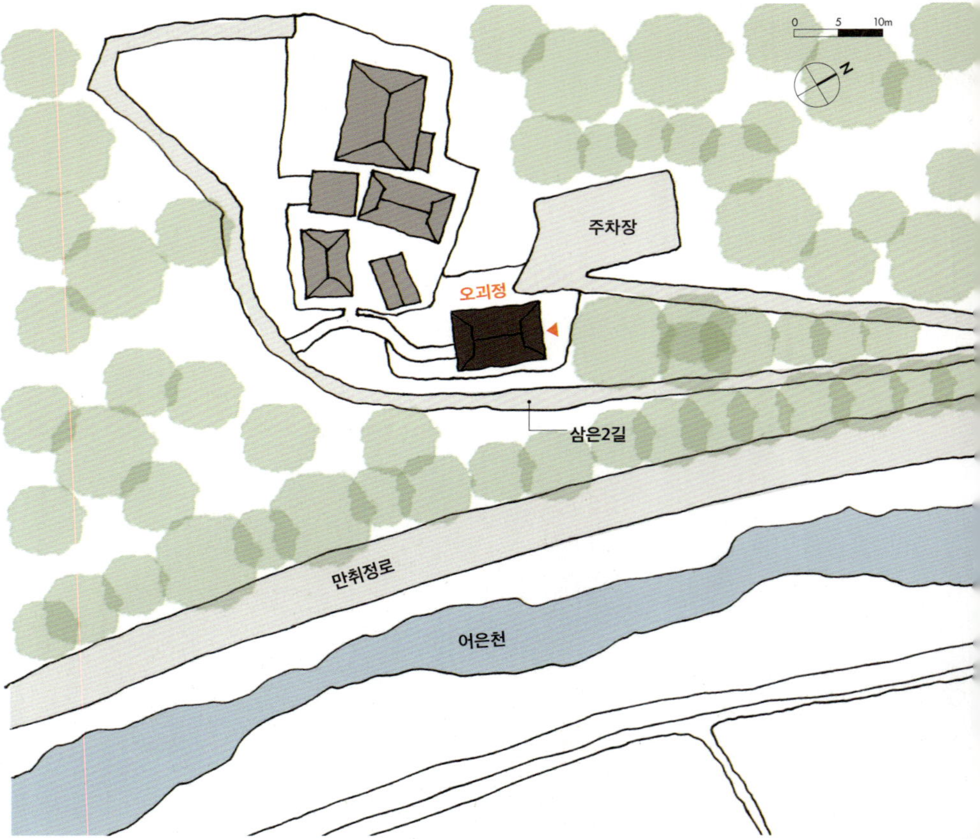

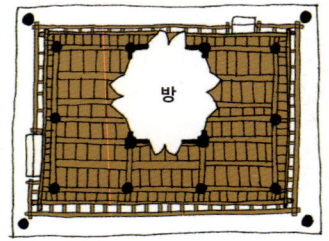

기묘사화(1519)로 많은 사람이 화를 입는 모습을 보고 수원과 남원에 은거하다가 임실로 내려와 정자를 짓고 후학을 양성한 오양손(五梁孫)이 1545년(명종 1)에 지었다. 오괴(五槐)는 정자 주변에 5그루의 괴목이 있다고 해서 붙인 이름이다.

오괴정은 도리칸 3칸, 보칸 2칸 규모로 북쪽으로 치우쳐 1칸짜리 온돌방이 있다. 방의 남쪽과 북쪽에는 머름을 둔 창을 달고 양 측면에는 사분합들문을 달았다. 들문을 들어올리고 앞뒤로 창을 열면 사방이 모두 개방되어 자연이 방으로 들어오는 것 같다. 북쪽에 아궁이가 있지만 굴뚝은 보이지 않는다. 공포는 직절익공식이다. 주심도리는 굴도리이지만 중도리는 모접은 납도리이다.

지붕의 앙곡이 다른 건물에 비해 센 편인데, 집 터가 좁아 지붕이 처져 보일 수 있는 점을 고려한 것이 아닌가 한다.

任實 五槐亭

1 추녀에는 팔모로 된 활주가 있는데 활주초석도 팔모로 가공한 장초석을 사용했다.
2 방의 북쪽과 남쪽에는 머름이 있는 창호를 달았다. 온돌방 후면 아래 아궁이가 설치되어 있는데 굴뚝은 보이지 않는다.

任實 五槐亭

任實 五槐亭

1. 삼은리 야산 산등성이 하단부에 남향으로 자리한다.
2. 5량가로 대들보와 충량은 휜 자연목을 사용했다.
3. 우물마루를 깔고 계자난간을 둘렀다.
4. 공포는 직절익공식이다.
5. 도리칸 3칸, 보칸 2칸 규모로 북쪽으로 치우쳐 1칸 규모의 온돌방이 있다.

임실 광제정

任實 光霽亭

[위치] 전북특별자치도 임실군 세심길 82 (삼계면, 광제정)　**[건축 시기]** 1871년 이건
[지정사항] 전북특별자치도 문화유산자료　**[구조 형식]** 4평주 5량가 팔작기와지붕

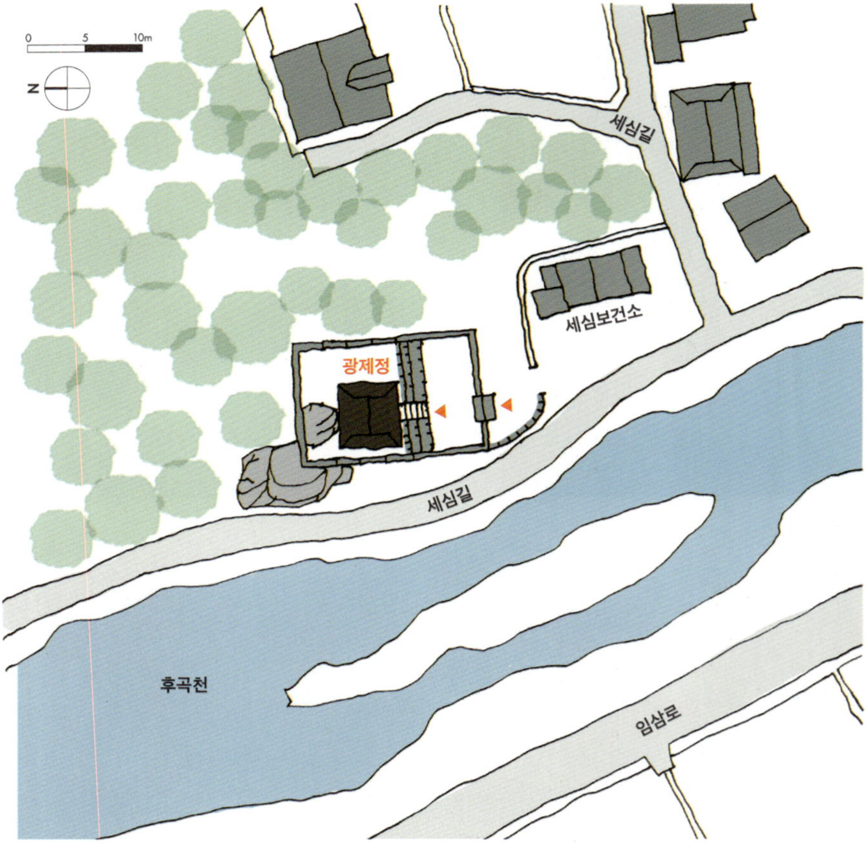

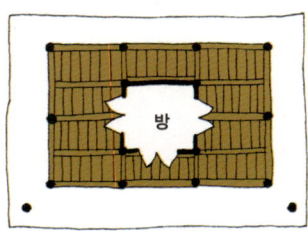

무오사화(1498)로 낙향한 매당 양돈(梅堂 楊墩, 1461~1512)이 삼계면 후천리에 지은 것을 후손 양성모가 1871년(고종 8)에 현재 자리인 삼계면 세심리에 옮겨 지은 정자이다. 광제정은 광풍제월(光風霽月)에서 따왔다. "마음이 넓고 쾌활하기가 맑은 날의 바람과 비온 후 달과 같다(胸懷灑落如光風霽月)"는 의미로 비갠 뒤 아름다운 경치처럼 혼탁한 세상에 물들지 않겠다는 뜻을 내포하고 있다. 중국의 유명한 시인이자 서예가인 황정견(黃庭堅, 1045~1105)이 주돈이(周敦頤, 1017~1073)를 평할 때 사용한 말이라고 한다.

광제정은 도리칸 3칸, 보칸 2칸 규모로 중앙에 1칸 방을 두고 사방에 퇴를 두었다. 규모가 작은 편이지만 가운데 방을 두기 위해 평주를 4개 사용한 4평주 5량가이다. 공포는 재주두 없는 어설픈 이익공 형식을 취하고 있는 조선 후기 모습이다. 화반은 원형화반을 사용했는데 정면에 염소처럼 보이는 모양의 화반이 눈에 띈다.

내진 평주 위에 얹혀 있는 대들보에 도리처럼 가구 구성을 한 부재가 있는데 도리 역할을 하지 않는다. 또한 내진 평주에는 툇보도 걸려 있는데 높이 차가 없어 대들보 보머리에 반쯤 걸려 있다. 툇보 없이 긴 대들보를 사용하거나 중도리를 기둥 위에 두면 해결될 일인데 적합한 목재를 찾지 못했거나 가운데 방을 구성하는 과정에 생긴 변칙으로 생각된다.

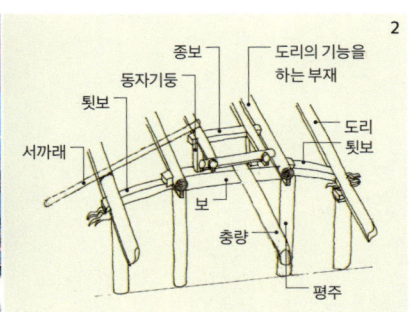

1, 2 주심도리와 중도리 사이에 도리가 아닌 도리 같은 부재가 있는데 중앙에 방을 구성하면서 발생한 변칙으로 보인다.

任實 光霽亭

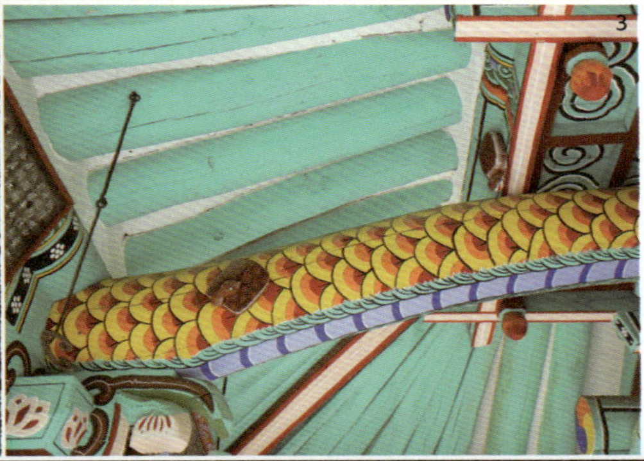

任實 光霽亭

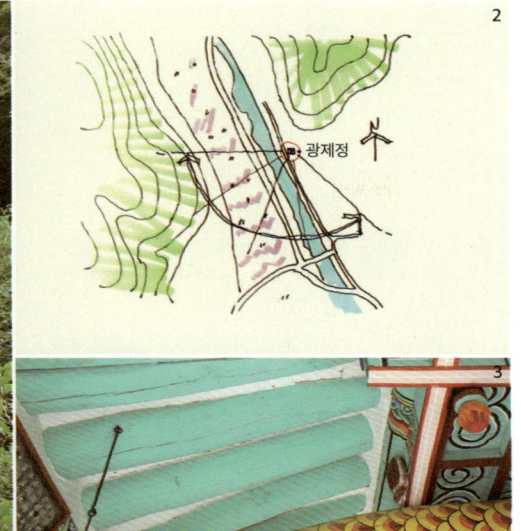

1. 야산의 등성이에 있어 계단을 몇 단 올라가야 진입할 수 있다.
2. 남쪽과 서쪽으로 후곡천과 들판이 보여 경관을 즐기며 학문 수양을 하기 위한 정자의 입지로 적합한 곳이다.
3. 화려하게 단청한 충량
4. 건물 전면에 사용한 염소처럼 보이는 동물 모양의 화반
5. 재주두 없는 어설픈 이익공 형식을 취하고 있다.
6. 방을 중심으로 사방이 마루로 되어 있는데 배면 정칸 마루만 한 단 높게 되어 있다. 방 벽은 배면 판벽을 제외하고 모두 세살창으로 되어 있다.
7. 방문을 액자 삼아 내다본 모습

임실 수운정

任實 睡雲亭

[위치] 전북특별자치도 임실군 금정리 215-1 (신덕면, 수운정) **[건축 시기]** 1862년
[지정사항] 전북특별자치도 유형문화유산 **[구조 형식]** 3량가 팔작기와지붕

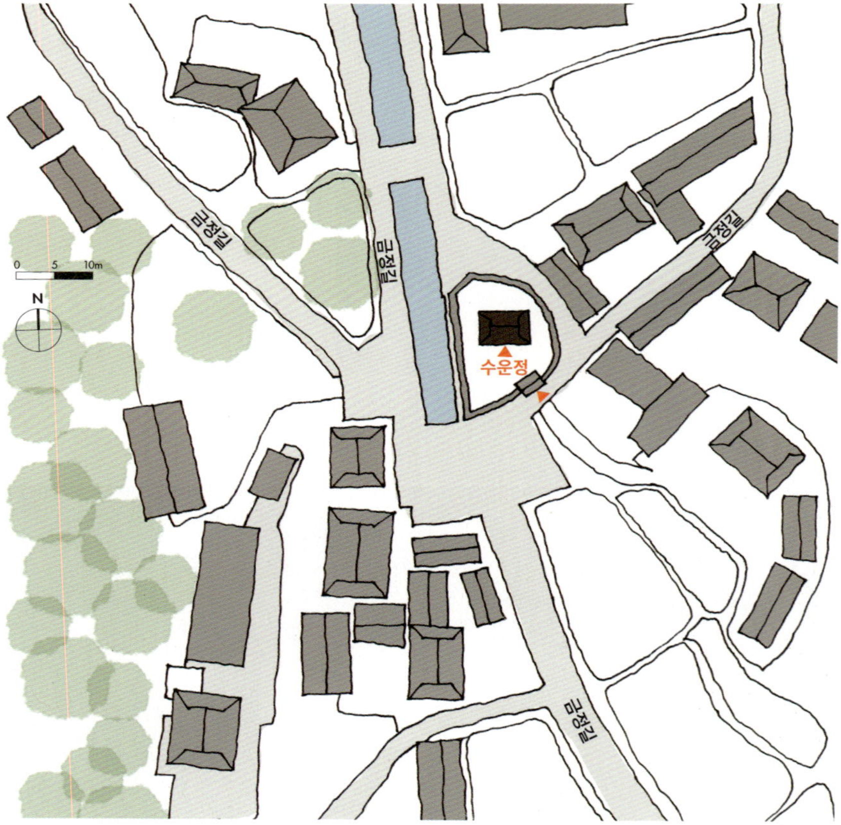

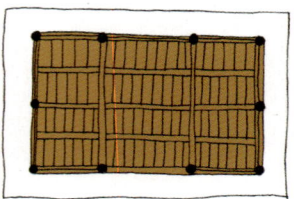

선조대부터 이곳에 터를 닦고 살던 경주김씨의 15대손인 수운 김낙현(睡雲 金樂顯)이 1862년(철종 13)에 지은 정자이다. 김낙현은 슬하에 아들 셋을 두었는데 두 아들이 먼저 세상을 떠난 슬픔을 달래고자 경치 좋은 곳에 정자를 짓고 지냈다.

도리칸 3칸, 보칸 2칸 규모로 방은 없고 마루로만 구성되어 있다. 마루 끝에는 머름난간을 둘렀다. 3량가인데 지붕을 팔작으로 구성하기 위해 지붕 속에 덧서까래나 적심을 채웠을 것으로 추정된다. 그래야 곡을 잡을 수 있기 때문이다. 공포는 직절익공식이고 원형판대공을 사용했다.

任實 睡雲亭

1 동쪽과 서쪽에는 산이 있고, 북쪽에는 계곡이 있고, 계곡을 따라 논밭이 있다.
2 도리칸 3칸, 보칸 2칸 규모로 방은 없고 마루로만 구성되어 있다.
3 제각각 모양의 자연석초석을 사용했다.
4 3량가로 원형 판대공을 사용했다.

임실 양요정

任實 兩樂亭

【위치】 전북특별자치도 임실군 운암면 입석리 490-1 **【건축 시기】** 16세기 초창, 1965년 이건
【지정사항】 전북특별자치도 문화유산자료 **【구조 형식】** 5량가 팔작기와지붕

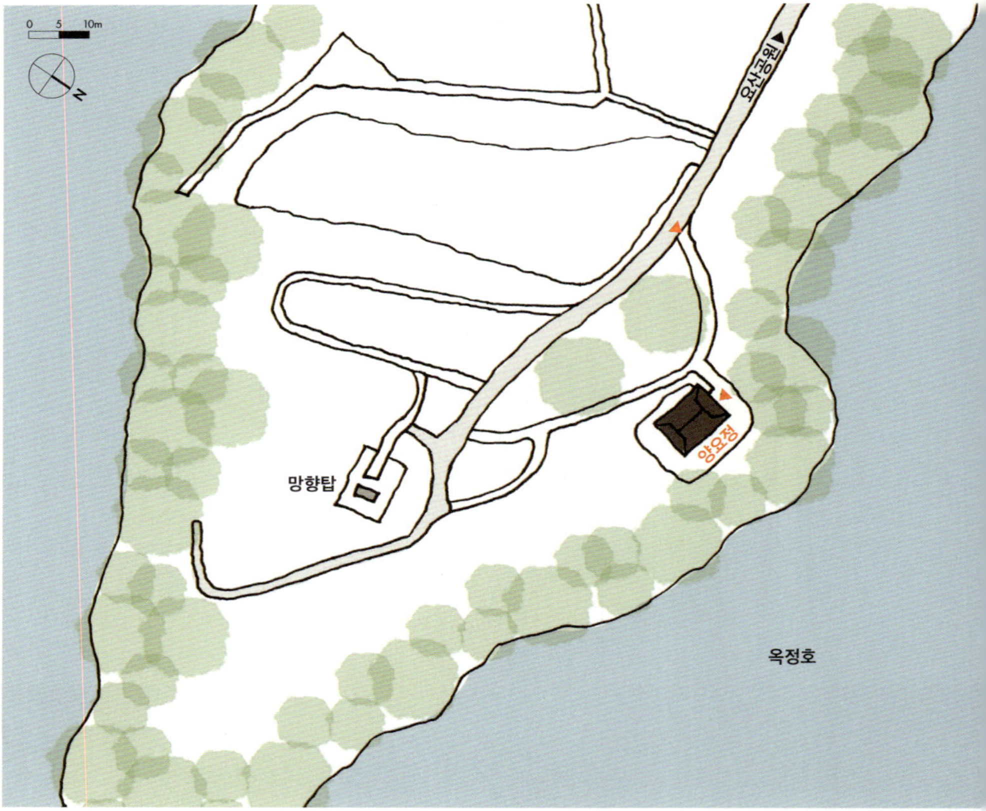

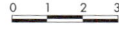

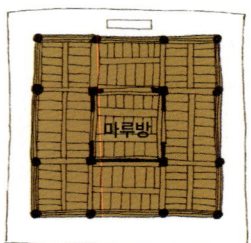

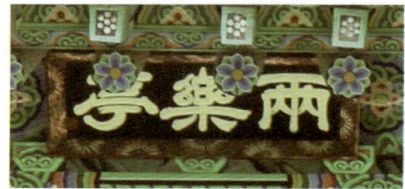

任實 兩樂亭

성균관에서 공부하던 중 선조의 피난길을 호위한 공로로 호성공신으로 책봉된 양요당 최응숙(兩樂堂 崔應淑)이 낙향해 지은 정자이다. 산을 휘감아도는 강물이 폭포를 이루는 곳으로 경관이 훌륭해 많은 풍류객이 찾아와 즐기고 남긴 시문이 편액으로 남아 있다. 하지만 1965년 섬진강 옥정호댐 공사로 현재 자리로 옮겨지어 예전 같은 풍경을 즐길 수는 없다. 정자 이름이자 최응숙의 호이기도 한 '양요'는 "인자요산(仁者樂山) 지자요수(智者樂水)"에서 따온 말이다.

건물은 도리칸 3칸, 보칸 3칸 규모로 가운데 1칸 마루방을 두었다. 원형으로 가공한 초석 위에 원형기둥을 사용했는데 집 규모에 비해 기둥이 굵은 편이다. 공포는 직절익공식이다. 마루방의 벽은 판벽으로 마감했는데 진입방향 쪽은 판벽으로 막고, 반대쪽은 벽 없이 개방했다. 대개는 진입 쪽을 개방하는데 이 집은 산등성이에서 내려가면서 진입하고 그 반대쪽의 경관이 좋아서 진입방향이 아닌 반대쪽을 개방한 것으로 추정된다. 현재는 창호가 없지만 평면 구성과 벽 구성으로 볼 때 과거에는 창이 있었을 것으로 생각된다. 마루방의 천장은 개판을 사용한 고미반자로 했다. 툇마루에는 머름형 난간을 둘렀다.

도리칸 3칸, 보칸 3칸 규모로 가운데 1칸 마루방을 두었다.

任實 兩樂亭

임실 양요정

668

1. 잘 다듬은 원형초석을 두고 그 위에 규모에 비해 다소 굵은 원기둥을 올렸다.
2. 내부에 고주를 세워 툇보를 받고 상부 가구를 구성했다.
3. 댐공사를 하면서 옮겨지어 원래 가지고 있던 경관을 즐길 수 없게 되었다.
4. 마루방 내부는 고미반자로 하고 개판을 깔았다. 모로단청으로 해 화려하게 꾸몄다.
5. 경관이 좋은 쪽을 열고, 진입부 쪽은 판벽으로 막고 양옆은 일부만 판벽으로 막았다.

任實 兩樂亭

장수 자락정

【위치】 전북특별자치도 장수군 장계면 삼봉리 942번지　**【건축 시기】** 1479년경 초창, 1924년 개건
【지정사항】 전북특별자치도 문화유산자료　**【구조 형식】** 3량가 팔작기와지붕

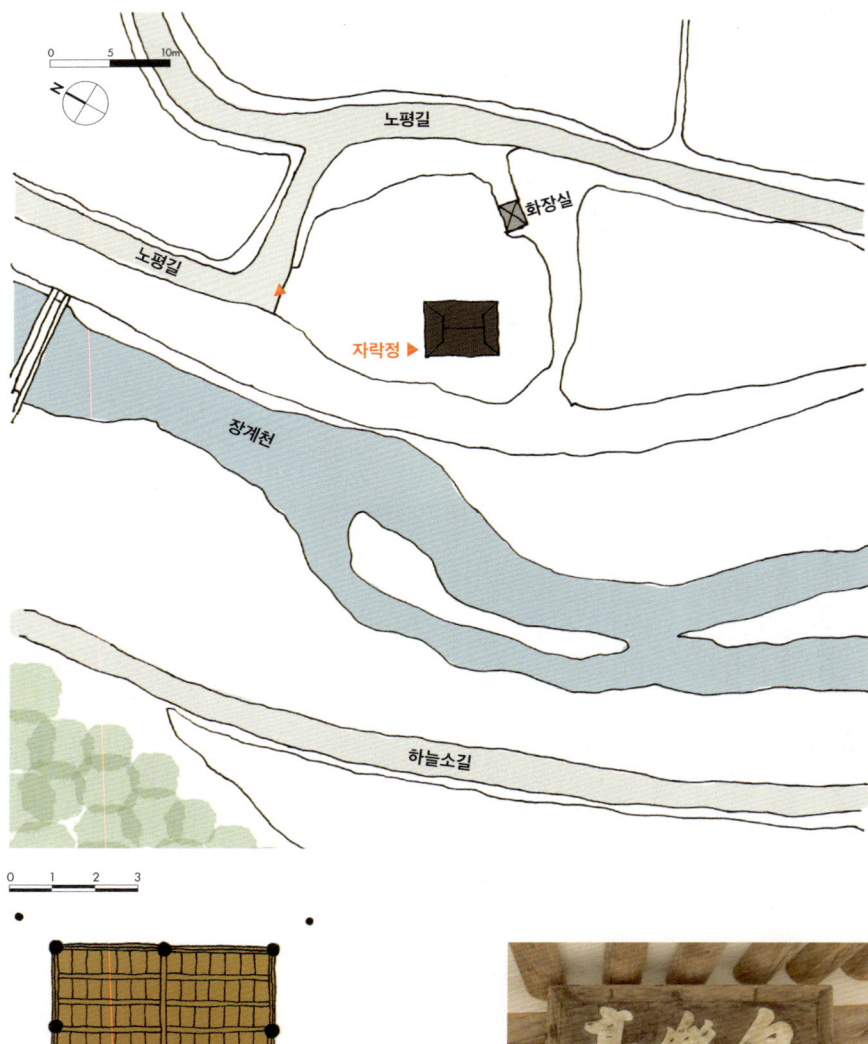

長水 自樂亭

'스스로 즐긴다(自樂)'는 이름의 정자이다. 자락정이 처음 지어진 것은 1479년경(성종 10)이다. 조선시대 강원도관찰사를 지낸 박수기(朴秀基, 1429~1510)가 관직에서 물러난 이후 처의 고향인 장수로 내려와서 지은 정자이다. 현재의 건물은 세월이 지나면서 흔적만 남아 있던 것을 1924년에 다시 지은 것이다. 종도리장혀에 묵서가 있는데, "숭정기원후육갑자시월(崇禎紀元後六甲子十月)", 즉 숭정 여섯 번째 갑자년(1924) 10월에 상량했다는 내용이다.

건물은 도리칸 2칸, 보칸 2칸 규모로 전체를 마루로 꾸몄다. 정면은 8자(2,440mm가량), 측면은 6자(1,830mm가량)로 하여 비례를 적절히 조절하였다. 마루에는 평난간을 두른 소박한 집이다. 평난간이 3단의 소박한 나무계단과 잘 어울린다.

자락정은 정자뿐 아니라 주변의 천과 그 강가를 따라 놓인 기암과 같이 봐야 한다. 기암을 기초 삼아 그 위에 돌주초를 놓고 상부에 정자의 기둥을 올렸다. 주변 산세와 물줄기와 정자가 어우러진 것이 옛 모습을 잘 간직하고 있다.

도리칸 2칸, 보칸 2칸 규모로 전체를 마루로 꾸미고 평난간을 둘렀다.

長水 自樂亭

1. 종도리장혀에 "숭정기원후육갑자시월(崇禎紀元後六甲子十月)"이라는 상량묵서가 남아있는데 1924년에 상량했다는 내용이다.
2. 자락정은 정자뿐 아니라 천변의 기암, 산세가 어우러진 옛 모습을 잘 간직하고 있다.
3. 3량가 초익공집이다.
4. 천변 기암 위에 자리한 자락정
5. 기암의 굴곡에 맞춰 정자의 초석을 다듬어 올렸다.
6. 나무를 깎아 만든 3단 목재 계단과 머름형 평난간이 소박하다.

長水 自樂亭

전주 추천대

全州 楸川臺

[위치] 전북특별자치도 전주시 덕진구 팔복동3가 26번지   **[건축 시기]** 1899년
[지정사항] 전북특별자치도 문화유산자료   **[구조 형식]** 3량가 팔작기와지붕

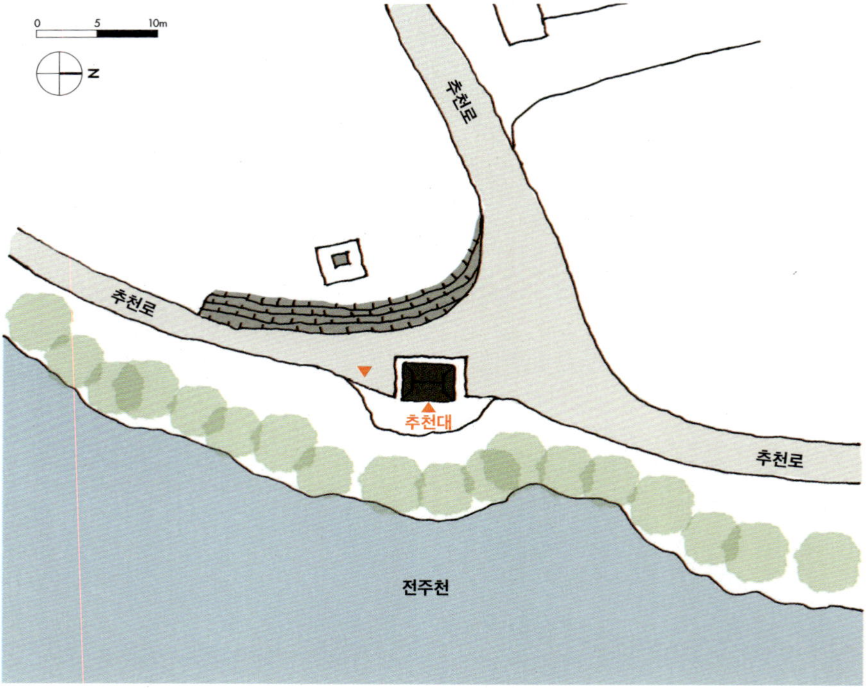

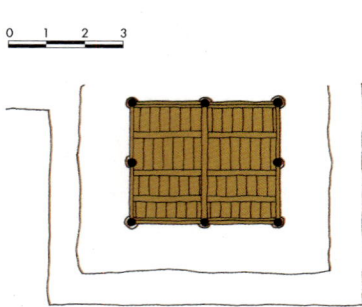

성종 때 병조참판 대사헌을 지낸 이경동(李瓊仝)이 말년에 낚시하며 보내던 곳에 후손 이정호(李正鎬)가 1899년(광무 3) 이경동을 기리며 지은 정자이다.

전주천 북쪽 천변에 바로 면해 동남향으로 자리한 추천대는 도리칸 2칸, 보칸 2칸 규모로 전체를 마루로 구성했다. 사면에 머름형 난간을 둘렀는데 배면의 난간이 다른 면에 비해 조금 더 높다. 마루는 낮게 설치한 난간을 넘어 출입할 수 있다. 3량가로 공포는 직절된 초익공 형식이다. 대들보 위에 판대공을 두고 그 위에 아치 형태의 충량을 맞대어 이어 추녀와 서까래를 받았다.

정자가 있는 전주천 너머에는 아파트 단지가 조성되어 있고 후면에는 공장이 여러 개 산재해 있다. 정자는 석축 위에 철제 펜스를 둘러 옛 정취를 찾기 어렵다.

全州 楸川臺

1 직절된 초익공을 사용한 겹처마집이다.
2 외부에서 본 직절된 초익공과 기둥머리, 대들보, 도리, 창방, 헛첨차의 결구
3 사면에 머름형 난간을 둘렀는데 배면의 난간이 다른 면에 비해 조금 더 높다.
4 대들보 위에 판대공을 두고 그 위에 충량을 올렸는데 두 곡선 부재를 이어 추녀와 서까래를 받쳐주고 있다.
5 전주천에서 바라본 추천대. 현판이 오른쪽에 치우쳐 설치되어 있다.

전주 오목대

全州 梧木臺

[위치] 전북특별자치도 전주시 완산구 기린대로 55 (교동, 오목대) **[건축 시기]** 조선 초기
[지정사항] 전북특별자치도 기념물 **[구조 형식]** 2고주 7량가 팔작기와지붕

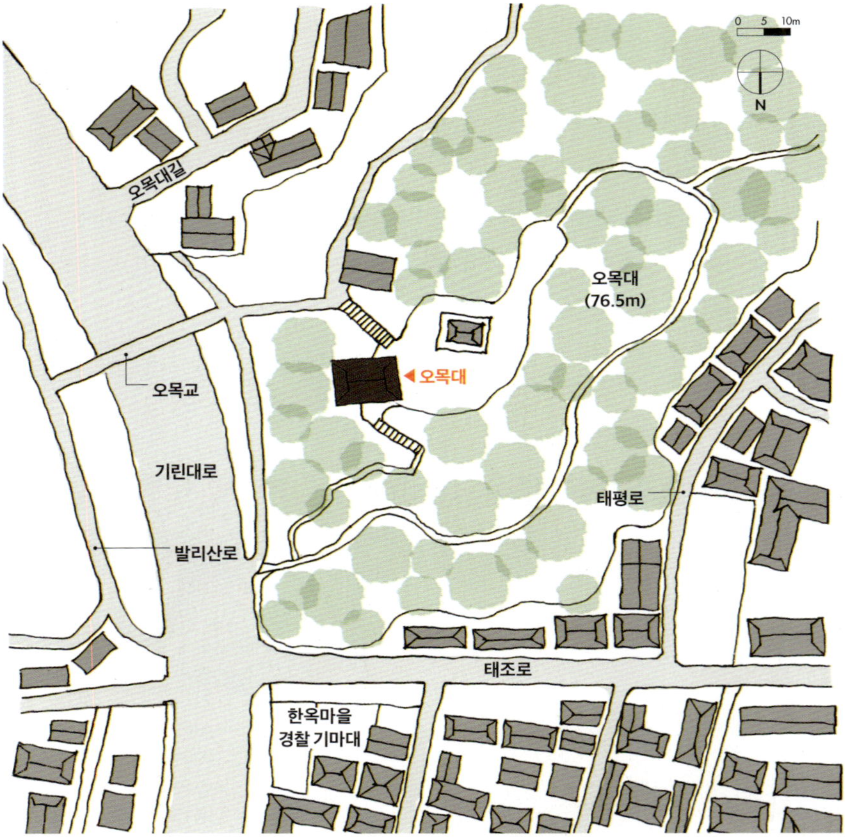

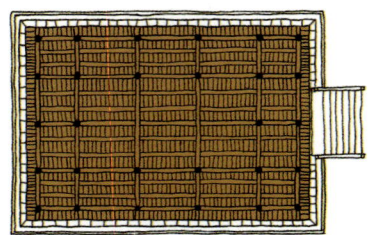

완산구 풍남동의 정상이 평평한 언덕에 자리해 전주 한옥마을이 한눈에 내려보이는 곳에 자리한다. 태조 이성계가 1380년(고려 우왕 6)에 남원 운봉에 출몰하던 왜구를 정벌하고 개경으로 돌아가는 길에 머물러 개선 잔치를 베푼 곳으로 이성계가 조선왕조를 개국한 후 이곳에 정자를 짓고 오목대라는 이름을 붙였다. 오목대는 오동나무가 많은 곳에 있어서 붙은 이름이라는 설이 있다. 오목대에서 내려와 육교를 건너면 이성계의 5대 할아버지인 목조(穆祖) 이안사(李安社)의 출생지라고 전해진 이목대(梨木臺)가 있다. 전주이씨는 이안사 때까지 줄곧 이곳에서 살다가 함경도로 이전했다.

오목대는 도리칸 5칸, 보칸 4칸 규모로 전체 우물마루를 깔았다. 공포 형식은 재주두가 있는 이익공집이다. 외벌대 화강석기단 위에 사다리꼴 모양의 장초석을 올리고 원형기둥을 사용했다. 초석 상부는 창방과 귀틀을 사개맞춤으로 결구하고 귀틀 위에 기둥이 올라가 있다. 마루에는 계자난간을 둘렀는데 계자난간의 결구는 띠쇠로 감고 철물로 보강했다. 기둥 상부에 창방과 화반을 두어 주심도리와 장혀를 받쳤다.

全州 梧木臺

장초석 상부를 사개맞춤으로 가공해 창방과 귀틀을 받았다.

全州 梧木臺

全州 梧木臺

1 도리칸 5칸, 보칸 4칸 규모로 사다리꼴 모양의 장초석 위에 원형기둥을 사용하고 전체를 마루로 꾸몄다.
2 난간 손잡이와 계자난간을 띠쇠로 감고 철물로 보강했다.
3 툇보와 대들보, 충량, 종보, 파련대공으로 구성된 2고주 7량가이다.
4 내진 고주 위에 결구된 충량을 대들보로 받았다.

전주 한벽당

全州 寒碧堂

【위치】 전북특별자치도 전주시 완산구 기린대로 2 (교동)　【건축 시기】 1404년 초창
【지정사항】 전북특별자치도 유형문화유산　【구조 형식】 5량가 팔작기와지붕

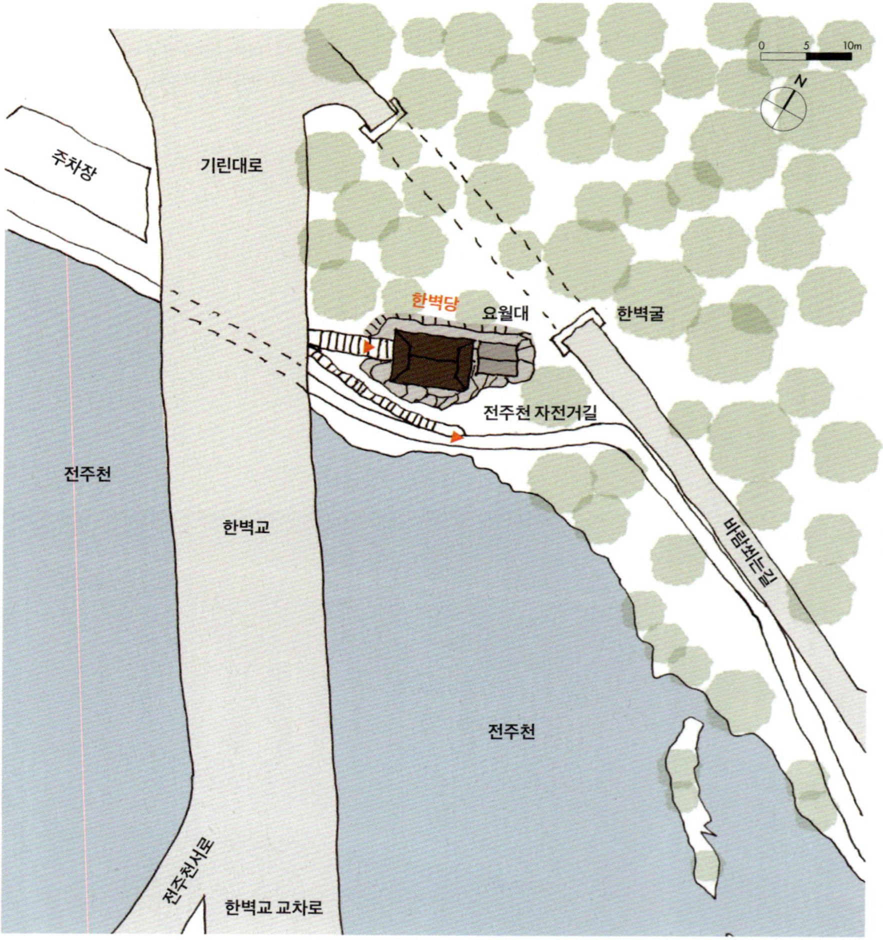

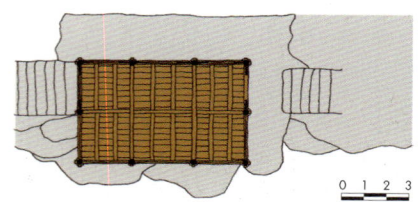

全州 寒碧堂

남원의 광한루, 무주의 한풍루와 함께 호남의 삼한(三寒)으로 불린다. 조선의 개국에 공을 세운 개국공신으로 집현전 직제학까지 지낸 월당 최담(月塘 崔霮, 1346~1434)이 관직에서 물러나 풍류를 즐길 정자를 짓고 자신의 호에서 이름을 따와 월당루(月塘樓)라 불렀다. 이후 여러 차례 중수하는 과정에 이름도 한벽당으로 바뀌었다. 한벽당은 전주천의 물줄기가 한벽당 절벽 아래 바위에 부딪히며 흐르는 차고 푸른 모습을 묘사한 것처럼 보인다.

깎아놓은 듯한 절벽에 자리한 한벽당은, 전면은 두 개의 장초석을 수직으로 이어 높게 설치하고 배면에는 한자 반 정도 높이의 초석을 사용했다. 도리칸 3칸, 보칸 2칸 규모의 재주두가 없는 이익공집이다. 전면과 양 측면의 1칸은 난간을 높게 설치했는데 머름상방 위에 외부로 배부른 형태의 초승달 모양 받침 위에 두 개의 수평재를 대고 그 사이에 대접 모양의 받침이 있는 난간대를 두었다. 배면과 양 측면 1칸은 머름 위 중앙에 여닫이창을 두고 좌우는 벽으로 마감했다.

평주 기둥 상부에 연꽃 모양의 주두를 두고 우주 기둥 상부는 평범하게 구성했으며 충량 상부에 첨차와 소로를 두어 외기도리를 받았다.

한벽교에서 바라본 한벽당. 장초석 위에 놓인 한벽당 자체가 절경을 이룬다.

全州 寒碧堂

전주 한벽당

1 두 개의 가느다란 장초석 위에 한벽당을 올렸다.
2 한벽당은 전면이 바로 깎아지른 절벽이어서 난간을 높게 설치했다.
3 한벽당에서 바라본 경관
4 대들보로 충량을 받고 충량 상부에서 첨차와 소로로 외기도리와 외기도리장혀를 받았다.
5 높은 곳에 자리한 한벽당을 오르내릴 수 있는 자연석 계단. 한벽당 현판을 전면이 아닌 진입 계단이 있는 측면에 걸었다.

全州 寒碧堂

전주 문학대

[위치] 전북특별자치도 전주시 완산구 황강서원5길 8-7 (효자동3가, 전주이씨제실)　**[건축 시기]** 1357년 초창, 1824년 개건
[지정사항] 전북특별자치도 기념물　**[구조 형식]** 2고주 5량가 팔작기와지붕

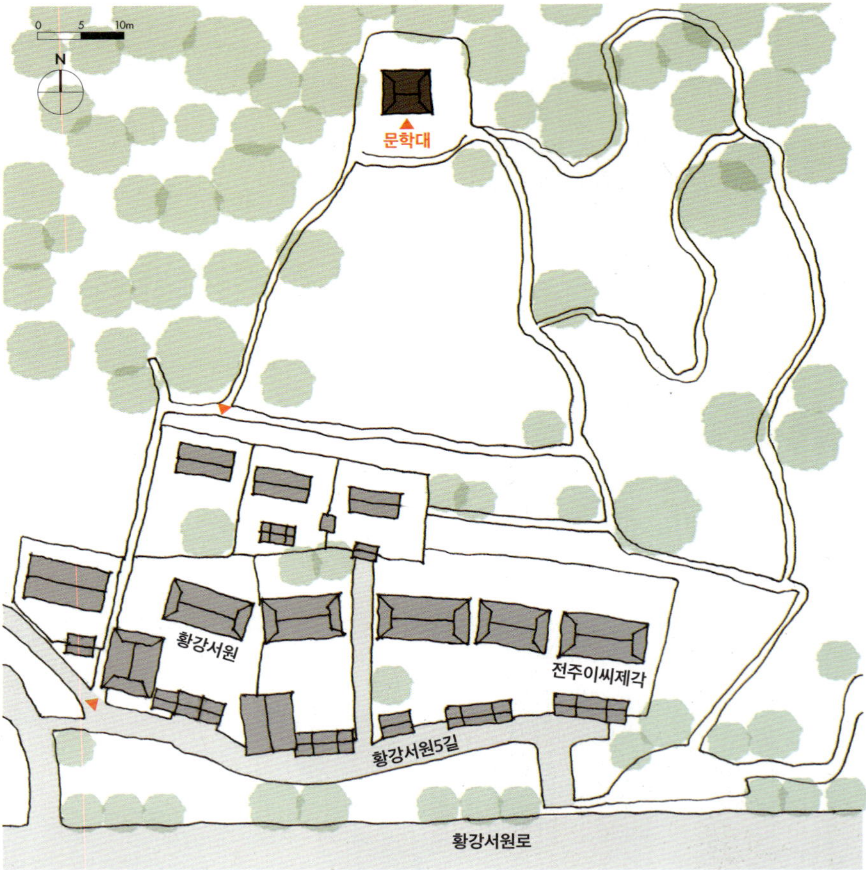

全州 文學臺

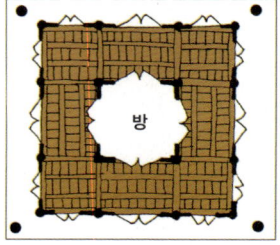

고려 말 학자 이문정(李文挺)이 낙향해 후학을 양성하던 곳으로 1357년(공민왕 6)에 처음 지어졌으나 임진왜란 때 불타 없어졌다. 1824년(순조 24)에 후손이 다시 세운 것이 남아 있다.

도리칸과 보칸 모두 3칸 규모로 가운데 1칸 방을 두고 사방을 마루로 구성했다. 방에는 쌍여닫이 세살창을 달았다. 공포는 직절익공 형식이다. 사면을 판벽과 판문으로 막아 폐쇄적이다. 마루 가구 구성이 마치 사모지붕의 가구 구성처럼 되어 있는데 보는 보이지 않고 도리만 있으며 도리에 서까래를 걸었다. 방을 구성하면서 세운 기둥이 고주가 되고 이 고주에 외진주와 연결되는 우미량을 걸었는데 이렇게 구성하면서 도리만 남게 되었다.

홑처마임에도 마치 사래를 사용한 것처럼 보이는데 추녀 밑부분에 단을 주어 치목해 사래가 있는 것처럼 보이게 했다. 처마가 긴 편이어서 활주를 두었는데 활주가 굵은 편이고 활주초석 역시 크게 다듬어 사용했다. 또한 정사각형 평면인데 팔작지붕으로 꾸미다보니 합각의 위치가 비교적 안쪽으로 들어가 있다. 처마길이가 길어 구조적 안정성을 확보하기 위한 방편으로 생각된다.

全州 文學臺

1 도리칸, 보칸 모두 3칸 규모로 가운데 1칸 방이 있다. 사면을 모두 판벽과 판문으로 막아 다소 폐쇄적으로 보인다.
2 내진주를 연결하는 보 없이 도리로만 연결했다. 이 도리에 서까래를 걸었다.
3 활주가 굵은 편이고 활주초석 역시 비교적 크게 다듬어 사용했다. 추녀에 사래가 있는 것처럼 보이지만 사실은 한 부재이다. 추녀는 단을 주어 치목해 사래처럼 보이게 했다.

정읍 군자정

【위치】 전북특별자치도 정읍시 고부면 영주로 532-7 (고부리) **【건축 시기】** 1674년 수리
【지정사항】 전북특별자치도 유형문화유산 **【구조 형식】** 5량가 팔작기와지붕

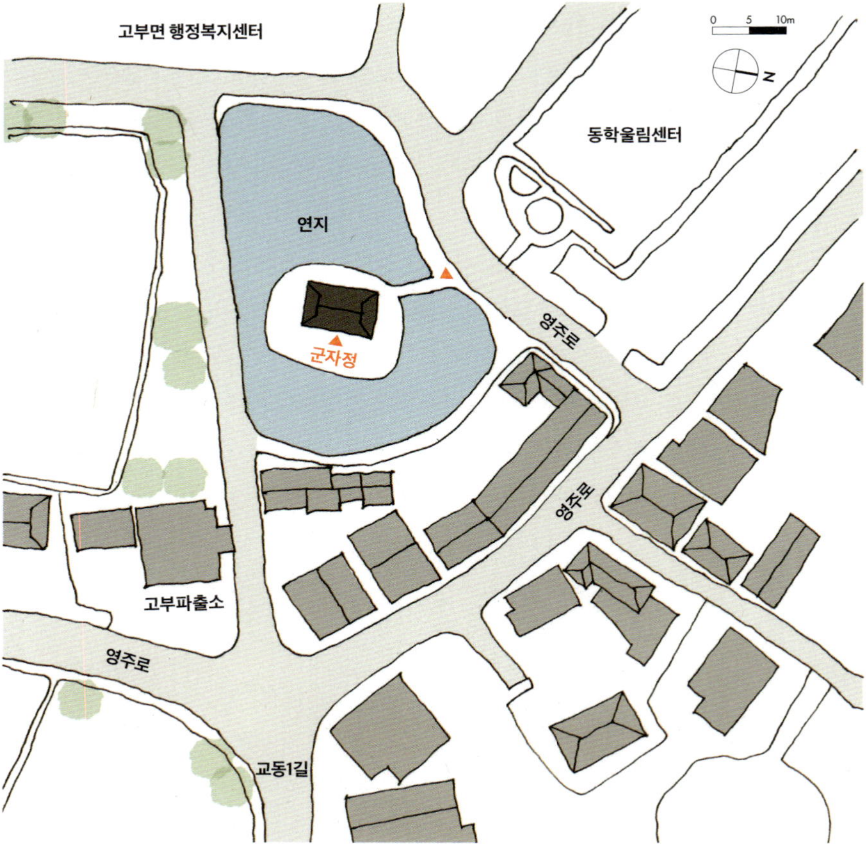

井邑 君子亭

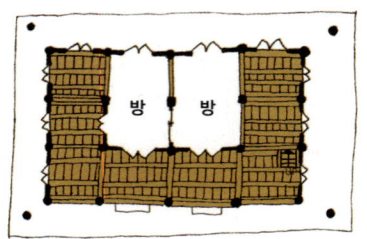

정읍 고부마을 남쪽에 있는 방형 연지에 부정형 섬을 만들고 그 위에 동향으로 배치했다. 연지의 연꽃이 만발하면 경관이 아름다워 연정이라고도 한다.

이 정자에 내려오는 전언에 따르면, 조선 중기 이후 연정이 황폐화되면서 마을에 인재가 나지 않아 1673년(현종 14) 이후 연못을 정비하고 정자를 수리했는데 그때부터 인재가 나왔다고 한다. 그러나 군자정의 연혁이 기록으로 확인되는 것은 1764년(영조 40) 이세형이 수리한 것이고, 근래에 들어서는 1900년에 조규희가 연지를 정비하였으며, 1901년에서 1905년까지 중수한 것이 확인된다.

연지 북쪽에 놓인 단순하면서도 견고해 보이는 좁은 석교를 통해 섬으로 들어서면 건물의 측면과 배면을 만나게 된다. 정자에서 행사가 있을 때 주인공이 바라보는 시선과 보조 동선을 분리하기 위한 동선 설정으로 생각된다.

건물은 도리칸 4칸, 보칸 3칸 규모로 뒤쪽의 가운데 4칸은 방을 꾸몄고, 양 협칸은 마루인데 단을 높여 누마루로 만들면서 오른쪽 하부에는 아궁이와 창고를 만들었다.

관아에서 사용한 정자로 이 지역의 다른 정자와 평면구성에서 차이를 보이는 점이 특징이다.

井邑 君子亭

도리칸 4칸, 보칸 3칸 규모로 지역의 다른 정자와 평면구성이 조금 다르다.

井邑 君子亭

井邑 君子亭

1. 후면 가운데에 2칸짜리 방 2개를 두고 양 협칸은 마루로 꾸몄다.
2. 후면 왼쪽 협칸에는 아궁이와 창고를 설치하고 계단을 이용해 진입할 수 있게 했다.
3. 대들보 위 동자주로 외진주에서 나오는 충량을 받고 충량 위에 종보를 올리고 서까래를 받았다.
4. 굴도리 소로수장집이다.
5. 연못 위 부정형 섬에 자리한 군자정은 석교를 이용해 들어갈 수 있게 했다.
6. 후면 쪽에 1칸짜리 방 2개를 들이고 양 협칸은 단을 조금 높여 마루로 꾸몄다.
7. 출입구가 있는 전면을 제외한 나머지 삼면은 판벽과 판문으로 마감했다.

정읍 송정

井邑 松亭

[위치] 전북특별자치도 정읍시 칠보면 무성리 산4번지   **[건축 시기]** 1869년 중건
[지정사항] 전북특별자치도 문화유산자료   **[구조 형식]** 2고주 5량가 팔작기와지붕

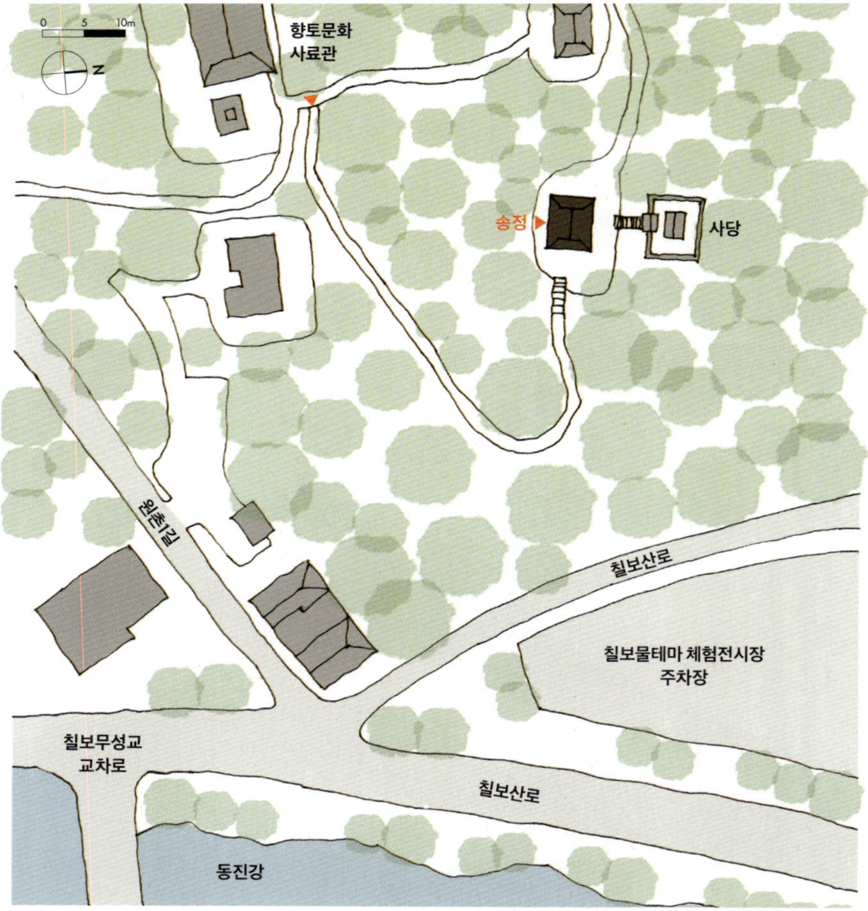

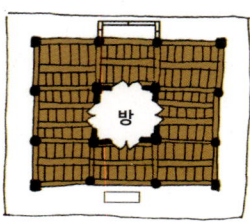

井邑 松亭

정읍 성황산 동쪽 기슭에 동진강을 바라보며 남동향으로 자리하고 있는 송정은 광해군 때 인목대비 폐모 사건에 반대하였으나 뜻을 이루지 못하고 낙향한 7광(김대립, 김응빈, 김감, 송치중, 송민고, 이상형, 이탁), 10현(김응빈, 김감, 송치중, 송민고, 이탁, 김관, 김정, 김급, 김우직, 양몽우)이 자연을 벗 삼아 즐기던 곳이다. 송정 배면에는 이들의 사당이 있어 후손들이 매년 제례를 지낸다.

"송정중수기"에 의하면 "숭정기원후오기사(崇禎紀元後五己巳)"로, 1869년(고종 6)에 후손들이 중건했으며 정자 이름은 절개 높은 소나무에서 따왔음을 알 수 있다.

정자는 도리칸, 보칸 모두 3칸 규모로 자연석 외벌대 기단 위에 규모가 큰 덤벙주초를 놓고 기둥을 세웠다. 일반적으로 외주기둥은 원기둥을 쓰는데 비해 이 건물은 우주를 각기둥으로 사용하고 어칸 기둥으로 원기둥을 사용한 것이 특징적이다.

평면은 중앙에 1칸 방을 두고, 전·후면에 반 칸 툇마루를 두었으며, 좌우에는 대청의 기능을 할 수 있도록 온 칸으로 마루를 놓았다. 방의 사면에는 모두 문을 내었는데, 정면과 오른쪽 면의 문이 높고 배면과 왼쪽 면에는 높이가 낮은 문을 두었다. 일반적으로 전·후면의 문이 같은 형태인데, 이 건물은 전면과 측면, 배면과 측면이 같은 형태인 점이 특이하다.

대개 외부 기둥은 원기둥으로 하는데 이 집은 우주를 각기둥으로 하고 어칸 기둥을 원기둥으로 했다.

井邑 松亭

정읍 송정

1 도리칸, 보칸 모두 3칸 규모로 중앙에 1칸 방을 두고 앞뒤에는 툇마루를, 양 옆에는 각각 1칸 마루를 두었다.
2, 3 방의 정면과 오른쪽 면에는 높이가 높은 문을 달고, 배면과 왼쪽 면에는 높이가 낮은 문을 두었다.
4 직절익공집이다.
5 외벌대 기단 위에 규모가 큰 덤벙주초를 사용했다.

井邑 松亭

정읍 피향정

[위치] 전북특별자치도 정읍시 태인면 태창리 102-2번지　**[건축 시기]** 1856년 중수
[지정사항] 보물　**[구조 형식]** 2고주 7량가 팔작기와지붕

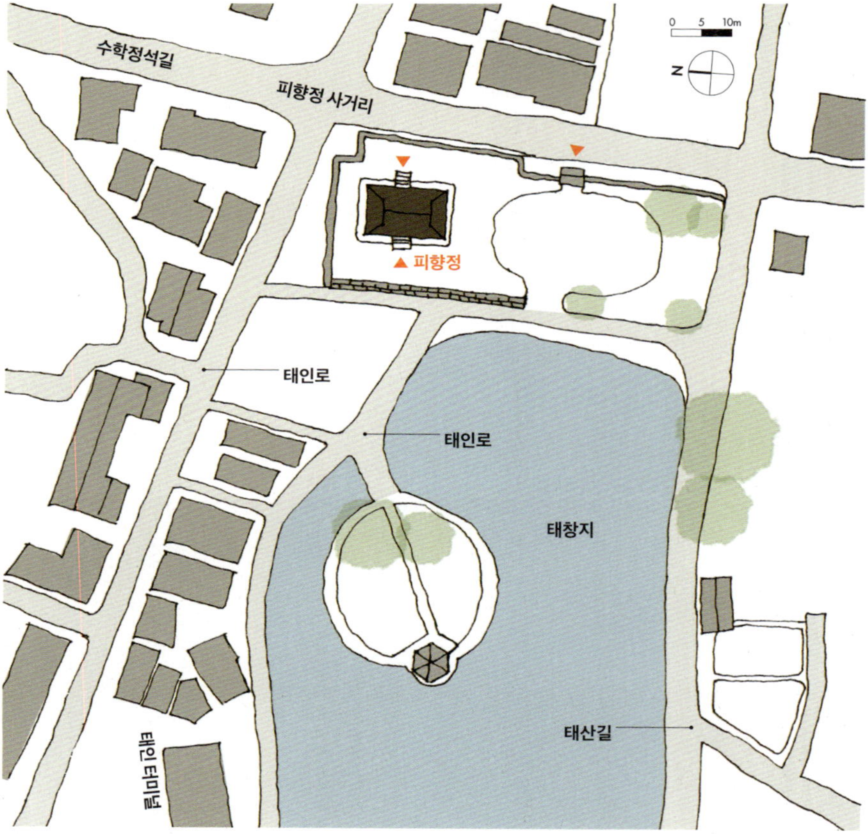

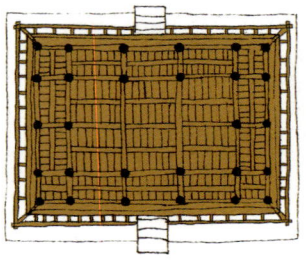

태창리 마을 한가운데 서향하여 연지를 바라보며 자리한 피향정은 당초 정자의 앞뒤로 상연지, 하연지 두 개가 있었다고 하나 지금은 하연지만 남아 있다. 정자의 이름은 연지의 연꽃이 피면 그 향기가 정자에 가득하다 하여 붙인 것이다.

통일신라 정강왕 때 최치원(崔致遠, 857~?)이 세웠다고도 하나 확실치 않고, 기록에 나타나는 것은 광해군 때 현감 이지굉(李志宏, 1584~1642), 현종 때 박숭고(朴崇古, 1615~1671)가 중수했다는 것이다. 1715년(숙종 41)에는 현감 유근(柳近)이 지붕을 보수하고 연못을 팠으며, 1856년(철종 7)에는 현감 이승경에 의해 전체적인 중수가 있었다.

초석은 초반석을 놓고, 그 위에 완연하게 흘림이 있는 원형장초석을 올려 누상주를 받쳤으며, 중간중간 1~3개가량의 석재를 겹쳐서 초석을 구성한 것도 보인다. 계단은 일반적으로 한쪽에 설치하는데, 피향정은 상·하연지가 있어서 양쪽으로 출입구를 설정한 것으로 생각된다. 건물은 도리칸 5칸, 보칸 4칸 규모로 외진주를 두르고 그 안에 다시 3×2칸의 내진주를 세워 중심 공간과 사방의 툇간으로 구별하였다. 내부 공간은 현재 모두 하나로 터져 있으나 중심 공간 왼쪽 기둥에 인방의 흔적이 있고 이 부분만 우물반자가 설치되어 있어 원래는 별도의 실이 구획되었을 것으로 생각된다.

井邑 披香亭

외진주 안에 다시 3×2칸 규모로 내진주를 세워 중심 공간과 사방의 툇간을 구분했다.

井邑 披香亭

1 5×4칸 규모로 초반석 위에 흘림이 있는 원형장초석을 올리고 누상주를 받쳤다.
2 건물의 규모와 위상에 비해 공포는 간결한 초익공 형식으로 했다.
3 중간중간 1~3개가량의 석재를 겹쳐서 초석으로 삼은 것이 보인다.
4 중심 공간 왼쪽 기둥에 인방의 흔적이 있고 이 부분만 우물반자를 설치한 것으로 보아 원래는 별도의 실이 구획되었을 것으로 보인다.
5 피형정에서 바라본 하연지와 연정

井邑 披香亭

진안 수선루

鎭安 睡仙樓

[위치] 전북특별자치도 진안군 마령면 강정리 산 57 **[건축 시기]** 1686년 초창, 1888년 중건
[지정사항] 보물 **[구조 형식]** 3량가 맞배기와지붕

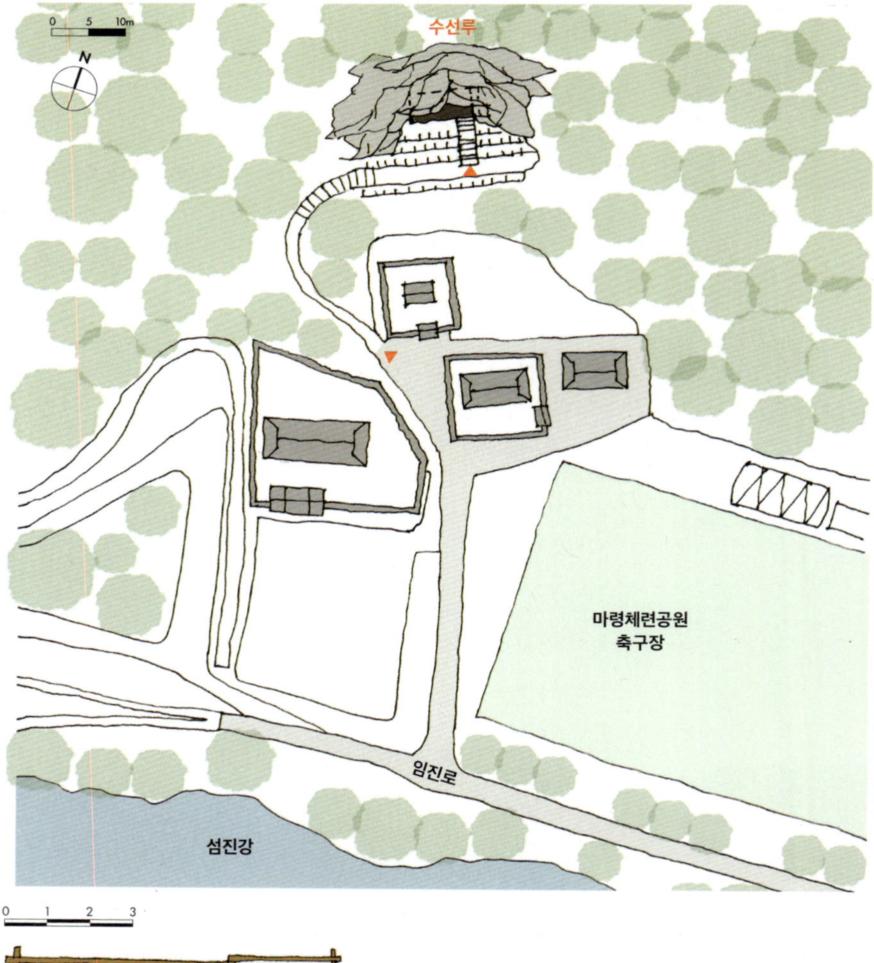

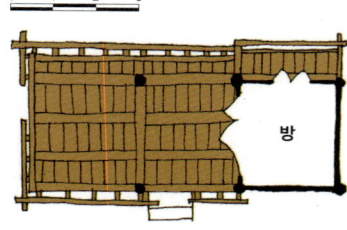

섬진강 상류 줄기가 굽이도는 강정리 강변 북쪽 바위산 절벽 바위굴 속에 남향으로 자리한다. 뒤는 동굴이고 앞은 강으로 마치 석산 절벽에 건물이 묻혀 있는 듯한 모습이다. 우리나라에서는 매우 보기 드문 입지이다.

1686년(숙종 12) 연안송씨 4형제[진유(眞儒), 명유(明儒), 철유(哲儒), 서유(瑞儒)]가 조상의 덕을 기리고 심신 수양을 위해 지었다. '수선'이라는 이름은 4형제가 매일 정자에 올라 풍류를 즐기는 모습이 4호(四皓) 또는 상산(商山)에서 네 신선이 놀던 모습과 비슷하다고 해서 최계옹(崔啓翁, 1654~?)이 붙였다.

도리칸 3칸, 보칸 1칸 규모로 재주두 없는 조선 중·후기의 이익공 형식이다. 지붕은 맞배지붕인데 전면은 기와이고 후면은 점판암 돌너와로 되어 있다. 지역에서 많이 생산되는 점판암을 지붕 소재로 사용한 것으로 생각된다. 왼쪽 누마루 위 창방은 인방과 같은 두께인데 직선재가 아닌 곡선재를 사용했다. 대개 창방은 직선재를 사용하는데 여기서는 곡선재를 사용해 이익공집에서 보이는 화반이 보이지 않는다.

수선루는 바위산 절벽 바위굴에 지형에 맞게 구성되다보니 누하층과 누상층이 서로 엇갈려 있다. 누하층 서쪽 위에 누상층 동쪽이 올라가 있다. 누하층에는 기둥만 있고 외부는 판벽과 외여닫이 판문으로 막았다. 판문을 지나 암석의 경사로를 통해 누상층으로 올라가게 되어 있다. 누상층은 2칸의 누마루와 1칸의 온돌방으로 되어 있다. 온돌방 후면에는 아궁이가 있다. 온돌방은 누마루보다 바닥높이가 높다. 의도적인 것이라기보다 지형에 맞추다 보니 자연스럽게 형성된 것으로 보인다. 누마루와 온돌방 높이가 다르다 보니 전면 난간도 높이차를 보이고 있다. 오히려 난간 높이의 변화가 외부에서 볼 때 자연스럽다.

鎭安 睡仙樓

鎮安 睡仙樓

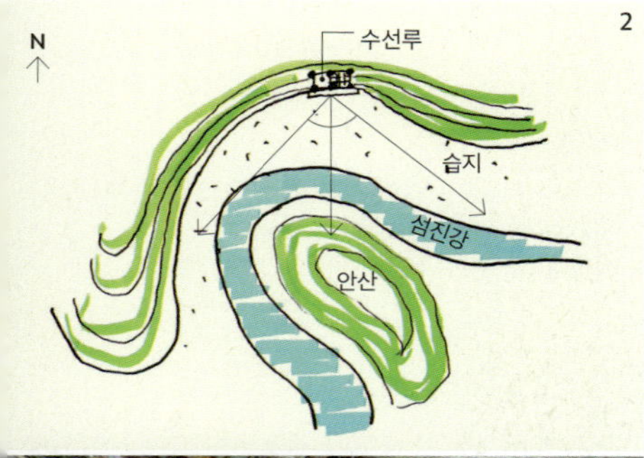

1 누상층은 1칸의 온돌방과 2칸 누마루로 구성되는데 온돌방은 누마루보다 바닥높이가 높다.

2 남쪽으로 섬진강 상류 줄기와 낮은 안산이 있다.

3 누상층 후면은 동굴이다.

4 수산루 1층 평면 스케치

5 온돌방 아궁이

6 수선루 암각. 수선루 내부 쪽 암석에는 '宋氏 睡仙樓(송씨 수선루)'라고 음각으로 새겨 있다.

7, 8 우리나라에서 보기 드문 입지 환경으로 앞으로는 섬진강과 안산이 있고 뒤로는 절벽이다.

9 누하층. 기둥이 바위굴 암석과 자연석 초석 위에 얹혀 있다.

鎭安 睡仙樓

鎭安 睡仙樓

<수선루 공간의 기능>

1

- 벽으로 막힌 공간 (방)
- 기둥으로 구획된 트인 공간 (루)
- 벽·기둥의 구획없이 완전히 트인 공간 (평상)
- 암반에 마루를 걸쳐대고 마루 높이와 맞추어 암반에 최소한의 인공을 더해 사용 공간 확보 (마당)

습기 조절을 위한 통풍구 설치

루 아래로 진입하여 건물 전체의 조망 확보
자연 조건을 철저히 활용하여 설계한 건축물로
공간 기능이 건물 외관에 그대로 보여진다.

4

5

6

7

수선루 창방

일반적 창방 형태

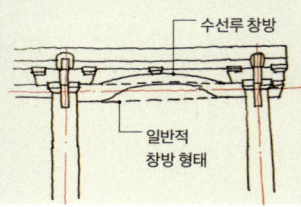

8

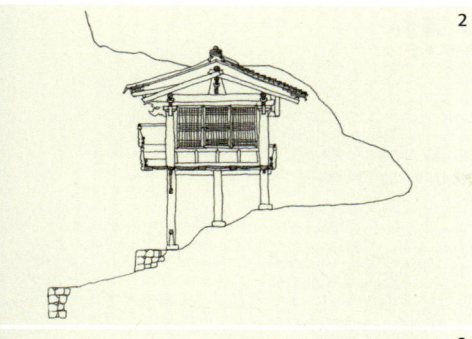

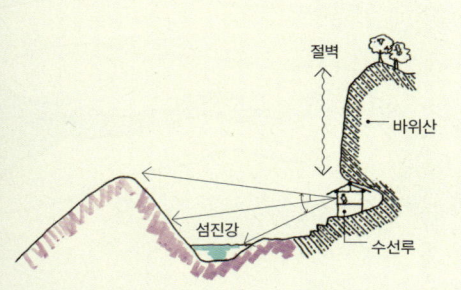

1~3 수선루는 섬진강을 바라보는 바위산 바위굴 안에 자리한다. 남향하고 있어 항상 햇빛을 받을 수 있고 바위산이다 보니 여름에는 시원하고 겨울에는 따뜻하다.

4 누상층 온돌방

5 서쪽면. 바람에 깎여 암석에 생긴 구멍인 풍화혈에 누각을 지었다.

6 전면은 기와로, 후면은 돌너와로 지붕을 구성했는데 재료가 점판암이다.

7, 8 기둥 높이가 낮아 곡선재 창방을 사용한 것으로 추정된다. 창방이 곡선재이다 보니 이익공에서 보이는 화반을 사용하지 않았다. 기능적으로 만족시키면서 의장적으로도 효과가 있다.

9 수선루에서 바라본 섬진강. 창방은 인방과 같은 두께인데 직선재가 아닌 곡선재를 사용한 것이 재미있다.

鎭安 睡仙樓

진안 영모정

鎭安 永慕亭

[위치] 전북특별자치도 진안군 백운면 노촌리 676번지 **[건축 시기]** 1869년
[지정사항] 전북특별자치도 문화유산자료 **[구조 형식]** 5량가 팔작기와지붕

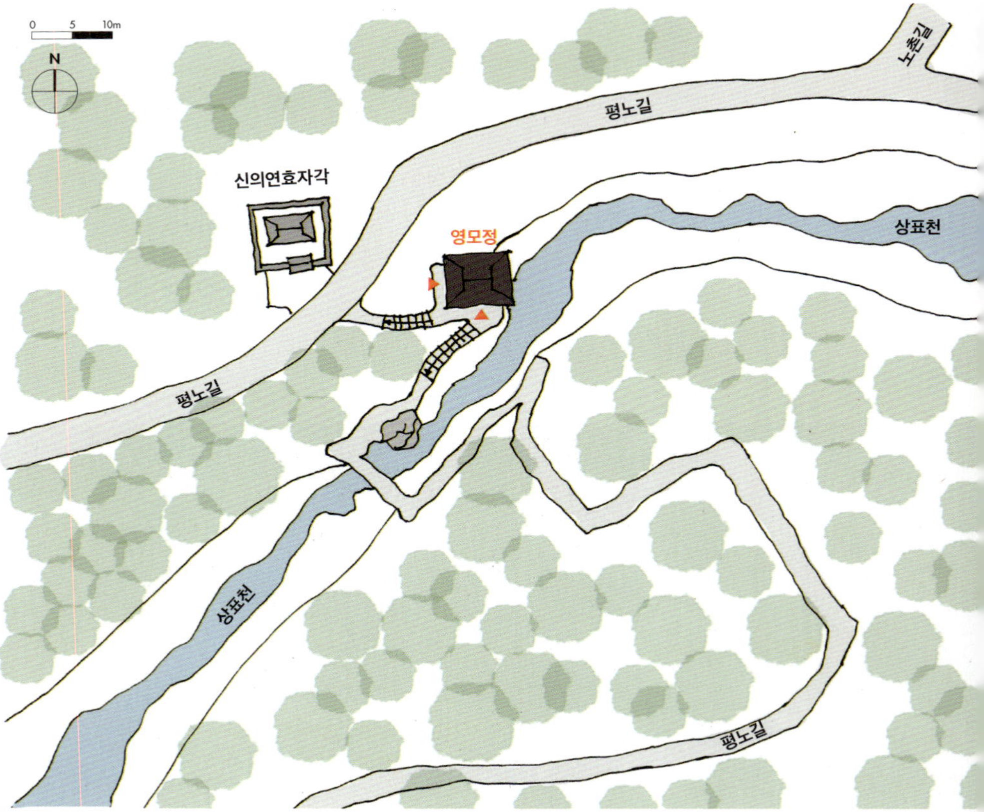

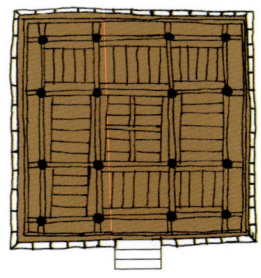

鎭安 永慕亭

　　백운면 노촌리에 살던 거창신씨 신의연(愼義蓮)의 효행을 기리기 위해 지은 정자이다. 바로 옆에는 효자각이 있다.

　　영모정은 도리칸 3칸, 보칸 3칸 규모로 내진주가 있는 누마루집이다. 하천변 경사지에 자리해 경사지 바위 위에 석축을 쌓아 기둥을 세우고 그 위에 누마루를 올렸다. 초석은 다듬어 사용했는데 하천변에 면한 초석 일부를 거북이 모양으로 다듬어 사용한 것이 흥미롭다. 기단은 자연석 석축이 그 역할을 하고 있다. 점판암을 너와처럼 켜서 지붕 재료로 사용했는데 용마루는 기와를 사용했다.

　　공포는 초익공 형식이고, 도리는 팔모로 다듬어 사용한 것이 특이하다. 내부 고주 위로 툇보가 올라가 있는데 툇보와 내진주가 결구될 때는 일반적으로 기둥머리에 걸리는데 여기서는 기둥머리 위보다 더 높은 주두 위에 걸린다. 그래서 툇보가 아주 많이 휜 우미량으로 되어 있다. 기둥 높이가 낮은 편이어서 툇보로 인한 시야 가림을 고려한 변칙적인 방법이다.

　　주칸이 짧은 편임에도 내진주를 4개씩이나 둔 것은 과한 느낌이다. 아마 지형적 특성을 고려한 것이 아닌가 추측한다.

1　자연지형에 따라 건축해 주변 환경과 자연스럽게 어우러진다.
2, 3　고주 주두 위 도리에 우미량을 걸기 위해 곡이 매우 많이 휜 부재를 우미량으로 사용했다.

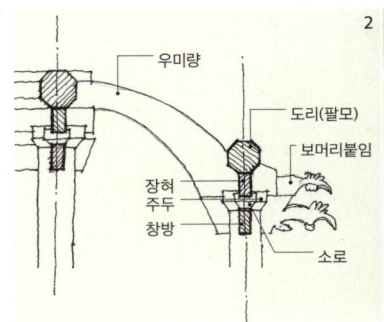

鎭安 永慕亭

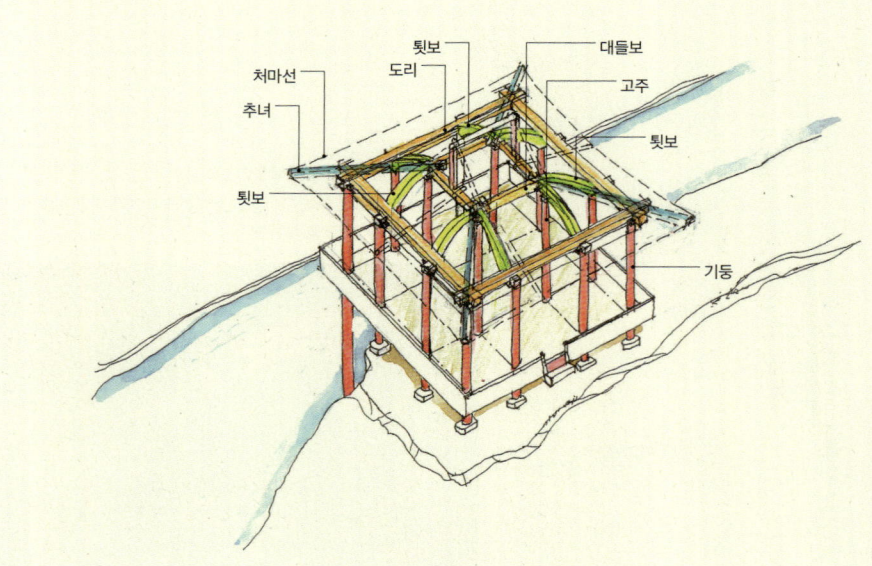

진안 영모정

1 하천변 쪽 누하기둥은 긴 편이고 경사지 쪽은 짧다.
2 공포는 초익공 형식이고 도리를 팔모로 다듬어 사용했다.
3 하천변에 면한 초석 일부를 거북이 모양으로 다듬어 사용했다.
4 가구 구조도
5 하천변 경사지에 자리해 경사지 바위 위에 석축을 쌓고 기둥을 세워 정자를 올렸다.

鎭安 永慕亭

진안 태고정

鎭安 太古亭

【위치】전북특별자치도 진안군 용담면 수천리 13-14번지 【건축 시기】1752년 초창
【지정사항】전북특별자치도 문화유산자료 【구조 형식】2평주 5량가 팔작기와지붕

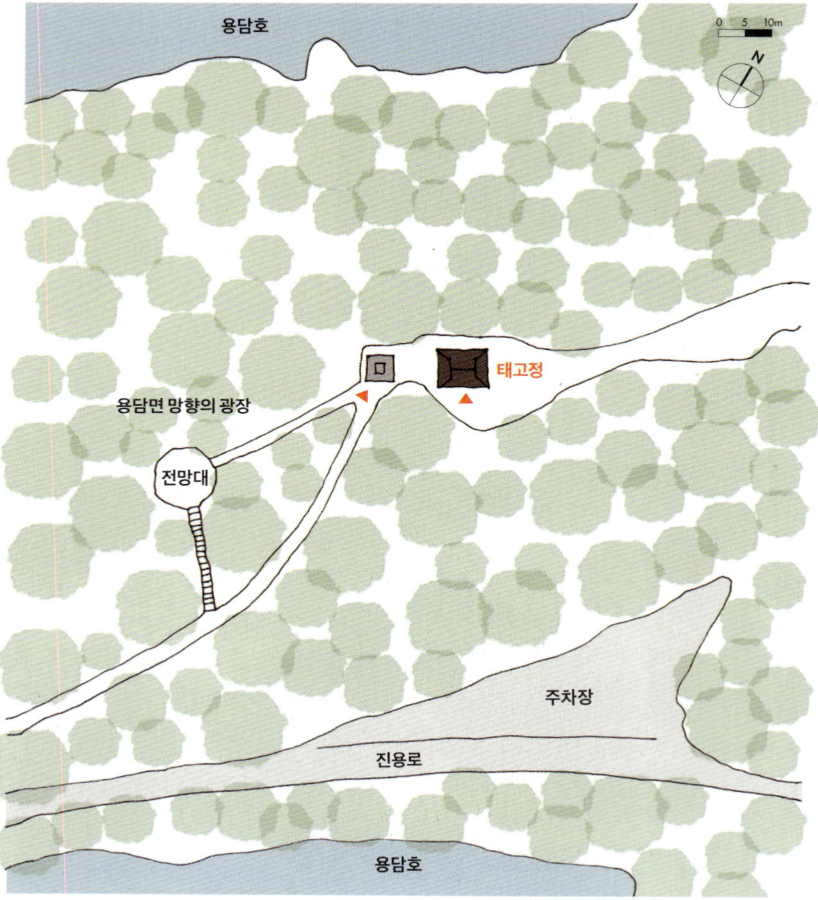

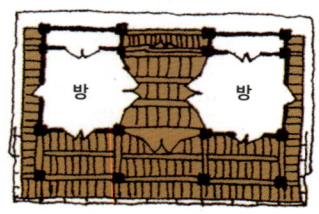

鎭安 太古亭

　　1998년 용담댐 건설로 인해 현재 자리로 옮겨 지었는데 초창은 1752년(영조 28)이다. 1911년 일제 강점기에 조선총독부는 정자를 공매처분했는데 수천리 송림마을의 임순환(林淳煥)이 250원에 구입해 용담현의 공동 소유로 기증해 지금까지 이르고 있다.

　　태고정은 도리칸 3칸, 보칸 2칸 규모로 내진주와 창호 없이 개방된 통칸으로 되어 있다. 초익공집으로 판대공을 사용했다. 누마루에는 머름 난간을 둘렀는데 이중으로 되어 있다. 상단은 외부로 돌출되어 있다. 돌출된 부분은 기둥에 귀틀목을 넣고 그 위에 난간 어미동자를 얹었다. 귀틀목과 귀틀목 사이에는 난간 인방목을 건너질러 그 사이에 청판을 끼워 의자처럼 앉을 수 있게 했다. 귀틀목 처짐을 막기 위해 까치발을 설치했다. 난간 궁판에는 풍혈을 두었다.

태고정에서 바라본 용담호

鎭安 太古亭

1 도리칸 3칸, 보칸 2칸 규모로 전체 누마루를 깔았다.

2 비교적 단순한 판대공을 사용하고 단청 역시 비교적 소박한 모로단청으로 했다.

3, 4 마루에는 이중으로 구성한 머름난간을 둘렀는데 상단은 외부로 돌출되어 있고 난간 내부는 의자처럼 앉을 수 있게 구성했다.

5 초익공집으로 익공에 연봉을 장식하고 보머리는 닭모양으로 장식했다.

6 측면 기둥에서 휘어진 충량이 대들보에 걸려 있고 그 위로 눈썹천장이 있다

鎭安 太古亭

용어 해설

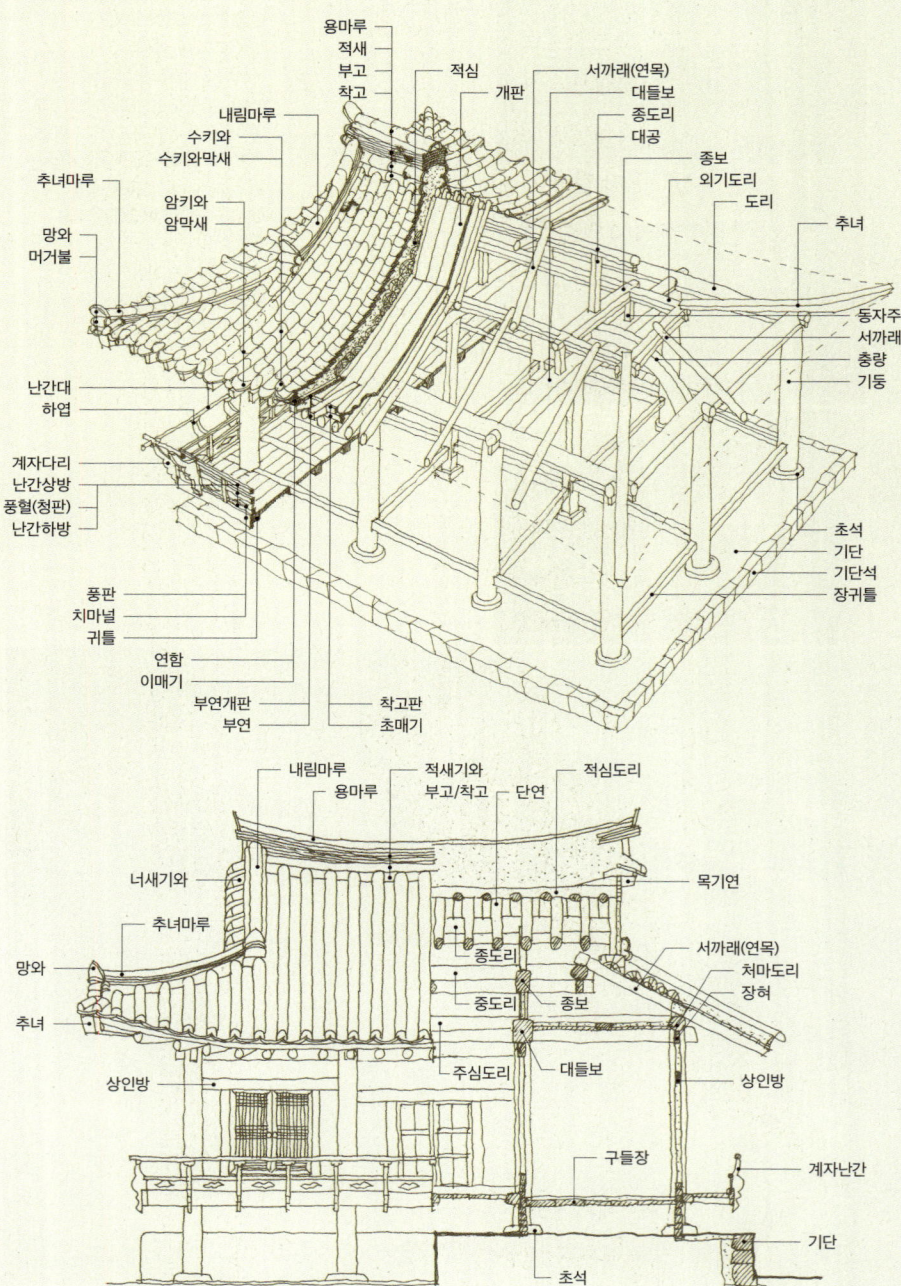

구조

대들보, 종보, 중보: 보는 앞뒤로 기둥을 연결하는 부재로 3량가에서는 대들보 하나만 건다. 5량가에서는 대들보 위에 동자주를 세우고 보를 하나 더 걸어야 하는데, 위에 거는 보가 종보이고 아래 있는 보가 대들  보이다. 대들보는 종보나 중보에 비해 길고 단면 또한 굵다. 7량가에서는 대들보와 종보 사이에 보가 하나 더 걸리는데 이것을 중보라고 한다.

도리: 서까래 바로 아래 가로로 길게 놓이는 부재로 놓이는 위치에 따라 종도리 또는 마루도리, 처마도리 또는 주심도리, 중도리 등으로 구분할 수 있다. 종도리는 가장 높은 용마루 부분에 놓이는 도리로 마루도리(마릇대)라고도 한다. 처마도리는 건물 외곽의 평주 위에 놓이는 도리로 주심도리라고도 한다. 3량가에서는 종도리와 처마도리만으로 구성되는데 5량가 이상에서는 동자주 위에도 도리가 올라간다. 이 도리를 중도리라고 한다.

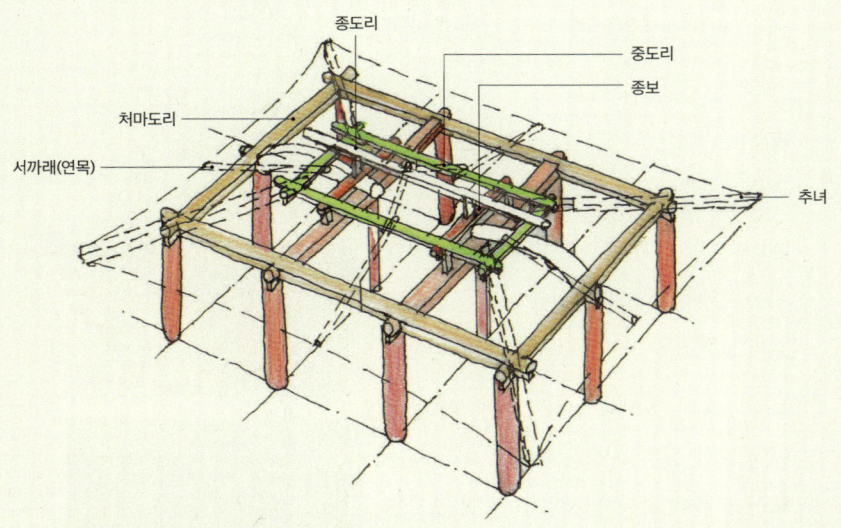

외기도리: 팔작지붕에서 중도리가 추녀를 받기 위해 내민 보 형식으로 빠져나와 틀을 구성한 부분을 말한다.

장혀: 도리 밑에 놓인 도리받침 부재로 도리와 함께 서까래의 하중을 분담하는 역할을 한다. 도리보다 폭이 좁다. 장혀 밑에 또 하나의 장혀를 보내는 경우가 있는데 이를 뜬장혀라고 한다.

충량: 한쪽은 대들보에 다른 쪽은 측면 평주에 걸리면서 대들보와 직각을 이루는 보로 측면이 2칸 이상인 건물에서 생긴다. 평주보다 대들보 쪽이 높기 때문에 대개 굽은 보를 사용한다.

대공: 종보 위 종도리를 받는 부재로 화반과 함께 가장 다양한 형태로 나타난다. 3량가나 부속 건물에서 주로 볼 수 있는 짧은 기둥을 세운 동자대공, 판재를 사다리꼴로 여러 겹 겹쳐서 만든 판대공, 첨차를 이용해 마치 공포를 만들듯 만든 포대공 등이 있다.

동자주: 대들보와 중보 위에 올라가는 짧은 기둥

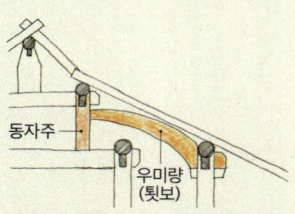

보아지: 건물의 수평구조 부재인 보의 전단력을 보강하고 기둥의 처짐 방지를 고려해 받치는 받침목이다.

소로: 소로는 첨차와 첨차, 살미와 살미 사이에 놓여 상부 하중을 아래로 전달하는 역할을 한다. 주두와 모양은 같고 크기는 작다. 도리와 장혀 밑에 소로를 받쳐 장식한 집을 소로수장집이라고 한다.

주두: 공포 최하부에 놓인 방형 부재로 공포를 타고 내려온 하중을 기둥에 전달하는 역할을 한다. 주두는 공포 하나에 하나만 사용하는 것이 보통이지만 이익공 형식에서는 초익공과 이익공 위에 각각 주두를 놓기도 한다. 아래 놓이는 주두는 위의 주두보다 커서 대주두 또는 초주두라고 하고 위에 있는 것은 소주두 또는 재주두라고 한다.

화반: 주심포 형식 건물에서 포와 포 사이에 놓여 장혀를 받는 부재로 장혀나 도리가 중간에서 처지는 것을 방지해 준다. 어떤 부재보다 형태가 다양하다.

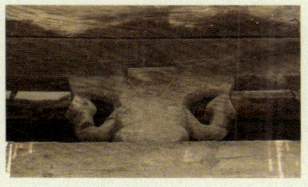

도랑주: 원목의 껍질 정도만 벗겨 거의 가공 없이 자연 상태의 모양을 그대로 살려 사용한 기둥

활주: 추녀가 건물 안쪽으로 물린 길이보다 바깥으로 빠져나간 길이가 길 경우 추녀가 처지게 된다. 추녀의 처짐을 방지하기 위해 추녀 안쪽 끝을 무거운 돌로 눌러주거나 철띠로 고주에 잡아매기도 하며 강다리를 이용해 지붕 가구와 묶어준다. 그래도 부족하기 때문에 추녀 끝에 보조기둥을 받쳐주는데 이를 활주라고 한다.

기단과 초석

기단: 지면의 습기를 피하고 집안에 햇빛을 충분히 받아들여 밝게 하기 위해 지면으로부터 집을 높여주는 역할을 한다. 대개 처마보다 짧게 내밀어 빗물이 기단 위로 떨어지지 않게 한다.

초석: 기둥 밑에 놓여 기둥에 전달되는 지면의 습기를 차단해 주고 건물 하중을 지면에 효율적으로 전달하는 역할을 한다. 주초라고도 한다. 자연석을 그대로 사용한 것은 자연석 초석 혹은 덤벙주초라고 한다. 돌을 가공한 초석은 가공석 초석인데 모양에 따라 원형, 방형, 다각형 등으로 구분된다. 또한 사용 위치에 따라 평주초석, 고주초석, 심주초석 등으로 구분된다.

난간

난간에는 계자난간과 평난간이 있는데 조선시대에는 계자난간이 널리 사용되었다. 계자난간은 당초문양을 조각해 만든 계자다리가 난간대를 지지하는 난간을 말한다. 계자다리는 올라갈수록 밖으로 튀어나오게 만들어 난간 안쪽에서 손에 스치지 않게 했다. 평난간은 계자다리가 없는 난간을 말한다. 평난간은 난간 상방 위에 바로 하엽을 올리고 하엽 위에 난간대를 건다.

계자다리: 난간대를 지지하는 부재로 측면에서 보면 선반 까치발처럼 생겼다.

돌난대: 돌난간의 난간대를 지칭한다.

치마널: 난간의 머름하방이 놓이는 마루귀틀에 붙인 폭이 넓은 판재를 말한다. 넓은 치마널을 붙이면 난간하방이 두껍게 보여 난간이 안정돼 보인다.

풍혈: 계자난간의 난간청판에 낸 연화두형의 바람구멍으로 허혈이라고도 한다. 풍혈의 작은 구멍을 통과하는 바람은 풍속이 빨라지기 때문에 난간에 기대앉은 사람에게 시원한 바람을 제공하는 선풍기 효과가 있다.

하엽: 계자난간의 난간대와 계자다리가 만나는 부분에 주두를 얹듯 끼운 연잎 모양의 조각 부재를 말한다.

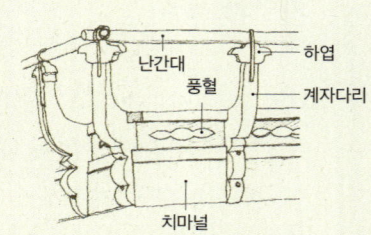

마루

마루는 짜는 방법에 따라 장마루와 우물마루로 구분할 수 있다. 장마루는 기둥 사이에 장선을 일정한 간격으로 걸고 그 위에 폭이 좁고 긴 마루널을 깔아 만든 마루를 일컫는다. 우물마루는 장귀틀과 동귀틀을 '井'자 모양으로 깐 데서 붙인 이름이다.

동귀틀: 장귀틀 사이에 일정한 간격으로 보낸 짧은 장선

마루청판: 얇고 넓은 마루판재로 동귀틀과 동귀틀 사이에 끼워 고정한다.

장귀틀: 기둥과 기둥 사이에 건너지른 긴 장선

마루가 놓이는 위치에 따라 툇마루, 고상마루, 쪽마루 등으로 구분한다.

고삽마루: 회첨이나 모서리에 삼각형 모양으로 만들어진 마루

고상마루: 다른 마루보다 높게 설치한 툇마루로 아래에는 대개 아궁이를 들인다.

쪽마루: 툇간이 없는 부분에서 툇마루 역할을 할 수 있도록 평주 바깥쪽에 덧달아낸 마루이다. 평주 안쪽에 만들어지는 툇마루와 혼동하는 경우가 많다.

툇마루: 고주와 평주 사이 툇간에 놓인 마루를 말한다. 외부에 개방되어 있으면서 방과 방 사이를 연결하는 동선 역할과 함께 안팎의 완충공간 역할도 한다.

헌함: 누각에서 기둥 밖으로 귀틀뺄목에 깐 마루부분을 가리킨다.

맞춤과 이음

반턱이음: 부재 두께의 반씩을 걷어내 맞대어 이음하는 것을 말한다. 반턱이 위로 열려 있고 밑에 깔린 부재를 받을장, 반턱이 아래로 열려 있고 위에 놓이는 부재를 업힐장이라고 한다.

장부이음: 두 부재를 부재의 반 정도 두께로 서로 길게 장부를 내어 이음하는 것을 말한다. 부재 끝부분을 일정 길이만큼 반씩 살을 제거해 서로 맞대 연결하는 반턱이음과 비슷하지만 장부걸이가 있는 것이 다르다. 장부이음은 하부 받침이 튼튼하지 않은 수평재의 이음이나 수직력만 받는 기둥의 이음에 주로 사용한다.

사개맞춤(사갈맞춤): 기둥머리에서 창방과 보가 직교해 만나기 때문에 기둥머리는 '十'자형으로 트는데 이를 사갈이라고 한다. 사갈을 기본으로 결구되는 기둥머리 맞춤으로 기둥머리 맞춤에서 가장 많이 이용한다.

쌍장부맞춤: 이음과 맞춤을 위해서는 부재에 암수가 있어야 하는데 수놈 역할을 하는 것이 장부, 암놈 역할을 하는 것이 장부구멍이다. 쌍장부맞춤은

장부의 모양이 '凹'자 모양인 것으로 인방을 기둥에 연결할 때 주로 사용한다. 장부의 모양이 '凸'자 모양인 것은 외장부맞춤이라고 하며 툇보를 고주에 연결할 때 주로 사용한다.

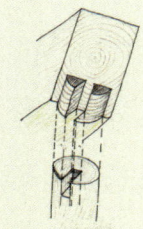

연귀맞춤: 액자 틀처럼 모서리 부분을 45도로 맞춤하는 것으로 주로 문얼굴의 맞춤에 사용된다.

제혀쪽매이음: 쪽매이음은 얇은 판재를 연결하는 이음법을 말하는데 두 판을 그냥 맞대 놓는 맞댄쪽매이음, 반턱이음처럼 살을 반씩 덜어낸 다음 겹쳐 놓는 반턱쪽매, 맞댄 면이 45도 정도로 비스듬하게 연결한 빗쪽매이음 등이 있다. 제혀쪽매이음은 맞댄 면이 요철(凹凸)형으로 연결된 이음법으로 고급스러운 쪽매이음 방식이다.

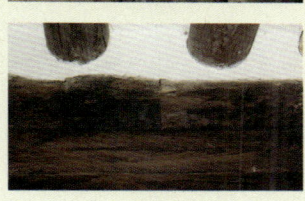

주먹장맞춤: 서로 맞댄 면에 암수로 주먹장을 내어 끼워 잇는 맞춤법이다.

지붕

지붕마루의 아랫단부터 착고, 부고, 적새, 숫마룻장이 놓여 용마루를 구성한다.

착고: 지붕의 수키와 암키와가 놓이면서 생긴 요철에 맞는 특수기와로 지붕마루의 가장 아래에 놓인다.

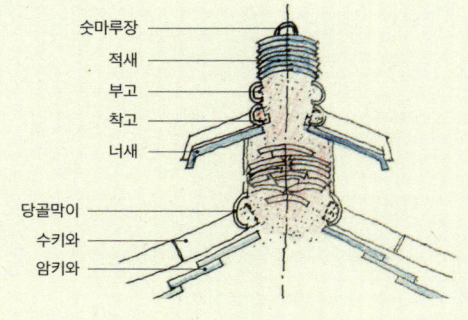

719

부고: 착고 위에 수키와를 옆으로 눕혀 한 단 더 올린 것을 말한다.

적새: 부고 위에 암키와를 뒤집어 여러 장 겹쳐 쌓은 것을 말한다.

숫마룻장: 적새 위에 수키와를 한 단 더 놓는데 이것이 숫마룻장이다.

개판: 서까래나 부연 사이에 까는 판재로 서까래와 같이 길이방향으로 깐다.

적심: 서까래를 눌러주고 지붕 물매를 잡아주기 위해 중도리 부근에 잡목이나 치목 후 남은 목재 또는 해체한 구부재를 채워주는데 이를 적심이라고 한다.

막새: 기와 끝에 드림새를 붙여 마감이 깔끔해 보이게 하는 역할을 하는 기와로 암막새와 수막새가 있다.

망와: 지붕마루 끝에 올리는 장식기와로 마치 암막새를 뒤집어놓은 것과 같은 모양인데 암막새에 비해 드림새가 높다.

머거불: 지붕마루 양 끝에서 착고와 부고의 마구리 부분을 막아주는 수키와

풍판: 맞배지붕에서 박공 아래로 판재를 이어대고 그 사이를 쫄대목으로 연결해 비바람을 막을 수 있도록 한 것이다.

처마

부연: 겹처마에서 서까래 끝에 걸어주는 방형의 짧은 서까래인데 처마를 깊게 할 목적과 함께 장식 효과도 있다.

서까래: 도리 위에 건너지르는 긴 부재로 놓

이는 위치에 따라 달리 부른다. 3량가에서는 처마도리와 종도리에 한 단만 걸쳐지는데 서까래 또는 연목이라고 한다. 5량가에서는 처마도리에서 중도리까지와 중도리 에서 종도리까지 두 단의 서까래가 걸리는데 하단 서까래를 장연, 상단 서까래를 단연이라고 한다. 7량가 이상에서는 장연과 단연 사이에도 서까래가 걸리는데 이것을 중연이라고 한다.

이매기: 부연 끝에 걸린 평고대

초매기: 서까래 끝에 걸린 평고대

연함: 기와골에 맞춰 파도 모양으로 깎은 기와 받침부재로 평고대 위에 올린다. 단면은 삼각형 모양이다.

굴도리와 납도리: 도리는 서까래 바로 아래 가로로 길게 놓인 부재이다. 단면 형태와 놓인 위치에 따라 명칭이 다른데 단면이 원형인 도리가 굴도리, 단면이 네모난 도리가 납도리이다.

굴도리 납도리

천장

반자라고도 하는데 모양에 따라 우물천장, 연등천장, 빗천장 등이 있다.

고미반자: 고미받이와 고미가래로 구성한 천장이다. 고미가래 위에 산자를 엮고 흙을 깔아 마감한다. 고미받이는 보와 보 중간에 도리방향으로 건너지른 것을 말한다. 고미받이와 양쪽 도리에 일정 간격으로 서까래를 걸 듯이 건 것이 고미가래이다. 더그매천장이라고도 한다.

눈썹천장: 중도리가 추녀를 받기 위해 내민 보 형식으로 빠져나와 틀을 구성한 부분인 외기의 보방향 도리에 측면 서까래가 걸리고 도리의 왕지맞춤 부분에는 추녀가 걸리면서 외기 안쪽이 깔끔하지 못하다.

이것을 가리기 위해 설치한 천장이 눈썹천장이다. 면적이 매우 작아 붙은 이름이다.

빗천장: 수평이 아닌 서까래 방향을 따라 비스듬하게 설치된 천장. 대개 외곽 쪽은 평주 높이에 맞추고 안쪽은 고주 정도의 높이에 맞춰 만들어진다.

연등천장: 천장을 만들지 않아 서까래가 그대로 노출된 천장으로 대청 천장으로 많이 사용했다.

우물천장: 천장의 모양이 우물 정(井)자 모양인데서 붙은 이름이다. 살림집보다는 궁궐이나 사찰에서 주로 볼 수 있는데 장엄 효과가 있기 때문이다.

함실아궁이: 조리용 부엌이 필요 없는 공간에 부뚜막 없이 아궁이만 만들거나 벽체에 구멍만 내 아궁이로 사용하는 것을 말한다. 고래가 시작되는 부넘기 앞에 만들어지는 불을 지피는 공간을 함실이라고 하는

데 함실에서 바로 불을 지핀다고 해서 붙은 이름이다.

※ 용어 설명은 목심회,《우리옛집》(도서출판 집, 2015),《알기쉬운 한국건축 용어사전》(동녘, 2007)에서 발췌 재구성했다.

책에 소개된 정자

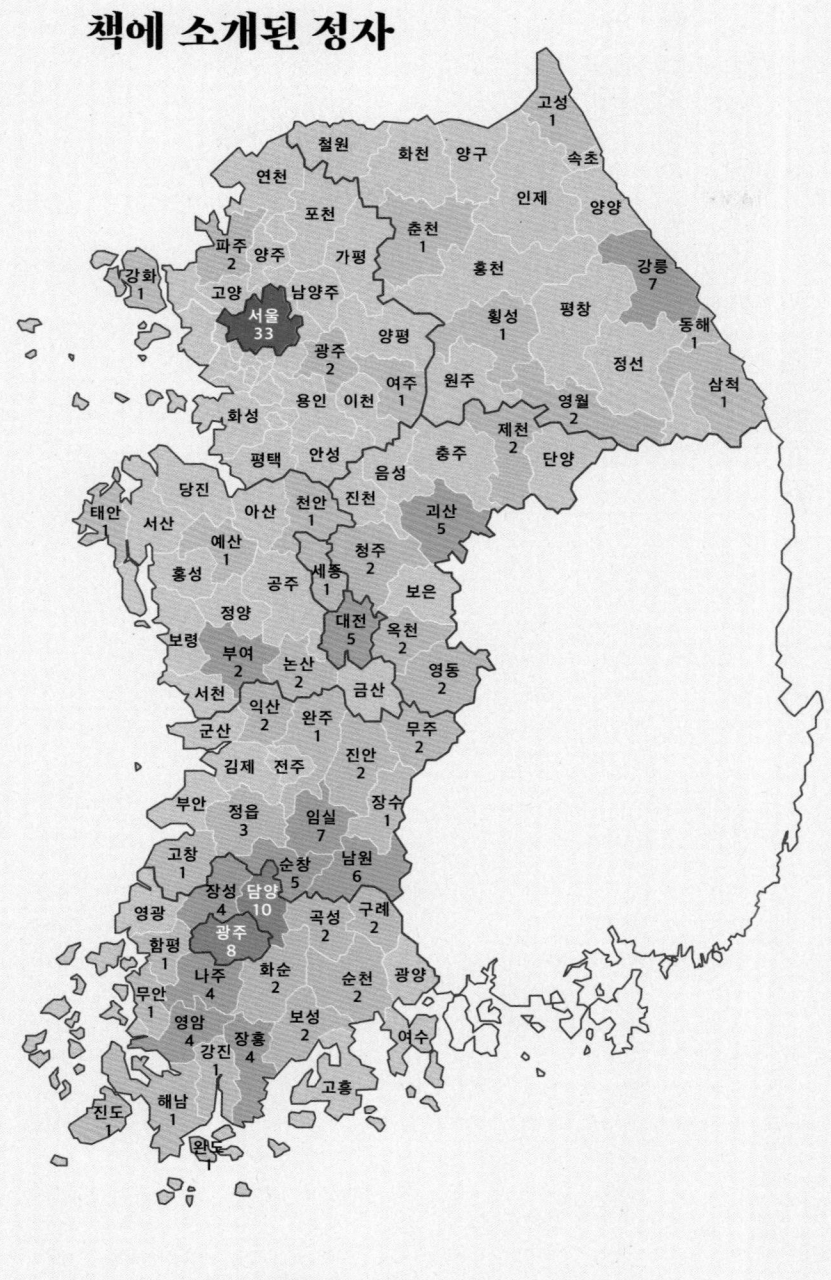

지역	명칭	전체규모	평면간살	평면구성	온돌규모	주구조	건립시기	건립주체	성격	입지	기타
강원	오성정	4	丁자형	마루	0	5량	1927	개인	휴식	산간	
	방해정	8	ㄹ자형	중앙온돌	4	5량	1859	개인	별서	호안	
	금란정	6	전퇴	후면온돌	3	5량	조선후기	개인	별서	호안	
강릉	해운정	6	양통	우온돌	2	5량	1530	개인	별서	마을	
	계련당	7.5	전퇴	우온돌	2	5량	1810	유림	강학	마을	사마소
	호해정	4	양통정방형	후면온돌	2	5량	1750	개인	추모	산간	
	경포대	25	방형	마루	0	7량	1326	유림	휴식	호안	1899중건
고성	청간정	6	양통	마루	0	5량	1928	유림	휴식	해변	
동해	해암정	6	양통	마루	0	2평주5량	1530	개인	강학	해변	
삼척	죽서루	14	양통	마루	0	2평주5량	1403	관영	휴식	천변	
영월	요선정	4	양통정방형	마루	0	3량	1913	유림	추모	천변	
	금강정	12	3칸겹집	마루	0	1고주5량	17세기	유림	추모	강변	
춘천	소양정	8	양통	마루	0	5량	1966	유림	휴식	강변	
횡성	운암정	6	양통	마루	0	5량	1937	개인	휴식	강변	
경기	지수당	7.5	전퇴	마루	0	1고주5량	1672	관영	휴식	산간호안	
광주	침괘정	14	전후퇴	중앙온돌	4	2고주7량	1751	관영	군사	산간	
여주	영월루	6	양통	마루	0	5량	18세기말	관영	군사	마을	관아문루
파주	반구정	4	양통정방형	마루	0	모임	1988복원	개인	휴식	강변	
	화석정	6	양통	마루	0	5량	1966복원	개인	휴식	강변	
강화	연미정	6	양통	방전	0	5량	불명	관영	강학	해변	
서울	용양봉저정	10	좌우전퇴	마루	0	1고주5량	1789	관영	휴식	강변	행궁
	석파정	1	단칸	전	0	모임	19세기말	개인	별서	산간	
	황학정	8	양통	마루	0	5량	1898	관영	향약	산간	활쏘기
	탑골공원 팔각정	8	팔각사면퇴	전	0	모임	1897	관영	의례	마을	황실공원 음악회
	오운정	1	단칸	마루	0	모임	1865	관영	휴식	궁궐	경복궁
	경회루	35	삼중回자	마루	0	4고주11량	1867	관영	휴식	궁궐	경복궁
	향원정	6	육모중층	마루+온돌	3	모임	1873	관영	휴식	궁궐	경복궁
	취운정	6	사방퇴	중앙온돌	2	2고주5량	1686	관영	휴식	궁궐	창덕궁
	한정당	5	ㄱ자전퇴	후면온돌	2	1고주5량	1900년대	관영	휴식	궁궐	창덕궁
	상량정	3	육모누각	마루	0	모임	1847	관영	휴식	궁궐	창덕궁
	승화루	3	홑집누각	마루	0	3량	1782	관영	휴식	궁궐	창덕궁
	부용정	6	아자형	마루	0	3량	1707	관영	휴식	궁궐	창덕궁
	주합루	20	4칸겹집	마루	0	2고주7량	1776	관영	도서관	궁궐	창덕궁
	희우정	2	홑집	온돌	2	3량	1645	관영	휴식	궁궐	창덕궁
	천석정	5.5	ㄱ자누마루	중앙온돌	4.5	5량	불명	관영	휴식	궁궐	창덕궁
	애련정	1	단칸	마루	0	모임	1692	관영	휴식	궁궐	창덕궁
	농수정	1	단칸	마루	0	모임	1828	관영	휴식	궁궐	창덕궁
	관람정	3	선형	마루	0	3량	1800중반	관영	휴식	궁궐	창덕궁
	존덕정	3	육모사방퇴	마루	0	모임	1644	관영	휴식	궁궐	창덕궁

지역	명칭	전체규모	평면간살	평면구성	온돌규모	주구조	건립시기	건립주체	성격	입지	기타
서울	펌우사	3	홑집	우온돌	0.5	3량	1827이전	관영	휴식	궁궐	창덕궁
	승재정	1	단칸	마루	0	모임	1800중반	관영	휴식	궁궐	창덕궁
	청심정	1	단칸	마루	0	모임	1688	관영	휴식	궁궐	창덕궁
	능허정	1	단칸	마루	0	모임	1691	관영	휴식	궁궐	창덕궁
	취규정	2	홑집	마루	0	5량	1640	관영	휴식	궁궐	창덕궁
	취한정	2	홑집	마루	0	3량	불명	관영	휴식	궁궐	창덕궁
	소요정	1	단칸	마루	0	모임	1636	관영	휴식	궁궐	창덕궁
	청의정	1	단칸	마루	0	모임	1636	관영	휴식	궁궐	창덕궁
	태극정	1	단칸	마루	0	모임	1636	관영	휴식	궁궐	창덕궁
	농산정	5	홑집	좌온돌	2	3량	1636	관영	휴식	궁궐	창덕궁
	몽답정	9	양통사방퇴	전면온돌	1	2고주7량	1700년대	관영	휴식	궁궐	창덕궁
	괘궁정	1	단칸	마루	0	모임	1729	관영	휴식	궁궐	창덕궁
	관덕정	2	홑집	마루	0	5량	1664	관영	휴식	궁궐	창경궁
	함인정	9	사방퇴	마루	0	2고주5량	1833	관영	의례	궁궐	창경궁
충남	취백정	6	양통	마루	2	5량	1701	개인	강학	마을	
대전	옥류각	6	양통	마루	0	5량	1693	개인	강학	산간천변	
	삼매당	4.5	전퇴	마루	0	1고주5량	1644	개인	휴식	마을	
	남간정사	8	양통	좌우온돌	3	5량	1683	개인	강학	마을	
세종	독락정	6	양통	마루	0	5량	1437	개인	은거	강변	
논산	팔괘정	6	양통	좌온돌	1.5	5량	1626	개인	추모	마을	
	임리정	6	양통	좌온돌	1.5	5량	1626	유림	강학	산간	
부여	수북정	6	양통	마루	0	2고주5량	17세기	개인	휴식	강변	
	사자루	6	양통	마루누각	0	5량	1824	관영	군사	마을	
	영일루	6	양통	마루누각	0	5량	1871	관영	군사	마을	
	백화정	3	육각	마루	0	모임	1929	유림	추모	강변	
예산	일산이수정	6	양통	후면온돌	3	5량	1849	개인	강학	천변	
천안	노은정	4	양통정방형	마루	0	모임	1689	개인	강학	천변	
태안	경이정	6	전후퇴	마루	0	5량	조선중기	관영	군사	마을	
충북	암서재	4.5	전퇴	좌온돌	2	3량	1666	개인	강학	천변	서당
괴산	애한정	15	전퇴	좌우온돌	5	2평주5량	1614	개인	휴식	천변	
	고산정	4	양통정방형	마루	0	5량	1596	개인	휴식	천변	
	취묵당	6	양통	마루	0	2평주5량	1662	개인	휴식	천변	
	수월정	4.5	전퇴	좌우온돌	2	5량	1865	개인	추모	호안	1957이건
영동	화수루	4	양통정방형	후면온돌	2	5량	1804	문중	강학	마을	
	가학루	8	양통	마루	0	1고주5량	1393	관영	군사	마을	관아누각
	한천정사	4.5	전퇴	좌우온돌	2	3량	1955	유림	강학	천변	
옥천	이지당	11	ㄷ자홑집	좌우온돌	3	3량	1673	개인	강학	천변	
	양신정	6	양통	우온돌	2	3량	1545	개인	강학	마을	
	독락정	4.5	좌우전면퇴	중앙온돌	2	5량	1607	개인	강학	천변	
제천	응청각	4.5	전퇴형	우온돌	3	2평주5량	16세기이전	관영	휴식	마을	1983이건

지역		명칭	전체규모	평면간살	평면구성	온돌규모	주구조	건립시기	건립주체	성격	입지	기타
충북	제천	금남루	6	양통	마루	0	2평주5량	1825	관영	군사	마을	1983이건
		한벽루	12	3칸겹집	마루	0	2평주5량	1317	관영	휴식	마을	1983이건
	청주	백석정	2	홑집	마루	0	5량	1677	문중	휴식	천변	1927중건
		지선정	8	양통	좌우온돌	3	5량	1614	개인	강학	산간	
제주		관덕정	20	4칸겹집	마루	0	2고주7량	1448	관영	휴식	마을	
		연북정	11	사방퇴	마루	0	2고주7량	1599	관영	군사	해변	
전남	강진	다산초당	8	사방퇴	좌우온돌	2	2고주5량	19세기	개인	은거	산간	
	곡성	수성당	13	사방퇴	좌우온돌	3	5량	1875	개인	강학	마을	
		함허정	8	전후퇴	중앙온돌	2.5	5량	1543	개인	휴식	강변	
	구례	운흥정	4.5	전퇴	중앙온돌	1	5량	1926	유림	휴식	강변	
		방호정	4.5	전퇴	중앙온돌	1	2평주5량	1930	유림	휴식	강변	
	나주	쌍계정	6	양통	마루	0	2평주5량	고려후기	관영	향약	마을	
		장춘정	6	양통	좌온돌	2	2평주5량	1561	문중	강학	마을	
		만호정	15	3칸겹집	마루	0	2평주5량	1601	관영	향약	마을	
		벽류정	9	3칸겹집	중앙온돌	1	2고주5량	1640	개인	휴식	천변	
	담양	명옥헌	6	양통	중앙온돌	1	5량	17세기	개인	휴식	산간	
		식영정	4	양통	좌온돌	1.5	5량	1560	개인	휴식	호안	
		광풍각	6	전후퇴	중앙온돌	1	5량	조선중기	개인	휴식	산간	소쇄원
		제월당	3	홑집	우온돌	1	3량	조선중기	개인	휴식	산간	소쇄원
		독수정	4	좌우퇴	후면온돌	1	5량	고려말	개인	은거	천변	
		남희정	4	양통	마루	0	2평주5량	1857	개인	강학	산간	1981이건
		척서정	6	양통	마루	0	3량	17세기	관영	향약	마을	
		면앙정	6	양통	중앙온돌	1.5	5량	1533	개인	휴식	천변	1654재건
		송강정	4	사방퇴	중앙온돌	2	5량	1584	문중	추모	천변	
		상월정	12.5	전퇴	좌우온돌	4	1고주5량	1851	개인	강학	산간	
	무안	식영정	5.5	전후퇴	중앙온돌	1.5	2고주5량	1630	문중	강학	강변	
	보성	열화정	8.5	ㄱ자전후퇴	우온돌	2	3량	1845	문중	강학	마을	
		취송정	4.5	전퇴	우온돌	1.5	5량	1787	문중	별서	마을	
	순천	초연정	6	전후퇴	좌온돌	2	7량	1836	개인	추모	천변	
		상호정	9	ㄱ자전후퇴	우온돌	3	5량	15세기후반	문중	추모	천변	
	영암	영보정	15	3칸겹집	마루	0	5량	1630년대	문중	강학	마을	
		영팔정	6	양통	마루	0	5량	1406	개인	향약강학	마을	
		부춘정	8	양통	후면온돌	4	5량	1618	개인	강학	천변	
		장암정	10	후퇴	마루	0	1고주5량	1668	관영	향약	마을	
	완도	세연정	9	3칸겹집	중앙온돌	1	7량	1637	개인	휴식	호안	윤선도원림
	장성	기영정	4	양통	마루	0	5량	1543	개인	강학	천변	1856중건
		관수정	4.5	전퇴	좌온돌	1	1고주5량	1539	개인	강학	천변	
		청계정	4	양통	좌온돌	1.5	5량	1546	개인	강학	마을	
		요월정	6	전후퇴	우온돌	1.5	5량	1550년대	개인	휴식	강변	

지역		명칭	전체 규모	평면 간살	평면구성	온돌 규모	주구조	건립 시기	건립 주체	성격	입지	기타
전남	장흥	부춘정	6	양통	우온돌	2	5량	1838	개인	휴식	강변	
		용호정	4	양통	우온돌	1	5량	1828	개인	추모	강변	
		동백정	8	양통	우온돌	2	5량	1584	개인	은거	천변	
		사인정	6	양통	중앙온돌	1	5량	15세기	개인	은거	강변	
	진도	운림산방	13.5	ㄷ자전퇴	좌우온돌	6	2고주5량	1856	개인	휴식	마을	1982복원
	함평	영파정	6	양통	좌온돌	1	2평주5량	1821	개인	은거	천변	
	해남	방춘정	10	양통	좌온돌	2.5	5량	1871	문중	추모	마을	
	화순	임대정	6	양통	중앙온돌	1	5량	19세기	개인	휴식	천변	
		영벽정	6	양통	마루	0	5량	1873	관영	군사	마을	
		학포당	4	사방퇴	중앙온돌	2	5량	1521	개인	강학	마을	1919중건
	광주광역	호가정	9	3칸정방	마루	0	5량	1558	개인	휴식	천변	1871중건
		만취정	6	전후퇴	중앙온돌	1	5량	1913	개인	휴식	산간	
		풍영정	8	양통	마루	0	5량	조선중기	개인	휴식	천변	
		양과동정	6	양통	마루	0	5량	조선중기	관영	향약	마을	
		부용정	6	3칸겹집	마루	0	5량	1418	개인	강학	마을	
		풍암정	4	양통정방형	후면온돌	1	5량	조선중기	개인	휴식	천변	
		취가정	4	좌우퇴	후면온돌	1	5량	1890	개인	추모	마을	1955중건
		만귀정	4	양통정방형	마루	0	5량	1945재건	개인	강학	호안	
전북	고창	취석정	9	3칸겹집	중앙온돌	1	2고주5량	1546	개인	휴식	천변	
		무진정	6	양통	마루	0	5량	1751	개인	휴식	강변	
	남원	오리정	6	사방퇴	마루	0	5량	1959재건	개인	휴식	산간	중층정자
		퇴수정	6	양통	마루	0	5량	1870	개인	휴식	천변	
		최락당	4	홑집	마루	0	3량	1600	개인	강학	마을	
		광한루	30	4칸겹집	우온돌	2	7량	1414	관영	휴식	마을	1638재건
		사계정사	6	양통	중앙온돌	1	5량	16세기	개인	은거	마을	
	무주	서벽정	10	전퇴	좌우온돌	3	2평주5량	1886	개인	강학	천변	1919중건
		한풍루	6	양통	마루	0	5량	1783	관영	군사	마을	
	순창	구암정	6	양통	중앙온돌	1	4평주5량	1901	개인	은거	강변	
		낙덕정	4	팔각	중앙온돌	1	모임	1900	개인	은거	천변	
		귀래정	6	양통	중앙온돌	1	2평주5량	1456	개인	은거	산간	느티나무
		영광정	1	단칸	마루	0	3량	1910	개인	추모	천변	1976재건
		어은정	6	양통	중앙온돌	1	1고주5량	1580	개인	휴식	강변	
	완주	남계정	3	전퇴	우온돌	1	5량	1580	개인	강학	마을	
	익산	망모당	6	전후퇴	마루	0	1고주5량	1607	개인	추모	마을	
		함벽정	12	사방퇴	마루	0	2고주7량	1920	개인	휴식	호안	
		운서정	12	사방퇴	마루	0	2고주7량	1928	개인	추모	천변	
	임실	만취정	6	전후퇴	우온돌	2	4평주5량	1572	개인	휴식	산간	
		오괴정	6	양통	중앙온돌	1	5량	1545	개인	강학	천변	
		광제정	6	양통	중앙온돌	1	4평주5량	1871이건	개인	휴식	천변	
		수운정	6	양통	마루	0	3량	1862	개인	휴식	마을천변	

지역		명칭	전체 규모	평면 간살	평면구성	온돌 규모	주구조	건립 시기	건립 주체	성격	입지	기타
전북	임실	양요정	4	사방퇴	마루	0	5량	16세기	개인	휴식	강변	1965이건
	장수	자락정	4	양통	마루	0	3량	1479	개인	휴식	천변	1924개건
	전주	추천대	4	양통	마루	0	3량	1899	개인	추모	천변	
		오목대	12	사방퇴	마루	0	2고주7량	조선초기	문중	휴식	마을	
		한벽당	6	양통	마루	0	5량	1404	개인	휴식	천변	
	정읍	문학대	4	사방퇴	중앙온돌	1	2고주5량	1357	개인	강학	산간	1824개건
		군자정	12	3칸겹집	중앙온돌	4	5량	1673수리	관영	휴식	마을	
		송정	6	사방퇴	중앙온돌	1	2고주5량	1869중건	유림	추모	강변	
		피향정	12	사방퇴	마루	0	2고주7량	1856중수	관영	휴식	마을	
	진안	수선루	3	홑집	좌온돌	1	3량	1686	문중	추모	강변	
		영모정	4	사방퇴	마루	0	5량	1869	문중	추모	강변	
		태고정	4.5	전퇴	좌우온돌	2	2평주5량	1752	개인	휴식	호안	1998이건

참고문헌

고연미, 〈고려 원림을 통해 본 이자현과 이규보의 차문화 공간〉, 《한국예다학》 제6호, 2018년 4월
김규순, 《조선시대 상경 재지사족의 본원적 공간형성 연구》, 강원대학교 박사논문, 2017년 8월
김성아 외2인, 〈茶詩를 통해 본 한국 茶亭의 원형에 관한 연구〉, 《한국정원학회지》 15권 2호, 1997년 2월
김세호, 《17-18세기 장동김씨 청음파의 원림 문화 연구》, 성균관대학교 박사논문, 2017년 4월
김용선 외1인, 〈중재실형 정자 형성과 경제사회적 배경 고찰〉, 《한국건축역사학회 춘계학술대회논문집》, 2014
박언곤 외5인, 〈사류정기 고찰에 의한 정자건축 연구〉, 《대한건축학회학술발표논문집》 제9권 2호, 1989년 10월
손희경 외1인, 〈중재실형 정자건축의 분포 지역과 지역성〉, 《한국건축역사학회 춘계학술대회논문집》, 2016
윤일이, 〈농암 이현보와 16세기 누정건축에 관한 연구〉, 《대한건축학회논문집》 제19권 6호, 2003년 6월
윤일이, 〈조선중기 호남사림의 누정건축에 관한 연구〉, 《대한건축학회논문집》 제22권 7호, 2006년 7월
이상식 외4인, 〈전북지역 누정 조사보고〉, 《호남문화연구》 제23집, 1995
이재현 외1인, 〈울산지역 누정의 공간구성과 형태특성 분석〉, 《한국콘텐츠학회논문지》 11권, 2011년 11월
이진수, 〈고려시대 차문화 공간 연구-《고려도경》을 중심으로〉, 《차문화산업학》 제29집, 2015
이찬영 외1인, 〈상주 지역 누정의 건축적 특성에 관한 연구〉, 《대한건축학회논문집》 32권 11호, 2016년 11월
이현우, 〈16-18세기 영호남 누에에 깃든 문화경관의 의미론적 해석〉, 《문화재-국립문화재연구소》, 제45권 1호, 2012년 2월
임영배 외 3인, 〈누정의 건축적 특성에 관한 의미론적 고찰〉, 《호남문화연구 24집》, 1996
林義堤, 〈조선시대 서울 누정의 조영특성에 관한 연구〉, 《서울학연구》 제3호, 1994
임한솔, 《〈여지도서〉에 기록된 조선후기 감영의 누정〉, 《한국건축역사학회 추계학술발표논문집》, 2019
전봉희, 〈전남지역의 茅亭에 관한 연구〉, 《대한건축학회논문집》 제10권 5호, 1994년 5월
정서경, 〈고려시대 제도권 차문화의 의례적 기능〉, 《남도민속연구》 제25집, 2012
천득염, 〈누정에 관한 기존의 연구〉, 《한국건축역사학회 창립10주년기념 학술발표대회》, 2001
최재율, 〈전북지방 누정 그 실태와 전망〉, 《호남문화연구》 제25집, 1997

《('98~2001年度) 부산광역시 지정문화재 수리 보고서》, 부산광역시 문화예술과, 2003
《('98年度) 文化財 修理 報告書》, 광주광역시 문화예술과, 2003
《('98年度) 文化財 修理 報告書: 도지정 문화재》, 경상북도, 2002
《('99年度) 文化財 修理 報告書: 도지정 문화재》, 경상북도, 2002
《(2000年度) 文化財 修理 報告書》, 경기도, 2000
《(2000年度) 文化財 修理 報告書: 국가지정문화재 上卷》, 문화재청, 2004

《(2000年度) 文化財 修理 報告書: 국가지정문화재 下卷》, 문화재청, 2004
《(2000年度) 文化財 修理 報告書: 도지정문화재》, 강원도, 2004
《(2001년도) 문화재 수리 보고서: 국가지정문화재(상권)》, 문화재청, 2007
《2001年度 文化財 修理 報告書: 도지정문화재 강원도》, 강원도, 2005
《(2001年度) 文化財 修理 報告書: 도지정문화재》, 경상북도 문화예술과 문화재보수담당, 2004
《(2002~2003년도) 문화재 수리 보고서: 국가지정문화재(상권)》, 문화재청, 2008
《(2002~2003년도) 문화재 수리 보고서: 국가지정문화재(하권)》, 문화재청, 2008
《2002~2003年度 文化財修理報告書: 도지정문화재 경상북도》, 경상북도, 2005
《2003年度 文化財 修理 報告書: 도지정문화재 강원도》, 강원도, 2006
《(2003) 文化財 修理 報告書》, 광주광역시 문화예술과, 2004
《(2004年度) 文化財修理報告書: 도지정문화재 강원도》, 강원도, 2007
《2005~2006年度 文化財 修理報告書》, 대구광역시, 2009
《(2005年度) 文化財 修理 報告書: 國家指定》, 군위군청 새마을과, 2007
《(2005年度) 文化財 修理 報告書: 도지정문화재 강원도》, 강원도, 2008
《(2006~2007년) 문화재 수리 보고서 국가지정문화재 [국보·보물](상권)》, 문화재청, 2010
《(2006~2007년) 문화재 수리 보고서 국가지정문화재 [국보·보물](하권)》, 문화재청, 2010
《2006年度 文化財 修理 報告書: 도지정문화재 강원도》, 강원도, 2009
《2007年度 文化財 修理 報告書: 도지정문화재 강원도》, 강원도, 2010
《2008年度 文化財 修理 報告書: 도지정문화재 강원도》, 강원도, 2011
《2009~2010年度 文化財 修理報告書 대구광역시》, 대구광역시, 2010
《2010年度 文化財 修理 報告書 강원도》, 강원도, 2013
《2010~2012년 문화재수리보고서 국가지정문화재(국보, 보물), 상·하》, 문화재청, 2015
《2011年度 文化財 修理 報告書 강원도》, 강원도, 2014
《2013~2014년 문화재수리보고서 국가지정문화재(국보, 보물), 상·하》, 문화재청, 2016
《文化財 修理 報告書 1986》, 文化財管理局, 1988
《文化財 修理 報告書 1987》, 文化財管理局, 1989
《文化財 修理 報告書 1988(상)》, 文化財管理局, 1990
《文化財 修理 報告書 1988(하)》, 文化財管理局, 1990
《文化財 修理 報告書 1989(상)》, 文化財管理局, 1991
《文化財 修理 報告書 1989(하)》, 文化財管理局, 1991
《文化財 修理 報告書 1990(상)》, 文化財管理局, 1991
《文化財 修理 報告書 1990(중)》, 文化財管理局, 1992
《文化財 修理 報告書 1990(하)》, 文化財管理局, 1992
《文化財 修理 報告書 1991(상)》, 文化財管理局, 1993
《文化財 修理 報告書 1991(하)》, 文化財管理局, 1993
《文化財 修理 報告書 1992(상)》, 文化財管理局, 1994
《文化財 修理 報告書 1992(하)》, 文化財管理局, 1994
《文化財 修理 報告書 1993(상)》, 文化財管理局, 1995
《文化財 修理 報告書 1993(하)》, 文化財管理局, 1995
《文化財 修理 報告書 1994(상)》, 文化財管理局, 1996

《文化財 修理 報告書 1995(상)》, 文化財管理局, 1997
《文化財 修理 報告書 1996(상)》, 文化財管理局, 1997
《文化財 修理 報告書 1996(하)》, 文化財管理局, 1997
《文化財 修理 報告書 1997(상)》, 문화재청, 1999
《文化財 修理 報告書 1997(하)》, 문화재청, 1999
《文化財 修理 報告書 2011年度》, 대구광역시청 문화예술과, 2011
《文化財 修理 報告書》, 충청남도 문화관광과 편, 2002
《文化財 修理 報告書》, 충청남도 문화예술과, 2003
《文化財 修理 報告書: '98年度~'00年度》, 전라북도, 2003
《文化財 修理 報告書: 국가지정문화재 1998(상)》, 문화재청, 2001
《文化財 修理 報告書: 국가지정문화재 1998(하)》, 문화재청, 2001
《文化財 修理 報告書: 국가지정문화재 1999(상)》, 문화재청, 2002
《文化財 修理 報告書: 국가지정문화재 1999(하)》, 문화재청, 2002
《문화재수리보고서: 도지정문화재 2012년도》, 강원도청 문화관광체육국 문화예술과, 2015
《文化財 修理 報告書: 지방 지정 문화재 지방지정 '97년도(상)》, 문화재청, 2000
《文化財 修理 報告書: 지방 지정 문화재 지방지정 '97년도(하)》, 문화재청, 2000
《지방지정 97년도 문화재수리보고서 상·하》, 문화재청, 1999

《동국이상국전집 권23: 사륜정기》
《한국의 건축문화재-강원편》, 기문당, 1999
《한국의 건축문화재-경기편》, 기문당, 2012
《한국의 건축문화재-경남편》, 기문당, 1999
《한국의 건축문화재-서울편》, 기문당, 2001
《한국의 건축문화재-전남편》, 기문당, 2002
《한국의 건축문화재-충남편》, 기문당, 1999
《한국의 건축문화재-충북편》, 기문당, 2012
강영환,《한국의 건축문화재, 경남편》, 기문당, 1999
中村昌生,《圖說 茶室の歷史》, 淡交社, 2000
담양군 편,《소쇄원 및 주변 시가문화원 누정 보전 정비계획 연구보고서》, 담양군, 2005
대한건축사협회,《한국전통건축(누정건축)》, 대한건축사협회, 1996
박경립,《한국의 건축문화재, 강원편》, 기문당, 1999
박기용,《거창의 누정》, 거창문화원, 1998
박언곤,《한국의 정자》, 대원사, 1989
박준규,《달관과 관용의 공간 면앙정》, 태학사, 2000
박준규,《속세를 털어버린 식영정》, 태학사, 2000
상주문화원 편,《상주 문화 유적》, 상주문화원, 1997
안동군,《(國譯)永嘉誌》, 1991
예천문화원,《예천누정록》, 예천군, 2010
이왕기,《한국의 건축문화재, 충남편》, 기문당, 1999
전북향토문화연구회 편,《전북의 누정》, 전북향토문화연구회, 2000
조인철,《우리시대의 풍수》, 민속원, 2008

주남철·장순용··김동욱·이응묵,《한국전통건축 제3편, 루정건축》, 대한건축사협회, 1996
지역문화연구소 편,《경기 누정 문화》, 전국문화원연합회 경기도지회, 2003
창녕문화원 편,《창녕누정록》, 창녕문화원, 1995
천득염,《소쇄원》, 심미안, 2017
천득염·전봉희,《한국의 건축문화재, 전남편》, 기문당, 2002
충북향토문화연구소,《충북의 누정》, (사)충북향토문화연구소, 2010
허균,《한국의 정원-선비가 거닐던 세계》, 다른세상, 2007
홍승재,《한국의 건축문화재, 전북편》, 기문당, 2005

문화재청 국가문화유산포털 http://www.heritage.go.kr
소재지 시군 홈페이지
유교넷 http://www.ugyo.net
한국향토문화전자대전 http://www.grandculture.net